中国农业物候

刘玉洁 等 著

科学出版社

北京

内 容 简 介

本书重点围绕气候变化与农业物候关系研究，从地理学视角，首次较为系统地揭示了一定历史观测期内中国九种作物（小麦、玉米、水稻、大豆、棉花、高粱、谷子、油菜、花生）的物候变化趋势，明晰了作物物候对关键气候因子变化的敏感性差异及其时空分异规律，量化区分了气候变化和人为管理措施对作物物候变化的影响，系统评价了气候变化和人为管理措施对我国九种作物物候变化的分别贡献、综合效应及空间差异。

本书可为国家有关部门、地方政府相关政策的制定提供决策参考，也可供地学、农学、气象学、生态学、环境科学等领域的专家学者或研究生在科研工作或学习中参考使用。

审图号：GS（2020）3204 号

图书在版编目（CIP）数据

中国农业物候/刘玉洁等著. —北京：科学出版社, 2024.5
ISBN 978-7-03-077580-1

Ⅰ. ①中…　Ⅱ. ①刘…　Ⅲ. ①农业–物候学–中国　Ⅳ. ①S16

中国国家版本馆 CIP 数据核字（2024）第 014739 号

责任编辑：李　迪　刘晓静 / 责任校对：杨　赛
责任印制：肖　兴 / 封面设计：无极书装

科学出版社 出版
北京东黄城根北街 16 号
邮政编码：100717
http://www.sciencep.com
北京建宏印刷有限公司印刷
科学出版社发行　各地新华书店经销
*
2024 年 5 月第　一　版　开本：720×1000 1/16
2024 年11月第二次印刷　印张：19 1/2
字数：400 000

定价：298.00 元
（如有印装质量问题，我社负责调换）

前　言

物候学是研究自然界植物、动物和环境条件（气候、水文、土壤条件）的周期变化之间相互关系的科学。1963年，竺可桢先生和宛敏渭先生合著的《物候学》出版，极大地推动了物候学知识的传播和普及，物候学科在我国也得到了快速发展。物候学研究的目的是认识自然季节变化的规律，以服务于农业生产和科学研究。近年来，在全球增暖背景下，植物物候作为气候变化的指示器，在全球气候变化研究中受到广泛关注。相较于自然植被物候研究的国际热度，农作物物候相关研究仍然非常缺乏。而作为植物物候的重要组成部分，作物物候不仅能够在一定程度上表征该时期内作物生长发育对气候变化的响应，也能反映出作物对气候变化的适应程度，是直接影响到作物生长和产量形成的关键变量。由于受到气候变化和人为管理的共同作用，作物物候影响机制更为复杂，有限的研究也限制了对它的理解。因此，开展作物物候变化及其影响机制研究，不仅对物候学的发展具有重要的推动作用，对于科学应对气候变化和指导区域农业可持续发展也具有重要意义。

农业物候学的定义是：研究自然界农作物、动物和环境条件（气候、水文、土壤条件）的周期变化之间相互关系的科学。鉴于此，作者近年来聚焦气候变化与农业物候关系研究，从地理学视角，基于我国四大作物（小麦、玉米、水稻、大豆）与五种经济作物（棉花、高粱、谷子、油菜、花生）的多个种植区农业气象观测站的长时间序列观测数据，系统揭示了过去30年以来中国主要农作物物候的变化规律、主要影响因素及驱动机制。从资料的收集整理到数据计算，从结果分析到科学规律发现，再到主要观点和结论的形成，其间反复推敲与修改，历时八载终于撰写完成《中国农业物候》。

本书在研究和撰写中重点突出以下几个方面。一是结合作物的种植比例对物候观测站点进行种植区域划分，包括四大小麦种植区、四大玉米种植区、三大水稻种植区和三大大豆种植区，以及五种经济作物（棉花、高粱、谷子、油菜、花生）的种植范围。二是使用的小麦、玉米和水稻站点的物候期数据观测年限不少于30年，大豆、油菜、花生站点物候期数据观测年限不少于20年，棉花、高粱、谷子站点物候期数据观测年限不少于10年。各站点涵盖以上作物生长季内所有物候期，包括10个小麦物候期、8个玉米物候期、10个水稻物候期、6个大豆物候期、8个棉花物候期、8个高粱物候期、6个谷子物候期、7个油菜物候期、5个花生物候期。三是系统揭示了过去30年来作物物候变化的时空分异特征，阐明了作物物候对多种关键气候因子（温度、降水和日照时数）变化的敏感性差异及其时空分异规律。四是首次提出了量化区分气候变化和人为管理措施对作物物候影响相对贡献程度的动态归因方法，系统评价了二者对我国九种作物物候变化的分别贡献、综合效应及空间差异。全书共分为 11 章。第 1 章为绪论；第 2～10 章分别为小麦、玉米、水稻、大豆、棉花、高粱、谷子、油菜、花生九种作物的物候变化及归因分析；第 11 章为讨论总结，并展望了未来主要的研究趋势。

本书得到了中国科学院战略性先导科技专项（A 类）课题“黑土地粮食安全模拟与预警”（XDA28060200）、国家自然科学基金优秀青年科学基金项目“全球变化与农业物候”（42122003）和面上项目“过去 30 年华北平原冬小麦物候变化特征及其影响机制研究”（41671037）、中国科学院青年创新促进会会员/优秀会员项目（2016049）、中国科学院地理科学与资源研究所可桢杰出青年学者计划项目“过去 30 年气候变化和人为管理措施对我国作物物候的协同影响与相对作用”（2017RC101），以及科技部国家重点研发计划专项“中国植被物候对全球变化的响应机制及未来趋势”（2018YFA0606102）的资助。相关成果得到了美国科学促进会（American Association for the Advancement of Science，AAAS）的亮点报道和政府间气候变化专门委员会（Inter-governmental Panel on Climate Change，IPCC）第六次评估特别报告《气候变化与土地》（2019），以及第二工作组报告的引用评述（2022）；入选了《地球大数据支撑可持续发展目标报告（2020）》，是气候变化方向（SDG13.1）中的两个案例之一，该报告在第 75 届联合国大会期间发布，并入选中国科学院 2020 年度科技创新亮点成果和国家自然科学基金委员会地球科学部学科工作报告和代表性成果（2021）。在此一并致谢！

本书的完成离不开课题组成员共同的努力和付出。中国科学院地理科学与资源研究所的张婕、周未末、张二梅、黄舒媛、陈巧敏、谭清华、代粮、吕硕、秦雅、陈洁、邹欣彤等参与了本书的撰写；黄舒媛、张婕、王翰辰、张二梅、周未末在统稿中做了大量工作；黄舒媛、张二梅参与了本书的封面设计；葛全胜所长对于作物物候研究工作给予了大力支持。中国气象局为本书提供了宝贵的数据支持，在此一并致谢！

值本书付梓之际，谨向参与本书研究工作的全体项目组同仁，向对本研究给予关心、支持并指导本书撰写工作的各位领导、专家表示衷心感谢！受研究水平所限，本书难免存在一些不足之处，恳请各领域专家学者和广大读者给予理解，并提出宝贵意见和建议。限于观测资料和观测手段，动物和环境条件（气候、水文、土壤条件）的周期变化关系尚未涉及，期待在后续工作中深入。

刘玉洁

2024 年 1 月

目　录

第1章　绪　　论

1.1　研究背景与意义

物候学是研究自然界的植物（包括农作物）、动物与环境条件（气候、水文和土壤条件）周期变化之间相互关系的科学（竺可桢和宛敏渭，1973；Lieth et al.，1974）。政府间气候变化专门委员会（Inter-governmental Panel on Climate Change，IPCC）最新发布的第六次评估报告指出，过去 40 年中的每一个 10 年比 1850 年以来的其他任何 10 年都更温暖（IPCC，2022）。植物物候作为气候变化的指示器，在全球增温的背景下引起了广泛的关注。但是，相较于自然植被物候研究的国际热度，关于农作物物候的研究仍然非常有限（Ren et al.，2019a）。作物物候是指作物生长期适应光照、降水、温度等条件的周期性变化，形成与此相适应的生长发育节律。作为植物的重要组成部分，作物物候不仅能够在一定程度上表征该时期内作物生长发育对气候变化的响应，也能反映作物对气候变化的适应程度，是影响作物生长和产量形成的关键变量。

作物物候通过改变作物的生长周期，进而导致作物生长期光、热、水资源及其他营养物质的吸收和利用发生变化，最终影响作物产量（Tack et al.，2015；Zhang et al.，2016；Piao et al.，2019）。作物物候不仅是气候变化的综合响应指标，也是探究全球变化的重要线索，其变化对粮食安全、陆地生态系统碳、水和能量平衡具有重要的影响（方修琦和陈发虎，2015；Piao et al.，2019；Yang et al.，2021）。

积极适应气候变化、确保农业生产和粮食安全，已经成为联合国粮食及农业组织未来的重点工作（FAO et al.，2022），也被列入联合国可持续发展目标之一（United Nations General Assembly，2015）。在农业适应气候变化方面，为了抵消或缓解气候变化对农业生产的不利影响、提高作物的气候适应性，人们通过调整播期（陈静等，2021；Qiao et al.，2023）、更换品种（Masud et al.，2017；Hunt et al.，2019）等管理措施帮助作物“被动适应”气候变化。调整播期能够减少作物暴露在不利条件下的生长时间，从而提高作物产量潜力和产量稳定性（McDonald et al.，2022）。通过采用较长生育期品种，可以使作物产量大幅提高（Liu et al.，2018a）。引入具有适宜积温需求的品种能够部分抵消由气候变化导致的生育期缩短（Abbas et al.，2017），发展有利于深播的新品种，以抵御气候变化带来的热胁迫（Zhao et al.，2022）。优化播种窗口以提高光温资源利用效率，减少作物开花和灌浆阶段暴露在不利条件下的时间，从而提高作物产量潜力稳定性（McDonald et al.，2022）。由于同时受到气候变化和人为管理措施的共同作用，作物物候影响机制更为复杂，相关研究亟待进一步深入。

因此，明晰作物物候的变化特征及其响应机制不仅对物候学的发展具有重要的推动作用，对于揭示全球变化对作物生长发育过程和产量形成机制的影响，以及应对全球气候变化的不利影响和指导地区农业生产，也具有重要的科学意义和实践价值（Rezaei et al.，2023）。

1.2 研究进展

1.2.1 主要作物物候期变化

作物物候在全球增暖的背景下发生了显著变化（Liu and Dai，2020；Chen et al.，2021）。由于气候变化的作用，作物生长发育的热量条件发生改变，进而导致作物物候发生变化。目前国内外基于作物物候历史观测资料的研究结果表明，对于多数国家和地区的农作物而言，气候变化会导致其物候期（尤其是开花期）提前（Rezaei et al.，2015；Oteros et al.，2015；Rosbakh et al.，2021）。但由于不同的气候条件、土壤条件和人为管理等的作用，不同作物的各物候期，以及生长阶段变化趋势和程度呈现出很大的地域分异特征。例如，Ren 等（2019a）发现在区域尺度上，中国的小麦生长季节峰值（peak of growing season，PGS）和南亚的小麦生长季节结束（end of growing season，EGS）均呈现显著超前的趋势，变化率为–0.13d/a。在欧洲，1981～2014 年，PGS 和 EGS 分别显著提前了 0.16d/a 和 0.19d/a。然而，在北美，他们发现所有生长季节开始（start of growing season，SGS）、PGS 和 EGS 均存在显著延迟的趋势，变化率为 0.23～0.29d/a。在非洲小麦种植区和南半球，几乎所有的 SGS、PGS 和 EGS 在过去 34 年里都有显著的提前，变化率为–0.38～–0.08d/a。

目前我国对作物物候的研究多集中于时空变化特征分析。研究的物候期多集中在少数物候期，如播种期、出苗期、抽穗期、开花期和成熟期等。例如，1981～2009 年，华北平原冬小麦出苗期和越冬期平均分别推迟 1.7d/10a 和 1.5d/10a，而开花期和成熟期则平均分别提前 2.7d/10a 和 1.4d/10a（Xiao et al.，2013）。1983～2005 年，北方冬麦区冬小麦返青期的变化趋势不明显，但抽穗期和成熟期显著提前（雷秋良等，2014）。1981～2009 年，在西北种植区，冬小麦播种期、出苗期、开花期和成熟期分别推迟了 0.3～0.4d/a、0～0.2d/a、0.3d/a、0.2～0.4d/a；全生育期天数缩短了 0.6～1.3d/a，营养生长期缩短，生殖生长期延长（He et al.，2015；Xiao et al.，2018）。在华北大部分地区，冬小麦播种期和出苗期推迟，开花期、返青期、成熟期（收获期）提前，全生育期和营养生长期长度缩短，生殖生长期天数延长（赵彦茜等，2019）。

不同区域玉米各物候期和生长期长度对气候变化的响应也有所差异。例如，1981～2007年气候变化导致东北多数地区春玉米播种期、出苗期和开花期提前，成熟期延后；营养生长期、生殖生长期和全生育期延长（Li et al.，2014）。在华北地区，夏玉米成熟期推迟，营养生长期缩短，生殖生长期和全生育期延长（Wang et al.，2016；Xiao et al.，2016a）。西北地区灌区玉米播种期提前5～10d，全生育期延长约6d；旱作区玉米生育期受到热量和降水的共同作用，播种期提前1～2d，全生育期缩短约6d（雷秋良等，2014）。1981～2010年，中国玉米主产区的玉米播种、抽雄和成熟日期均推迟；春玉米和春夏玉米产区营养生长期延长；夏玉米产区营养生长期缩短、生殖生长期和全生育期大多延长（Liu et al.，2020）。

我国水稻种植类型主要分为单季稻和双季稻，单季稻大致在长江以北、东北和西南地区，双季稻主要分布在长江以南地区。1981～2010年，除成熟期外，中国早稻其余物候期呈现不同程度的提前趋势。晚稻播种期、出苗期、抽穗期和成熟期推迟，而其余物候期提前。中稻和早稻的营养生长期、生殖生长期及全生育期延长，而晚稻却呈现缩短趋势（Bai and Xiao，2020）。长江中下游平原地区单季稻移栽期提前，抽穗期和成熟期延后，营养生长期、生殖生长期及全生育期延长，其变化趋势与东北平原单季稻基本一致，但变化趋势更为显著。而双季稻的移栽期、抽穗期、成熟期均提前，营养生长期与全生育期缩短，生殖生长期延长（Liu et al.，2019）。

1981～2010年，中国东部主要大豆产区大豆物候变化显著。观测到的播种、出苗、开花和成熟日期平均延迟了1.78d/10a、0.83d/10a、0.19d/10a和0.62d/10a。此外，大豆营养生长期和全生育期平均缩短了0.62d/10a和1.16d/10a，相反，生殖生长期平均延长了0.43d/10a（He et al.，2020）。1992～2011年，东北地区春大豆物候期变化受气候变化影响较大，气候变暖导致大豆出苗期平均提前0.68d/10a，全生育期平均缩短1.43d/10a，变化幅度较大（Liu and Dai，2020）。

相较于四大主要作物，目前的研究对于国内经济作物及其物候变化的关注较少。Zhang和Liu（2022）的研究表明：1991～2010年，中国高粱的播种期、出苗期、三叶期和乳熟期都呈现出显著的提前趋势（$P<0.05$）。油菜的播种期、出苗期和五真叶期同样呈现出明显的提前趋势（0.55～0.91d/a）。花生的物候期普遍推迟（0.12～0.86d/a）。1981～2017年，中国棉花主播区的棉花出苗期、抽穗期、开花期和棉铃裂铃期提前了0.026～0.351d/a，而播种期和成熟期分别推迟了0.170和0.337d/a（Li et al.，2021）。

总体而言，目前物候变化的研究重点主要集中于四大作物（小麦、玉米、水稻、大豆），不同区域尺度下作物物候对气候变化的响应存在差异，不同的研究结果难以统一。尽管越来越多的研究学者开始关注经济作物及其物候行为，但关于经济作物物候在不断变化的环境中是如何受到影响的研究仍然缺乏。

1.2.2 作物物候期的影响要素

1. 气候要素的影响

（1）温度的影响

作物生长发育过程中除了对温度的下限有一定要求，对温度的上限也有一定的要求。温度升高可以促进作物的发育，使作物物候期缩短（Zheng et al.，2009；Wang et al.，2016；Zhang et al.，2016；Ahmad et al.，2017a）。当环境温度超过了发育温度上限，会对其生长发育起到抑制作用（Anandhi et al.，2016）。因此，温度变化对作物生长是促进还是抑制，主要取决于环境温度是否超出了作物生长的最适温度范围。如果温度低于作物生长的最适温度，增温将给作物生长带来正面效应；反之，如果温度已经超过作物生长的最适温度，增温则会给作物生长造成负面影响。作物在不同物候期和生长期的温度上限、温度下限及最适温度存在较大差异。例如，Wang 等（2017）指出小麦在开花前的温度下限、最适温度及温度上限分别为 0℃、27.5℃和 40℃，而开花后分别为 0℃、33℃、44℃。在以往作物物候对温度的响应方面的研究中，更多关注作物物候对均温的响应，对极端高温响应的研究较少。然而，随着极端高温事件的发生频率不断升高，极端高温对作物物候的影响机制在物候模型发展过程起到关键作用。例如，Lizaso 等（2018）发现极端高温显著加快发育速度，从而缩短玉米营养生长期和生殖生长期（共约 30d）。Liu 等（2017）研究结果表明温度每上升 1℃，华北平原玉米生长期缩短 3.2～10d。然而，作物在不同的发育阶段对温度需求不同，因此对温度的敏感度也存在较大差异。孟林等（2015）研究发现日平均气温每上升 1℃，华北平原夏玉米全生育期和生殖生长期分别缩短 2.71d 和 1.07d。

（2）光照的影响

光照对作物物候的影响，主要表现为光周期对作物发育进程的影响。有研究表明，作物的发育速度（从播种到开花持续时间的倒数）在很大程度上是由作物对温度和光周期的响应决定的（Craufurd and Wheeler，2009；Liu et al.，2018b；Pérez-Gianmarco et al.，2019）。Kumagai 等（2020）研究了作物生长期受光照的影响，发现作物生长在诱导期对光周期非常敏感。但 Liu 等（2018a）研究发现中国过去几十年日照时数的减少对小麦开花期提前的影响较小，开花期提前主要是由气温不断升高造成的。Guo 等（2014）研究表明 1963～2008 年，光合有效辐射（photosynthetically active radiation，PAR）变化对板栗始花期影响较小，板栗花期提前主要与2月6日至次年5月31日的温度升高有关，其温度变化可解释41%的花期提前趋势，其次是相对湿度；而由于PAR、温度及相对湿度之间存在相关关系，温度效应也可用来解释PAR和相对湿度对花期的影响。光温也是影响作物发育速率的关键因素。光周期通过改变花诱导期的持续时间而影响生长的叶片总数，从而影响开花的起始（Ettinger et al.，2021）。当日平均温度相同时，在植物光饱和点以下的范围内，光照越强，CO_2同化速率越高，作物完成某一生育期所需天数越短。

（3）水分的影响

降水是影响作物生长发育的关键气候因素。不同作物在不同生长期对水分的需求不同，因此对降水的响应也存在较大差异。不少研究表明，干旱发生时，若光、热条件适宜，作物的生长发育则主要受到水分的影响（Zeng et al.，2021）。薛佳欣等（2021）利用校准和验证的农业生产系统模拟器（agricultural production systems simulator，APSIM）对不同降水年型的小麦、玉米不同生长阶段的作物水分亏缺指数（crop water deficit index，CWDI）进行了分析，结果表明不同降水年型小麦各生长期CWDI均较高，说明无论干旱、平水和湿润年份小麦需水量均远大于降水量，尤其是拔节期至成熟期水分严重亏缺；玉米抽雄前基本不受干旱胁迫影响，而抽雄后的灌浆阶段处于中旱或重旱。张凤怡等（2021）的研究表明，辽宁春玉米、大豆和水稻全生育期需水与降水耦合度多年平均值分别为0.821、0.814和0.464，亏缺部分仍需播前灌溉或补灌，且3种作物各生长阶段耦合度呈现生长中期最高、初期和成熟期普遍最低的现象。刘璐等（2020）分析了1994～2018年黄土高原气候变化对苹果物候的影响，发现苹果春季物候生长期（如始花期）和春季降水呈正相关，但水分变化主要影响秋季物候期（如叶变色末期和落叶末期），其中苹果落叶末期和5～7月降水呈正相关，而叶变色末期和2～3月降水呈负相关。

2. 管理措施的影响

气候变化对作物物候的影响在不同国家和地区表现各异，这除了由于各地区的气候和其他自然条件不同，在很大程度上还因为管理措施和适应措施的差异（Fatima et al.，2020；Liu et al.，2021a）。播种期调整、品种更替、灌溉管理等适应措施和管理措施与气候变化影响的交互作用，使不同作物在各地区和各阶段的物候期变化中表现出差异（Liu and Dai，2020）。例如，马倩倩等（2018）研究了中国北部冬小麦各生育阶段积温和生育期的时空变异特征，结果表明各生育阶段≥0℃积温（或越冬期负积温）与多个生育期的相关性显著，生育阶段积温的变化可能直接或间接影响了冬小麦的生长发育，越冬期负积温与返青期、拔节期、抽穗期、乳熟期和成熟期相关性最大。Wang等（2015）研究了1981～2010年华北平原气候变化和品种更替对夏玉米物候期的影响，发现气候变暖加速了玉米生长，缩短了玉米的生育期长度。更换生育期长度较长的品种可以使华北平原的玉米更好地适应气候变暖对其生长带来的影响。Moradi 等（2013）研究了气候变化背景下伊朗霍拉桑省的玉米灌溉和播种日期管理对气候变化的适应策略，发现播种期提前和在开花期缩短灌溉间隔时间会使玉米产量增加，据此管理灌溉和播种日期，有助于提高玉米对区域气候变化的适应能力。类似地，对中国华北平原冬小麦（Xiao and Tao，2014）、非洲水稻（Van Oort and Zwart，2018）、美国玉米（肖登攀，2015）和中国东北地区玉米（Li et al.，2014）和大豆（Zhang et al.，2022）等的相关研究也同样发现，具有更长生育期的作物品种已被引入以应对气候变化。还有研究指出，气候变化将促使小麦品种向弱冬性演化，尤其小麦生育期间平均气温的升高（特别是收获前的高温）可能会增加各地区对早熟、耐热品种的需求（Tadesse et al.，2022）。Zhao 等（2015）的研究也发现，通过调整播种日期和更换作物品种可以延长东北地区春玉米的生育期长度并提高玉米产量。Xiao 和 Tao（2014）发现播种期提前可以降低春小麦生长期间的增温幅度，从而延长生育期长度并潜在地提高小麦产量。同样为了适应温度上升的气候条件，在黑龙江南部，农民利用中熟品种的玉米代替早熟品种；在辽宁北部，农民则利用晚熟品种取代中熟品种（Li et al.，2014）。Liu 等（2019）对全国水稻物候变化的研究发现，农民通过种植更长生育期的单季稻来适应气候变暖。尽管已有学者开始从作物生理的角度进行适应机制的研究，关注适应措施对作物生长发育的影响，但是对作物物候期应对气候暖干化适应机制的研究仍然十分有限（Sun et al.，2016）。

1.2.3 作物物候变化的研究方法

通常，对作物物候的研究包括田间试验观测法、遥感监测法、模型模拟法及统计分析方法等。

（1）田间试验观测法

作物物候期通常需要进行实地观测获取。竺可桢是我国现代物候观测研究的奠基者，他在 1934 年组织建立的物候观测网，是中国现代物候观测的开端。最初物候观测网选定了 21 种植物和大多数农作物，以“中央研究院气象研究所”的名义委托各地的农事实验场进行物候观测，断续观测至 1940 年，共积累了 7 年的观测数据。新中国成立后，地理和气象部门也非常重视物候观测，于 1952 年开始较为正规和连续地进行农作物物候观测，并在 1957 年将农作物的观测工作扩大至全国（竺可桢和宛敏渭，1973）。但目前，物候观测网仍以植被物候观测为主，缺乏对作物物候的观测。中国气象局系统所属各农业气象观测网络的长期观测资料是作物物候研究的重要资料来源。近些年科研工作者越来越多地通过播种期试验、温控试验、品种试验等田间试验方法解析单一因素或多因素对作物物候的影响。

例如，张鑫等（2014）通过开放式主动或被动增温系统进行小麦和水稻的夜间增温试验，以解析夜间气温升高对小麦和水稻物候的影响。Zhang 等（2016）在中国华北平原进行了大田增温试验，通过红外加热器控制温度，研究大豆物候、光合作用及产量对气候变暖的响应。Wang 等（2016）从 2012 年开始在中国农业大学吴桥试验站进行了为期 3 年的夏玉米品种试验，通过种植 20 世纪 50 年代、70 年代、90 年代和 21 世纪初夏玉米品种获取品种更替条件下夏玉米物候期的变化特征。张玮等（2023）通过设置不同播种期来研究播种期变化对水稻物候期的影响。

大田试验的试验结果理论上比统计分析方法或作物模型更可靠，但因为试验条件难以控制、周期长、价格昂贵、场地要求高等，难以推广应用，不适合作为作物物候长期研究的方法。此外，由于作物的生长发育和产量形成是许多气候和管理因素交互作用的结果（Xiao and Tao，2014），很难找到相对独立的试验条件研究单个影响因素对作物生长发育的内在影响和作用机制，这就使气候变化对作物物候影响的内在机制和贡献程度尚难清晰确定，加大了气候变化影响和预测的不确定性（Sun et al.，2016）。

（2）遥感监测法

与田间试验观测法相比，遥感监测法具有覆盖范围广、监测频率高等优点，缩短了使用人力观测物候期的时间，已成为物候数据获取的重要途径。遥感在物候研究上的应用，使物候观测从植株水平扩展至区域尺度，空间尺度上有了很大提高；借助于较高分辨率的遥感数据，可以使物候观测在时间分辨率上不再局限于特定的时间观测（陈效逑和王林海，2009）。通过长时间序列遥感数据对植被物候的反演，可以得到空间区域植被物候的分布及时间变化趋势，为分析植被物候对全球气候变化的响应奠定基础。很多学者利用遥感数据对物候变化进行分析，发现升温对物候变化具有明显的作用（张佳华等，2010；Shimono，2011）。目前植被物候研究最常用的遥感数据是归一化植被指数（normalized difference vegetation index，NDVI），其主要数据来源包括美国国家海洋和大气管理局（National Oceanic and Atmospheric Administration，NOAA）系列卫星的先进甚高分辨率辐射仪（advanced very high resolution radiometer，AVHRR）产品、法国地球观测卫星（systeme probatoire d'observation de la terre，SPOT）植被传感器产品和美国地球观测系统（earth observation system，EOS）系列卫星的中分辨率成像光谱仪（moderate resolution imaging spectroradiometer，MODIS）产品等。相较于 NOAA 数据，于 1999 年底升空搭载在 Terra（土）和 Aqua（水）卫星上的 MODIS 数据的光谱通道和传感器姿势均得到较大改进，空间和光谱分辨率也有较大提升，并且改进了大气校正和去云等功能，有更大的应用潜力。目前，越来越多的学者采用 MODIS 数据进行物候期信息提取和相关研究。例如，凌洋等（2014）基于 2010 年 MODIS 中分辨率成像光谱仪数据，利用小波滤波识别江苏水稻的主要物候期，结果显示移栽期的识别误差在16d左右。基于2010年MODIS-NDVI序列，杨琳等（2016）提取了江西冬小麦关键物候期信息，返青期、抽穗期、成熟期的提取结果和观测数据相比，其均方根误差分别为6d、10d和8d，提取精度很高；同时他们还发现全省内冬小麦的抽穗期、成熟期大体上表现出从南到北逐渐延迟的趋势。

近20多年来基于遥感数据来反演植被物候信息的方法，可以归结为模型拟合法、时间序列提取法、阈值法等（刘玉洁等，2020）。其中阈值法的应用最为广泛，包括相对阈值法和动态阈值法。相对阈值法是根据预先定义的NDVI参考值来确定典型物候期，而动态阈值法则是在考虑NDVI季节变化趋势的基础上，根据NDVI的变化速度进行动态设定。目前，阈值法已经被广泛应用在很多区域的物候研究工作中，并且取得了较好的应用结果。例如，Guo等（2016）分别利用相对阈值法和动态阈值法提取并分析了1993～2008年中国冬小麦春季物候发生日（返青期）的变化趋势。但限于时间分辨率和空间分辨率，遥感反演的物候信息往往与观测物候差别较大（宋晓宇等，2010），因而如何融合地面观测和遥感监测物候数据也是未来研究的重要方向。高光谱遥感作为近几年来迅速发展起来的一种全新遥感技术，能够获取作物冠层或叶片的精细的光谱数据。利用高光谱遥感提供的光谱数据，科研工作者可以了解和掌握作物长势、品质和产量等信息（童庆禧等，2016）。祁亚琴等（2011）基于高光谱数据提取棉花冠层特征信息的研究中发现，“红边”位置在棉花现蕾以后（以营养生长为主的阶段）会向长波方向移动，即所谓的“红移”现象；而当进入生殖生长为主的阶段后，“红边”位置向短波方向移动，出现“蓝移”现象。吴琼等（2013）在利用高光谱遥感估测大豆冠层生长的研究中发现，不同物候期可见光和近红外区域的光谱反射率与大豆的叶面积指数和产量有显著相关关系，尤其在盛荚期和鼓粒始期相关性最高。

遥感监测法突破了以站点研究为主的限制，可以有效反映大范围作物物候变化的整体状况，但遥感监测法对地面作物的区分要求较高，对特征不明显的作物物候期的区分度不高。

（3）模型模拟法

除了田间试验观测、遥感监测等方法，通过作物模型模拟作物物候也是当前研究的重要手段。作物模型，是指可以对作物生长发育、产量形成和对环境反应进行定量和动态描述的一种计算机模拟程序（李军，1997）。作物模型作为一种系统分析方法，综合考虑了基因型、温度、日长等因素对作物发育的影响，在帮助人们理解农业系统和气候要素的相互作用方面起到了很大作用。作物模型的开发研究可追溯到20世纪60年代，美国、荷兰等国家开发出了一些较为单一的基础作物模型；英国、澳大利亚等国之后也陆续开发了一系列作物模型。经过几十年的发展，作物模型日趋完善，从荷兰科学家建立的强调光合作用及理论系统性的世界食物研究模拟模型（world food studies simulation model，WOFOST）（Supit et al.，1994）到更注重实用性、强调作物发育期模拟的农业技术转让决策支持系统（decision support system for agrotechnology transfer，DSSAT）中的作物环境资源综合（crop environment resource synthesis，CERES）系统（Jones et al.，2003）和农业生产系统模拟器（agricultural production system simulator，APSIM）（McCown et al.，1996）等，至今世界上已建立了多种适用于不同粮食作物、经济作物的作物生长模拟模型，并在气候变化对农业影响评价领域得到了广泛运用（Soltani et al.，2020；Xiong et al.，2020）。

作物发育期模拟是作物模型的重要组成部分，作物发育期控制着作物生长模拟在不同发育阶段相应的子模型或模型参数，进而影响到作物产量的形成（He et al.，2017）。值得注意的是，气候变化和管理措施对作物物候影响的量化精度很大程度上是由模型模拟的精度决定的。由于模型模拟中的参数需要通过大量的观测数据来确定，其区域推广往往比较困难；当在不同地区直接应用模型进行模拟和预测时，会给预测结果带来较大不确定性（Liu et al.，2022）。并且模型模拟中多假设品种和管理措施不变，这样得到的普遍结论是，温度升高导致作物生育期缩短，进一步导致干物质积累减少。而实际情况中，作物的品种和管理措施（灌溉、施肥等）一直在变化，尤其是品种，每隔几年就会更替一次，且表现出很大的地区差异性。He 等（2015）利用 APSIM 研究了黄土高原冬小麦的物候变化，发现采用长生长期品种也可以抵消由气候变暖所导致的生育期缩短。而气候模式输出的不确定性，尺度转换过程中存在的不确定性，以及模型模拟的不确定性，包括模拟尺度、过程、参数化及输入的不确定性都会引起模拟结果的不确定性（Lobell and Asseng，2017；Xiong et al.，2020）。此外，不同的作物模型也各有侧重点。例如，美国的 CERES 模型充分考虑了不同作物的生长特点，每种作物模型都有对应的模块，环境因素和农田管理措施在模型中也都有相应的参数输入。而 WOFOST 模型则是一个通用的作物模型，对各种作物的生长发育过程描述是一致的，它通过改变作物干物质分配和相关遗传参数来实现对不同作物的区分和模拟，且对作物的生理生态机制过程考虑详细，这也是荷兰瓦格宁根学派模型的共同特点。与 CERES 和 WOFOST 相比，澳大利亚的 APSIM 模型更侧重于模拟土壤过程，即通过天气和农业管理措施引起土壤特征的变化，进一步来模拟土壤特征变化下的作物生长。因而，在利用作物模型模拟之前，首先应根据不同模型的模拟特点来选择模型；其次，在进行升尺度模拟之前，应尽可能多地利用多点、长序列的观测数据来确定不同品种下的遗传参数值；最后，采用多模型、多情景对模型和不同模式的模拟结果进行比较，例如，基于贝叶斯理论的概率预测方法，可以尽可能降低研究结果的不确定性。

总体而言，作物模型机理性强，比较充分地考虑了作物生长的影响因素，可定量描述不同因素对作物物候的影响，外推效果较好，可用于预测未来作物物候期和产量。但作物模型模拟的准确度是构建在大量详细的作物生长发育过程、土壤条件及管理措施输入数据的基础上，在大区域尺度上较难获取，因此作物模型应用于区域尺度上的不确定性较大。

（4）统计分析方法

统计分析方法是通过对一段时间内作物物候的变化趋势及其影响因素的相关关系进行分析，得到作物物候期变化特征的研究方法。统计分析方法可以对大范围、长周期的作物物候变化趋势进行分析，是研究作物物候变化最主要的方法之一。统计分析方法通常会与田间试验观测法、模型模拟法和遥感监测法相结合。例如，Tao 等（2022）利用线性回归和岭回归方法分析了中国小麦种植区内冬小麦和春小麦的物候期变化趋势，以及物候期变化与生长期内的气温和累积热量发展单位（accumulated thermal development unit，ATDU）的响应关系。Li 等（2014）利用相似统计分析方法对东北地区的玉米物候变化特征进行了解析。相较于其他方法，统计分析方法所需数据更为简单，便于获取，灵活性与可操作性强，可研究长周期、大区域的作物物候，信息量大，是了解历史气候变化背景下作物物候变化趋势最有效的研究方法。但统计模型机理性不足，对许多影响因素考虑不充分，在分离、量化影响物候的因素方面功能性较弱。此外，统计模型在预测未来气候情景下，作物物候的变化趋势方面有较大的局限性。

综上所述，作物物候变化及其影响因素已成为近年来国内外全球变化和资源环境领域的研究热点，但以下方面的研究仍有待于进一步加强和深入。

1）目前的作物物候研究大多只针对作物的少数几个关键物候期（尤其是开花期和成熟期）进行，对我国全国范围内作物全生育期内连续多个物候期的变化研究亟待加强。尽管同种作物不同地区之间物候期的变化趋势存在显著差异，但已有研究仅针对某个地点或地区开展，在全国尺度探讨物候期变化趋势的时空分异特征的相关研究仍然缺乏，未形成一致性结论。

2）在多数气候变化对作物物候的影响研究中，仍将温度作为主要的限制因素。由于作物生长同时受到光照、温度、水分的限制，如果仅考虑单一要素而忽略其他因素的作用，可能会高估单一要素的作用，增大研究结果的不确定性。未来，结合作物模型研究光照、温度、水分等因素对作物物候的综合影响将有助于客观、深入地理解气候变化对物候的作用。

3）气候变化和管理措施同时影响作物生长，但其量化作用和各自的贡献尚不明确。由于作物生长发育同时受到多个因素的综合作用，既有气候变化（光照、温度、水分等）影响，也有管理措施作用，如果忽略了播种期调整、品种更替、施肥和灌溉等管理措施对作物生长的影响，就有可能高估气候变化对作物生长的影响，从而低估人为管理措施缓解气候变化不利影响的能力。受限于研究方法和实测数据，以往研究多基于站点尺度和统计模型，难以定量区分气候变化和管理措施对作物物候的影响。此外，许多研究结果多为确定性结论，没有给出变化的阈值，从而影响到研究结果的客观性。而作物物候变化对产量的作用机制仍有待进一步深入。

鉴于此，本书将利用中国农业气象观测站点1981～2010年长时间序列作物物候观测数据，重点解析我国小麦、玉米、水稻、大豆、棉花、高粱、谷子、油菜和花生的物候时空分异特征，检验作物物候期对光照、温度、水分变化的敏感度；在此基础上，进一步分离并量化了气候变化和人为管理措施对作物物候期的影响。深入理解作物物候对全球气候变化和人为管理措施变化的响应机制，为科学应对气候变化的不利影响，以及保障区域农业可持续发展提供理论依据。

1.3 作物类型与数据来源

我国是农业大国，作物种类丰富，本书选择了小麦、玉米、水稻、大豆四大主粮作物和棉花、高粱、谷子、油菜、花生五种主要的经济作物作为研究对象。2022年，我国小麦、玉米和水稻的总播种面积占全国粮食作物播种面积的83.9%，总产占全国粮食作物总产的94.9%；而大豆的播种面积和产量也分别达到了1024.374万hm^2和2028.35万t（中华人民共和国国家统计局，2023），仅次于小麦、玉米和水稻。此外，2022年我国棉花、高粱、谷子、油菜和花生的产量分别为598.02万t、309.39万t、261.81万t、1553.14万t和1832.95万t，在经济作物中占有至关重要的地位。根据播性和熟制，将小麦分为冬小麦和春小麦；玉米分为春玉米、夏玉米和春夏播玉米；水稻分为单季稻和双季稻；大豆分为春大豆和夏大豆；油菜分为春油菜和冬油菜。

本书用到的作物物候期观测数据来自于中国气象局（http://data.cma.cn/），选取的站点覆盖了对应作物在中国的主要种植区，并详细记录了相关的长时序物候、气候和管理数据，具体如下。

1）1981～2010年小麦四大种植区（春麦区、冬春兼播麦区、北方冬麦区、南方冬麦区）48个站点小麦的10个关键物候期（播种期、出苗期、三叶期、分蘖期、拔节期、孕穗期、抽穗期、开花期、乳熟期、成熟期）数据。

2）1981～2010年玉米四大种植区（北方春玉米区、黄淮平原春夏播玉米区、西北内陆玉米区、西南山地丘陵玉米区）114个站点玉米的8个关键物候期（播种期、出苗期、三叶期、七叶期、拔节期、抽雄期、乳熟期、成熟期）数据。

3）1981～2010年水稻三大种植区（早稻区、晚稻区、中稻区）39个站点水稻的10个关键物候期（播种期、出苗期、三叶期、移栽期、返青期、分蘖期、孕穗期、抽穗期、乳熟期、成熟期）数据，其中早稻和晚稻相同站点共有14个。

4）1992～2011 年大豆三大种植区（北方春大豆区、夏大豆区、南方春大豆区）51 个站点大豆的 6 个关键物候期（播种期、出苗期、三真叶期、开花期、结荚期、成熟期）数据。

5）1991～2000 年棉花主要种植区 26 个站点棉花的 8 个关键物候期（播种期、出苗期、三真叶期、五真叶期、现蕾期、开花期、裂铃期、吐絮期）数据。

6）1992～2010 年高粱主要种植区 14 个站点高粱的 8 个关键物候期（播种期、出苗期、三叶期、七叶期、拔节期、抽穗期、乳熟期、成熟期）数据，其中 2007 年数据缺失。

7）2001～2010 年谷子主要种植区 11 个站点谷子的 6 个关键物候期（播种期、出苗期、三叶期、拔节期、抽穗期、成熟期）数据。

8）1991～2010 年油菜两大种植区（春油菜区、冬油菜区）55 个站点油菜的 7 个关键物候期（播种期、出苗期、五真叶期、现蕾期、抽薹期、开花期、成熟期）数据，其中春油菜数据年限为 1992～2010 年。

9）1991～2010 年花生主要种植区 25 个站点花生的 5 个关键物候期（播种期、出苗期、三真叶期、开花期、成熟期）数据。

在每个农业气象观测站点，生长期内作物每个物候事件发生个体超过 50%时记录相应日期，该日期则为物候期。把年/月/日记录形式的数据转换为每年对应的日序（day of year，DOY），即一年中所处的天数。例如，1 月 1 日对应的 DOY 值为 1，而 12 月 31 日对应的 DOY 值为 365 或 366；DOY 超过 365d 或 366d 表示第一年总的天数加上第二年的相应天数，以便分析。利用作物每个物候期数据，每种作物的营养生长期、生殖生长期和全生育期的生长天数可以被计算出来。

日气候要素数据包括 1981～2010 年各个农业气象观测站的最高、平均和最低气温，日照时数和降水量，同样来自中国气象局（http://data.cma.cn/）。利用日气候要素数据，可以计算不同物候期和生长期内的平均气温、累积降水和累积日照时数。在 1981～2010 年观测期内，对应每种作物的每个物候期而言，响应时段由每个站点该物候期发生日期的平均月份决定；对每个生长期而言，响应时段是每个站点从物候事件开始发生的平均月份到物候事件结束发生的平均月份。

1.4 研 究 方 法

1.4.1 趋势分析

作物物候期和生长期长度的变化趋势，通过建立以年份作为自变量的一元线性回归方程进行计算，具体如下式所示：

$$\mathrm{OP}_{ntk}=\mathrm{TP}_{nk}\times Y_t+\mathrm{int} \tag{1-1}$$

式中，OP_{ntk}表示观测到的第n个站点在第t年的第k个物候期（DOY）或生长期长度（d）；TP_{nk}表示回归方程的斜率，即第n个站点的第k个物候期或生长期长度的变化趋势（d/a）；Y_t表示第t年；int表示截距。回归系数$TP_{nk}>0$表示物候期推迟或生长期长度延长；反之，$TP_{nk}<0$表示物候期提前或生长期长度缩短。利用双尾t检验对回归系数进行显著性检验。

基于观测到的物候期发生日确定生育期的初始日（即播种期发生日）和终止日（即成熟期发生日），利用逐日气象数据计算各站点每年作物物候期/生长期内的平均气温、累积降水、累积日照时数和有效积温，其中有效积温用生长度日（growing degree days，GDD）表示。过去几十年作物物候期/生长期内平均气温、累积降水、累积日照时数和GDD的变化趋势也可以建立类似上式的线性回归方程进行计算。

1.4.2 积温计算

积温是一个分析作物生长的热量指标，本书指日均温度大于10℃期间的日温度总和，具体计算公式如下：

$$\mathrm{GDD}=\sum_{d=d_s}^{d_e}\mathrm{Max}\left(0,T_{\mathrm{d}}-T_{\mathrm{base}}\right) \tag{1-2}$$

式中，d_{e}为结束时的日期；d_{s}是研究阶段开始的日期；T_{d}是日平均气温；T_{base}为作物发育的基准温度，即发育温度下限。

1.4.3 敏感度分析

首先利用一阶差分法去除技术进步对物候变化的影响（Lobell et al.，2005；Verón et al.，2015；Zhang et al.，2013），其次，对物候和气象数据一阶差分值的时间序列进行多元线性回归分析，得到物候对关键气候要素的响应。

$$\Delta\mathrm{Phe}=S_{\mathrm{tem}}\times\Delta\mathrm{Tem}+S_{\mathrm{pre}}\times\Delta\mathrm{Pre}+S_{\mathrm{sun}}\times\Delta\mathrm{Sun}+\mathrm{int} \tag{1-3}$$

式中，$\Delta\mathrm{Phe}$表示作物物候期或生长期长度的一阶差分值；$\Delta\mathrm{Tem}$、$\Delta\mathrm{Pre}$、$\Delta\mathrm{Sun}$分别表示对应时期内平均气温、累积降水、累积日照时数的一阶差分值；int表示截距；S_{tem}、S_{pre}、S_{sun}分别表示作物物候的温度敏感度（d/℃）、降水敏感度（d/mm）和日照时数敏感度（d/h）。

1.4.4 相对贡献度分析

本书中假定物候变化受气候变化和管理措施的共同作用，而气候变化仅由气温、降水和日照时数造成，则仅在气候变化背景下，作物物候的变化趋势利用下式计算：

$$T_{\text{phe,cli}} = S_{\text{tem}} \times T_{\text{tem}} + S_{\text{pre}} \times T_{\text{pre}} + S_{\text{sun}} \times T_{\text{sun}} \tag{1-4}$$

式中，$T_{\text{phe,cli}}$ 表示气候变化对作物物候期或生长期长度变化的单一影响（d/a）；T_{tem}、T_{pre}、T_{sun} 分别表示响应阶段的平均气温（℃/a）、累积降水（mm/a）、累积日照时数（h/a）的变化趋势；其他参数的含义和式（1-3）中相同参数的含义相同。

管理措施的影响则可以从气候变化和管理措施对作物物候的综合作用中剔除气候变化的影响得到，其计算公式如下式所示：

$$T_{\text{phe,man}} = T_{\text{phe}} - T_{\text{phe,cli}} \tag{1-5}$$

式中，T_{phe} 表示站点观测到的作物物候期或生长期长度的变化趋势（d/a），即气候变化和管理措施的综合影响；$T_{\text{phe,man}}$ 表示管理措施变化对作物物候期或生长期长度变化的单一影响，特别是播种期调整和品种更替的影响。$T_{\text{phe,man}} < 0$ 表示管理措施变化（尤其是播种期调整和品种更替）对作物物候期、生长期长度或产量变化的影响为负；$T_{\text{phe,man}} > 0$ 表示管理措施变化对作物物候期、生长期长度或产量变化的影响为正。分别对所有作物站点的每个物候期、生长期的 T_{phe} 和 $T_{\text{phe,cli}}$ 的平均值进行双样本成组 t 检验，$P<0.05$ 表示 $T_{\text{phe,man}}$ 统计上是显著的。

根据式（1-4）可知仅在气候变化背景下作物物候的变化趋势由三部分构成，分别来自温度、降水和日照时数。以温度为例，温度变化对某一作物物候期或生长期长度变化趋势的相对贡献度（RC_{tem}）如下式所示：

$$\text{RC}_{\text{tem}} = \frac{S_{\text{tem}} \times T_{\text{tem}}}{\left|S_{\text{tem}} \times T_{\text{tem}}\right| + \left|S_{\text{pre}} \times T_{\text{pre}}\right| + \left|S_{\text{sun}} \times T_{\text{sun}}\right|} \times 100\% \tag{1-6}$$

式中，参数的含义同式（1-3）和式（1-4）。同理，可计算出降水变化和日照时数变化对相应作物物候期或生长期长度变化趋势的相对贡献度，分别记作 RC_{pre} 和 RC_{sun}。针对特定作物物候期、生长期长度，某一作物种植类型的温度变化的平均相对贡献度（$\overline{\text{RC}}_{\text{tem}}$）如下式所示：

$$\overline{\text{RC}}_{\text{tem}} = \frac{\frac{1}{n}\sum_{i=1}^{n} S_{\text{tem},i} \times T_{\text{tem},i}}{\left|\frac{1}{n}\sum_{i=1}^{n} S_{\text{tem},i} \times T_{\text{tem},i}\right| + \left|\frac{1}{n}\sum_{i=1}^{n} S_{\text{pre},i} \times T_{\text{pre},i}\right| + \left|\frac{1}{n}\sum_{i=1}^{n} S_{\text{sun},i} \times T_{\text{sun},i}\right|} \times 100\% \tag{1-7}$$

式中，n 表示同一种植类型的站点数目；$S_{\text{tem},i}$、$S_{\text{pre},i}$、$S_{\text{sun},i}$ 分别表示第 i 个站点的作物对温度变化、降水变化和日照时数变化的敏感度；$T_{\text{tem},i}$、$T_{\text{pre},i}$、$T_{\text{sun},i}$ 分别

表示第 i 个站点作物的响应时段内温度、降水和日照时数的变化趋势。同理，可计算出某一作物种植类型的降水变化和日照时数变化的平均相对贡献度，分别记作 $\overline{\mathrm{RC}}_{\mathrm{pre}}$ 和 $\overline{\mathrm{RC}}_{\mathrm{sun}}$。

类似地，根据式（1-5）可知观测到的作物物候变化趋势同时受到气候变化和管理措施的影响，气候变化对某一作物物候期或生长期长度变化趋势的相对贡献度（$\mathrm{RC}_{\mathrm{cli}}$）如下式所示：

$$\mathrm{RC}_{\mathrm{cli}}=\frac{T_{\mathrm{phe,cli}}}{\left|T_{\mathrm{phe,cli}}\right|+\left|T_{\mathrm{phe,man}}\right|}\times 100\% \tag{1-8}$$

式中，参数的含义同式（1-4）和（1-5）。同理，可计算出管理措施对相应作物物候期、生长期长度变化趋势的相对贡献，记作 $\mathrm{RC}_{\mathrm{man}}$。针对特定作物物候期、生长期长度，某一作物种植类型的气候变化的平均相对贡献度（$\overline{\mathrm{RC}}_{\mathrm{cli}}$）如下式所示：

$$\overline{\mathrm{RC}}_{\mathrm{cli}}=\frac{\frac{1}{n}\sum_{i=1}^{n}T_{\mathrm{phe}_{\mathrm{cli}},i}}{\left|\frac{1}{n}\sum_{i=1}^{n}T_{\mathrm{phe}_{\mathrm{cli}},i}\right|+\left|\frac{1}{n}\sum_{i=1}^{n}T_{\mathrm{phe}_{\mathrm{man}},i}\right|}\times 100\% \tag{1-9}$$

式中，n 表示同一种植类型的站点数目；$T_{\mathrm{phe}_{\mathrm{cli}},i}$ 和 $T_{\mathrm{phe}_{\mathrm{man}},i}$ 分别表示第 i 个站点的气候变化和管理措施的变化趋势。同理，可计算出某一作物种植类型管理措施的平均相对贡献度，记作 $\overline{\mathrm{RC}}_{\mathrm{man}}$。后文若无特别说明，均使用相对贡献度简称平均相对贡献度。

第2章　小麦物候变化及归因分析

2.1　小麦研究区概况

2.1.1　小麦种植情况

小麦是我国三大粮食作物之一，在我国农业生产和粮食安全中具有重要地位。我国小麦种植区域范围广、面积大。由于各地气候、土壤等自然环境条件的差异，以及品种类型、种植制度和生产管理水平的不同，历史上中国学者曾多次根据当时的自然和生产条件对小麦种植区域进行划分（中国农业科学院，1979；金善宝，1996）。近年，赵广才（2010a，2010b）根据我国小麦播性（即春播、秋播）将小麦种植区划分为春（播）麦区、北方冬（秋播）麦区、南方冬（秋播）麦区和冬春兼播麦区 4 个主区。①春麦区主要在长城以北、岷山-大雪山以西地区。该区≥10℃积温约为 2700℃·d，年极端最低气温可达–30℃，小麦不能安全过冬，因此种植春小麦。该地区通常为一年一熟制。年降水量空间差异较大，降水量少的地区年降水量仅约为 200mm，通常全生育期内降水不能满足小麦生长需求，需要灌溉。②北方冬麦区基本在长城以南、岷山以东、秦岭-淮河以北的地区，包括山东、河南、河北、山西和陕西大部分地区，甘肃的东部和南部地区及苏北和皖北地区，其小麦种植面积约占全国小麦总种植面积的 60%，是我国小麦的主产区。该地区全年≥10℃积温约为 4050℃·d，年降水量 440～980mm，多集中于 7 月和 8 月，春季多干旱。该区种植制度多为一年两熟，在其北部地区多为两年三熟，旱地存在一年一熟。③南方冬麦区位于秦岭-淮河以南、折多山以东地区，包括福建、江西、广东、海南、广西、湖南、湖北、贵州、台湾等省份。此外，南方冬麦区还包括云南、四川、江苏、安徽的大部地区和河南的南部地区。该地区全年≥10℃积温约为 5750℃·d，年降水量通常大于 1000mm，该地区粮食作物以水稻为主，小麦种植通常与水稻轮作，主要种植方式有稻-麦两熟、稻-稻-麦三熟等。④冬春兼播麦区位于我国西部边境地区，包括新疆、西藏的全部和青海的大部分地区，以及甘肃、四川和云南的部分地区。全区地势复杂，多为高海拔地区，气候类型多样，≥10℃积温约为 2050℃·d，降水量除川西和藏南谷地外均较少，但可利用水资源（冰山雪水、地表径流、地下水）较为丰富。在冬春兼播麦区的不同地区，小麦主导类型仍有差异，在北疆、川西、云南、甘肃部分地区，多以春小麦为主，在南疆和西藏以冬小麦为主。

在 4 个小麦种植主区的基础上，又根据气候、地理状况、小麦生育进程和生产管理等将小麦 4 个种植主区进一步划分为 10 个种植亚区：北方冬麦区包括北部冬麦区、黄淮冬麦区 2 个种植亚区；南方冬麦区包括长江中下游冬麦区、西南冬麦区和华南冬麦区 3 个种植亚区；春麦区包括东北春麦区、北部春麦区、西北春麦区 3 个种植亚区；冬春兼播麦区进一步划分为新疆冬春兼播麦区和青藏春冬兼播麦区 2 个种植亚区（赵广才，2010a，2010b）。小麦种植区的气候条件、土壤状况、小麦的种植状况具体见表 2.1。

本书根据赵广才（2010a，2010b）小麦种植区划的 4 个种植主区，选择覆盖了我国小麦 4 个种植主区代表性的 48 个农业气象观测站点，解析中国小麦物候变化及归因。其中，南方冬麦区内有 5 个站点；北方冬麦区内有 22 个站点；春麦区内有 6 个站点；冬春兼播麦区内有 15 个站点（7 个站点种植冬小麦，8 个站点种植春小麦）。农业气象观测站点的观测数据包括 1981～2010 年长时间序列春小麦和冬小麦物候期：播种期、出苗期、三叶期、分蘖期、拔节期、孕穗期、抽穗期、开花期、乳熟期和成熟期共 10 个物候期。小麦种植区内站点的具体情况及其研究时段（1981～2010 年）内的小麦物候数据及物候期/生长期内气候要素平均值见表 2.2 和表 2.3。中国小麦种植区及站点分布见图 2.1。

2.1.2 小麦物候期定义与观测标准

本书选择的小麦物候期包括播种期、出苗期、三叶期、分蘖期、拔节期、孕穗期、抽穗期、开花期、乳熟期和成熟期（表 2.3）。小麦各物候期的定义和观测标准如下。

播种期：小麦播种的日期。

出苗期：从芽鞘中露出第一片绿色的小叶，长约 2.0cm，条播竖看显行。

三叶期：从第二叶叶鞘中露出第三叶，叶长为第二叶的一半。

分蘖期：叶鞘中露出第一分蘖的叶尖 0.5～1.0cm。

拔节期：茎基部节间伸长，露出地面 1.5～2.0cm 时为拔节期。此时穗分化进入小花分化期。

孕穗期：旗叶全部抽出叶鞘。

抽穗期：从旗叶叶鞘中露出穗的顶端，有的穗于叶鞘侧弯曲露出。

开花期：在穗中部小穗花朵颖壳张开，露出花药，散出花粉。遇阴雨天气外颖不张开，需小心地剥开颖壳进行观测。

乳熟期：穗中部籽粒达到正常大小，呈黄绿色。内含物充满乳状浆液。

成熟期：80%以上籽粒变黄，颖壳和茎秆变黄，仅上部第一、第二节仍呈微绿色。

表 2.1　中国小麦种植区划及种植区基本情况

种植主区	种植亚区	气候类型	种植制度	区域平均海拔（m）	年平均气温（℃）	≥10℃积温（℃·d）	年降水量（mm）	年累积日照时数（h）	播种期	收获期	土壤类型
北方冬麦区	北部冬麦区	大陆性半干旱气候	两年三熟为主，一年两熟（面积扩大）	500	—	3500	440～710	2000～2200	9月中旬至10月中旬	6月中旬至7月上旬	褐土、黄绵土、盐渍土等
	黄淮冬麦区	大陆半湿润性气候	一年两熟为主，部分地区两年三熟或一年一熟	200	9.0～15.0	4100	520～980	1829～2770	9月中旬至10月中旬	5月下旬至6月上旬	—
南方冬麦区	长江中下游冬麦区	北亚热带季风气候	一年两熟或三熟	50（平原）；500 ～ 1000（山地丘陵）	15.2～17.7	5300	1600～1800	1521～2374	10月下旬至11月中旬	5月底前后	褐土、棕壤、黄壤、黄褐土、红壤
	西南冬麦区	亚热带湿润季风气候	一年一熟、一年两熟、一年三熟	—	—	4850	1100 左右	400～1000	8月下旬至11月上旬	5月上旬至7月中旬	红壤、黄壤、紫色土
	华南冬麦区	亚热带湿润季风气候	一年三熟、一年两熟熟、二年三熟	—	16～24	7200	1500	1700～2400	10月下旬至11月上旬	3月上旬至4月中旬	红壤、黄壤
春麦区	东北春麦区	中温带向寒温带过渡的大陆性气候	一年一熟	50～400	-6.0～7.0	2730	600	800～1200	3月中旬至4月下旬	7月初至8月下旬	黑钙土、草甸土、沼泽土、盐渍土
	北部春麦区	大陆性气候	一年一熟	3～2100	1.4～13.0	2600	200～600	1000～1200	3月中旬至4月中旬	7月下旬至8月下旬	栗钙土、黄土、河套冲积土
	西北春麦区	温带大陆性气候	一年一熟	1000～2500	5.0～10.0	3150	200～400	1000～1300	3月中旬至4月上旬	7月下旬至8月中旬	棕钙土、灰钙土

续表

种植主区	种植亚区	气候类型	种植制度	区域平均海拔（m）	年平均气温（℃）	≥10℃积温（℃·d）	年降水量（mm）	年累积日照时数（h）	播种期	收获期	土壤类型
冬春兼播麦区	新疆冬春兼播麦区	温带大陆性气候	北疆：一年一熟；南疆：一年两熟，多为小麦套种玉米或复播玉米	种植区主要在盆地中部冲积平原、山间谷地和低山丘陵，种植海拔最低为–154m	—	3550	145	2500～3600	北疆：4月上旬至中旬；南疆：9月下旬至10月上旬	北疆：7月下旬至8月中旬；南疆：6月中下旬	灰钙土、灌淤土、棕漠土、棕钙土、灰棕土、灰钙土、灰漠土
	青藏春冬兼播麦区	高原山地气候和亚热带季风气候	藏南：一年一熟（河谷地带）、一年两熟或三熟（峡谷低地）	＞2600	–5.7～10.0	1290	16.0～1000	＞3000	春小麦：3月下旬至4月中旬；冬小麦：9月下旬至10月上旬	春小麦：9月；冬小麦：8月中旬至9月上旬	草甸土

注：引自赵广才（2010a，2010b）；—表示参考文献中未涉及该内容

表 2.2　小麦种植区农业气象站点基本情况

小麦种植区	作物	省份	站点	E（°）	N（°）	海拔（m）	播种密度（株/m^2）	行间距（cm）	播种深度（cm）	灌溉时间及灌溉量（DOY#mm）	施肥时间及施肥量（DOY#kg/hm^2）
北方冬麦区	冬小麦	河南	固始	115.67	32.17	57.1	390～411	20	4～4.5	130～316#30～68	113～273#70～75
			黄泛	114.4	33.75	52.6					
			卢氏	111.02	34	568.8					
			南阳	112.58	33.03	129.2					
			内乡	111.87	33.05	250.3					
			汝州	112.83	34.18	136.4					
			商丘	115.67	34.45	50.1					
			汤阴	114.35	35.93	75.5					
			新乡	113.82	35.17	72.7					
			信阳	114.08	32.12	114.5					
			郑州	113.67	34.82	110.4					
			驻马店	114.02	33.00	82.7					
		山东	菏泽	115.43	35.25	42.7					
			惠民	117.52	37.5	11.3					
			济宁	116.58	35.43	51.6					
			莱阳	120.7	36.93	65.2					
			聊城	115.95	36.42	42.7					
			临沂	118.35	35.05	37.2					
			泰安	117.15	36.17	51.6					
			潍坊	119.18	36.75	44.1					
			文登	122.03	37.18	46.6					
			淄博	118	36.83	68.4					
春麦区	春小麦	内蒙古	察哈尔右翼中旗	112.62	41.27	1416.5	374～554	20	3～3.5	74～169#21～80	72～170#20～90
			固阳	110.05	41.03	1067.2					
			临河	107.4	40.75	1039.3					

续表

小麦种植区	作物	省份	站点	E（°）	N（°）	海拔（m）	播种密度（株/m²）	行间距（cm）	播种深度（cm）	灌溉时间及灌溉量（DOY#mm）	施肥时间及施肥量（DOY#kg/hm²）
春麦区	春小麦	内蒙古	土默特左旗	111.15	40.68	1063	374～554	20	3～3.5	74～169#21～80	72～170#20～90
			乌拉特前旗	108.65	40.73	1288.2					
			武川	111.45	41.1	1602.2					
冬春兼播麦区	春小麦	青海	德令哈	97.37	37.37	2981.5	430～531	20	3	86～204#40～50	84～167#35～85
			湟源	101.23	36.68	2261.2					
			诺木洪	96.42	36.43	2790.4					
			恰卜恰	100.62	36.27	2835					
		新疆	阿勒泰	88.08	47.73	735.3					
			巴里坤	93	43.6	1637.6					
			博乐	82.07	44.9	531.9					
			昭苏	81.13	43.15	1848.6					
	冬小麦	新疆	巴楚	78.57	39.8	1116.5	435～531	20	3	138～276#27～63	134～270#40～80
			昌吉	87.3	44.02	440.5					
			和田	79.93	37.13	1374.6					
			喀什	75.98	39.47	1288.7					
			莎车	77.27	38.43	1231.2					
			新源	83.3	43.45	1105.2					
			于田	81.67	36.87	1427					
南方冬麦区	冬小麦	贵州	赫章	104.73	27.13	1510.6	300～359	20	3.5～4.5	88～304#20～38	91～302#28～89
			正安	107.45	28.55	679.7					
		云南	大理	100.18	25.7	1990.5					
			德宏	98.58	24.43	775.6					
			玉溪	102.55	24.35	1636.5					

表 2.3　小麦物候数据及物候期/生长期内气候要素平均值

小麦种类（站点数）	物候期/生长期	物候期/生长期（d）	平均气温（℃）	累积降水（mm）	累积日照时数（h）
春小麦（14）	播种期	96.1±12.7	8.9±3.6	81.9±110.1	206.6±116.3
	出苗期	115.8±9.8	13.2±3.2	63.6±92.4	255.2±91.8
	三叶期	129.3±8.8	13.8±3.3	67.6±95.2	254.3±94.4
	分蘖期	141.0±10.5	16.6±3.3	68.8±90.9	252.4±90.1
	拔节期	156.5±11.4	17.7±3.5	76.4±95.2	246.6±93.7
	孕穗期	166.7±12.3	18.6±2.9	80.2±95.0	250±94.4
	抽穗期	175.4±13.0	18.9±2.9	78.8±95.0	252.6±94.4
	开花期	182.3±13.7	19.2±3.3	77.4±95.0	256.4±91.5
	乳熟期	201.9±16.8	18.5±4.1	72.5±97.5	253.6±93.3
	成熟期	218.9±18.3	16.6±4.7	71.3±98.0	240.1±93.2
	营养生长期	85.6±18.3	13.0±4.1	77.8±68.7	599.9±384.0
	生殖生长期	38.4±15.0	17.7±3.8	71.3±86.8	443.3±452.7
	全生育期	123.0±22.1	15.8±2.7	153.4±101.6	1118.9±165.4
冬小麦（34）	播种期	283.9±13.9	11.1±4.5	41.5±75.3.	184.3±59.7
	出苗期	294.3±14.9	8.1±3.8	29.9±51.2	176.8±58.4
	三叶期	306.8±15.4	5.9±3.9	22.6±43.3	169.8±56.8
	分蘖期	315.6±15.6	4.6±3.3	14.7±28.8	167.3±55.0
	拔节期	450.4±28.0	14.8±5.1	50.2±97.6	215.8±157.5
	孕穗期	467.2±24.7	17.8±4.9	62.6±113.2	231.2±156.0
	抽穗期	477.0±22.8	19.0±5.1	79.5±129.9	230.8±154.2
	开花期	483.6±21.5	20.2±4.7	80.8±124.3	228.7±153.9
	乳熟期	503.1±19.7	22.7±5.1	97.8±140.8	221.3±59.0
	成熟期	518.7±18.1	23.7±5.1	116.8±159.2	215.1±61.7
	营养生长期	200.7±32.1	6.6±1.9	110.8±92.3	1068.7±412.2
	生殖生长期	36.1±6.8	20.5±2.4	66.6±86.3	273.8±138.8
	全生育期	235.7±28.0	8.7±2.4	187.0±114.1	1399.2±401.5

注：表内物候期数据为 DOY 值，同类表格余同

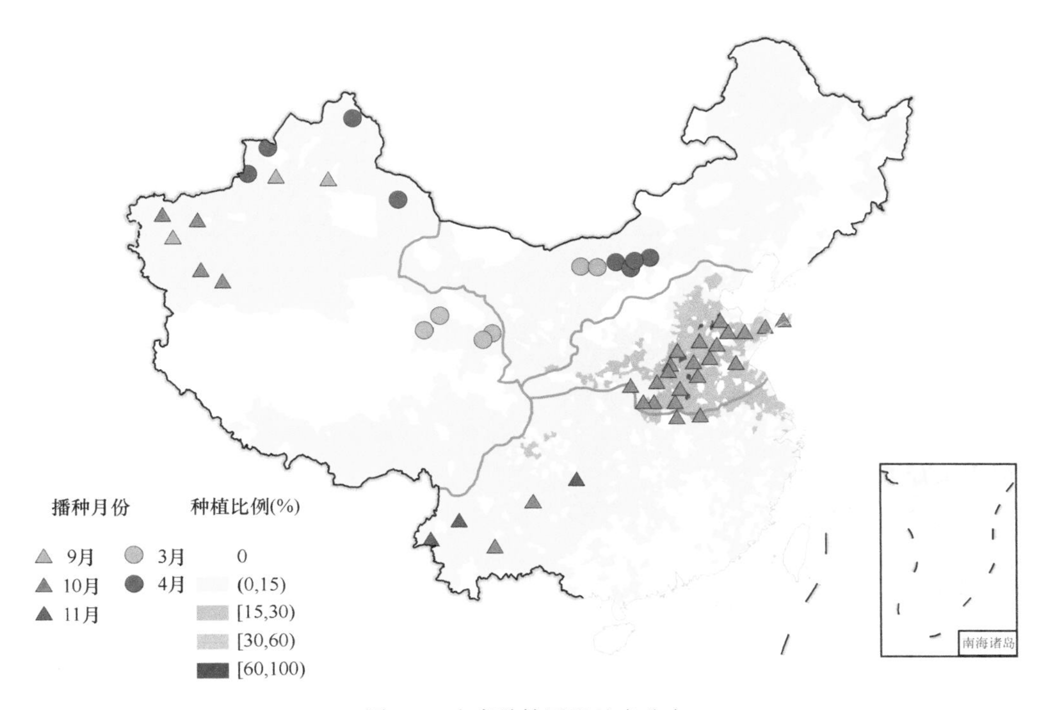

图 2.1　小麦种植区及站点分布

本书小麦所有物候期分为 3 个关键的生长期，分别为营养生长期（出苗期至开花期）、生殖生长期（开花期至成熟期）、全生育期（播种期至成熟期）。

2.2　小麦生长期内气候要素变化

2.2.1　气候要素时间变化特征

1981～2010 年小麦全生育期内平均气温、累积降水、累积日照时数和 GDD 时间变化如图 2.2 所示。

在全国尺度上，春小麦、冬小麦全生育期内的平均气温和 GDD 总体呈增加趋势，平均气温平均每年分别增加 0.05℃和 0.03℃；GDD 平均每年分别增加 5.77℃·d 和 3.46℃·d。而累积降水和累积日照时数总体呈减少趋势，累积降水平均每年分别降低 0.37mm 和 0.48mm；累积日照时数平均每年分别降低 1.71h 和 4.08h。春小麦、冬小麦全生育期内气候要素变化趋势的差异主要体现在变化幅度上。具体而言，春小麦和冬小麦的全生育期内平均气温的平均增加幅度分别为 0.05～0.06℃/a 和 0.03～0.05℃/a；GDD 的平均增加幅度分别为 5.04～6.97（℃·d）/a 和 0.86～9.55（℃·d）/a；累积日照时数均呈减少趋势，平均减少幅度分别为 0.42～3.24h/a、0.60～

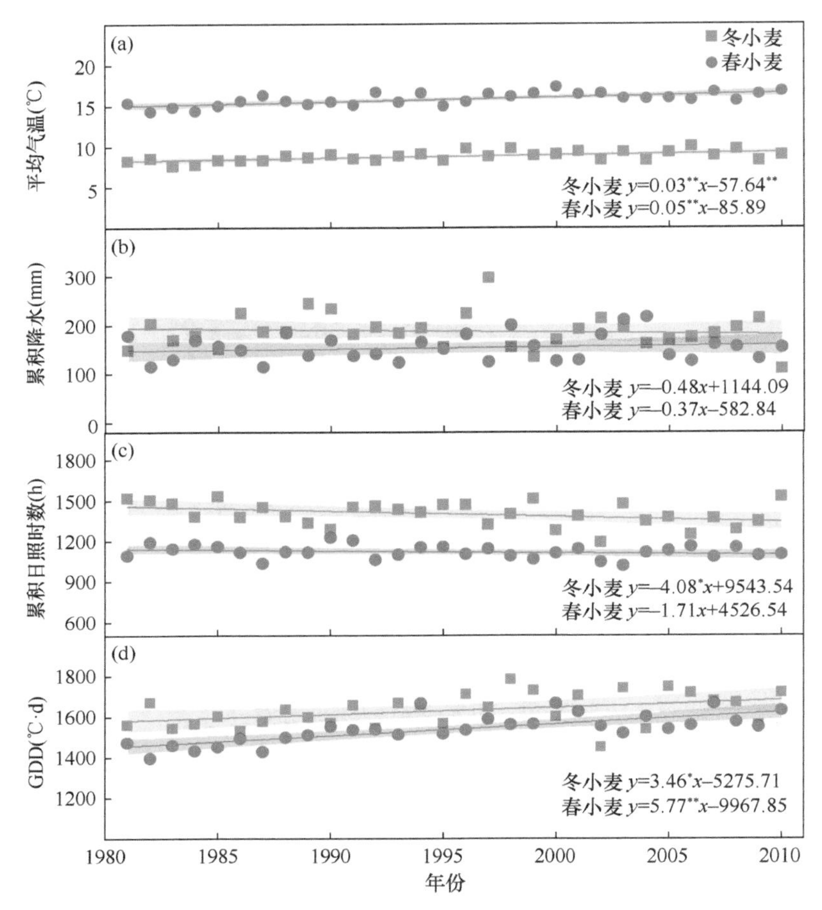

图 2.2 1981～2010 年小麦全生育期内平均气温（a）、累积降水（b）、累积日照时数（c）和 GDD（d）年际变化趋势

*表示通过 0.05 显著性水平检验；**表示通过 0.01 显著性水平检验，下同

5.12h/a；春小麦和冬小麦的全生育期累积降水无明显差异，不同麦区春小麦、冬小麦变化趋势不同：冬春兼播麦区春小麦和冬小麦全生育期内累积降水平均增加幅度分别为 0.77mm/a 和 0.70mm/a，而春麦区春小麦、北方冬麦区冬小麦、南方冬麦区冬小麦的全生育期内累积降水的平均减少幅度则依次为 0.15mm/a、0.83mm/a 和 1.52mm/a。

在站点尺度上，春小麦和冬小麦物候期和生长期内气候要素平均变化趋势见表 2.4。对于春小麦，全生育期内平均气温呈上升趋势；除生殖生长期外，各物候期和生长期内平均气温呈上升趋势，在 0.03～0.09℃/a。全生育期内累积降水呈减少趋势，平均每年减少 1.11mm。累积降水在出苗期到拔节期呈减少趋势，其中分蘖期平均减少趋势最大，为−0.26mm/a。全生育期累积日照时数呈减少趋势，为−4.74h/a。各物候期中，乳熟期累积日照时数下降趋势最为显著，为 0.42h/a。对于冬小麦，除播种期和拔节期到抽穗期平均气温呈下降趋势，各生长期和其余物候期的相应平均气温均呈增加趋势，其中，全生育期平均气温每年增加 0.07℃。全生育期内累积降水呈减少趋势，为–0.7mm/a，营养生长期内累积降水下降，生殖生长期内累积降水呈增加趋势；对于各物候期，除孕穗期、开花期和乳熟期降水呈增加趋势外，其余物候期相应的累积降水均呈下降趋势，播种期内累积降水下降最为明显。除了出苗期、三叶期，各物候期的累积日照时数呈下降趋势，其中拔节期累积日照时数下降趋势最为显著，为–2.08h/a；全生育期累积日照时数平均每年下降 4.19h。

表 2.4　1981～2010 年小麦各物候期和生长期内气候要素平均变化趋势

小麦种类（站点数）	物候期/生长期	T_{tem}（℃/a）	T_{pre}（mm/a）	T_{sun}（h/a）
春小麦（14）	播种期	0.09	0.12	0.18
	出苗期	0.03	–0.01	0.05
	三叶期	0.06	–0.05	0.2
	分蘖期	0.04	–0.26	0.27
	拔节期	0.06	–0.04	0.17
	孕穗期	0.05	0.12	–0.20
	抽穗期	0.06	0.09	–0.21
	开花期	0.04	–0.13	–0.38
	乳熟期	0.04	–0.03	–0.42
	成熟期	0.05	0.15	–0.31
	营养生长期	0.04	–0.67	–4.61
	生殖生长期	–0.01	–0.29	0.09
	全生育期	0.03	–1.11	–4.74
冬小麦（34）	播种期	–0.02	–0.68	–0.37
	出苗期	0.01	–0.15	0.10
	三叶期	0.06	–0.09	0.04
	分蘖期	0.03	–0.04	–0.07
	拔节期	–0.002	–0.23	–2.08
	孕穗期	–0.01	0.14	–1.58
	抽穗期	–0.0004	–0.37	–1.51
	开花期	0.02	0.003	–1.71
	乳熟期	0.04	0.44	–0.60
	成熟期	0.01	–0.46	–0.42
	营养生长期	0.04	–0.74	–4.52
	生殖生长期	0.04	0.21	2.66
	全生育期	0.07	–0.7	–4.19

注：T_{tem}、T_{pre}、T_{sun} 分别表示响应阶段内平均气温、累积降水、累积日照时数的变化趋势

2.2.2 气候要素空间变化特征与区域分异

1981～2010 年小麦全生育期内平均气温、累积降水、累积日照时数和 GDD 空间变化特征与区域分异如图 2.3、图 2.4 和表 2.5 所示。1981～2010 年中国小麦种植全区全生育期内年平均气温、累积降水、累积日照时数和 GDD 分别为 10.8℃、180.9mm、1315h 和 1603℃·d。小麦全生育期内气候要素受小麦全生育期长度和地理环境的综合影响，不同种植区间有显著差异。春麦区的小麦全生育期内平均气温和 GDD 高于冬麦区和冬春兼播麦区。冬麦区小麦全生育期内平均气温随纬度北移而下降。春麦区、南方冬麦区、北方冬麦区和冬春兼播麦区的小麦全生育期内平均气温分别为 17.2℃、12.0℃、8.8℃和 10.7℃。但北方冬麦区小麦全生育期内 GDD 与南方冬麦区小麦全生育期内 GDD 差别不大，分别为 1609℃·d 和 1605℃·d，冬春兼播麦区小麦全生育期内 GDD 最小，为 1584℃·d。小麦全生育期内累积降水由东南向西北内陆递减，冬春兼播麦区小麦生长期内累积降水最低，区域平均累积降水仅为 128.1mm。但冬春兼播麦区小麦全生育期内累积日照时数在 4 个麦区中最高，为 1497h，南方冬麦区小麦全生育期内累积日照时数最低，仅为 877h。

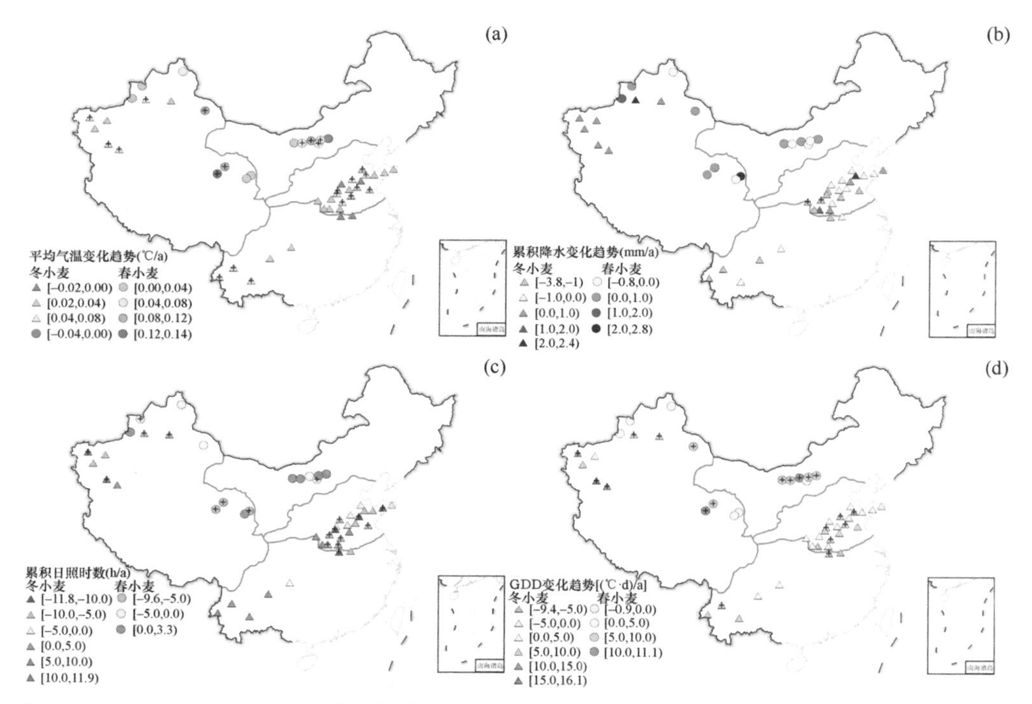

图 2.3 1981～2010 年小麦全生育期内平均气温（a）、累积降水（b）、累积日照时数（c）和 GDD（d）空间变化趋势

+表示通过 0.05 显著性水平检验

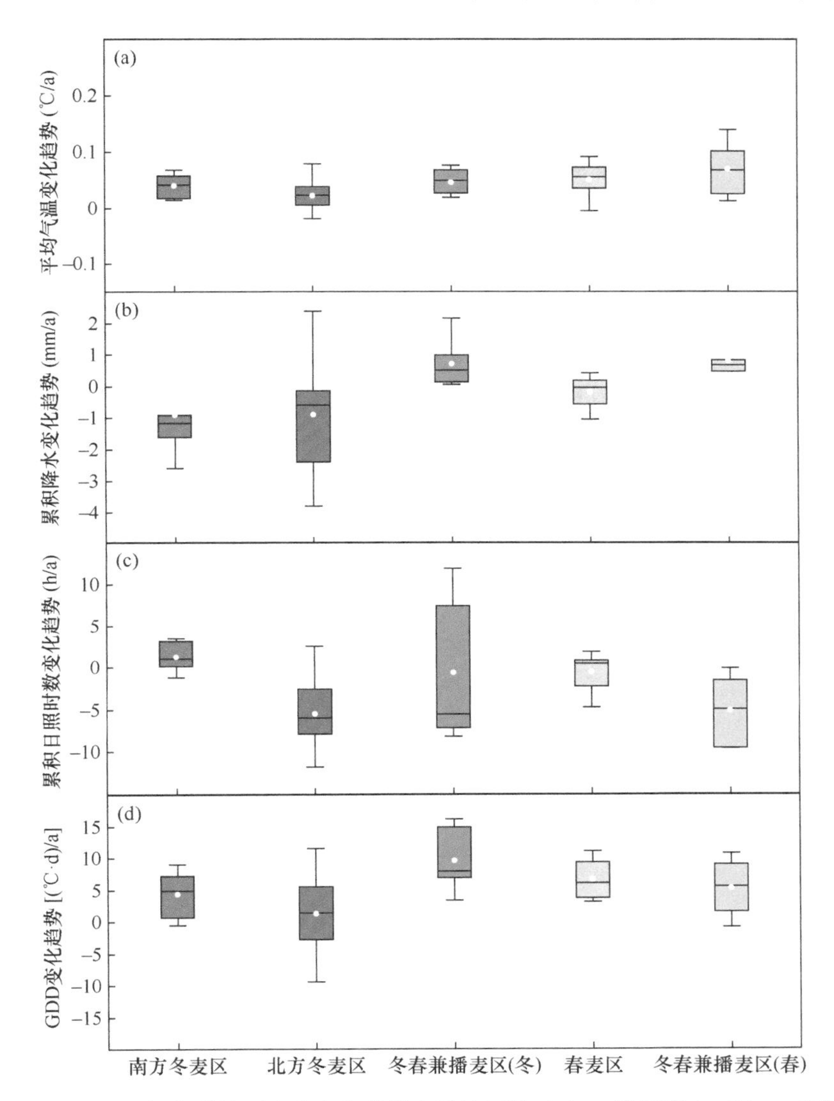

图 2.4　1981～2010 年各种植区小麦全生育期内平均气温（a）、累积降水（b）、累积日照时数（c）和 GDD（d）变化趋势

箱线图的上下轴须表示变化趋势 5～95 百分位区间，箱体表示变化趋势的第 25 百分位数、中位数和第 75 百分位数，箱体中的横线表示变化趋势的中值，白点表示变化趋势的中位数，下同

表 2.5　1981～2010 年各种植区小麦生长期内平均气温、累积降水、累积日照时数和 GDD

小麦种植区	平均气温（℃）	累积降水（mm）	累积日照时数（h）	GDD（℃·d）
北方冬麦区	8.8±0.83	223.5±71.5	1357±233.4	1609±100.9
南方冬麦区	12.0±2.73	195.1±80.2	877±408.6	1605±226.7
春麦区	17.2±1.87	144.7±75.3	1067±93.6	1629±201.5

续表

小麦种植区	平均气温（℃）	累积降水（mm）	累积日照时数（h）	GDD（℃·d）
冬春兼播麦区	10.7±4.97	128.1±108.7	1497±397.0	1584±223.0
小麦全区	10.8±3.99	180.9±94.3	1315±355.1	1603±226.7

从空间分布特征上看，有 43/48 的站点观测到小麦生长期内的平均气温在显著上升，其中春小麦全生育期内平均气温的上升幅度为 0.03～0.09℃/a，普遍大于冬小麦全生育期内的平均气温的上升幅度（0～0.06℃/a）。小麦全生育期内 GDD 的变化趋势和平均气温的变化趋势非常相似，绝大多数站点（38/48）观测到小麦全生育期内 GDD 在显著上升。大部分站点小麦全生育期内累积降水和累积日照时数的变化趋势以减少为主（累积降水：27/48，累积日照时数：32/48）。对各种植区而言，小麦全生育期内平均气温和 GDD 总体呈增加趋势，分别为 0.02～0.07℃/a 和 1.28～9.55（℃·d）/a。在冬春兼播麦区内春小麦、冬小麦全生育期内累积降水的变化趋势都以增加为主，为 0.70～0.79mm/a，北方冬麦区和南方冬麦区的冬小麦全生育期内累积降水的变化趋势均以减少为主，为–0.90～0.19mm/a；相较于冬麦区，春麦区累积降水增加和减少的站点数目相同且变化幅度都较小。除南方冬麦区小麦生长期内累积日照时数呈增加趋势，其余麦区小麦全生育期内累积日照时数均呈下降趋势，其中，北方冬麦区小麦全生育期内累积日照时数的减少幅度最大，为–5.47h/a；少部分站点呈现增加的变化趋势，但这些站点的增加趋势多数不显著且变化幅度要小于同一种植区内其他站点减少趋势的幅度。小麦各分区站点在各生长期的气候要素变化趋势范围见附表 1～附表 4。

2.3 小麦物候变化特征

2.3.1 小麦物候期变化特征

1. 小麦物候期时间变化特征

1981～2010 年春小麦和冬小麦播种期、出苗期、三叶期、分蘖期、拔节期、孕穗期、抽穗期、开花期、乳熟期和成熟期变化如图 2.5 所示。平均来说，在全国范围内，春小麦播种期和出苗期均呈推迟趋势（图 2.5a、b），平均推迟幅度分别为 0.08d/a 和 0.05d/a；而三叶期、分蘖期、拔节期、孕穗期、抽穗期、开花期、乳熟期和成熟期均呈提前趋势（图 2.5c～j），平均提前幅度依次为 0.03d/a、0.12d/a、0.11d/a、0.35d/a、0.35d/a、0.30d/a、0.01d/a 和 0.17d/a。冬小麦播种期、出苗期、三叶期、分蘖期和乳熟期均呈推迟趋势（图 2.5a～d 和 2.5i），平均推迟幅度分别为 0.26d/a、0.10d/a、0.13d/a、0.01d/a 和 0.02d/a；拔节期、孕穗期、抽穗期、开花期和成熟期均呈提前趋势（图 2.5e～h 和 2.5j），平均提前幅度依次为 0.28d/a、0.34d/a、0.31d/a、0.29d/a 和 0.15d/a。

2. 小麦物候期空间变化特征与区域分异

1981～2010 年我国不同种植区内小麦播种期、出苗期、三叶期、分蘖期、拔节期、孕穗期、抽穗期、开花期、乳熟期和成熟期如表 2.6 所示。我国春小麦物候期空间差异较小，春麦区和冬春兼播麦区的春小麦物候期差异基本在 10d 以内。例如，春麦区和冬春兼播麦区的春小麦播种期 DOY 基本为 90～100d，出苗期为

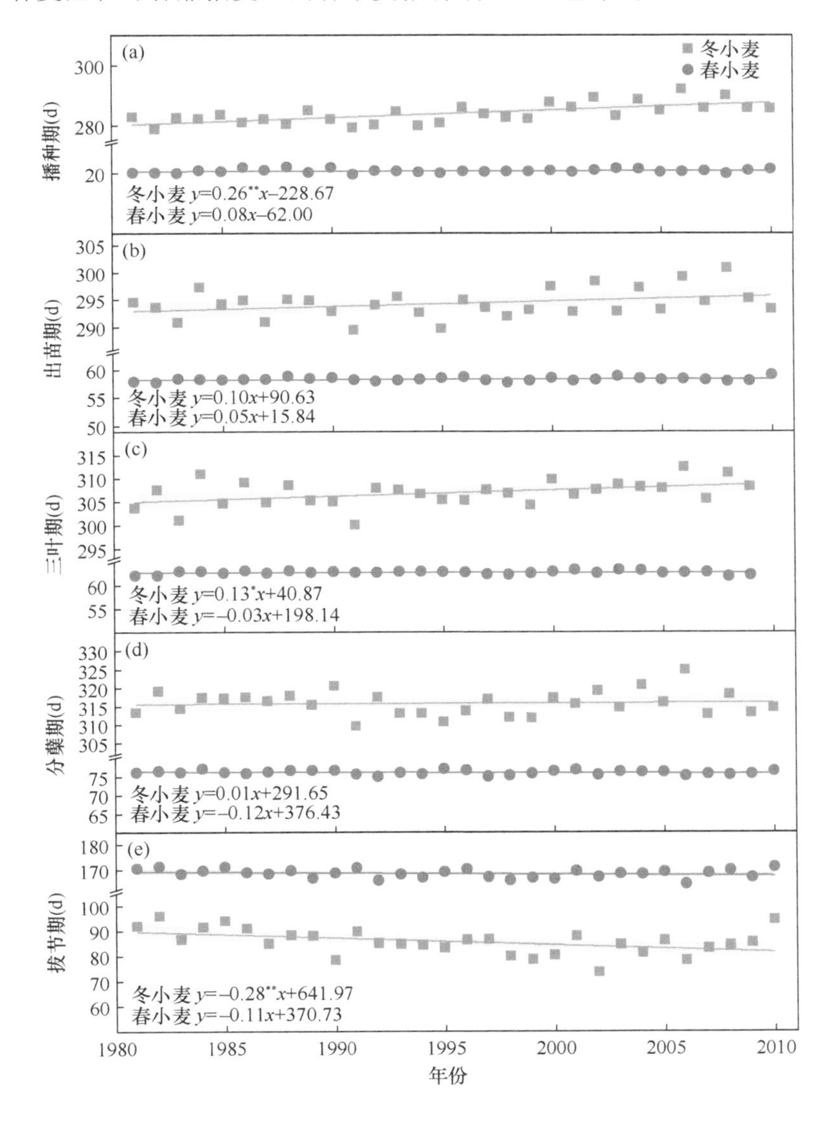

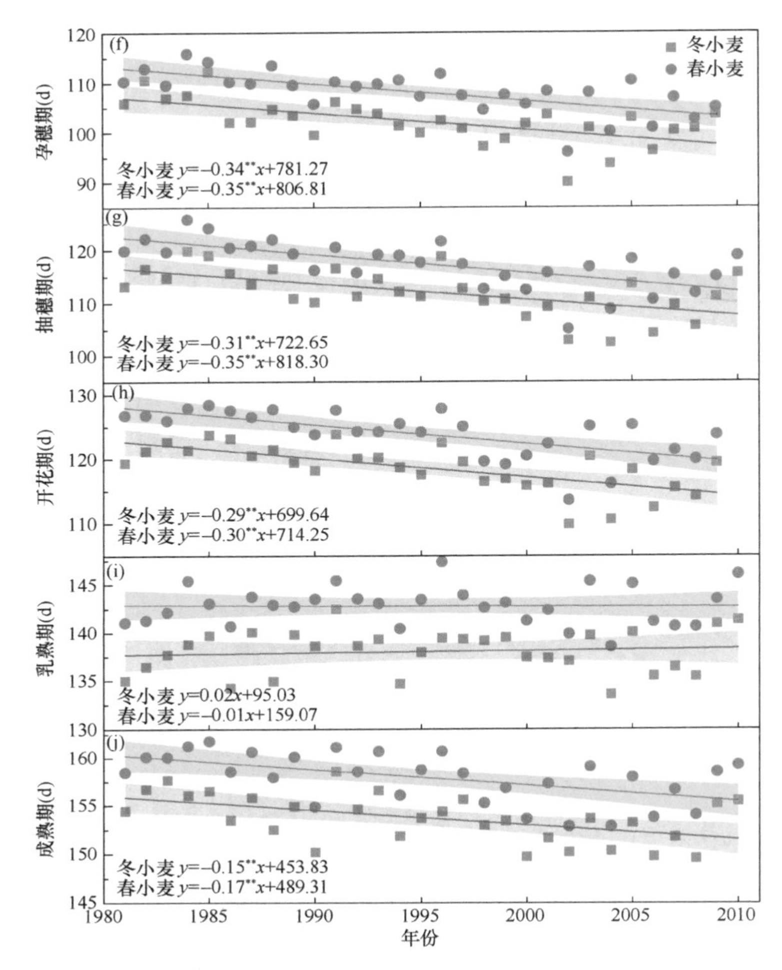

图 2.5 1981～2010 年小麦播种期（a）、出苗期（b）、三叶期（c）、分蘖期（d）、拔节期（e）、孕穗期（f）、抽穗期（g）、开花期（h）、乳熟期（i）和成熟期（j）的时间（DOY）变化趋势

表 2.6 1981～2010 年各种植区小麦各物候期的 DOY 平均值 （单位：d）

种植区	小麦类型	播种期	出苗期	三叶期	分蘖期	拔节期	孕穗期	抽穗期	开花期	乳熟期	成熟期
春麦区	春小麦	98.7±11.1	117.1±11.4	130.9±11.1	142.0±12.8	154.9±14.4	167.1±15.9	174.3±17.2	180.9±15.6	196.7±17.5	213.4±18.1
冬春兼播麦区	春小麦	94.0±10.3	115.4±5.0	128.0±3.7	140.1±5.6	157.0±5.8	167.3±7.6	176.5±8.3	184.1±11.0	206.4±15.1	224.6±15.8
	冬小麦	272.7±13.7	282.3±15.0	296.1±14.5	304.6±9.4	474.8±11.0	490.0±9.7	498.3±.2	502.1±8.6	520.8±7.5	537.2±8.1
北方冬麦区	冬小麦	282.6±5.7	293.6±8.2	305.5±9.7	315.0±11.7	453.3±9.9	470.5±7.6	479.4±7.3	486.4±6.9	505.8±6.5	519.8±5.8

续表

种植区	小麦类型	播种期	出苗期	三叶期	分蘖期	拔节期	孕穗期	抽穗期	开花期	乳熟期	成熟期
南方冬麦区	冬小麦	304.0±10.3	314.1±9.3	325.8±9.7	337.0±8.9	391.9±25.1	417.4±26.7	431.3±23.6	441.9±23.4	466.4±22.3	486.5±19.8
小麦全区	小麦	228.9±87.0	242.3±82.7	254.8±82.3	265.0±81.7	363.3±136.6	379.4±139.3	388.5±139.6	415.4±139.3	415.4±139.4	431.4±138.3

110～120d，开花期为 180～185d，成熟期 DOY 差异较大，冬春兼播麦区春小麦成熟期为 224.6d，较春麦区（213.4d）推迟约 11d。冬小麦物候期空间差异较大，随麦区北移，播种期、出苗期、三叶期和分蘖期提前，拔节期、孕穗期、抽穗期、开花期、乳熟期和成熟期明显延后。

1981～2010 年，小麦生长期内各物候期变化趋势具有显著的空间分异特征（图 2.6，图 2.7）。在全国尺度，分别有 38/48、29/48、27/48 和 30/48 的站点的播种期、出苗期、三叶期和乳熟期呈推迟趋势；分蘖期、拔节期、孕穗期、抽穗期、开花期和成熟期以提前为主，有 25/48、37/48、40/48、38/48、42/48 和 34/48 的站点观测到物候期提前。在春麦区，春小麦出苗期的平均推迟幅度，以及孕穗期和开花期的平均提前幅度均较大（图 2.7b、f、h）；但播种期、三叶期、拔节期、抽穗期和成熟期的平均推迟幅度较小（图 2.7a、c、e、g、j），在这些物候期观测到呈提前和推迟趋势的站点数目相同。春麦区播种期、分蘖期、抽穗期和成熟期的平均变化趋势和全国对应物候期的平均变化趋势方向相反。在冬春兼播麦区，冬小麦播种期呈推迟趋势，而从出苗期开始之后的其他物候期均表现为提前趋势；冬春兼播麦区春小麦从三叶期开始直到开花期，平均变化均呈提前趋势（图 2.7）。在北方冬麦区，播种期、出苗期、三叶期和分蘖期呈推迟趋势；与其他种植区相比，北方冬麦区物候期的平均提前趋势到拔节期才出现（图 2.7e）。北方冬麦区冬小麦播种期的平均推迟幅度，以及拔节期、孕穗期、抽穗期和开花期的平均提前幅度均分别大于其他种植区内相应物候期的平均变化幅度。南方冬麦区冬小麦成熟期的平均提前幅度最大，分别是北方冬麦区和冬春兼播麦区冬小麦成熟期的 2.8 倍和 2.3 倍，甚至达到冬春兼播麦区春小麦成熟期的 5.6 倍。

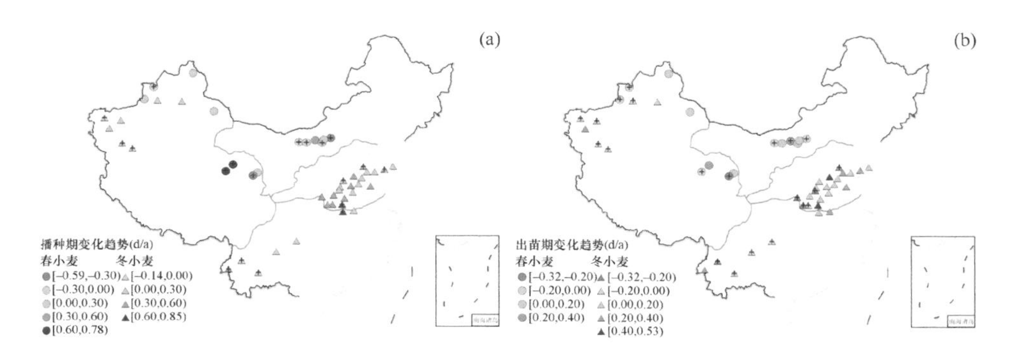

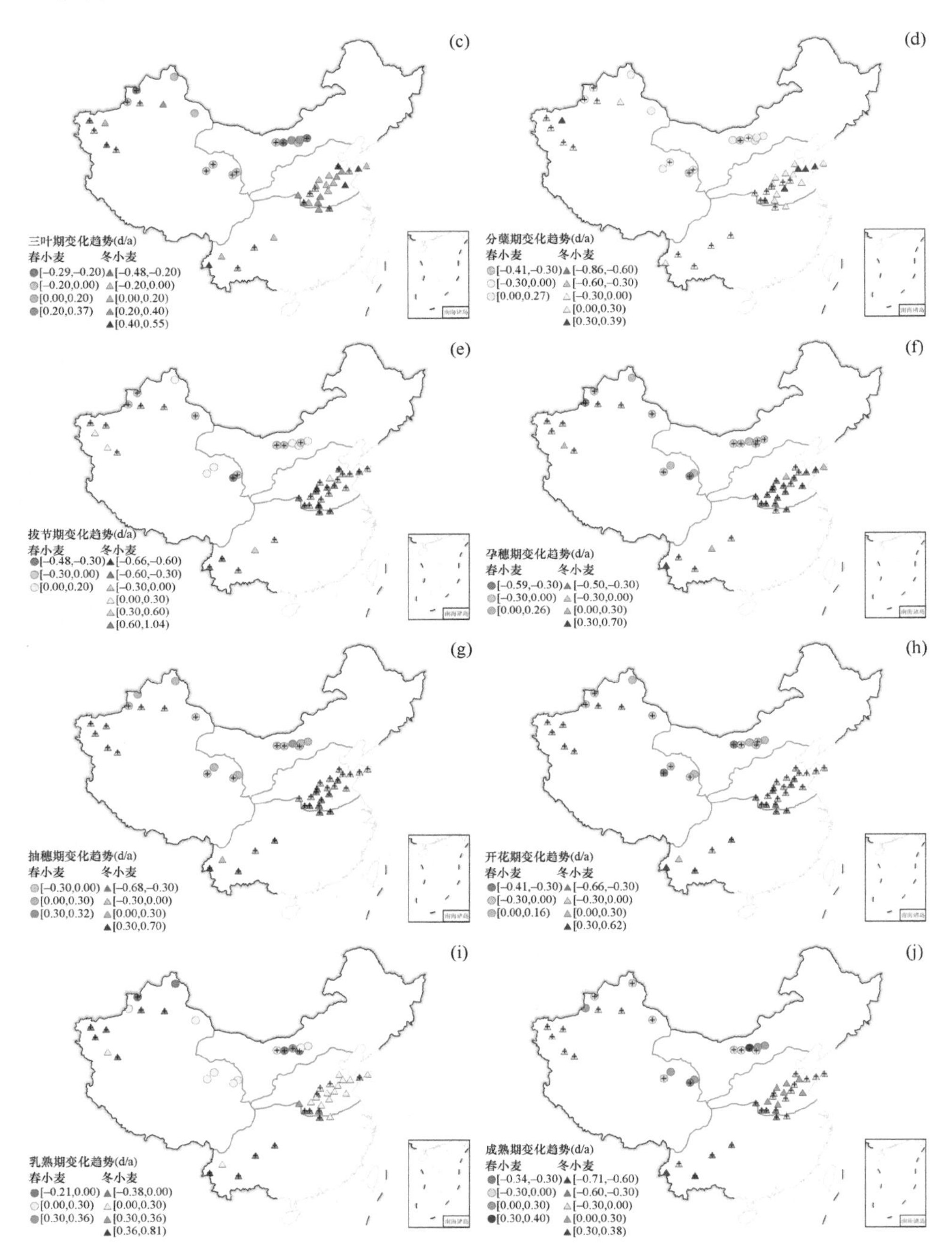

图 2.6 1981～2010 年小麦播种期（a）、出苗期（b）、三叶期（c）、分蘖期（d）、拔节期（e）、孕穗期（f）、抽穗期（g）、开花期（h）、乳熟期（i）、成熟期（j）空间变化趋势

+表示通过 0.05 显著性水平检验

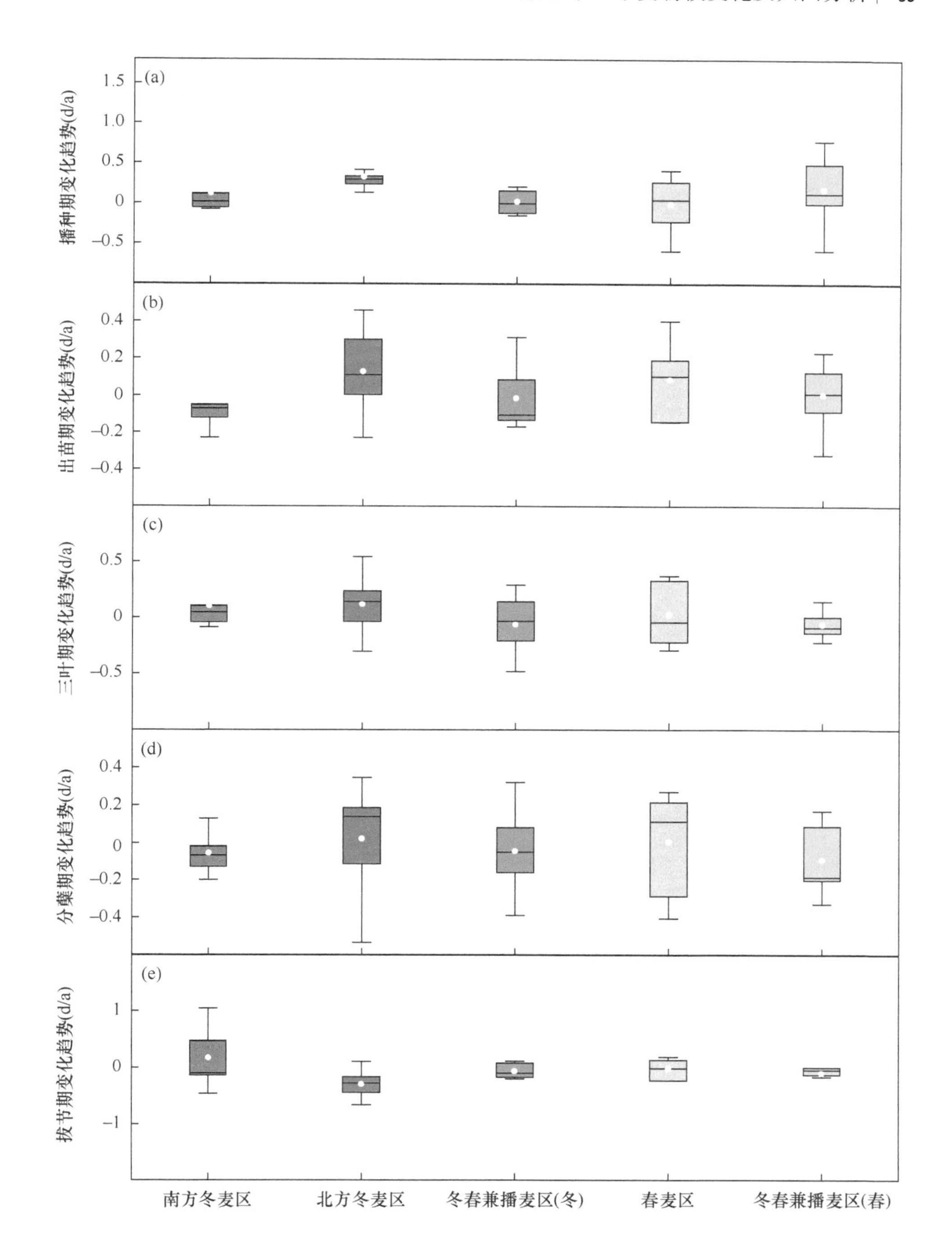
(a)
播种期变化趋势(d/a)
1.5
1.0
0.5
0
-0.5
(b)
出苗期变化趋势(d/a)
0.4
0.2
0
-0.2
-0.4
(c)
三叶期变化趋势(d/a)
0.5
0
-0.5
(d)
分蘖期变化趋势(d/a)
0.4
0.2
0
-0.2
-0.4
(e)
拔节期变化趋势(d/a)
1
0
-1
南方冬麦区
北方冬麦区
冬春兼播麦区(冬)
春麦区
冬春兼播麦区(春)

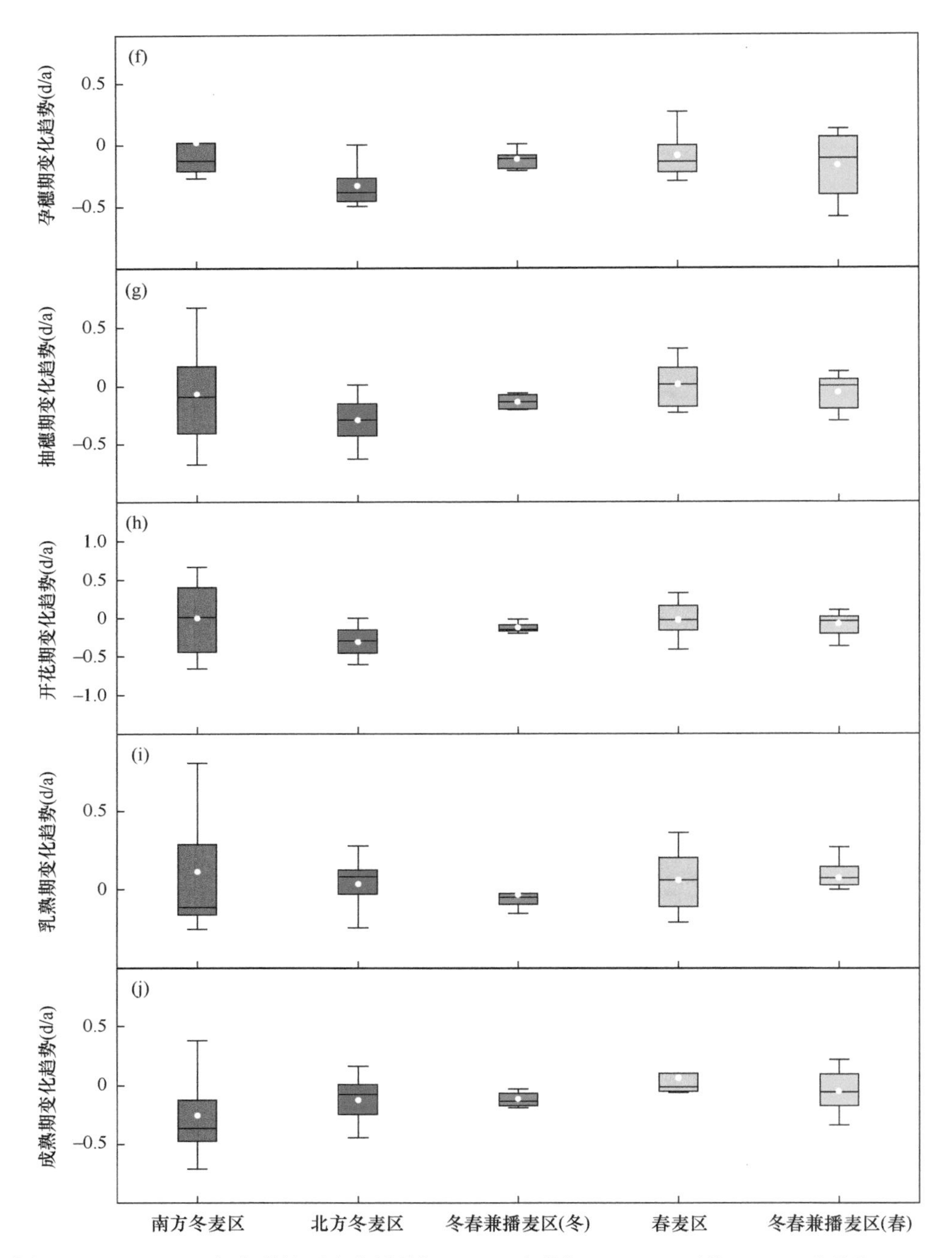

图 2.7　1981～2010 年各种植区小麦播种期（a）、出苗期（b）、三叶期（c）、分蘖期（d）、拔节期（e）、孕穗期（f）、抽穗期（g）、开花期（h）、乳熟期（i）、成熟期（j）变化趋势

2.3.2　小麦生长期变化特征

1. 小麦生长期时间变化特征

1981～2010 年小麦种植区内春/冬小麦营养生长期、生殖生长期及全生育期长度的时间变化趋势如图 2.8 所示。在全国尺度上，在 30 年观测期中小麦营养生长期长度和全生育期长度在缩短，而生殖生长期长度在延长。1981～2010 年春小麦营养生长期长度和全生育期长度平均每年缩短 0.24d 和 0.05d，生殖生长期平均每年延长 0.10d；冬小麦生育期长度变化大于春小麦，营养生长期和全生育期长度平均每年缩短 0.57d 和 0.37d，生殖生长期长度平均每年延长 0.06d。

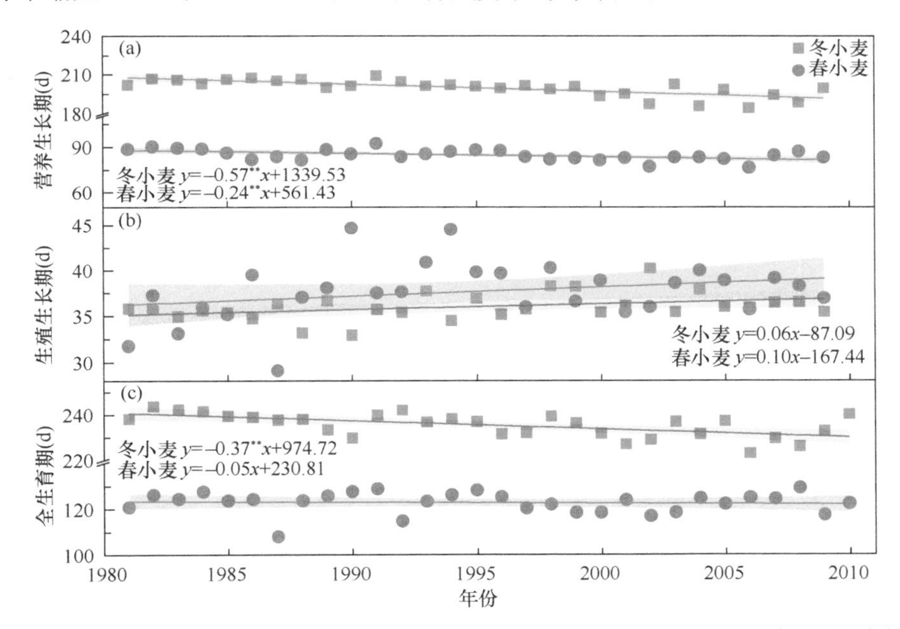

图 2.8　1981～2010 年小麦营养生长期（a）、生殖生长期（b）、全生育期（c）长度的时间变化趋势

2. 小麦生长期空间变化特征与区域分异

1981～2010 年不同种植区内小麦营养生长期、生殖生长期及全生育期长度如表 2.7 所示。对春麦区而言，我国春小麦平均全生育期长度约为 115d，营养生长期和生殖生长期平均长度分别为 82.3d 和 32.4d。冬小麦生长期天数在南方冬麦区和北方冬麦区有明显差异，其中，南方冬麦区冬小麦全生育期平均长度为 182.6d，营养生长期平均长度为 137.9d，生殖生长期平均长度为 44.7d。北方冬麦区多为一年一熟制，其生长期长度较南方冬麦区长，其全生育期平均长度可达 237.2d。由于较长的越冬期，北方冬麦区营养生长期平均长度可达 203.8d，生殖生长期平均

表 2.7 1981～2010 年各种植区小麦各生长期长度平均值 （单位：d）

种植区	小麦类型	营养生长期	生殖生长期	全生育期
春麦区	春小麦	82.3±6.6	32.4±2.8	114.7±8.7
冬春兼播麦区	春小麦	90.1±19.1	40.5±7.5	130.6±23.9
	冬小麦	229.5±17.1	35.1±3.3	264.6±16.4
北方冬麦区	冬小麦	203.8±11.7	33.4±2.0	237.2±10.6
南方冬麦区	冬小麦	137.9±28.8	44.7±4.7	182.6±25.2
小麦全区	小麦	154.2±62.7	35.9±5.5	190.1±61.0

长度为 33.4d，与南方冬麦区冬小麦生殖生长期长度差异较小。冬春兼播麦区春小麦全生育期、营养生长期、生殖生长期平均长度分别为 130.6d、90.1d 和 40.5d；冬小麦全生育期、营养生长期、生殖生长期平均长度分别为 264.6d、229.5d 和 35.1d。冬春兼播麦区冬小麦和春小麦生长期长度分别与北方冬麦区和春麦区较为相近，但整体生长期长度均略长。

1981～2010 年，小麦各生长期长度的变化趋势具有显著的空间分异特征（图 2.9，图 2.10）。在全国尺度上，分别有 38/48、36/48 的站点的营养生长期

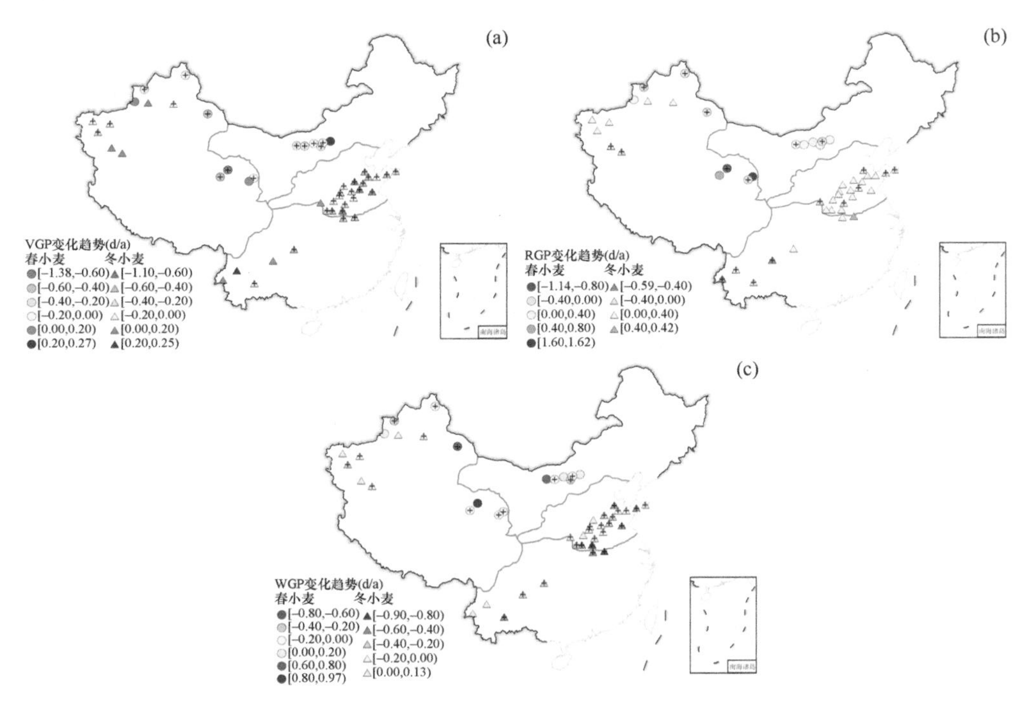

图 2.9 1981～2010 年小麦营养生长期（a）、生殖生长期（b）、全生育期（c）长度的空间变化趋势

+表示通过 0.05 显著性水平检验

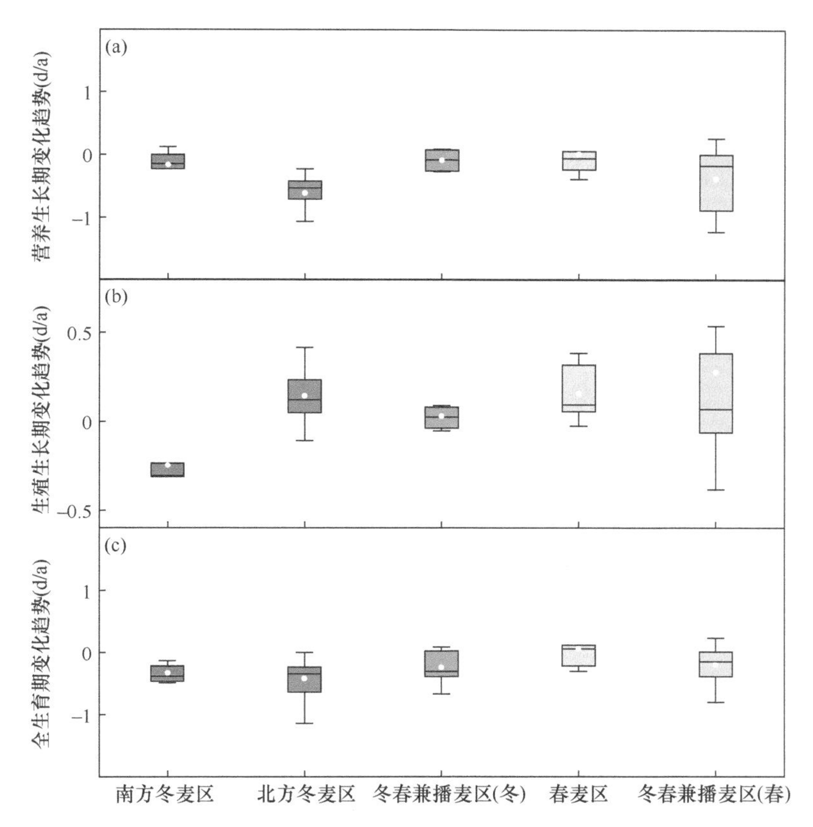

图 2.10　1981～2010 年各种植区小麦营养生长期（a）、生殖生长期（b）、全生育期（c）变化趋势

和全生育期长度呈缩短趋势；生殖生长期以延长为主，有 33/48 的站点观测到生殖生长期延长（图 2.9）。其中，北方冬麦区是小麦生长期对气候变化响应最显著的种植区，有 21/22 和 20/22 的站点营养生长期和全生育期缩短，19/22 的站点观测到生殖生长期的延长（图 2.9）。1981～2010 年，春小麦和冬小麦各种植区营养生长期、生殖生长期和全生育期都发生了显著变化。对于小麦营养生长期，北方冬麦区冬小麦的平均缩短幅度最大（0.40d/a），春麦区春小麦的平均缩短幅度最小（0.07d/a）。除南方冬麦区冬小麦生殖生长期长度平均变化呈缩短趋势外，其他种植区小麦生殖生长期均表现为延长。其中，北方冬麦区冬小麦的平均延长幅度最大，冬春兼播麦区春小麦和冬小麦的平均延长幅度最小，延长幅度均为 0.02d/a。从全生育期长度来看，除春麦区春小麦全生育期长度平均变化呈小幅延长趋势外，其他种植区小麦均呈缩短趋势。其中，北方冬麦区和南方冬麦区的平均缩短幅度较大，均超过 0.40d/a；冬春兼播麦区的平均缩短幅度相对较小，不超过 0.20d/a。

2.4 小麦物候变化归因分析

2.4.1 小麦物候对气候要素的敏感度分析

1. 小麦物候期对平均气温、累积降水和累积日照时数的敏感度分析

对 1981～2010 年的春小麦和冬小麦在各关键物候期对相应阶段内气候要素（平均气温、累积降水、累积日照时数）的敏感度进行分析，结果如图 2.11 所示。春小麦播种期、三叶期、分蘖期、拔节期和孕穗期对相应物候期的平均气温、累积降水的敏感度均为正值，而抽穗期、开花期、乳熟期和成熟期对相应物候期的平均气温和累积降水的敏感度为负值；冬小麦播种期、出苗期、三叶期、分蘖期对相应物候期平均气温的敏感度为负值，而拔节期、孕穗期、抽穗期、开花期、

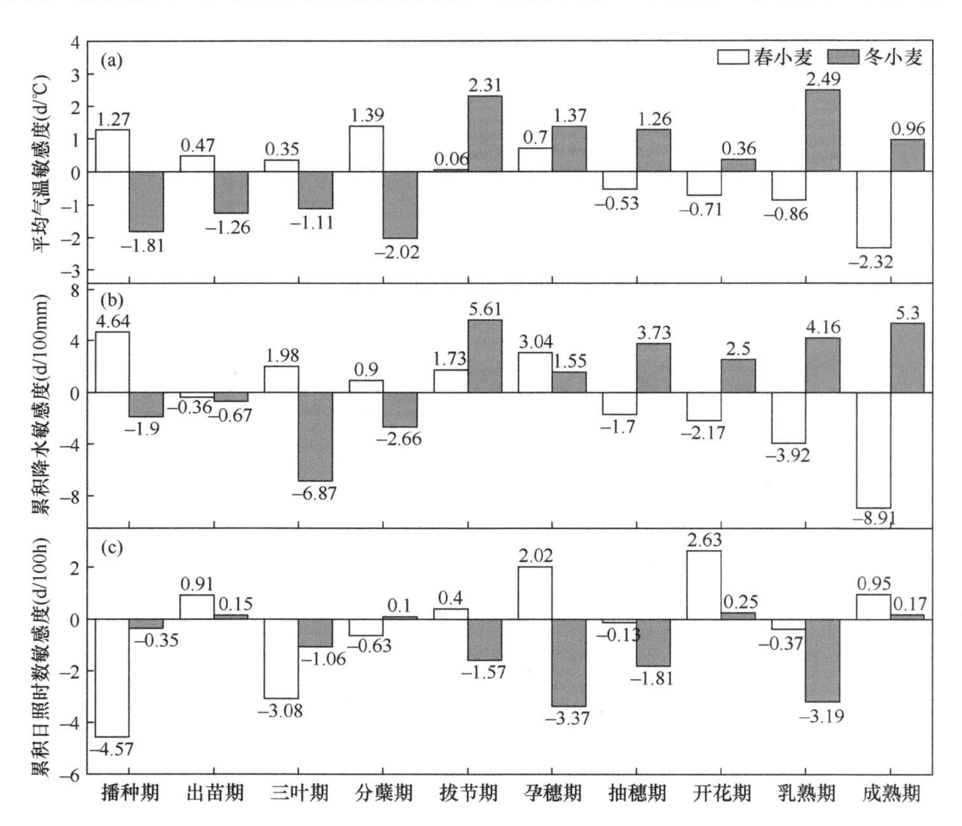

图 2.11 1981～2010 年春小麦和冬小麦各物候期对平均气温（a）、累积降水（b）、累积日照时数（c）的敏感度

乳熟期和成熟期对相应物候期的平均气温的敏感度为正值。春小麦和冬小麦的播种期、三叶期、抽穗期和乳熟期对相应物候期的累积日照时数敏感度为负值，出苗期、开花期和成熟期对相应物候期的累积日照时数的敏感度为正值。春小麦、冬小麦不同物候期对相应物候期的平均气温、累积降水和累积日照时数的敏感度有所差异。冬小麦对平均气温的敏感度高于春小麦。春小麦成熟期对平均气温、累积降水的敏感度最高，分别为–2.32d/℃和–8.91d/100mm，播种期对累积日照时数的敏感度最高，为–4.57d/100h。冬小麦乳熟期对平均气温的敏感度最高，敏感度为 2.49d/℃，三叶期对累积降水的敏感度最高，敏感度为–6.87d/100mm，孕穗期对累积日照时数的敏感度最高，敏感度为–3.37d/100h。

2. 小麦生长期对平均气温、累积降水和累积日照时数的敏感度分析

1981～2010 年，春小麦和冬小麦在营养生长期、生殖生长期和全生育期对相应阶段内气候要素（平均气温、累积降水、累积日照时数）的敏感度如图 2.12 所示。春小麦营养生长期和全生育期长度均对相应生长期内平均气温的敏感度为负值，而冬小麦营养生长期和全生育期长度对相应生长期内的平均气温的敏感度为正值，春小麦、冬小麦生殖生长期对相应生长期内的平均气温的敏感度均为负值。而春小

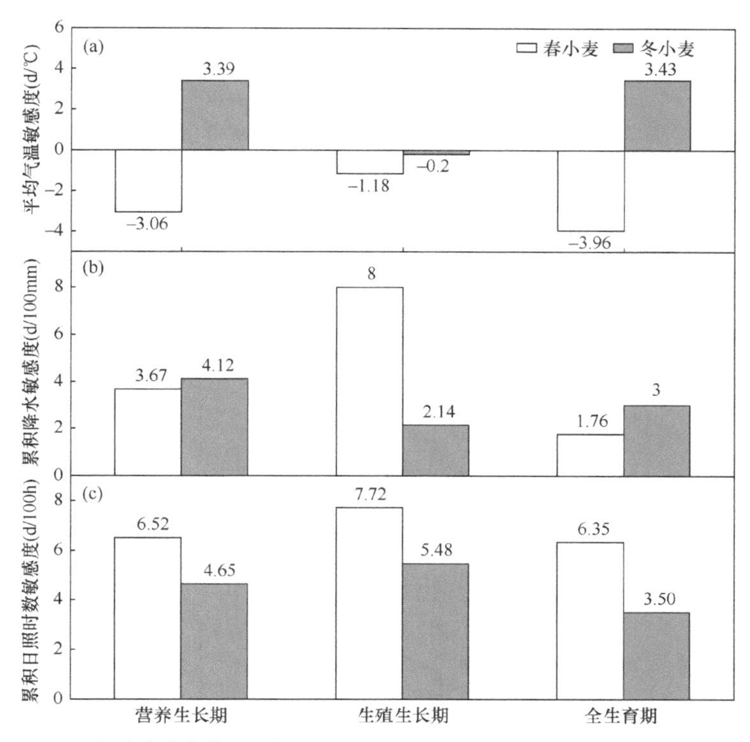

图 2.12　1981～2010 年小麦生长期对平均气温（a）、累积降水（b）、累积日照时数（c）的敏感度

麦、冬小麦营养生长期、生殖生长期和全生育期长度对相应生长期内累积降水和累积日照时数的敏感度均为正值。春小麦、冬小麦不同生育期对平均气温、累积降水和累积日照时数的敏感度有所差异。春小麦营养生长期长度对累积日照时数的敏感度最高，为6.52d/100h，生殖生长期对累积降水敏感度最高，为8d/100mm，全生育期对累积日照时数的敏感度最高，为6.35d/100h；冬小麦营养生长期、生殖生长期和全生育期长度均对相应生长期内的累积日照时数敏感度最高，相应生长期内累积日照时数每下降100h，营养生长期、生殖生长期和全生育期长度分别缩短4.65d、5.48d和3.50d。冬小麦的营养生长期对平均气温和累积降水的敏感度高于生殖生长期。累积日照时数和累积降水增加会导致春玉米全生育期长度延长，平均气温增加使全生育期长度缩短。而平均气温、累积降水和累积日照时数增加均会导致冬小麦全生育期长度的延长。小麦全生育期内累积降水每增加100mm或累积日照时数每增加100h，春小麦全生育期长度分别平均延长1.76d和6.35d，平均气温每上升1℃，全生育期长度缩短3.96d。

2.4.2 气候变化和管理措施对小麦物候变化的影响

1. 气候变化和管理措施对小麦物候期变化的影响

1981～2010年气候变化和管理措施的综合和单一因素对春小麦和冬小麦播种期、出苗期、三叶期、分蘖期、拔节期、孕穗期、抽穗期、开花期、乳熟期和成熟期的影响如图2.13所示。由单一管理措施影响下的历史小麦物候期的变化趋势中值与气候和管理措施综合影响下的趋势中值相似。单一气候变化影响下，春小麦、冬小麦大多数站点的播种期、出苗期和乳熟期推迟，孕穗期、抽穗期、开花期和成熟期提前。由单一管理措施影响下的小麦物候变化趋势与气候变化和管理措施的综合影响下的物候变化趋势相似。无论是春小麦还是冬小麦，管理措施对小麦物候的影响均为提前了分蘖期、拔节期、孕穗期、抽穗期、开花期、乳熟期和成熟期，但推迟了冬小麦的播种期、出苗期和三叶期，提前了春小麦的播种期、出苗期、三叶期。

2. 气候变化和管理措施对小麦生长期变化的影响

气候变化和管理措施的综合和单一因素对小麦三个生长期（营养生长期、生殖生长期和全生育期）长度的影响如图2.14所示。由单一管理措施影响下的历史小麦生长期的变化趋势中值与气候和管理措施综合影响下的趋势中值相似。在气候变化和管理措施的综合影响与单一管理措施影响下，大多数站点的春小麦、冬小麦的营养生长期和全生育期长度缩短，生殖生长期长度有所延长。无论是春小麦还是冬小麦，气候变化都缩短了营养生长期和全生育期长度。

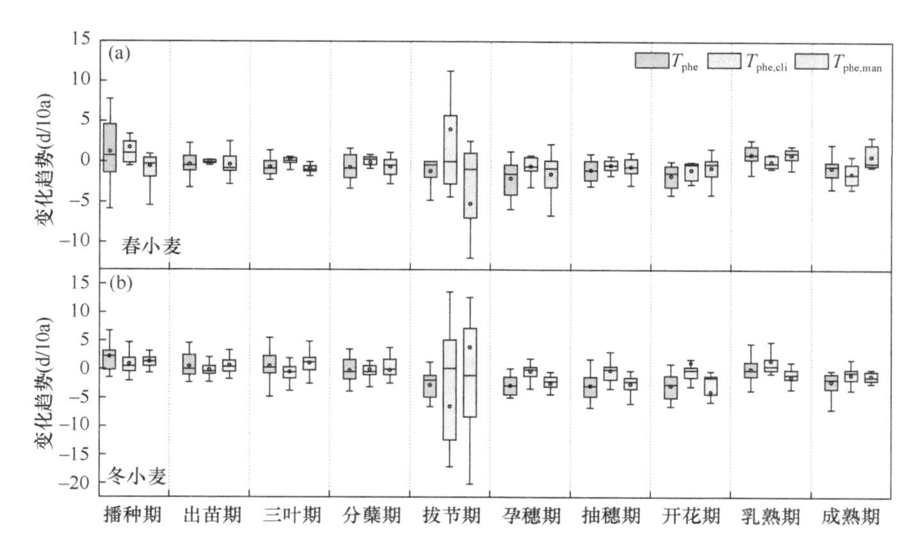

图 2.13　1981～2010 年气候变化和管理措施对春小麦（a）和冬小麦（b）物候期变化的影响

T_{phe}、$T_{phe,cli}$、$T_{phe,man}$ 分别代表综合因素影响、仅在气候变化单独影响下、仅在管理措施单独影响下的物候期变化趋势，余同

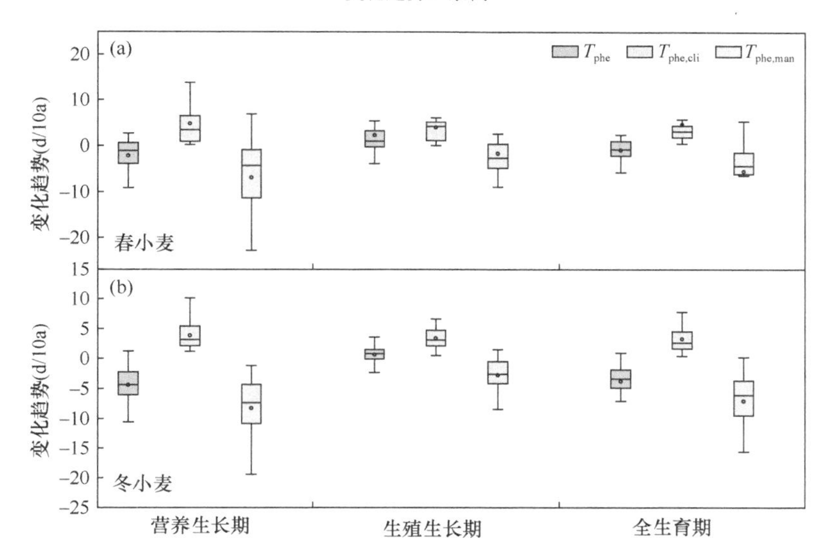

图 2.14　1981～2010 年气候变化和管理措施对春小麦（a）和冬小麦（b）生长期长度变化的影响

3. 在气候变化和管理措施影响下小麦物候期和生长期的平均变化趋势

气候变化和管理措施影响下的春小麦、冬小麦物候期和生长期的平均变化趋势如表 2.8 所示。在气候变化和管理措施的综合影响下，春小麦和冬小麦的生长

期变化趋势是一致的，均为延长了生殖生长期，缩短了营养生长期和全生育期，但春小麦的变化趋势小于冬小麦。对春小麦而言，气候变化的影响主要表现为播种期、出苗期、三叶期、孕穗期、成熟期推迟，分蘖期、拔节期、抽穗期、开花期、乳熟期提前，营养生长期、生殖生长期和全生育期长度缩短。对冬小麦而言，气候变化提前了出苗期、三叶期、分蘖期、孕穗期、抽穗期、开花期和成熟期，延迟了播种期、拔节期和乳熟期，缩短了营养生长期和全生育期长度，延长了生殖生长期长度。单一气候变化对春小麦、冬小麦营养生长期和生殖生长期长度的影响与气候变化和管理措施的综合影响效果有显著差异；但气候变化对春小麦、冬小麦抽穗期和开花期，以及营养生长期的影响趋势一致，即提前了抽穗期和开花期，缩短了营养生长期长度。

表 2.8 气候变化和管理措施影响下小麦物候期和生长期的平均变化趋势（单位：d/10a）

小麦类型（站点数）	物候期/生长期	T_{phe}	$T_{phe\cdot cli}$	$T_{phe\cdot man}$
春小麦（14）	播种期	1.24	1.80	–0.55
	出苗期	–0.33	0.03	–0.35
	三叶期	–0.68	0.22	–0.90
	分蘖期	–0.70	–0.07	–0.62
	拔节期	–0.70	–0.07	–0.62
	孕穗期	–1.16	4.05	–5.21
	抽穗期	–2.06	–0.56	–1.50
	开花期	–1.05	–0.43	–0.62
	乳熟期	–1.75	–1.00	–0.75
	成熟期	0.93	0.04	0.89
	营养生长期	–1.09	–0.55	–0.54
	生殖生长期	0.55	–0.34	0.89
	全生育期	–0.89	–1.19	0.3
冬小麦（34）	播种期	3.95	2.62	1.33
	出苗期	0.39	–0.32	0.72
	三叶期	0.48	–0.77	1.25
	分蘖期	–1.29	–0.92	–0.37
	拔节期	–3.56	4.82	–8.39
	孕穗期	–4.03	–1.71	–2.32
	抽穗期	–4.98	–1.54	–3.44
	开花期	–4.71	–1.50	–3.21
	乳熟期	–0.13	1.45	–1.59
	成熟期	–3.04	–1.77	–1.27
	营养生长期	–2.86	–0.29	–2.58
	生殖生长期	0.61	0.43	0.18
	全生育期	–3.69	–0.06	–3.62

2.4.3 气候要素对小麦物候变化的相对贡献度

1. 气候要素对小麦物候期变化的相对贡献度

1981～2010 年平均气温、累积降水和累积日照时数对春小麦和冬小麦播种期、出苗期、三叶期、分蘖期、拔节期、孕穗期、抽穗期、开花期、乳熟期和成熟期变化的相对贡献度如图 2.15 所示。就春小麦而言，平均气温升高使春小麦播种期、三叶期、分蘖期延后，出苗期、拔节期、孕穗期、抽穗期、开花期、乳熟期和成熟期提前，其中温度升高导致物候期变化的最大相对贡献度是在分蘖期和开花期，占所有气候要素的 40%以上。累积降水增加使春小麦物候期提前或推迟的最大相对贡献度是在开花期，约占所有气候要素的 27%；而累积降水增加导致春小麦物候期推后的最大相对贡献度是在三叶期，约占所有气候要素的 13%。累积日照时数对春小麦物候期的影响相对较小，累积日照时数的减少使春小麦的出苗期、抽穗期、乳熟期和成熟期提前，三叶期、拔节期、孕穗期和开花期略有延后，其中累积日照时数变化对春小麦乳熟期影响最大，约占所有气候要素的 15%。

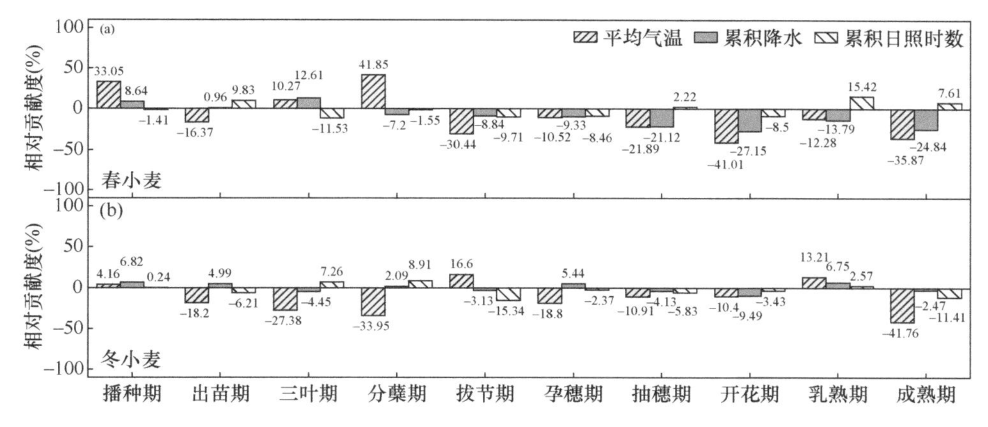

图 2.15　1981～2010 年不同气候要素对春小麦（a）和冬小麦（b）物候期变化的相对贡献度

就冬小麦而言，平均气温升高使冬小麦出苗期、三叶期、分蘖期、孕穗期、抽穗期、开花期和成熟期提前，其中温度升高导致冬小麦物候期提前的最大相对贡献度是在成熟期，约占所有气候要素的 42%；而平均气温升高使播种期、拔节期和乳熟期延后，其相对贡献度分别占所有气候要素的 4.16%、16.6%和 13.21%。累积降水增加使冬小麦三叶期、拔节期、抽穗期、开花期和成熟期略有提前，而播种期、出苗期、分蘖期、孕穗期和乳熟期略有推迟。累积日照时数增加使冬小麦出苗期、拔节期、孕穗期、抽穗期、开花期和成熟期略有提前，而三叶期、分蘖期和乳熟期推迟，其中累积日照时数增加导致冬小麦物候期提前的最大相对贡献度是在拔节期，约占所有气候要素的 15%；而导致冬小麦物候期推迟的最大相对贡献度是在分蘖期，约占所有气候要素的 9%。累积降水和累积日照时数变化对冬小麦物候期的影响小于气温的影响。

2. 气候要素对小麦生长期变化的相对贡献度

1981～2010 年平均气温、累积降水和累积日照时数对春小麦和冬小麦营养生长期、生殖生长期和全生育期变化的相对贡献度如图 2.16 所示。就春小麦而言，平均气温的增加使春小麦营养生长期、生殖生长期和全生育期缩短，其中温度升高导致春小麦营养生长期缩短的相对贡献度最大，占所有气候要素的 36.46%。累积降水的增加使春小麦营养生长期、生殖生长期和全生育期轻微延长，其对 3 个生长期长度变化的贡献度分别占所有气候要素的 10.24%、2.25%和 0.81%。累积日照时数的增加使春小麦营养生长期、生殖生长期和全生育期缩短，其中导致春小麦全生育期缩短的累积日照时数的贡献度占所有气候要素的 14.07%。

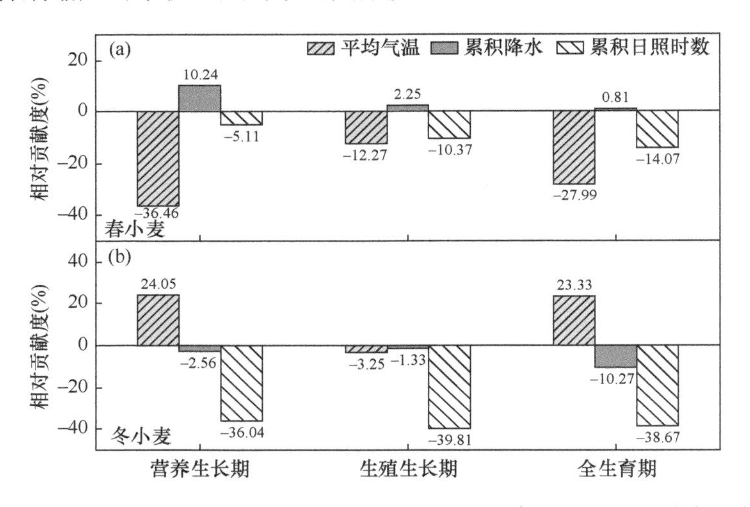

图 2.16　1981～2010 年不同气候要素对春小麦（a）和冬小麦（b）生长期变化的相对贡献度

就冬小麦而言，平均气温的增加使冬小麦生殖生长期缩短，而营养生长期和全生育期延长，温度升高导致冬小麦营养生长期和全生育期延长的相对贡献度分别占所有气候要素的 24.05%和 23.33%。累积降水对冬小麦生产期长度的影响最小，累积降水的增加使冬小麦营养生长期、生殖生长期和全生育期缩短，累积降水变化对冬小麦生长期长度的相对贡献度分别占所有气候要素的 2.56%、1.33%和 10.27%。累积日照时数的增加使冬小麦营养生长期、生殖生长期和全生育期缩短，其中累积日照时数增加导致冬小麦生长期缩短的最大相对贡献度是在生殖生长期，占所有气候要素的 39.81%。

2.4.4 气候变化和管理措施对小麦物候变化的相对贡献度

1. 气候变化和管理措施对小麦物候期变化的相对贡献度

1981～2010 年气候变化和管理措施对小麦播种期、出苗期、三叶期、分蘖期、拔节期、孕穗期、抽穗期、开花期、乳熟期和成熟期变化的相对贡献度不同（图 2.17）。其中，气候变化导致春小麦播种期、出苗期、三叶期、分蘖期和乳熟期推迟，在气候变化和管理措施中的贡献度中分别占 42.92%、3.39%、20.55%、23.27%和 3.75%，影响最显著的物候期为播种期。气温升高使我国春小麦拔节期、孕穗期、抽穗期、开花期和成熟期提前，在气候变化和管理措施中的贡献度中分别占 7.03%、11.81%、26.43%、46.04%和 51.67%，影响最显著的物候期为成熟期。管理措施导致春小麦播种期至开花期提前，乳熟期和成熟期延后，其中，对三叶期和乳熟期的影响最大，相对贡献度分别为 62.90%和 44.66%。

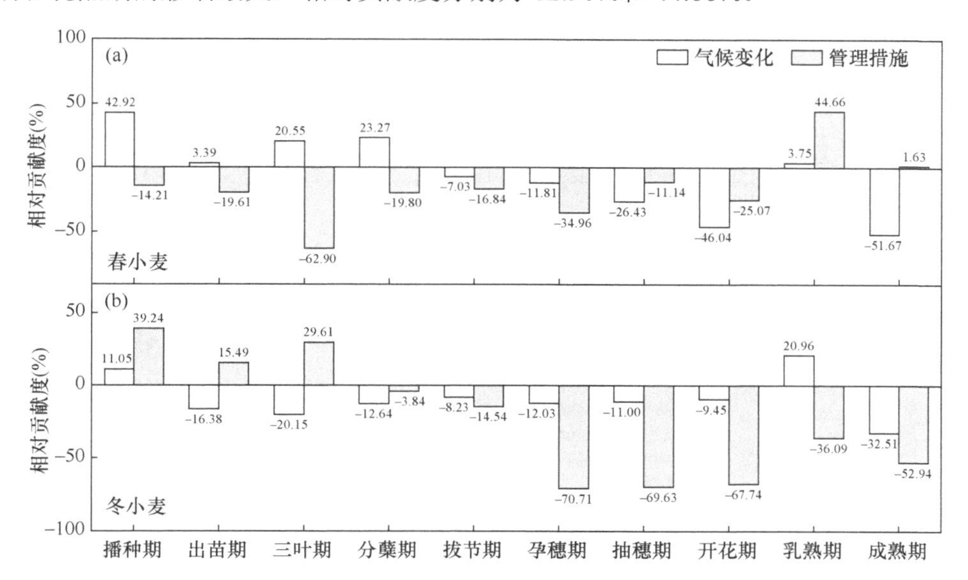

图 2.17 1981～2010 年气候变化和管理措施对春小麦（a）和冬小麦（b）物候期变化的相对贡献度

对冬小麦而言，气候变化导致播种期和乳熟期推迟，在气候变化和管理措施中的贡献度中分别占 11.05%和 20.96%。气温升高使冬小麦出苗期、三叶期、分蘖期、拔节期、孕穗期、抽穗期、开花期和成熟期提前，在气候变化和管理措施中的贡献度中分别占 16.38%、20.15%、12.64%、8.23%、12.03%、11.00%、9.45%和 32.51%，影响最显著的物候期为成熟期。管理措施导致春小麦分蘖期至成熟期提前，播种期至三叶期延后，其中，对孕穗期的影响最大，贡献度为 70.71%。管理措施对冬小麦的影响高于对春小麦的影响。

2. 气候变化和管理措施对小麦生长期变化的相对贡献度

1981～2010 年气候变化和管理措施对小麦营养生长期、生殖生长期和全生育期长度变化的相对贡献度如图 2.18 所示。气候变化导致春小麦和冬小麦各生长期长度均延长，管理措施导致春小麦和冬小麦各生长期长度均缩短。其中，气候变化对春小麦对生殖生长期的影响最大，营养生长期、生殖生长期和全生育期长度的贡献度分别占气候变化和管理措施贡献度的 40.65%、53.39%和 44.62%；管理措施对冬小麦生育期长度的影响大于对春小麦的影响，其对冬小麦 3 个生长期的贡献度分别占气候变化和管理措施贡献度的 66.83%、31.35%和 65.69%。

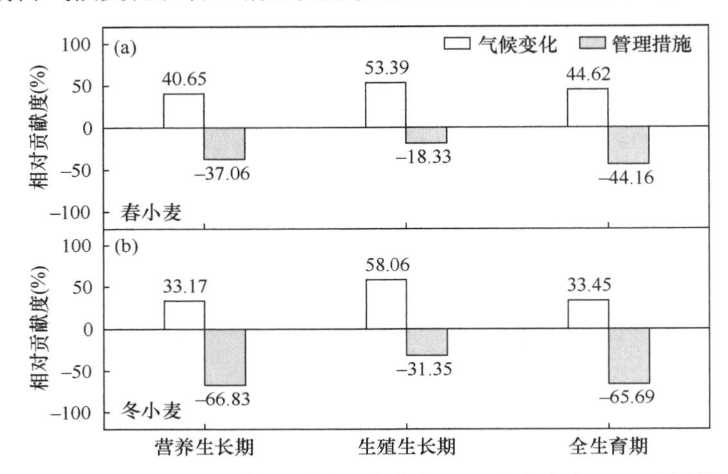

图 2.18　1981～2010 年气候变化和管理措施对春小麦（a）和冬小麦（b）生长期长度变化的相对贡献度

2.5 讨　论

2.5.1 气候变化与小麦物候变化特征

1981～2010 年小麦生长期内，春麦区和冬春兼播麦区内平均气温的增温趋势大于北方冬麦区和南方冬麦区的变化趋势（图 2.3a），该空间分异特征符合 1951～2009 年中国不同区域气温变化趋势的空间分布模式：增温速度具有自北向南、自西向东递减的趋势，而青藏高原由于其特殊的地理位置（海拔高）增温速度也比较快（虞海燕等，2011）。此外，虞海燕等（2011）对 1951～2009 年全国降水地理分布规律的研究结果也为冬春兼播麦区小麦生长期内降水明显增加、春麦区降水减少（但小于北方冬麦区和南方冬麦区降水的减少）的趋势提供了合理解释。由此可知，在 30 年观测期中的气候变化在一定程度上缓解了冬春兼播麦区的灌溉压力，但加剧了春麦区、北方冬麦区和南方冬麦区的灌溉压力，使农业水资源短缺问题越发突出，因而，节水农业将有利于这些地区的农业生产。此外，选取耐干旱、耐高温的小麦品种也将更有利于这些地区的农业生产适应气候变化。

不同种植区春小麦物候期变化趋势在变化方向和幅度上均存在差异（图 2.7）。春麦区小麦播种期、抽穗期、开花期和成熟期的平均变化趋势分别为–0.01d/a、0.01d/a、–0.09d/a 和 0.06d/a；冬春兼播麦区春小麦播种期、抽穗期、开花期和成熟期的平均变化趋势分别为 0.17d/a、–0.06d/a、–0.12d/a 和–0.05d/a，相应物候期变化趋势和新疆（肖登攀等，2015）、内蒙古（肖登攀等，2015）及北方地区（Xiao et al.，2016a）的春小麦具有显著差异。不同种植区冬小麦物候期变化趋势的差异在于变化幅度不同：冬春兼播麦区、北方冬麦区和南方冬麦区冬小麦的播种期、出苗期呈不同程度的推迟趋势（除冬春兼播麦区冬小麦出苗期平均变化趋势呈小幅提前外），而抽穗期、开花期和成熟期则呈不同程度的提前趋势。早期在华北平原（Xiao et al.，2013）、黄土高原（He et al.，2015）、新疆（肖登攀等，2015）等地区的研究也发现冬小麦相应物候期呈现出类似的变化趋势。其中，华北平原冬小麦物候期的变化趋势和北方冬麦区冬小麦对应物候期的变化趋势最为相似，华北平原冬小麦播种期、出苗期平均分别推迟 0.15d/a、0.31d/a，开花期和成熟期分别提前 0.27d/a、0.26d/a；北方冬麦区冬小麦播种期、出苗期平均分别推迟 0.17d/a、0.12d/a，开花期和成熟期分别提前 0.14d/a、0.10d/a，这可能是因为北方冬麦区冬小麦研究站点多数位于华北平原内。尽管不同小麦种植区内小麦物候期的变化趋势差异明显，但营养生长期和全生育期长度普遍呈缩短趋势，而生殖生长期长度普遍呈延长趋势。类似的研究结果在对北方春小麦（Xiao et al.，2016a）和黄土高原冬小麦（He et al.，2015）的研究中也有发现。但是由于不同地区物候期变化趋势的不同，本研究小麦相应生长期长度的变化趋势在变化幅度上也和前人的研究成果有所不同。由此可见，小麦物候变化的地区差异不可忽视。人们在进行农业生产管理时应该考虑到地区差异，因地制宜。

2.5.2　小麦物候对气候要素变化的敏感度

很多研究表明小麦的物候变化主要是由温度变化驱动的（李德，2009；Lobell et al.，2012），温度变化对作物生长是促进还是抑制，主要取决于环境温度是否超过了作物生长的最适温度范围（王展，2012）。本研究发现春小麦生长期长度均随着生长期内平均气温上升而缩短，而冬小麦生长期长度随着生长期内平均气温上升而延长。同时，本研究还发现小麦生长期长度均随生长期内累积降水和累积日照时数增加而延长，其中春小麦全生育期长度对累积降水的敏感度小于冬小麦，但对累积日照时数的敏感度大于冬小麦（图 2.12）。因而，厘清不同物候期对温度等气候要素的响应规律将有助于应对气候变化和优化管理措施。作物物候除了受气候变化影响，管理措施（品种更替、播种期调整、灌溉、施肥等）也会在一定程度上改变作物物候（Mo et al.，2016；Rezaei et al.，2017）。基于历史物候观测记录探测到的物候变化是气候变化和管理措施共同作用下的结果，而气候变化和管理措施分别在物候的变化过程中产生多大的影响也有待于未来进一步研究（Zhang et al.，2013；Ding et al.，2016；Ahmad et al.，2017b）。

2.5.3 气候变化及管理措施对小麦物候变化的相对贡献度比较

研究结果表明，气候变化和管理措施对冬小麦的综合影响推迟了播种期和出苗期，提前了开花期和成熟期；营养生长期和全生育期缩短，生殖生长期延长。该结果与前人对其他小麦种植区的研究结果相似（Hu et al.，2005；Tao et al.，2012，2014；Xiao et al.，2015）。此外，在气候变化和管理措施的综合影响下，除小麦以外的其他作物（如玉米）也有开花期和物候期提前的趋势（Craufurd and Wheeler，2009；Fujisawa and Kobayashi，2010；Siebert and Ewert，2012）。

值得注意的是，气候变化和管理措施对小麦不同物候期和生长期天数变化的影响程度不同，对小麦物候期和生长期天数变化的影响程度也有所差异。本研究结果表明管理措施对春小麦和冬小麦的播种期和出苗期变化的影响大于气候变化的影响。农民对作物播种期的调整一定程度是潜意识适应气候变化的措施（Estrella et al.，2007）。农民通过晚播，可减缓气候变暖带来的物候期缩短和产量下降（Lobell et al.，2012）。虽然 Xiao 等（2013）通过作物模型模拟初步的结果指出气候变化会导致冬小麦开花期和成熟期提前，且模型模拟提前幅度大于实际观测值，并得出气候变化是导致冬小麦开花期和成熟期提前的主要因素。但是本研究基于历史实际观测数据，通过一阶差分法分离气候变化和管理措施对我国春小麦、冬小麦物候期的影响发现，对于春小麦而言，导致开花期提前的主要因素是气候变暖，而导致冬小麦开花期提前的主要因素是管理措施。该结论与 Xiao 等（2016b）通过作物生长模型进一步解析气候变化、播种日期和品种更替对春小麦物候期影响的结果一致。此外，Xiao 等（2016b）在研究中指出气候变化对小麦开花期和成熟期的影响大于管理措施的影响，而管理措施（尤其是播种期的调整）对营养生长期和全生育期长度的影响大于对生殖生长期天数的影响。该结果与本研究中气候变化对冬小麦的影响一致，但与春小麦的研究结果有所不同。本研究结果表明气候变化是导致春小麦营养生长期和全生育期长度缩短的主要因素，导致冬小麦营养生长期和全生育期长度缩短的主要因素是管理措施；气候变化是春小麦和冬小麦生殖生长期长度延长的主要因素（图 2.18）。因此选择不同的研究方法、用于研究的样本数量和地理分布差异均有可能造成研究结果的不同。作物生长模型结果的准确性很大程度上依赖于用于参数调试的基础数据的准确度和翔实度，存在较大的不确定性。本研究中，小麦物候期数据为实际观测数据，这为结果可信性提供了有效支撑，但与作物模型相比，管理措施不变条件下的多年作物物候和产量实际观测数据较难获取。

本研究结果表明，管理措施缩短了我国冬小麦和春小麦营养生长期、生殖生长期和全生育期长度。由此可推，为适应气候变化，农民选择了物候期较短的品种种植。农民通过选择物候期更长或更短的品种，以达到气候资源与作物生长发育有效匹配，这是使很多作物（如玉米、小麦、水稻、燕麦）适应气候变化的重要措施（Sacks and Kucharik，2011；Siebert and Ewert，2012；Tao et al.，2012，2014；Xiao et al.，2015）。在东北地区，由于气候变暖，热量资源增加，作物有效生长期延长，因此东北玉米品种的选择由早熟向中晚熟过渡（Li et al.，2014）。在黄土高原地区，农户也逐步选择物候期更长（或晚熟）的小麦品种（Ding et al.，2016）。气候变暖将加快作物生育进程，使生物累积量减少，进而导致减产。虽然选择物候期更短的品种有可能加剧减产程度，但在某些地区，尤其是多熟种植区，选择物候期更短的品种有助于调节作物与气候资源的有效配置，提高周年产量（Zhang et al.，2013）。所选择的物候期更短的品种，其对产量形成至关重要的营养生长期长度通常呈延长趋势，这在一定程度上弥补了气候变化带来的减产效应。Sacks 和 Kucharik（2011）建议在德国选择物候期更短的燕麦品种以适应气候变化。Ahmad 等（2017b）指出选择生长发育所需热量更高的棉花品种可补偿气候变暖带来的负效应。而在我国江苏，选择耐热和抗旱性更高的品种可有效保证冬小麦的高产稳产（Tao et al.，2016）。因此，通过品种更替弥补气候变化对作物产量的不利影响，应选择对热量需求更高，耐热性更强的品种，而不是仅从物候期长短角度出发。

2.5.4　平均气温、累积降水和累积日照时数对小麦物候变化的相对贡献度比较

不同气候要素（气温、降水和日照时数）变化对小麦不同物候期和生长期天数变化的影响程度不同。这主要是因为小麦不同物候期对各气候要素的敏感度不同，而气候变化背景下，各生长期内的气候要素变化趋势也有差异。其中，气温变化对小麦绝大多数物候期和生长期长度的影响是最为显著的（＞50%）。该研究结果与前人的研究结果基本一致（Estrella et al.，2007；Li et al.，2014；Wang et al.，2013）。此外，累积日照时数对冬小麦生长期长度的影响最为显著。相对于平均气温和累积日照时数对小麦物候期和生长期长度的影响，累积降水对小麦生长期长度的影响较小，这主要是由于在中国小麦多进行灌溉，在一定程度上削弱了降水对小麦生长发育和产量的影响程度。

前人研究结果和本研究结果已表明，气候变暖加快了小麦生长发育进程，使

小麦开花期或成熟期提前，缩短了生长期长度（Lobell et al.，2012；Xiao et al.，2013）。该结果与前人基于统计方法（Zhang et al.，2013）、作物生长模型（Xiao et al.，2016b）、田间升温试验（Zhang et al.，2016）得到的结果基本一致。

2.6 小　结

1）1981～2010年，小麦生长期内关键气候要素发生了显著变化：4个种植区的小麦生长期内平均气温和有效积温（GDD）均呈现不同程度的增加趋势，而累积日照时数则呈现不同程度的减少趋势；除冬春兼播麦区累积降水增加外，其他3个种植区的累积降水均减少。

2）在全国范围内，小麦物候期中播种期至三叶期推迟趋势逐渐减缓，从分蘖期开始逐渐提前直至孕穗期达到最大提前天数，孕穗期至开花期提前趋势减缓，乳熟期呈现推迟趋势，而成熟期又呈提前趋势。此外，小麦营养生长期和全生育期长度均呈缩短趋势，而生殖生长期呈延长趋势。然而不同种植区小麦物候期及生长期长度的变化趋势不尽相同。

3）小麦生长期长度对生长期内平均气温变化的敏感度的地区差异较大，而对累积降水和累积日照时数变化的敏感度的地区差异较小。春麦区和冬春兼播麦区春小麦生长期长度均随着生长期内平均气温上升而缩短，而冬春兼播麦区、北方冬麦区和南方冬麦区冬小麦生长期长度随着生长期内平均气温上升而延长。此外，春小麦全生育期长度随累积降水增加而延长的天数小于冬小麦，但随累积日照时数增加而延长的长度大于冬小麦。

4）气候变化和管理措施及其综合效应对小麦物候和生长期长度变化的影响基本一致：多数气象观测站点的播种期和出苗期延后，开花期和成熟期提前；多数气象观测站点的营养生长期和全生育期长度缩短，生殖生长期长度延长。但气候变化和管理措施对小麦物候期和生长期长度变化的综合贡献度和单一因素的贡献度不同：管理措施对春小麦出苗期、三叶期、拔节期、孕穗期和乳熟期天数变化，以及冬小麦播种期、三叶期、拔节期、孕穗期、抽穗期、开花期、乳熟期、成熟期、营养生长期和全生育期长度变化的贡献度大于气候变化的贡献度。平均气温对春小麦播种期、出苗期、分蘖期至开花期、营养生长期和全生育期天数变化，以及冬小麦出苗期至成熟期长度变化的贡献度高于累积降水和累积日照时数。累积日照时数对冬小麦营养生长期、生殖生长期和全生育期天数变化的贡献度均最大。累积降水对小麦物候期和生长期长度变化的贡献度最小。气候变化背景下，农民调整管理措施延长了营养生长期天数，缩短了生殖生长期和全生育期长度。选择高产稳产且物候期短的小麦品种是适应气候变化的有效措施。

第 3 章 玉米物候变化及归因分析

3.1 玉米研究区概况

3.1.1 玉米种植情况

玉米播种面积大，分布地区广，是我国主要的粮食作物之一。玉米是喜温的短日照作物，适应多种类型的气候，因此品种的多样性导致生育期长度的变化幅度（80～150d）也比较大。在长期的生产实践中，逐步形成了玉米的主产区和从东北向西北延伸的优势生产带。根据地理位置、自然条件与耕作制度，中国玉米种植区被分为六大区域（佟屏亚，1992），分别为北方春玉米区、黄淮平原春夏播玉米区、西南山地丘陵玉米区、南方丘陵玉米区、西北内陆玉米区、青藏高原玉米区。

北方春玉米区的范围主要包括东北地区、河北北部、内蒙古、宁夏大部及陕西和甘肃部分地区。此种植区属于温带湿润、半湿润气候，0℃以上年积温 2500～4100℃·d，10℃以上年积温 1300～3700℃·d。无霜期 130～170d，基本为一年一熟制。年降水量 400～800mm，其中 60%集中在 7～9 月，降雨基本能够满足玉米生产的需求。该区平坦的地势、优越的耕地条件、丰富的光热资源给玉米的生产带来了极大的生产优势。

黄淮平原春夏播玉米区范围包括北京、天津和山东三省市全部，河北及河南两省的大部，江苏、安徽两省的淮北地区，属于温带半湿润气候，全年降水量 500～600mm，日照时数普遍大于 2000h。由于具有平均气温相对较高、霜期较短、水热充足等特点，该区成为玉米的适宜生长区。该区有两种种植制度：一年两熟制和两年三熟制。一年两熟制为冬小麦、夏玉米轮作，两年三熟制为春玉米、冬小麦、夏玉米轮作。

西南山地丘陵玉米区范围包括四川、云南、贵州、陕西南部，以及广西、湖南、湖北的西部丘陵山区和甘肃部分地区，为温带湿润气候，年降水量 800～1200mm，雨量丰沛，水热资源丰富，但光照条件较差。该区无霜期较长，一般在 240～330d，玉米有效生长期 150～180d。大部分种植区域分布在海拔 200～5000m 的丘陵、山区，其中云贵高原种植区地势垂直差异很大，土壤贫瘠，耕作粗放，玉米产量很低。种植制度在高寒山区为一年一熟制，以春玉米为主，一般为早熟或中早熟品种。气候温和的丘陵地区以两年五熟的春玉米或一年两熟的夏玉米为主。

南方丘陵玉米区范围分布较广，包括广东、海南、福建、江西、浙江、台湾等省的全部，广西、湖南、湖北的东部，江苏、安徽的南部地区。该地区属于亚热带湿润性气候，平均气温高且雨水充足，夏季平均气温 28℃左右，年降水量超过 1000mm，玉米的种植区主要分布在丘陵山区及淮河流域，土壤为黄壤和红壤，土质黏重，肥力不高。

西北内陆玉米区范围大致包括新疆的全部、甘肃的河西走廊和宁夏的河套灌区，属大陆性干燥气候带。本区无霜期一般为 130～180d，日照充足，每年累积日照时数＞3000h，0℃以上年积温 3000～4100℃·d，10℃以上年积温 2800～4400℃·d。昼夜温差大，热量资源丰富，发生病虫害较少，有利于玉米的高产，农作物增产潜力很大，但干燥的气候条件使种植业对灌溉的依赖程度高，有些地方的农业生产依赖于融化雪水。

青藏高原玉米区包括青海和西藏，海拔较高，玉米是该区新兴的农作物，栽培历史很短，种植面积及总产都不足全国的 1%。

结合现有物候实测数据，本书选取的 114 个农业气象观测站点覆盖四大种植区：西北内陆玉米区、北方春玉米区、黄淮平原春夏播玉米区和西南山地丘陵玉米区。其中，西北内陆玉米区有 18 个站点、北方春玉米区有 53 个站点、黄淮平原春夏播玉米区有 32 个站点、西南山地丘陵玉米区有 11 个站点。春玉米的播种期在 4 月下旬至 5 月上旬，覆盖的种植区包括西北内陆玉米区、北方春玉米区和西南山地丘陵玉米区；夏玉米的播种期主要为 6 月上旬至 7 月中旬，覆盖的种植区包括西北内陆玉米区和黄淮平原春夏播玉米区；套玉米的播种期为 4 月和 6 月间隔播种或 5 月和 6 月间隔播种，主要受前季作物种植时间的影响，覆盖的种植区主要在黄淮平原春夏播玉米区。

1981～2010 年被观测的玉米物候期包括播种期、出苗期、三叶期、七叶期、拔节期、抽雄期、乳熟期、成熟期。玉米种植区的气候条件、土壤状况、玉米的种植状况和站点的具体情况见表 3.1～表 3.3。中国玉米种植区划及农业气象观测站点分布情况见图 3.1。

3.1.2 玉米物候期定义与观测标准

本书选择的玉米物候期包括播种期、出苗期、三叶期、七叶期、拔节期、抽雄期、乳熟期、成熟期。根据《农业气象观测规范》（国家气象局，1993），玉米各物候期的定义和观测标准如下。

播种期：开始播种的日期。

出苗期：从芽鞘中露出第一片叶，长约 3.0cm。

表 3.1　中国玉米种植区划及种植区基本情况

种植主区	气候类型	种植制度	区域平均海拔（m）	年平均气温（℃）	≥10℃积温（℃·d）	年降水量（mm）	年累积日照时数（h）	播种期	收获期	土壤类型
北方春玉米区	温带湿润、半湿润气候	一年一熟制	500	4.0～11.0	1300～3700	400～800	2400～2800	4 月上旬至 5 月中旬	9 月中旬至 10 月上旬	褐黄土、黄绵土、盐渍土等
黄淮平原春夏播玉米区	温带半湿润气候	一年两熟制、两年三熟制	＜50	10～14	3400～4700	500～600	＞2000	春玉米：4 月上中旬；夏玉米：5 月下旬至 6 月上旬	春玉米：8 月上中旬；夏玉米：9 月中下旬	棕壤或褐色土
西南山地丘陵玉米区	温带湿润气候	一年一熟制、两年五熟、一年两熟	200～5000	16～20	4400～8000	800～1200	1200～1400	3 月中旬至 4 月中旬	7 月上旬	红壤、黄壤
南方丘陵玉米区	亚热带湿润性气候	一年两熟、一年三熟	200～600	17.0～22.0	4500～7500	1000～1800	1600～2500	4 月中旬以前	7 月上旬	黄壤和红壤
西北内陆玉米区	大陆性干燥气候带	一年一熟	680～920	7.0～14.0	2800～4400	150	＞3000	5 月下旬至 6 月中旬	10 月上旬	砂土、壤土、黏土
青藏高原玉米区	高原气候	一年一熟	＞4000	5.0～8.0	1000～2000	200～400	2000～3000			寒漠土和山地草甸土

表 3.2 玉米种植区农业气象站点基本情况

作物	站点	E（°）	N（°）	播种期	种植区
春玉米	准格尔	39.67	110.87	4 月	北方春玉米区
	庄河	122.95	39.72	4 月	北方春玉米区
	中卫	105.18	37.53	4 月	北方春玉米区
	长岭	123.97	44.25	4 月	北方春玉米区
	扎兰屯	122.73	48	5 月	北方春玉米区
	榆树	126.53	44.83	4 月	北方春玉米区
	永吉	126.52	43.7	4 月	北方春玉米区
	新民	122.83	41.98	4 月	北方春玉米区
	西峰	107.63	35.73	4 月	北方春玉米区
	五常	127.15	44.9	4 月	北方春玉米区
	围场	117.75	41.93	4 月	北方春玉米区
	瓦房店	121.75	39.73	4 月	北方春玉米区
	突泉	121.55	45.4	5 月	北方春玉米区
	通辽	122.27	43.75	5 月	北方春玉米区
	通化	125.9	41.68	4 月	北方春玉米区
	天水	105.75	34.58	4 月	北方春玉米区
	泰来	123.42	46.4	4 月	北方春玉米区
	绥中	120.35	40.35	5 月	北方春玉米区
	双阳	125.65	43.5	4 月	北方春玉米区
	双城	126.3	45.38	4 月	北方春玉米区
	舒兰	126.93	44.42	5 月	北方春玉米区
	青冈	126.1	46.68	4 月	北方春玉米区
	前郭	124.83	45.12	4 月	北方春玉米区
	平凉	106.67	35.55	4 月	北方春玉米区
	农安	125.17	44.42	4 月	北方春玉米区
	奈曼旗	120.65	42.85	4 月	北方春玉米区
	梅河口	125.63	42.53	4 月	北方春玉米区
	辽源	125.08	42.92	4 月	北方春玉米区
	礼县	105.18	34.18	4 月	北方春玉米区
	梨树	124.3	43.35	4 月	北方春玉米区
	宽甸	124.78	40.72	4 月	北方春玉米区
	建平	119.63	41.87	4 月	北方春玉米区
	嘉荫	129.43	48.57	5 月	北方春玉米区
	佳木斯	130.28	46.82	5 月	北方春玉米区
	集贤	131.13	46.72	4 月	北方春玉米区
	怀来	115.5	40.4	4 月	北方春玉米区

续表

作物	站点	E（°）	N（°）	播种期	种植区
春玉米	桦甸	126.75	42.98	5 月	北方春玉米区
	海伦	126.97	47.43	4 月	北方春玉米区
	海城	122.72	40.88	4 月	北方春玉米区
	哈尔滨	126.77	45.75	4 月	北方春玉米区
	富裕	124.48	47.8	5 月	北方春玉米区
	阜新	121.65	42.03	4 月	北方春玉米区
	丰宁	116.63	41.22	4 月	北方春玉米区
	敦化	128.2	43.37	5 月	北方春玉米区
	灯塔	123.32	41.42	4 月	北方春玉米区
	赤峰	118.97	42.27	4 月	北方春玉米区
	承德	118.17	40.77	4 月	北方春玉米区
	成县	105.72	33.75	4 月	北方春玉米区
	昌图	124.12	42.78	4 月	北方春玉米区
	勃利	130.55	45.75	5 月	北方春玉米区
	本溪	124.28	41.3	4 月	北方春玉米区
	白城	122.83	45.63	5 月	北方春玉米区
	巴彦	127.35	46.08	4 月	北方春玉米区
	张掖	100.43	38.93	4 月	西北内陆玉米区
	于田	81.67	36.87	4 月	西北内陆玉米区
	伊犁	81.33	43.95	4 月	西北内陆玉米区
	新源	83.3	43.45	4 月	西北内陆玉米区
	武威	102.67	37.92	4 月	西北内陆玉米区
	乌兰乌苏	85.82	44.28	4 月	西北内陆玉米区
	塔城	83	46.73	5 月	西北内陆玉米区
	酒泉	98.48	39.77	4 月	西北内陆玉米区
	哈密	93.52	42.82	5 月	西北内陆玉米区
	昌吉	87.43	44.02	4 月	西北内陆玉米区
	博乐	82.07	44.9	4 月	西北内陆玉米区
	阿克苏	80.23	41.17	4 月	西北内陆玉米区
	正安	107.45	28.55	3 月	西南山地丘陵玉米区
	昭通	103.75	27.33	4 月	西南山地丘陵玉米区
	宣威	104.08	26.22	4 月	西南山地丘陵玉米区
	西畴	104.68	23.45	4 月	西南山地丘陵玉米区
	水城	104.87	26.58	4 月	西南山地丘陵玉米区
	普定	105.75	26.32	5 月	西南山地丘陵玉米区
	蒙自	103.38	23.38	4 月	西南山地丘陵玉米区

续表

作物	站点	E（°）	N（°）	播种期	种植区
春玉米	陆良	103.67	25.03	5月	西南山地丘陵玉米区
	丽江	100.43	26.87	4月	西南山地丘陵玉米区
	赫章	104.73	27.13	4月	西南山地丘陵玉米区
	贵阳	106.72	26.58	4月	西南山地丘陵玉米区
夏玉米	淄博	118	36.83	5月	黄淮平原春夏播玉米区
	涿州	115.97	39.48	6月	黄淮平原春夏播玉米区
	泰安	117.1	36.17	6月	黄淮平原春夏播玉米区
	容城	115.85	39.05	6月	黄淮平原春夏播玉米区
	栾城	114.63	37.88	6月	黄淮平原春夏播玉米区
	临沂	118.35	35.05	6月	黄淮平原春夏播玉米区
	聊城	115.95	36.42	6月	黄淮平原春夏播玉米区
	莱阳	120.73	36.97	6月	黄淮平原春夏播玉米区
	莒县	118.83	35.58	6月	黄淮平原春夏播玉米区
	胶州	120	36.27	6月	黄淮平原春夏播玉米区
	济阳	117.12	36.98	6月	黄淮平原春夏播玉米区
	济宁	116.58	35.43	6月	黄淮平原春夏播玉米区
	黄骅	117.35	38.37	6月	黄淮平原春夏播玉米区
	菏泽	115.43	35.25	6月	黄淮平原春夏播玉米区
	河间	116.05	38.45	6月	黄淮平原春夏播玉米区
	肥乡	114.8	36.55	6月	黄淮平原春夏播玉米区
	定州	38.52	115	6月	黄淮平原春夏播玉米区
	昌黎	119.17	39.72	6月	黄淮平原春夏播玉米区
	霸州	116.38	39.12	6月	黄淮平原春夏播玉米区
	若羌	88.17	39.03	7月	西北内陆玉米区
	轮台	84.25	41.78	4月	西北内陆玉米区
	库尔勒	86.13	41.75	7月	西北内陆玉米区
	喀什	75.98	39.47	6月	西北内陆玉米区
	和田	79.93	37.13	6月	西北内陆玉米区
	巴楚	78.57	39.8	5月	西北内陆玉米区
套玉米	遵化	117.95	40.2	5月	黄淮平原春夏播玉米区
	驻马店	114.02	33	5月	黄淮平原春夏播玉米区
	郑州	113.65	34.72	5月	黄淮平原春夏播玉米区
	新乡	113.88	35.32	5月	黄淮平原春夏播玉米区
	潍坊	119.18	36.77	5月	黄淮平原春夏播玉米区
	唐山	118.17	39.63	6月	黄淮平原春夏播玉米区
	汤阴	114.35	35.93	5月	黄淮平原春夏播玉米区

续表

作物	站点	E（°）	N（°）	播种期	种植区
套玉米	商丘	115.67	34.45	5 月	黄淮平原春夏播玉米区
	汝州	112.83	34.18	5 月	黄淮平原春夏播玉米区
	杞县	114.78	34.53	5 月	黄淮平原春夏播玉米区
	内乡	111.87	33.05	5 月	黄淮平原春夏播玉米区
	南阳	112.58	33.03	5 月	黄淮平原春夏播玉米区
	洑阳	115.02	35.7	5 月	黄淮平原春夏播玉米区

表 3.3　玉米物候数据及物候期/生长期内气候要素平均值

玉米种类（站点数）	物候期/生长期	物候期/生长期（d）	平均气温（℃）	累积降水（mm）	累积日照时数（h）
春玉米（76）	播种期	116±9	12.47±4.18	36.43±22.91	228.23±41.95
	出苗期	131±9	16.5±3.28	51.92±28.98	240.27±46.18
	三叶期	138±10	17.02±3.01	55.13±30.09	240.93±46.03
	七叶期	156±9	19.88±2.72	83.44±49.13	233.66±48.71
	拔节期	178±7	21.56±2.25	107.06±60.52	222.84±54.52
	抽雄期	200±6	22.94±2.08	137.88±61.42	214.09±52.33
	乳熟期	231±8	21.7±2.26	118.03±56.76	219.46±46.31
	成熟期	258±7	16.83±2.81	61.91±37.96	214.57±45.36
	营养生长期	69±8	19.88±2.39	278.83±139.13	693.45±171.32
	生殖生长期	58±5	20.53±2.15	310.98±139.5	645.83±161.62
	全生育期	127±8	19.79±2.17	453.88±209.3	1112.95±253.57
夏玉米（13）	播种期	164±14	22.56±4.63	58.85±31.58	222.64±40.31
	出苗期	170±11	23.46±3.19	61.14±31.55	225.28±47.97
	三叶期	175±10	23.73±3.1	66.68±38.78	225.28±47.97
	七叶期	186±10	25.33±1.93	109.87±66.37	219.23±49.8
	拔节期	202±8	25.78±1.59	129.62±70.27	204.01±51.65
	抽雄期	220±7	25.28±0.99	119.44±66.28	200.58±41.65
	乳熟期	245±9	23.25±2.45	96.16±66.28	205.04±39.9
	成熟期	265±8	19.61±2.91	47.6±27.16	192.61±49.3
	营养生长期	49±5	24.75±1.93	280.83±151.4	530.79±183.35
	生殖生长期	45±5	22.7±1.63	197.85±130.41	581.82±136.71
	全生育期	94±7	23.44±1.85	359.24±187.49	908.32±252.7
套玉米（25）	播种期	147±4	18.32±6.42	59.28±46.76	237.59±30.03
	出苗期	161±4	22.56±4.58	73.62±47.73	241.36±33.49
	三叶期	165±3	22.56±4.58	73.62±47.73	238.83±34.63
	七叶期	175±3	23.62±3.93	94.46±67.79	224.45±44.96
	拔节期	192±4	24.79±2.96	140.14±73.45	216.94±45.99

续表

玉米种类（站点数）	物候期/生长期	物候期/生长期（d）	平均气温（℃）	累积降水（mm）	累积日照时数（h）
套玉米（25）	抽雄期	209±2	25.46±2.02	152.99±60.72	220.75±41.92
	乳熟期	235±4	23.64±2.45	118±51.39	219.06±35.22
	成熟期	254±3	18.91±3.4	62.81±29.73	212.89±29.87
	营养生长期	48±4	23.96±3.43	279.13±156.42	634.95±132.5
	生殖生长期	46±2	22.77±2.36	330.12±142.8	519.56±167.15
	全生育期	94±5	22.89±2.55	461.96±217.81	933.76±212.19

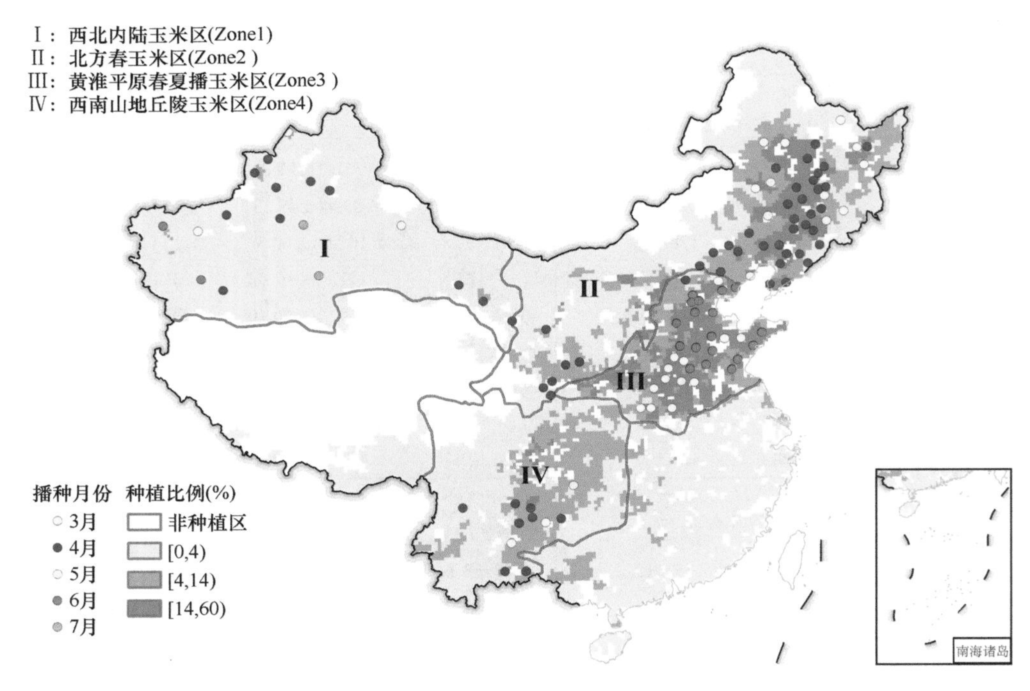

图 3.1　玉米种植区及站点分布

三叶期：从第二叶叶鞘中露出第三叶，长约 2.0cm。

七叶期：从第六叶叶鞘中露出第七叶，长约 2.0cm。

拔节期：玉米基部节间由扁平变圆，近地面用手可摸到圆而硬的茎节，此时雄穗开始分化。

抽雄期：雄穗的顶部小穗，从叶鞘中露出。

乳熟期：雌穗的花丝变成暗棕色或褐色，外层苞叶颜色变浅仍呈绿色，籽粒形状已达到正常大小，果穗中下部的籽粒充满较浓的白色乳汁。

成熟期：80%以上植株外层苞叶变黄、花丝干枯、籽粒硬化，呈现该品种固有的颜色，不易被指甲切开。

本书将玉米所有物候期分为 3 个关键的生长期，分别为营养生长期（播种期至抽雄期）、生殖生长期（抽雄期至成熟期）、全生育期（播种期至成熟期）。

3.2　玉米生长期内气候要素变化

3.2.1　气候要素时间变化特征

1981～2010 年玉米全生育期内平均气温、累积降水、累积日照时数和 GDD 的年际变化如图 3.2 所示。平均气温在春玉米、夏玉米和套玉米全生育期内整体呈现波动上升趋势，与春玉米和夏玉米相比，套玉米全生育期内的平均气温相对

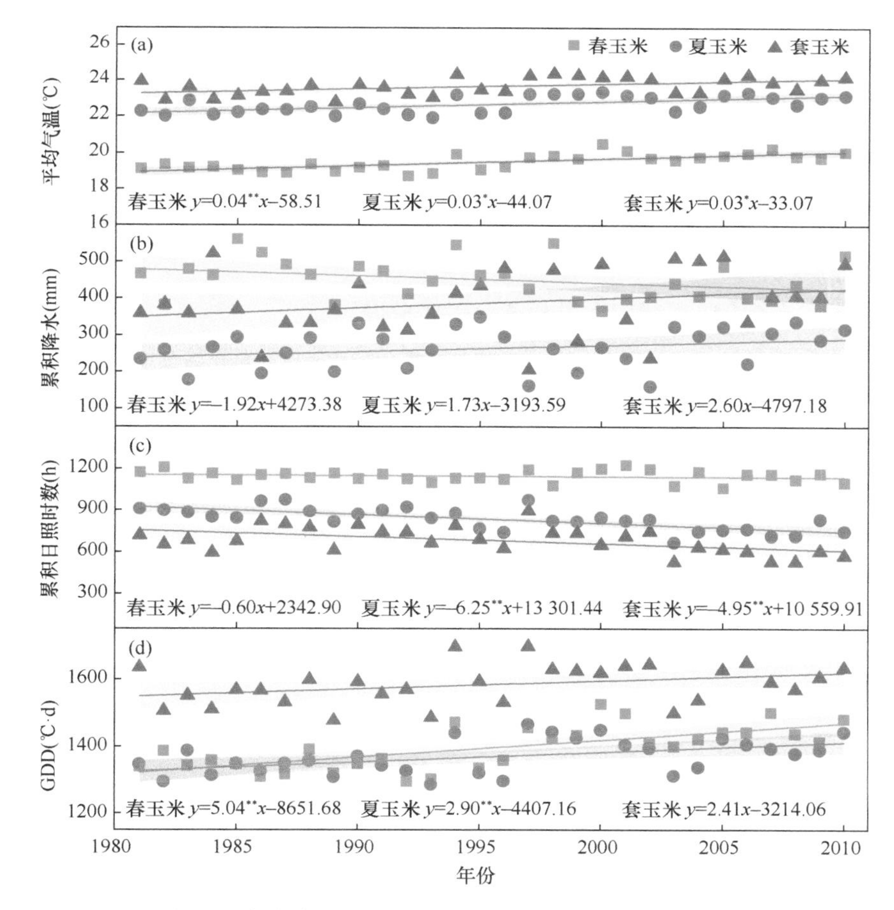

图 3.2　1981～2010 年玉米全生育期内平均气温（a）、累积降水（b）、累积日照时数（c）和 GDD（d）年际变化趋势

较高。累积降水的变化线性趋势不明显，分种植类型来看，夏玉米和套玉米全生育期内的累积降水分别以 1.73mm/a 和 2.60mm/a 的趋势增加，春玉米累积降水以每年 1.92mm 的趋势减少，套玉米全生育期内累积降水的年际波动较为明显。累积日照时数在春玉米、夏玉米和套玉米全生育期内均呈现降低趋势，但在不同类型玉米的全生育期内变化情况不同，夏、套玉米全生育期内累积日照时数下降的幅度较大。由玉米 GDD 的年际变化趋势可知，GDD 在 1992 年前后出现最小值，随后上升，在 1997 年达到最大平均值 1603.73℃·d，多年平均 GDD 为 1508.87℃·d，玉米的 GDD 整体以 4.05（℃·d）/a 的速度逐渐增加。

1981～2010 年玉米物候期和生长期内气候要素平均变化趋势见表 3.4。玉米生长期内增温趋势明显，在全生育期内，春玉米增温（0.04℃/a）大于夏玉米和套玉米增温（0.03℃/a、0.03℃/a）。其中春玉米、夏玉米和套玉米均在成熟期的升温幅度较大（0.05℃/a、0.05℃/a、0.04℃/a）。累积降水在春玉米的全生育期内呈减少的趋势（–1.60mm/a），而夏玉米和套玉米全生育期内累积降水呈增加趋势，且夏玉米生育期内的累积降水增加幅度大于套玉米。春玉米成熟期内累积降水减少幅度最大，为–0.73mm/a，夏玉米在乳熟期的累积降水增加幅度最大，为 1.12mm/a。套玉米生育期内的累积降水增加主要集中营养生长期（1.09mm/a），生殖生长期累积降水的变化幅度较小。累积日照时数在春玉米、夏玉米、套玉米的各物候期均呈现减少趋势，其中春玉米的减少幅度最小，夏玉米和套玉米在全生育期内累积日照时数的变化趋势分别为–4.68h/a 和–4.27h/a。

表 3.4　1981～2010 年玉米各物候期和生长期内气候要素平均变化趋势

玉米种类（站点数）	物候期/生长期	T_{tem}（℃/a）	T_{pre}（mm/a）	T_{sun}（h/a）
春玉米（76）	播种期	0.03±0.03	0.10±0.49	–0.35±0.89
	出苗期	0.04±0.02	0.22±0.59	–0.21±0.98
	三叶期	0.04±0.02	0.2±0.58	–0.18±1.01
	七叶期	0.05±0.03	–0.05±0.66	–0.22±1.08
	拔节期	0.04±0.03	–0.15±1.03	–0.27±1.26
	抽雄期	0.03±0.02	–0.44±1.39	–0.39±1.10
	乳熟期	0.02±0.02	–0.49±1.42	–0.21±1.21
	成熟期	0.05±0.03	–0.73±1.00	–0.06±1.17
	营养生长期	0.04±0.02	–0.35±1.61	–0.68±2.81
	生殖生长期	0.03±0.02	–1.67±2.54	–0.64±3.03
	全生育期	0.04±0.02	–1.60±2.63	–1.01±4.33
夏玉米（13）	播种期	0.04±0.02	0.52±0.76	–0.88±0.98
	出苗期	0.04±0.02	0.5±0.77	–0.85±1.05
	三叶期	0.04±0.02	0.38±1.04	–0.91±1.08
	七叶期	0.04±0.03	0.02±1.06	–1.12±1.16

续表

玉米种类（站点数）	物候期/生长期	T_{tem}（℃/a）	T_{pre}（mm/a）	T_{sun}（h/a）
夏玉米（13）	拔节期	0.03±0.03	0.32±1.52	−1.12±1.16
	抽雄期	0.02±0.03	0.93±2.00	−1.27±1.36
	乳熟期	0.03±0.03	1.12±1.78	−1.57±1.31
	成熟期	0.05±0.03	0.49±0.74	−1.15±1.2
	营养生长期	0.03±0.02	1.42±3.09	−3.23±3.29
	生殖生长期	0.03±0.03	1.76±3.06	−2.72±2.79
	全生育期	0.03±0.02	2.24±3.92	−4.68±4.55
套玉米（25）	播种期	0.03±0.03	−0.01±0.98	−0.92±0.77
	出苗期	0.04±0.02	0.07±0.73	−0.89±0.88
	三叶期	0.04±0.02	0.07±0.73	−0.89±0.88
	七叶期	0.04±0.03	−0.05±0.36	−0.98±0.86
	拔节期	0.02±0.02	1.31±1.71	−1.49±0.89
	抽雄期	0.02±0.02	0.99±2.05	−1.32±0.99
	乳熟期	0.01±0.03	−0.64±1.72	−1.00±1.01
	成熟期	0.04±0.02	−0.31±0.99	−0.64±1.27
	营养生长期	0.03±0.02	1.09±1.88	−2.74±1.99
	生殖生长期	0.02±0.02	−0.03±3.01	−2.76±2.88
	全生育期	0.03±0.02	0.09±2.99	−4.27±3.61

注：T_{tem}、T_{pre}、T_{sun}分别表示响应阶段的平均气温、累积降水、累积日照时数的变化趋势

3.2.2　气候要素空间变化特征与区域分异

1981～2010 年中国玉米种植区全生育期内年平均气温、累积降水、累积日照时数和 GDD 分别为 20.82℃、429.05mm、1063.88h 和 1433.44℃·d。气候资源分布的空间差异性使玉米的种植范围、种植制度产生差异。1981～2010 年，西北内陆玉米区的累积降水和累积日照时数均为最低水平，而平均气温和 GDD 却远高于其他种植区；西南山地丘陵玉米区的平均气温较低，累积日照时数却高于其他种植区，累积降水与全国平均水平相当；黄淮平原春夏播玉米区的平均气温（20.36℃）、累积降水（464.27mm）、累积日照时数（1086.49h）和积温（1419.26℃·d）均接近全国平均水平。总体上，玉米全生育期内累积降水由东南向西北内陆递减，平均气温由东南向西北内陆递增。

从不同种植区来看，有 97.37%的站点观测到玉米全生育期内的平均气温在显著上升，且高纬度地区增温幅度大于低纬度地区（图 3.3～图 3.5）。其中西北内陆玉米区平均气温的上升幅度最大，为 0.05℃/a，黄淮平原春夏播玉米区与西南

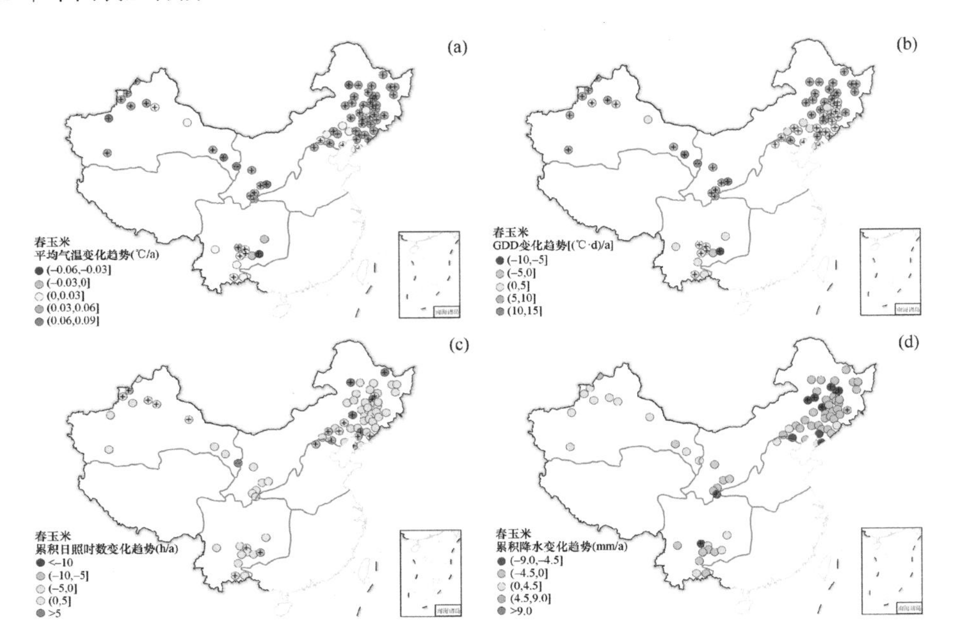

图 3.3　1981～2010 年春玉米全生育期内平均气温（a）、GDD（b）、累积日照时数（c）和累积降水（d）空间变化趋势

+表示通过 0.05 显著性水平检验

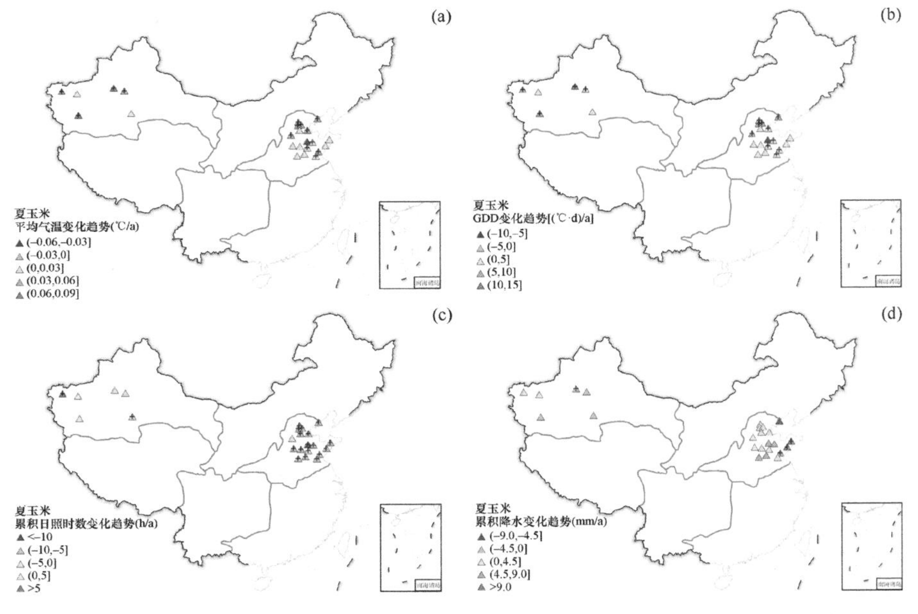

图 3.4　1981～2010 年夏玉米全生育期内平均气温（a）、GDD（b）、累积日照时数（c）和累积降水（d）空间变化趋势

+表示通过 0.05 显著性水平检验

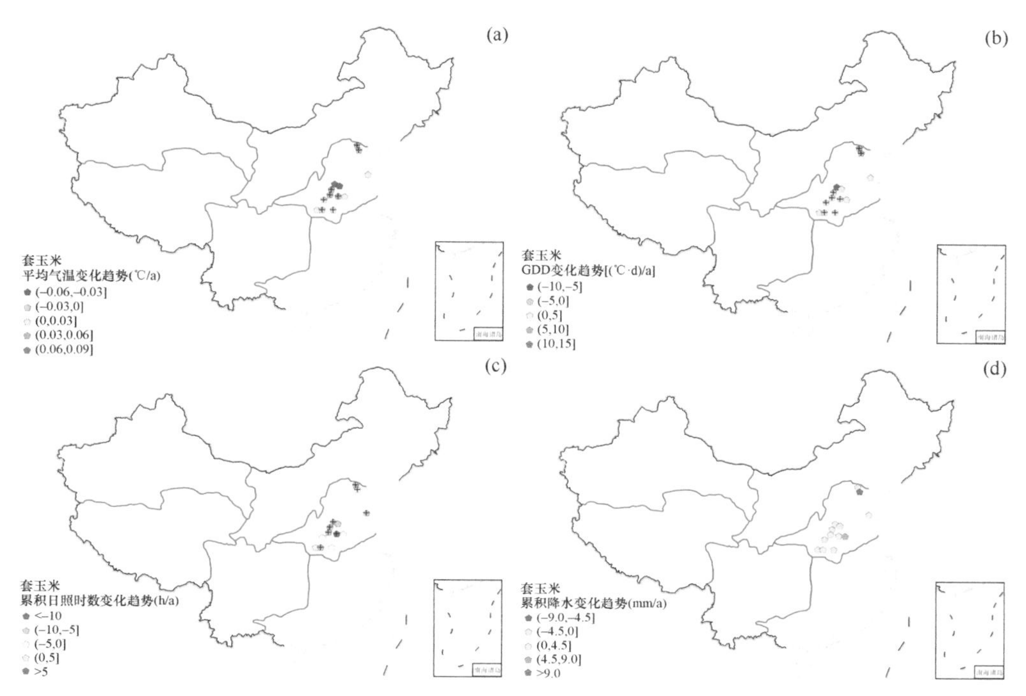

图 3.5　1981～2010 年套玉米全生育期内平均气温（a）、GDD（b）、累积日照时数（c）和累积降水（d）空间变化趋势

+表示通过 0.05 显著性水平检验

山地丘陵玉米区的升温幅度相同（均为 0.02℃/a），个别位于西南山地丘陵玉米区和黄淮平原春夏播玉米区的站点平均气温呈现下降趋势。玉米全生育期内 GDD 的变化趋势和平均气温的变化趋势非常相似，绝大多数站点（97.37%）观测到玉米全生育期内 GDD 显著上升。而对于累积日照时数和累积降水，呈下降趋势的站点较多，分别占 69.30%和 57.90%，各种植区的累积日照时数均呈现减少趋势，其中黄淮平原春夏播玉米区累积日照时数减少的幅度最大（4.53h/a），西南山地丘陵玉米区、北方春玉米区、西北内陆玉米区累积日照时数的减少幅度分别是 3.71h/a、3.82h/a、0.09h/a。累积降水呈现北减南增的变化趋势，呈增加趋势的站点集中分布在黄淮平原春夏播玉米区、西南山地丘陵玉米区的累积降水增加幅度分别是 1.53mm/a 和 1.21mm/a，北方春玉米区的累积降水减少幅度是 0.91mm/a；在西北内陆玉米区，虽然部分站点呈现增加的趋势，但增加的趋势小于其他站点减少趋势的幅度，致使西北内陆玉米区的累积降水减少幅度为 1.44mm/a，在所有种植区中最大。累积降水和累积日照时数的变化趋势在空间上呈现明显的反向特征：累积降水减少的种植区对应的累积日照时数增多（如北方春玉米区的部分站点），累积日照时数减少的种植区对应的累积降水增多

（如黄淮平原春夏播玉米区）。玉米各分区站点在各生长期的气候要素变化趋势范围见附表 1～附表 4。

1981～2010 年玉米全生育期内平均气温、累积降水、累积日照时数和 GDD 的变化趋势如图 3.6 所示。

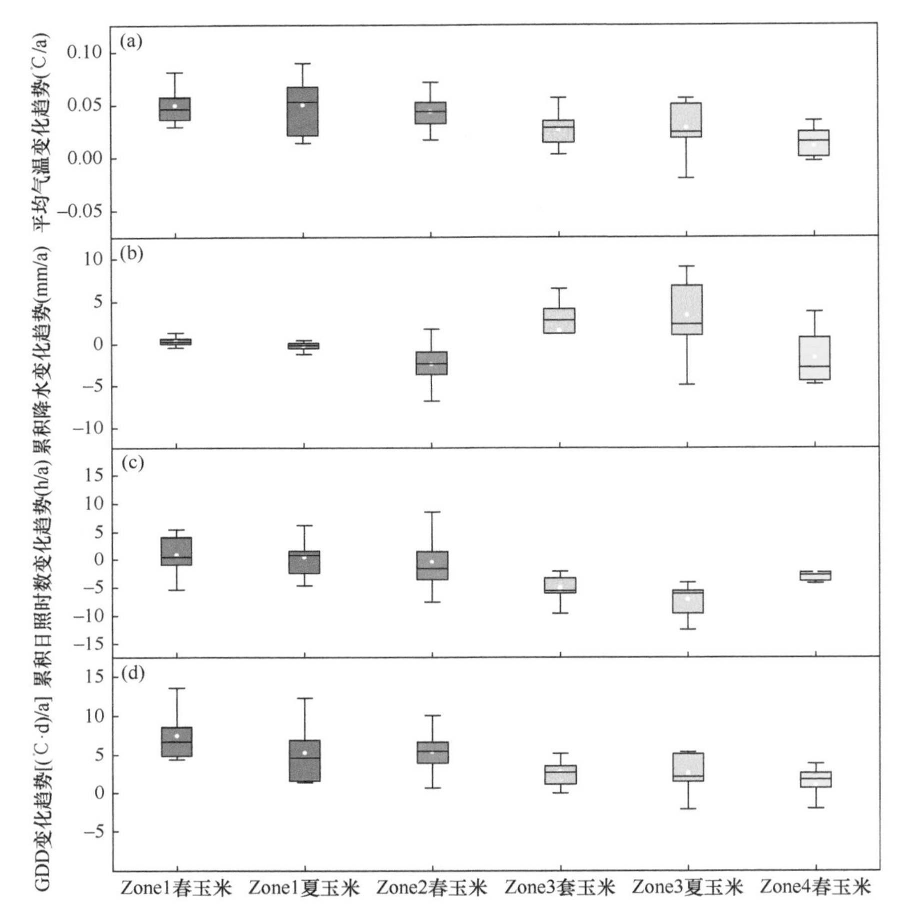

图 3.6 1981～2010 年各种植区玉米全生育期内平均气温（a）、累积降水（b）、累积日照时数（c）和 GDD（d）变化趋势

Zone1～Zone4 分别代表西北内陆玉米区、北方春玉米区、黄淮平原春夏播玉米区和西南山地丘陵玉米区，本章余同

玉米全生育期内平均气温的变化呈现明显的区域差异性，其中 Zone1 的升温幅度相对较大（0.05℃/a），而 Zone4 的升温趋势仅为 0.01℃/a，变化幅度整体表现出“西高东低”的特点。不同种植区之间累积降水的变化幅度和方向均存在差异，其中，Zone3 累积降水变化幅度相对较大且呈现增加趋势，而 Zone2 和 Zone4 呈现减少趋势。除此之外，同一种植区内不同类型的玉米全生育期内降水量变化

趋势也存在差异，例如，Zone1 春玉米全生育期的累积降水呈现增加趋势，而 Zone1 夏玉米却呈现减少趋势。累积日照时数呈现增加趋势的区域集中在 Zone1 种植区，其他种植区均以降低为主，为 0.52～7.25h/a。所有种植区的 GDD 均有增加，增加的幅度呈现由西北向东南逐渐减少的规律。

3.3　玉米物候变化特征

3.3.1　玉米物候期变化特征

1. 玉米物候期时间变化特征

1981～2010 年玉米播种期、出苗期、三叶期、七叶期、拔节期、抽雄期、乳熟期、成熟期的年际变化如图 3.7 所示。

在 30 年观测期中，春玉米出苗期至七叶期的各物候期呈现提前趋势，而播种期、乳熟期、成熟期却呈现推迟的趋势。播种期的年际变化存在明显的分段特征，即在 1990 年之前呈现提前趋势，而 1990 年之后播种期 DOY 逐渐推迟到 123d。成熟期在 1992 年推迟到 9 月下旬，随后又逐渐变化到 9 月上旬。夏玉米的所有物候期均呈现推迟趋势，从年际变化来看，夏玉米各物候期的年际变化具有一定的同步性；在 1996 年、2003 年，所有物候期均有明显推迟，而在 1998 年，所有物候期却明显提前。套玉米各物候期均呈现推迟趋势，且在 1992 年、1996 年、2003 年推迟的趋势较为明显。相对于春玉米和夏玉米，套玉米物候期年际变化的波动较大，尤其是播种期，以每年 0.17d 的趋势推迟，推迟程度远大于同一种植区的夏玉米。这可能是由于该地区实施春玉米、冬小麦、夏玉米的轮作制度，玉米播种期除了受气候要素的影响，还会受到前季作物播种期及收获时间的影响。

2. 玉米物候期空间变化特征与区域分异

在 30 年观测期中，玉米各物候期都发生了显著变化。在全国尺度上，物候期的变化主要以推迟为主，分别有 65.79%、54.39%、52.63%、53.51%、56.14%、69.31%和 72.81%的站点观测到播种期、出苗期、三叶期、拔节期、抽雄期、乳熟期、成熟期呈推迟趋势，有 54.39%的站点观测到七叶期呈提前趋势。播种期、出苗期、三叶期、拔节期和抽雄期呈现推迟趋势的站点主要分布在黄淮平原春夏播玉米区的大部分，以及北方春玉米区东部和西北内陆玉米区的部分站点。

玉米物候期变化趋势具有显著的空间分异特征（图 3.8～图 3.10）。不同种植区的物候变化趋势不同。对于播种期、出苗期、三叶期和拔节期，除了西北内陆玉米区和西南山地丘陵玉米区的春玉米，大部分春玉米种植区均为推迟趋势；对于抽雄期、乳熟期、成熟期，仅在西南山地丘陵玉米区的春玉米种植区提前，在其余种植区均有推迟。黄淮平原春夏播玉米区套玉米的播种期推迟程度最高，但其他物候期主要呈提前趋势。西北内陆玉米区的夏玉米种植区的出苗期至乳熟期的各物候期在所有种植区中推迟程度均为最高。夏玉米物候期空间差异明显，随着种植区北移，夏玉米的物候期明显延后，黄淮平原春夏播玉米区比西北内陆玉

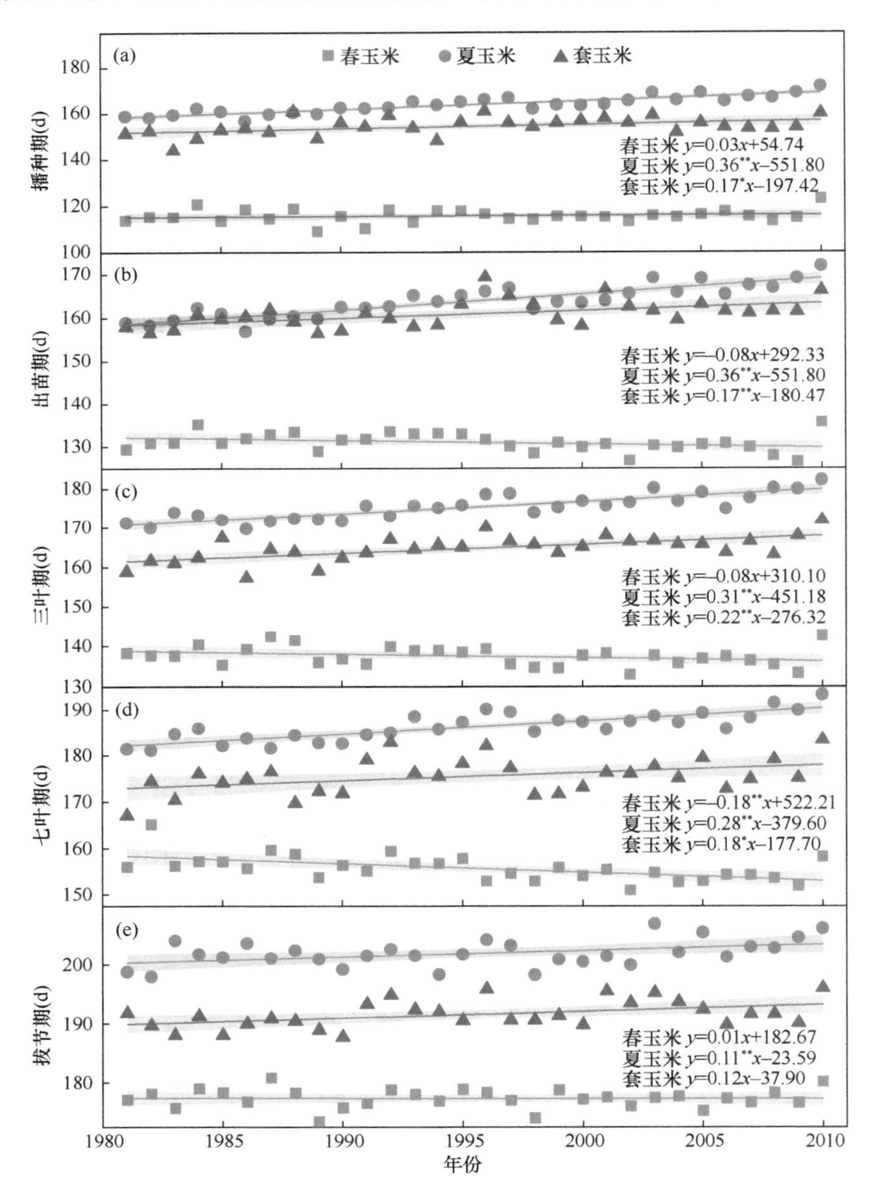

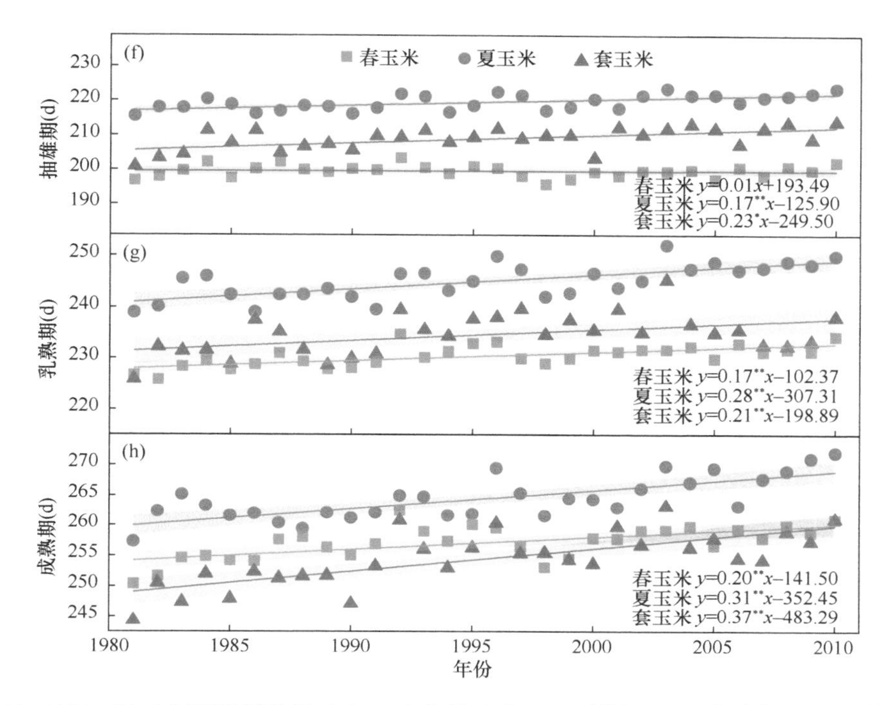

图 3.7　1981～2010 年玉米播种期（a）、出苗期（b）、三叶期（c）、七叶期（d）、拔节期（e）、抽雄期（f）、乳熟期（g）、成熟期（h）的时间（DOY）变化趋势

米区夏玉米的播种期、出苗期、抽雄期、成熟期分别提前 1d、4d、4d、12d。套玉米的播种期晚于春玉米、早于夏玉米，但成熟期相较于春玉米和夏玉米略微提前。

1981～2010 年各种植区玉米播种期、出苗期、三叶期、七叶期、拔节期、抽雄期、乳熟期、成熟期的变化趋势如图 3.11 所示。

春玉米物候期的变化幅度为–0.59～0.30d/a，但不同种植区呈现的变化趋势有所差异。Zone4 春玉米的变化幅度相对较大，且各物候期均表现为提前趋势（–0.59～–0.15d/a）；与 Zone4 春玉米相反，Zone2 春玉米的各物候期以推迟为主（0.01～0.30d/a），仅七叶期提前 0.12d/a。Zone1 春玉米的播种期至拔节期均呈现提前趋势，提前的天数集中在 0.06～0.29d/a，抽雄期至成熟期呈现推迟趋势，其中乳熟期推迟幅度最大，每年推迟 0.11d。

夏玉米的所有物候期均呈现推迟趋势（0.08～0.87d/a）。对比夏玉米不同种植区的差异，结果表明，Zone1 夏玉米与 Zone3 夏玉米物候期的变化方向一致，但 Zone1 夏玉米的各物候期变化范围和幅度均大于 Zone3 夏玉米，且总体上夏玉米物候期的推迟幅度大于春玉米。

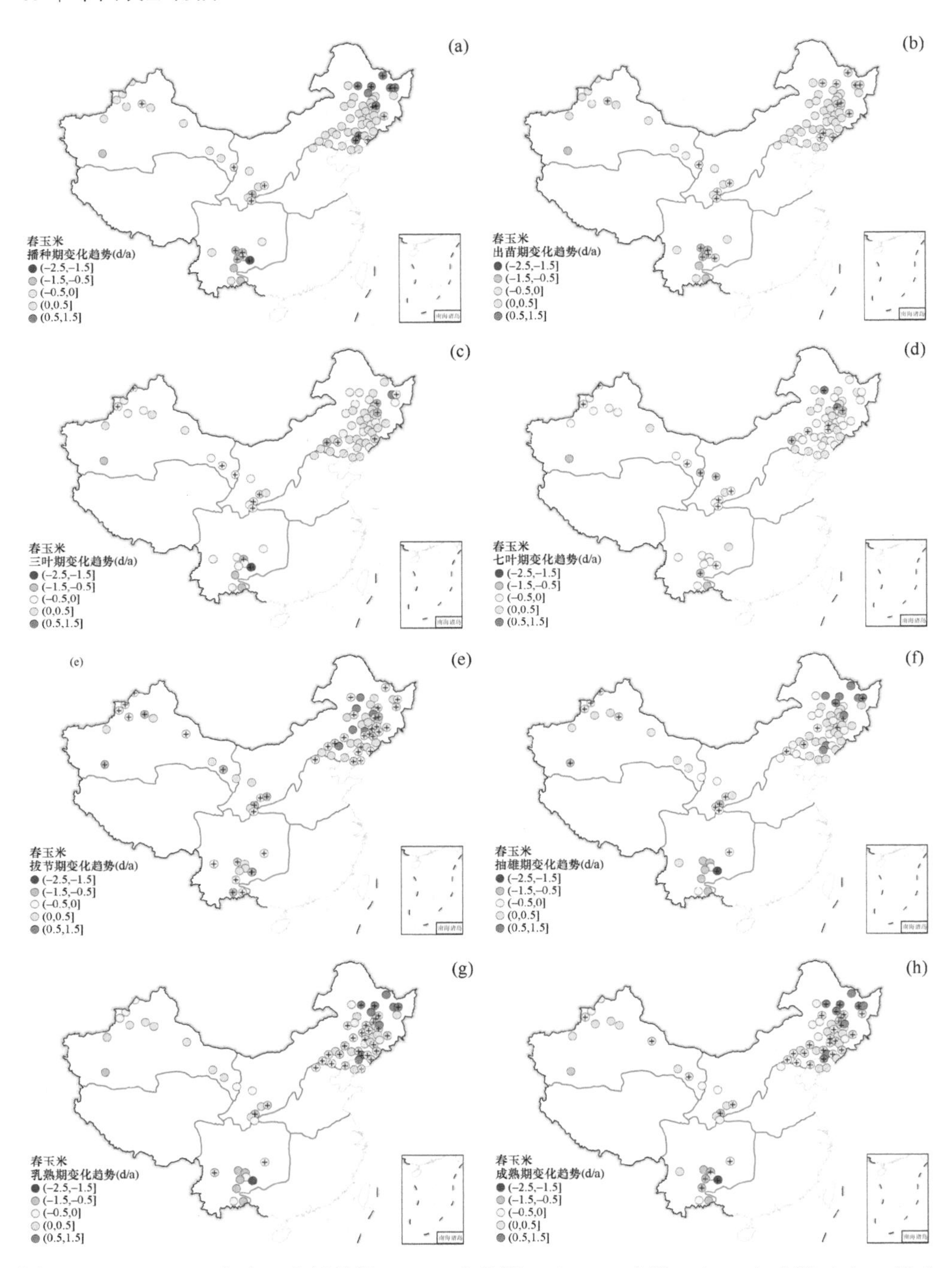

图 3.8 1981～2010 年春玉米播种期（a）、出苗期（b）、三叶期（c）、七叶期（d）、拔节期（e）、抽雄期（f）、乳熟期（g）、成熟期（h）空间变化趋势

+表示通过 0.05 显著性水平检验

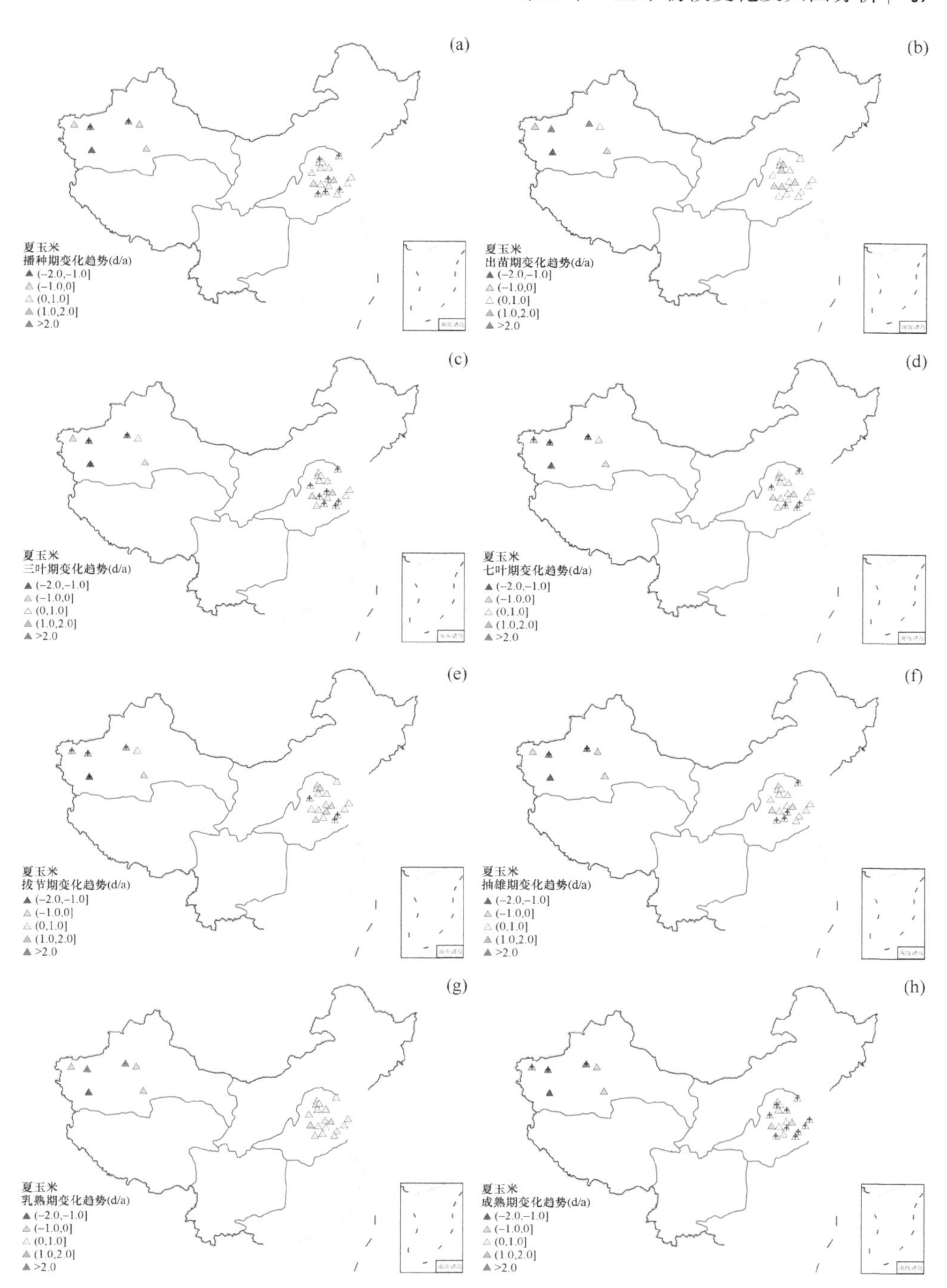

图 3.9　1981～2010 年夏玉米播种期（a）、出苗期（b）、三叶期（c）、七叶期（d）、拔节期（e）、抽雄期（f）、乳熟期（g）、成熟期（h）空间变化趋势

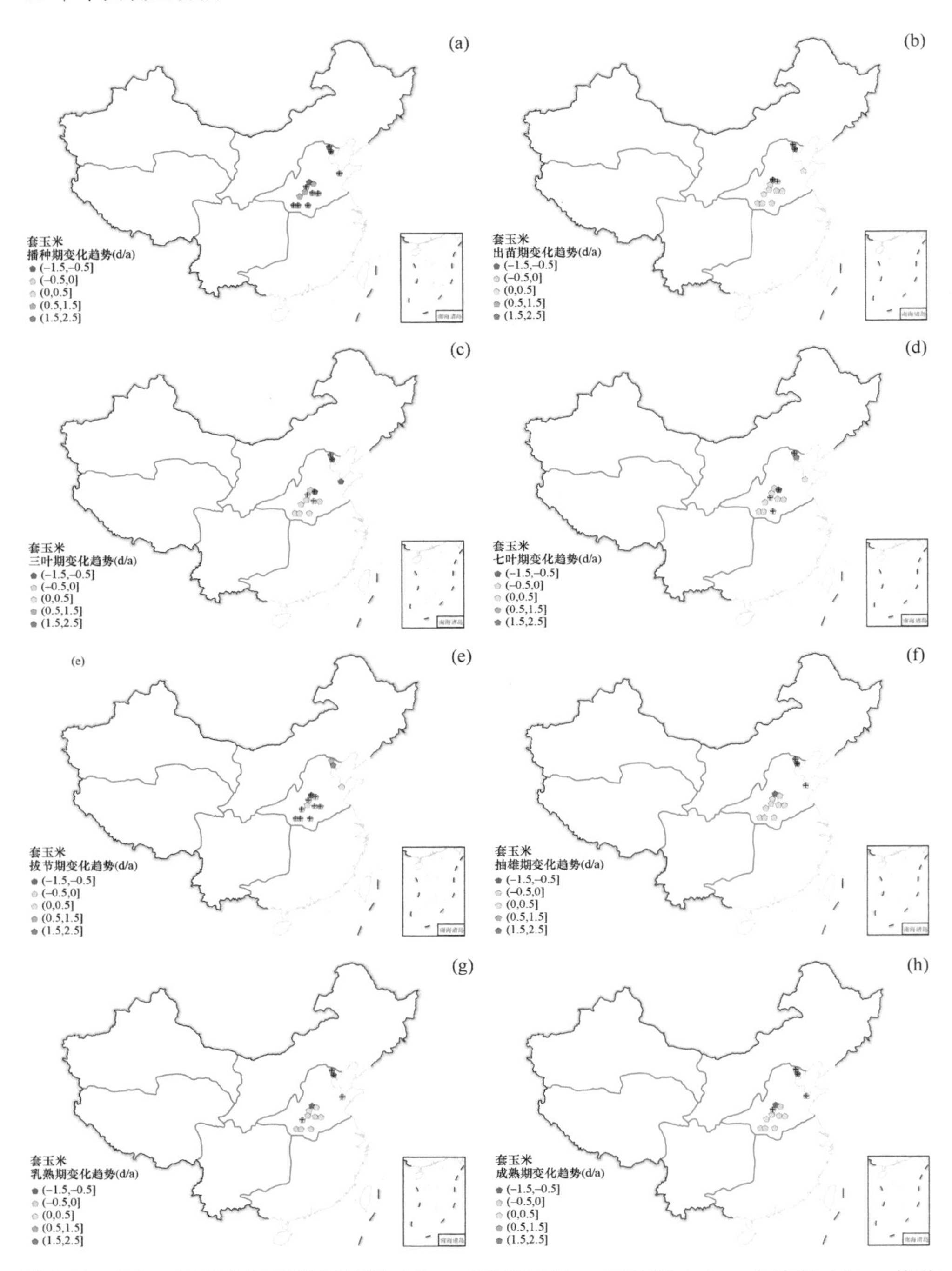

图 3.10 1981～2010 年套玉米播种期（a）、出苗期（b）、三叶期（c）、七叶期（d）、拔节期（e）、抽雄期（f）、乳熟期（g）、成熟期（h）空间变化趋势

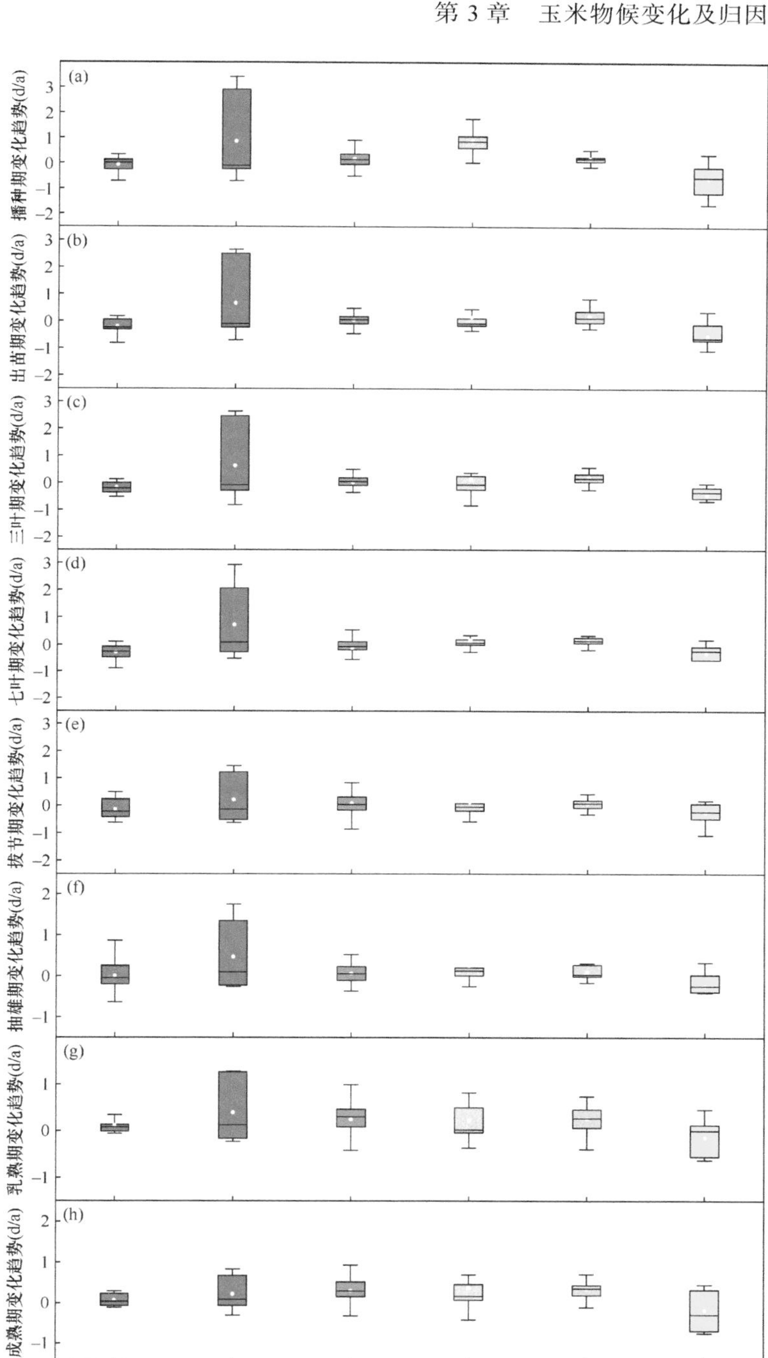

图 3.11　1981～2010 年各种植区玉米播种期（a）、出苗期（b）、三叶期（c）、七叶期（d）、拔节期（e）、抽雄期（f）、乳熟期（g）、成熟期（h）变化趋势

套玉米各物候期均呈现推迟趋势（0.13～0.88d/a），套玉米出苗期至拔节期的推迟幅度集中在 0.13～0.18d/a，成熟期以每年 0.37d 的趋势推迟。

3.3.2 玉米生长期变化特征

1. 玉米生长期时间变化特征

1981～2010 年玉米营养生长期、生殖生长期和全生育期长度的时间变化趋势如图 3.12 所示。

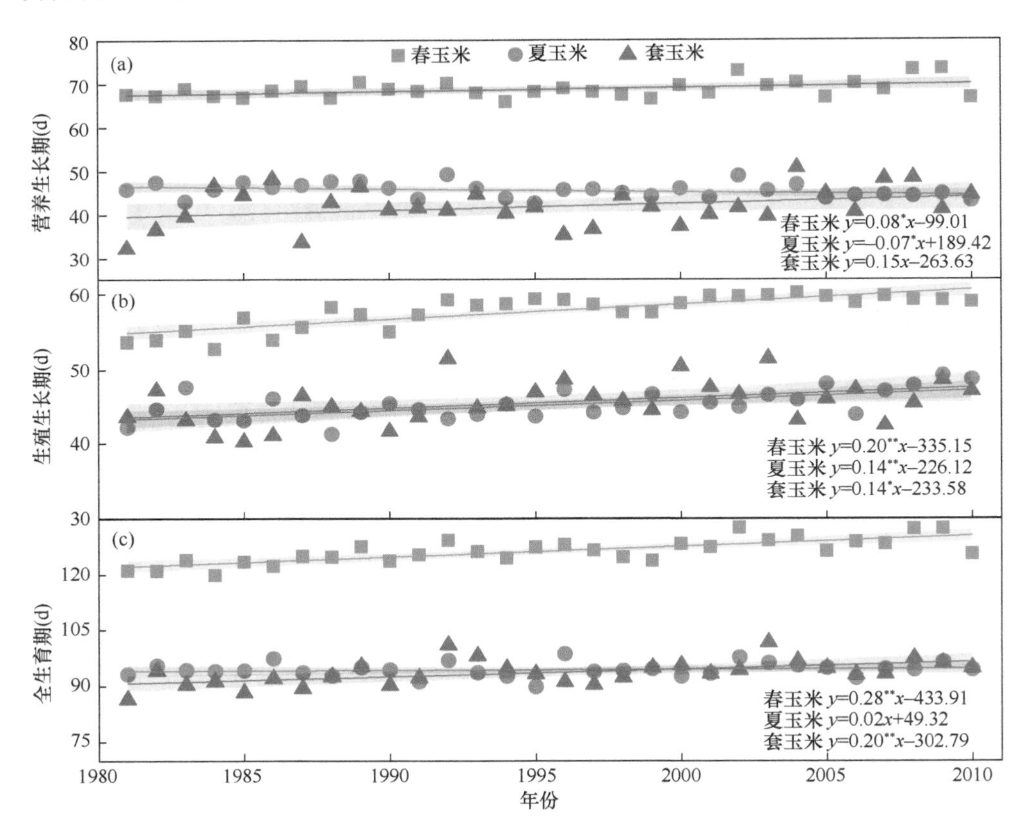

图 3.12 1981～2010 年玉米营养生长期（a）、生殖生长期（b）、全生育期（c）长度的时间变化趋势

在 30 年观测期中，春玉米的营养生长期长度集中在 66～75d，生殖生长期长度集中在 54～59d，全生育期长度集中在 120～133d，且春玉米全生育期长度大于夏玉米和套玉米。从年际变化来看，春玉米的营养生长期、生殖生长期和全生育期均有延长；营养生长期与全生育期长度的年际波动具有同步性，3 个生长期长

度均在 2008、2009 年达到峰值，生殖生长期长度则在 1992 年之前呈现波动延长的趋势，随后稳定在 57～59d。

夏玉米的营养生长期长度集中在 46～54d，生殖生长期长度集中在 40～52d，全生育期长度集中在 86～101d。年际变化趋势显示夏玉米的营养生长期缩短，而生殖生长期和全生育期长度延长。3 个生长期的长度均在 1996 年出现明显延长，相较而言，2000 年之后夏玉米各生长期长度的波动幅度逐渐缩小。

套玉米的营养生长期长度集中在 43～52d，生殖生长期长度集中在 40～52d，全生育期长度集中在 86～101d。套玉米的营养生长期、生殖生长期和全生育期均有延长，且在年际变化中，生殖生长期长度与营养生长期长度为近似相反的两条趋势线。在 1987 年和 2005 年，生殖生长期为延长趋势而营养生长期却呈现缩短趋势。

2. 玉米生长期空间变化特征与区域分异

1981～2010 年春玉米各生长期长度的空间变化趋势如图 3.13 所示。从空间分布上来看，春玉米营养生长期延长的站点主要分布在 Zone1 春玉米区和 Zone4 春玉米区，呈现缩短趋势的站点集中分布在 Zone2 春玉米区，缩短幅度小于 0.5d/a

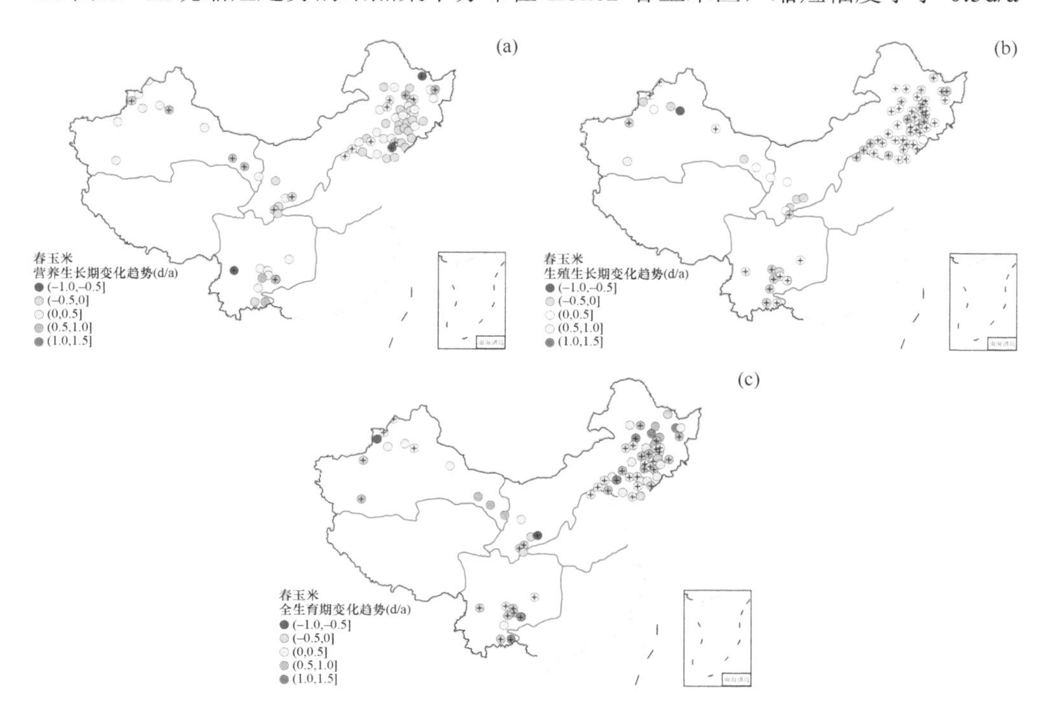

图 3.13　1981～2010 年春玉米营养生长期（a）、生殖生长期（b）、全生育期（c）长度的空间变化趋势

的站点居多，总体而言，春玉米的营养生长期整体呈现延长趋势。与营养生长期长度变化空间分布不同，生殖生长期呈现延长趋势的站点主要分布在 Zone2 春玉米区，且少于缩短趋势的站点。对于全生育期，大部分站点呈延长趋势，延长幅度较大的站点集中在 Zone2 春玉米区。

1981～2010 年夏玉米各生长期长度的空间变化趋势如图 3.14 所示。对于夏玉米，Zone1 夏玉米的大部分站点在 3 个生长期均呈现缩短趋势，而 Zone3 夏玉米大部分站点呈现延长趋势，其中夏玉米生殖生长期在 Zone3 呈现显著延长趋势，延长趋势集中在 0～0.5d/a。夏玉米生长期变化趋势的空间分异在一定程度上受到全生育期内平均气温升高、累积降水减少等农业气候资源分布不均的影响。总体而言，夏玉米的营养生长期呈现缩短趋势，而生殖生长期和全生育期均呈现微弱的延长趋势。

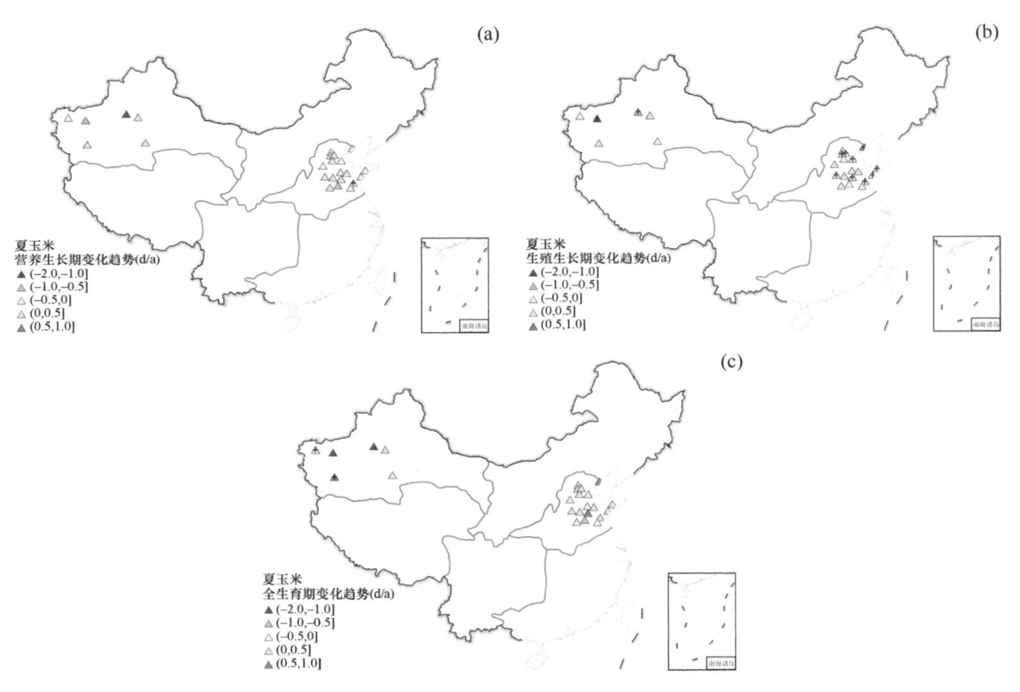

图 3.14　1981～2010 年夏玉米营养生长期（a）、生殖生长期（b）、全生育期（c）长度的空间变化趋势

1981～2010 年套玉米各生长期长度的空间变化趋势如图 3.15 所示。对于套玉米，生长期呈现延长趋势的站点居多，但又表现出一定的空间差异。例如，Zone3 种植区北部和南部的个别站点呈现相反的变化趋势。各生长期变化的幅度也有差异，全生育期的变化幅度大于营养生长期和生殖生长期。此外，套玉米的生

长期长度不仅受到气候要素的影响，还会受到先前季节性作物的播种和收获时间的影响。

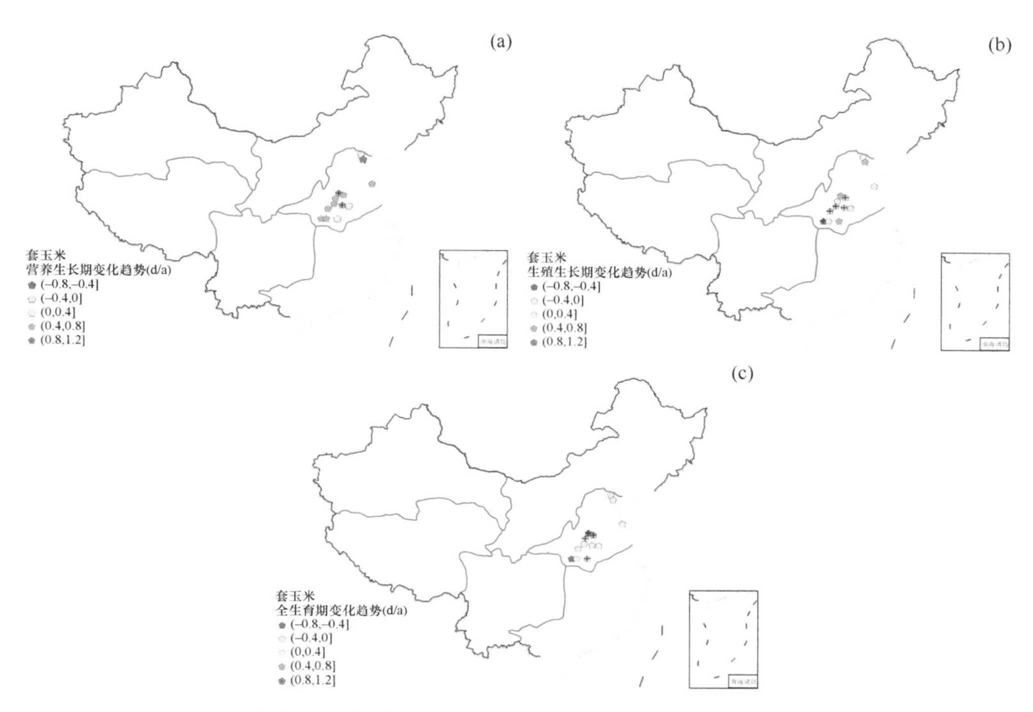

图 3.15　1981～2010 年套玉米营养生长期（a）、生殖生长期（b）、全生育期（c）长度的空间变化趋势

1981～2010 年各种植区玉米营养生长期、生殖生长期和全生育期长度的变化趋势如图 3.16 所示。

春玉米营养生长期、生殖生长期和全生育期长度的变化趋势分别为–0.75～0.85d/a、–0.79～0.61d/a 和–0.80～1.39d/a。不同种植区的变化趋势存在差异，Zone4 春玉米的营养生长期和全生育期延长趋势相对较大，分别为 0.27d/a 和 0.34d/a，而 Zone2 春玉米的生殖生长期延长趋势相对较大，为 0.25d/a。

夏玉米营养生长期、生殖生长期和全生育期的年际变化趋势分别为–1.17～0.48d/a、–1.07～0.97d/a 和–1.98～0.79d/a。其中 Zone1 夏玉米 3 个生长期均缩短，而 Zone3 夏玉米营养生长期缩短，生殖生长期和全生育期延长。

套玉米营养生长期、生殖生长期和全生育期的年际变化趋势分别为–0.56～0.44d/a、–0.43～0.84d/a 和–0.25～0.91d/a。与其他种植区相比，Zone3 套玉米生长期的变化幅度相对较小。

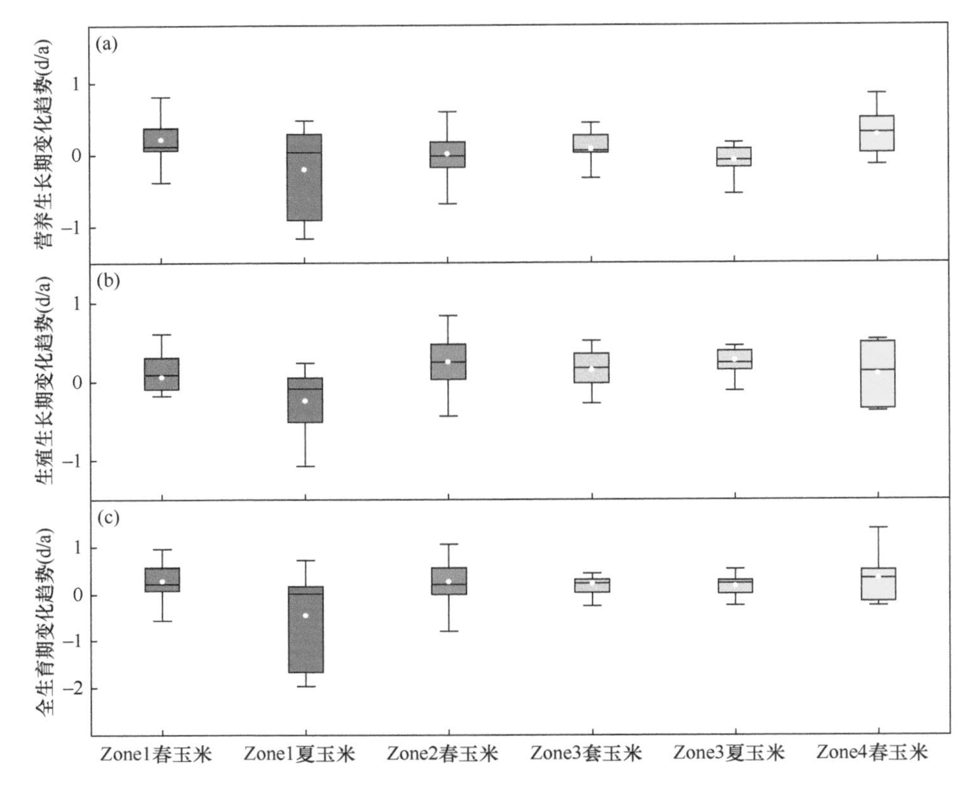

图 3.16　1981～2010 年各种植区玉米营养生长期（a）、生殖生长期（b）、全生育期（c）长度的变化趋势

3.4　玉米物候变化归因分析

3.4.1　玉米物候对气候要素的敏感度分析

1. 玉米物候期对平均气温、累积降水和累积日照时数的敏感度分析

在 30 年观测期中，春玉米、夏玉米、套玉米各物候期对平均气温、累积降水和累积日照时数变化的敏感度如图 3.17～图 3.19 所示。同一种植区内不同的物候期对关键气候要素的敏感度不同，且不同种植区同一物候期的敏感度也有所区别。玉米各物候期对平均气温的敏感度呈现明显的纬度变化特征。高纬度地区对平均气温的敏感度为负，如 Zone2 春玉米；而低纬度地区玉米大部分物候期对平均气温的敏感度为正，如 Zone4 春玉米和 Zone3 夏玉米。对于拔节期之前的各物候期，Zone4 春玉米对平均气温的敏感程度均高于其余种植区。玉米的播种期对累积日照时数的敏感度相对较高，尤其对于 Zone3 套玉米，敏感度高达约–0.20d/h。在抽

雄期之前，各种植区玉米的物候期对累积日照时数和累积降水的敏感度普遍为负，Zone1 对累积降水的敏感度相对较高，尤其是 Zone1 春玉米的乳熟期，敏感度约为 0.28d/mm。

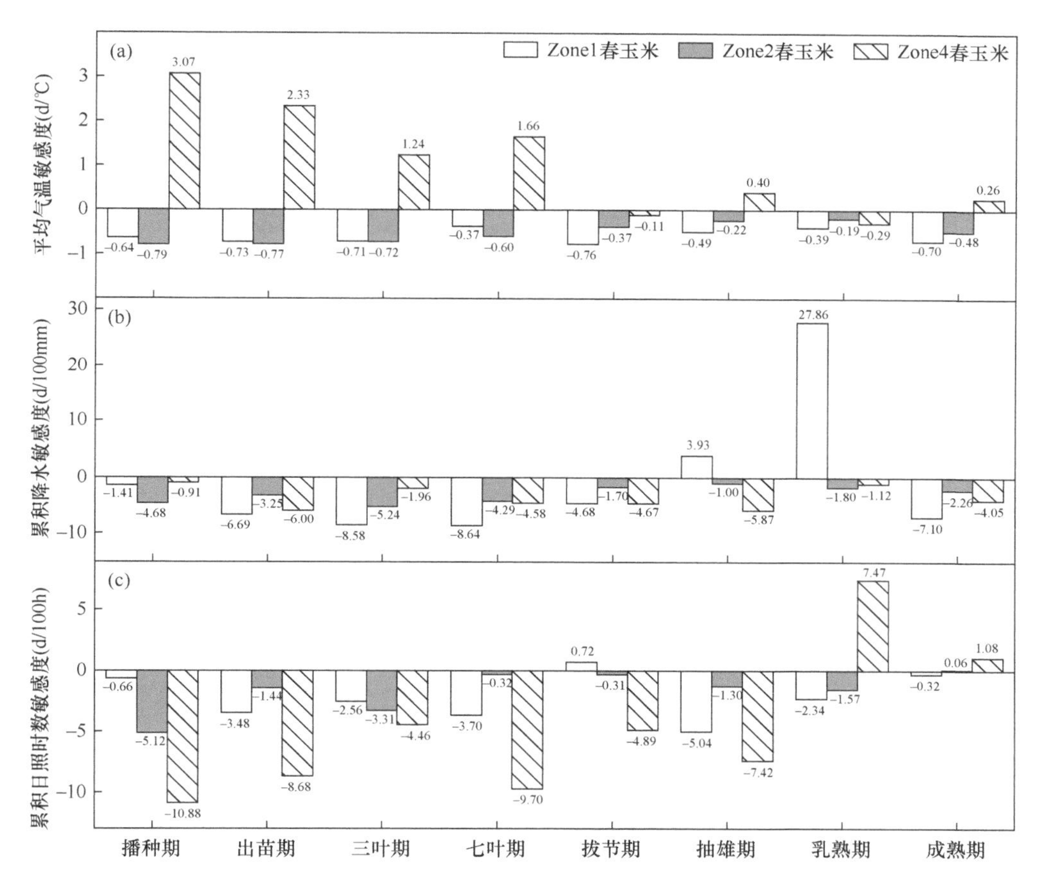

图 3.17　1981～2010 年春玉米各物候期对平均气温（a）、累积降水（b）、累积日照时数（c）的敏感度

Zone1、Zone2、Zone4 分别代表西北内陆玉米区、北方春玉米区、西南山地丘陵玉米区

2. 玉米生长期对平均气温、累积降水和累积日照时数的敏感度分析

在 30 年观测期中，不同种植区内玉米生长期对平均气温、累积降水和累积日照时数变化的敏感度如图 3.20～图 3.22 所示。大部分种植区生殖生长期长度对累积日照时数的敏感程度大于营养生长期长度，全生育期长度对累积日照时数的敏感度基本与生殖生长期保持一致。玉米的营养生长期长度对平均气温的敏感度与生殖生长期普遍相反。平均来说，夏玉米全生育期长度均随着全生育期内平均气

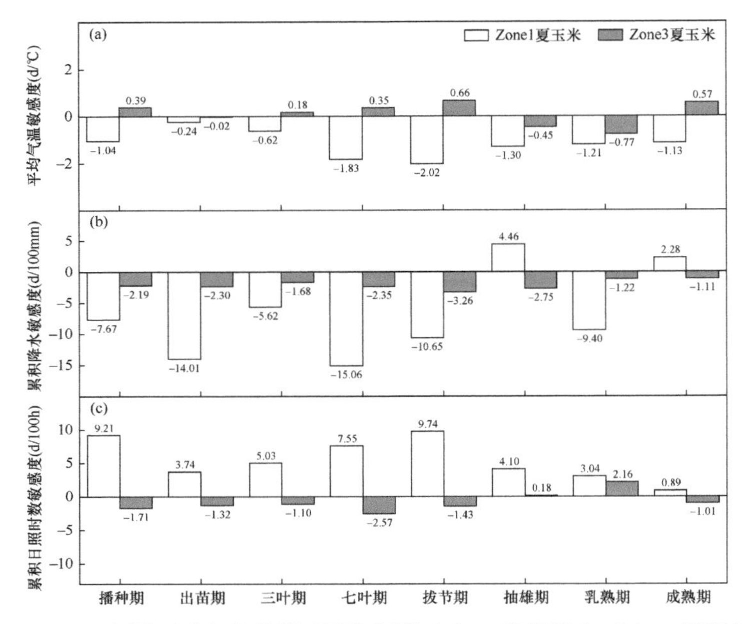

图 3.18 1981～2010 年夏玉米各物候期对平均气温（a）、累积降水（b）、累积日照时数（c）的敏感度

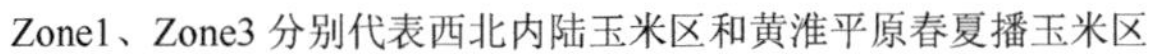
Zone1、Zone3 分别代表西北内陆玉米区和黄淮平原春夏播玉米区

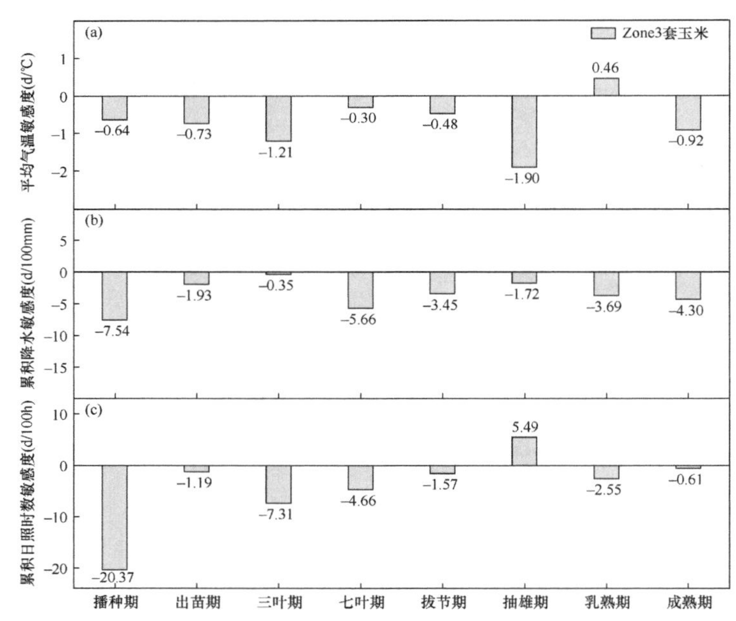

图 3.19 1981～2010 年套玉米各物候期对平均气温（a）、累积降水（b）、累积日照时数（c）的敏感度

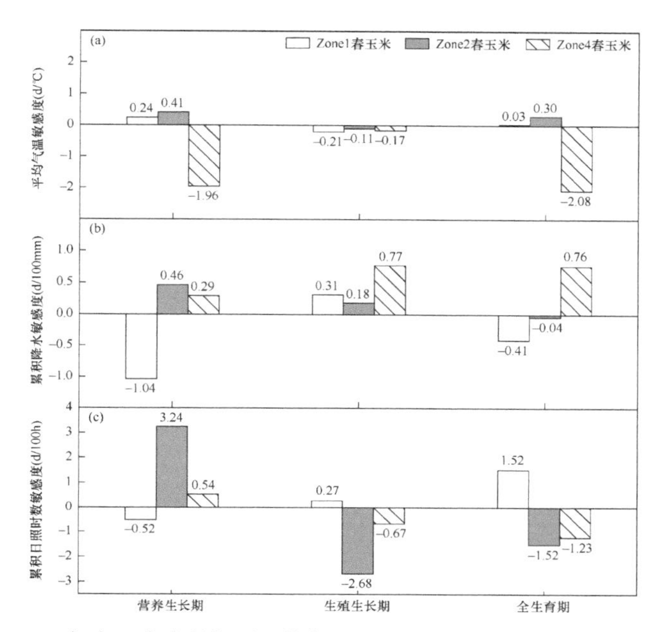

图 3.20　1981～2010 年春玉米生长期对平均气温（a）、累积降水（b）、累积日照时数（c）的敏感度

Zone1、Zone2、Zone4 分别代表西北内陆玉米区、北方春玉米区、西南山地丘陵玉米区

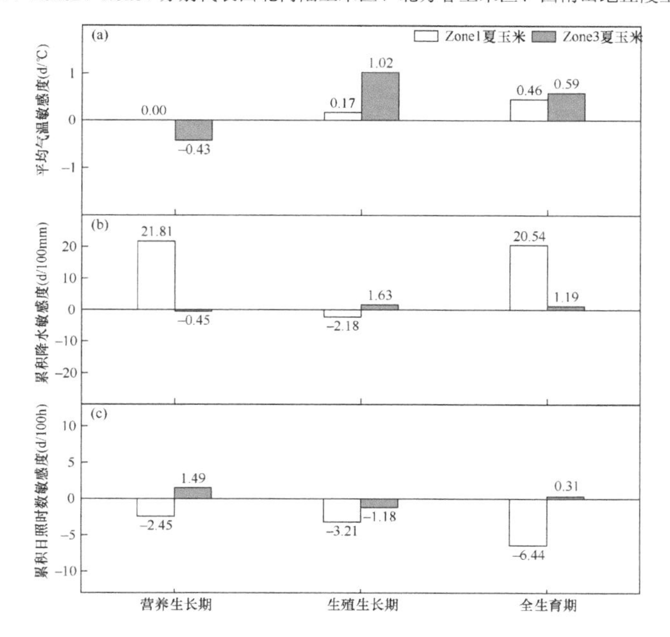

图 3.21　1981～2010 年夏玉米生长期对平均气温（a）、累积降水（b）、累积日照时数（c）的敏感度

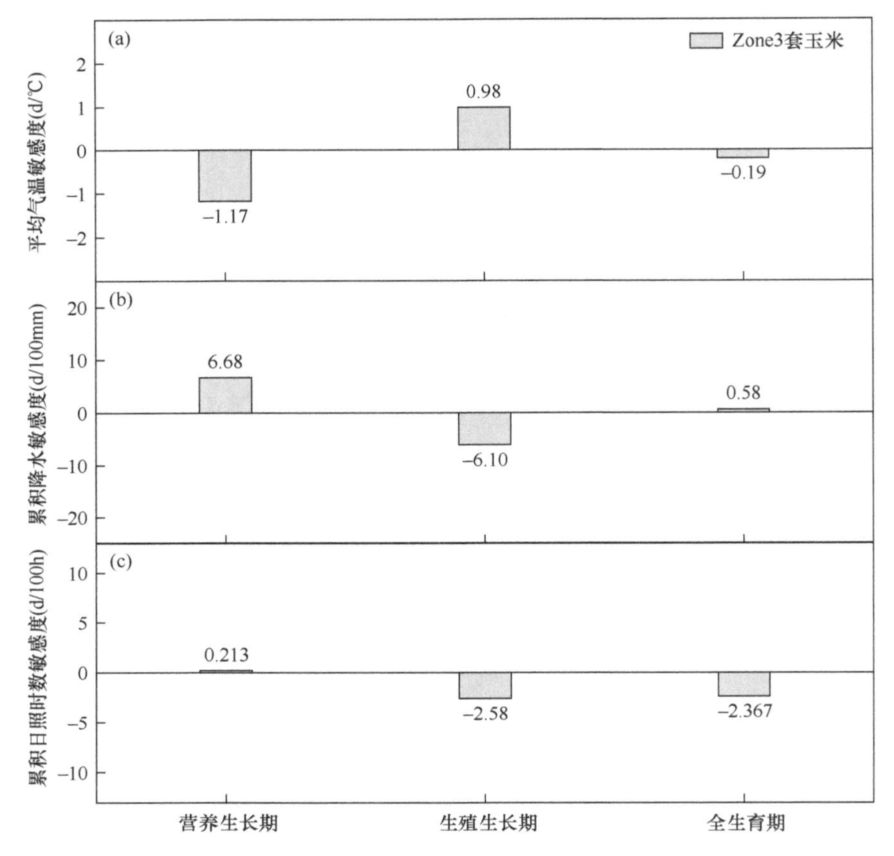

图 3.22 1981～2010 年套玉米生长期对平均气温（a）、累积降水（b）、累积日照时数（c）的敏感度

温上升而延长，平均气温升高 1℃，黄淮平原春夏播玉米区和西北内陆玉米区的夏玉米的全生育期分别延长 0.59d 和 0.46d，而黄淮平原春夏播玉米区的套玉米和西南山地丘陵玉米区的春玉米分别缩短 0.19d 和 2.08d。

3.4.2 气候变化和管理措施对玉米物候变化的影响

1. 气候变化和管理措施对玉米物候期变化的影响

图 3.23 表示在气候变化和管理措施的单独和综合影响下，1981～2010 年玉米物候期（播种期、出苗期、三叶期、七叶期、拔节期、抽雄期、乳熟期、成熟期）的变化趋势。在综合因素影响下，大部分站点的播种期、抽雄期、乳熟期、成熟期均有延长，这与仅在管理措施的单独影响下的变化趋势相似。在气候变化的单

独影响下，大多数站点在出苗期至成熟期之间的各物候期均有提前。总体上，气候变化对玉米各物候期长度造成的影响小于管理措施。

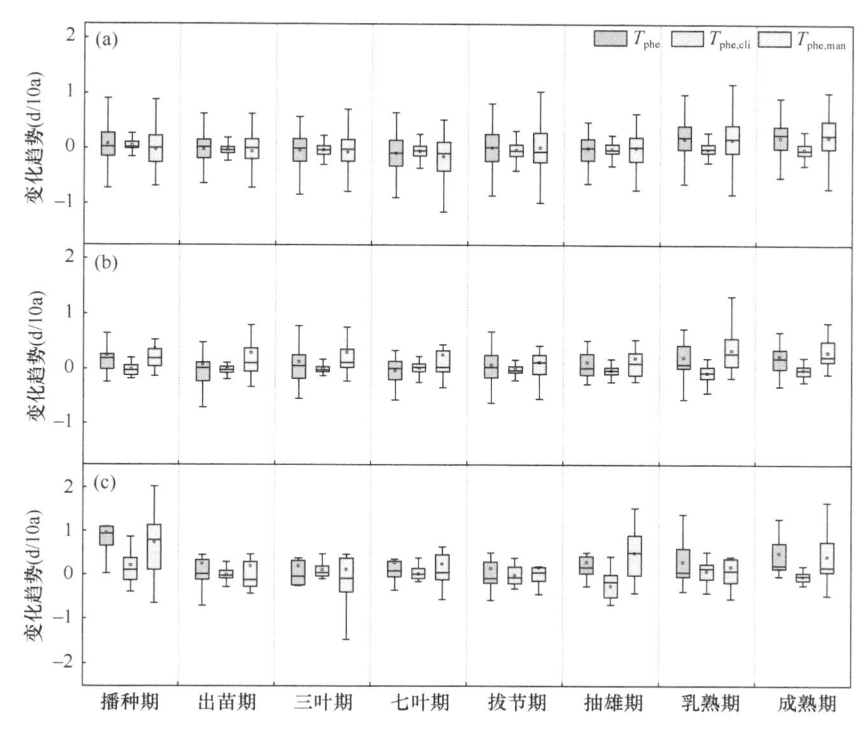

图 3.23　1981～2010 年气候变化和管理措施对春玉米（a）、夏玉米（b）、套玉米（c）物候期变化的影响

2. 气候变化和管理措施对玉米生长期变化的影响

图 3.24 表示在气候变化和管理措施的单独和综合影响下，1981～2010 年玉米的生长期（营养生长期、生殖生长期和全生育期）长度的变化趋势。在综合因素影响下，大部分站点的生长期均有延长，这与仅在管理措施的单独影响下的变化趋势相似。在气候变化的单独影响下，大部分站点的生殖生长期长度呈延长趋势，而营养生长期和全生育期长度呈缩短趋势，同时，管理措施对各生长期普遍起延长作用。总体上，气候变化对玉米生长期长度的影响小于管理措施。

对夏玉米而言，气候变化缩短了营养生长期和全生育期长度，延长了生殖生长期长度，这与气候变化和管理措施的综合影响效果有显著差异。对套玉米而言，管理措施延长了各生长期的长度，气候变化则缩短了营养生长期长度，在气候变化和管理措施的综合影响下，所有生长期长度均呈现延长趋势。

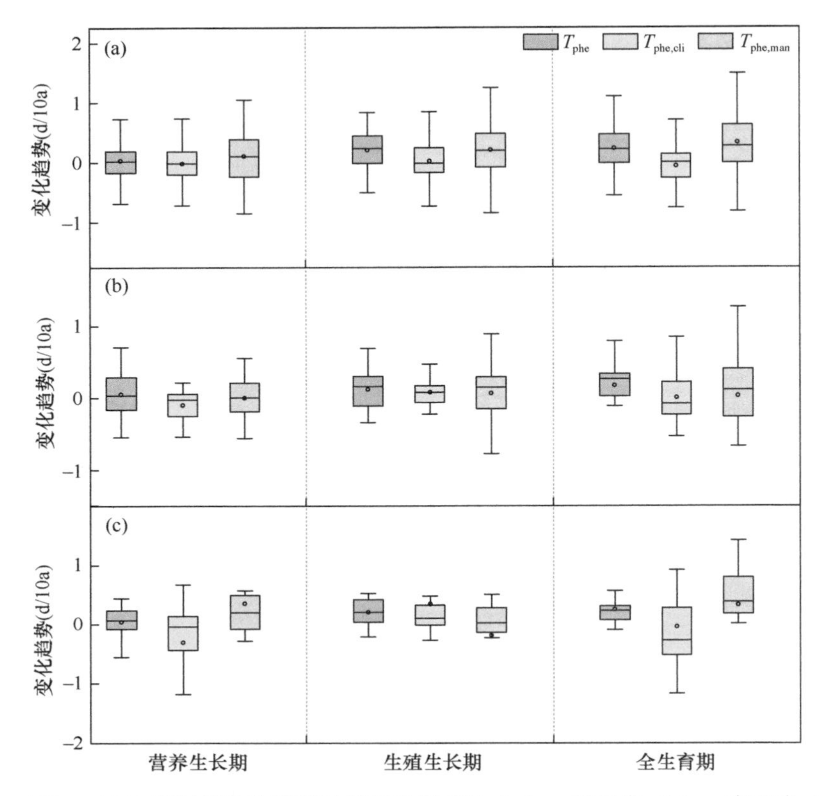

图 3.24 1981～2010 年气候变化和管理措施对春玉米（a）、夏玉米（b）、套玉米（c）生长期长度变化的影响

3. 在气候变化和管理措施影响下玉米物候期和生长期的平均变化趋势

气候变化和管理措施影响下的春玉米、夏玉米和套玉米物候期和生长期平均变化趋势如表 3.5 所示。对春玉米而言，气候变化提前了春玉米播种期至七叶期的各个物候期，单一气候变化对春玉米乳熟期、成熟期及生殖生长期和全生育期的影响与气候变化和管理措施的综合影响效果有显著差异（$P<0.05$）。综合因素影响下夏玉米物候期变化幅度大于春玉米，其中播种期的平均变化趋势为 5.42d/10a，成熟期的平均变化趋势为 2.93d/10a。在气候变化的单独影响下，夏玉米的拔节期、抽雄期和成熟期呈现提前趋势，对于这些物候期，管理措施与气候变化的影响恰好相反，一定程度上抵消了气候变化的影响。平均而言，夏玉米营养生长期呈现缩短趋势，而生殖生长期和全生育期呈现延长趋势。对套玉米而言，气候变化提前了播种期、出苗期、抽雄期、乳熟期和成熟期，而管理措施推迟了所有物候期并延长了生长期长度；对于套玉米的播种期、乳熟期、成熟期，气候变化的独立影响与综合影响存在显著差异。

表 3.5　气候变化和管理措施影响下玉米物候期和生长期的平均变化趋势（单位：d/10a）

玉米类型（站点数）	物候期/生长期	T_{phe}	$T_{phe,cli}$	$T_{phe,man}$	P 值（t 检验）
春玉米（76）	播种期	−1.59	0.55	−2.14	0.632
	出苗期	−0.80	−0.29	−0.50	0.942
	三叶期	−0.86	−0.26	−0.60	0.883
	七叶期	−2.36	−0.45	−1.91	0.506
	拔节期	1.21	−0.16	1.38	0.442
	抽雄期	−0.57	−0.06	−0.52	0.704
	乳熟期	0.71	−0.07	0.78	0.000**
	成熟期	2.02	0.00	2.02	0.000**
	营养生长期	0.71	−0.16	0.87	0.415
	生殖生长期	1.94	0.21	1.73	0.005**
	全生育期	2.94	−0.67	3.60	0.000**
夏玉米（13）	播种期	5.42	2.12	3.31	0.010**
	出苗期	4.25	0.03	4.22	0.273
	三叶期	4.22	1.04	3.18	0.753
	七叶期	4.42	0.13	4.30	0.174
	拔节期	1.54	−0.06	1.60	0.378
	抽雄期	2.71	−2.57	5.28	0.007**
	乳熟期	3.21	0.81	2.40	0.203
	成熟期	2.93	−0.36	3.28	0.008**
	营养生长期	−1.48	−3.09	1.60	0.249
	生殖生长期	1.43	3.53	−2.10	0.697
	全生育期	0.09	−0.46	0.55	0.260
套玉米（25）	播种期	2.00	−0.07	2.07	0.042*
	出苗期	1.74	−0.06	1.80	0.491
	三叶期	1.24	0.04	1.21	0.307
	七叶期	0.94	0.21	0.73	0.712
	拔节期	1.24	0.05	1.20	0.351
	抽雄期	2.32	−0.18	2.51	0.104
	乳熟期	2.25	−0.65	2.90	0.003**
	成熟期	3.75	−0.09	3.84	0.006**
	营养生长期	0.63	−1.09	1.72	0.060
	生殖生长期	1.44	0.74	0.70	0.627
	全生育期	2.13	0.04	2.09	0.199

注：P 值为双样本 t 检验的结果。*为通过概率 0.05 的显著性检验；**为通过概率 0.01 的显著性检验。下同

3.4.3 气候要素对玉米物候变化的相对贡献度

1. 气候要素对玉米物候期变化的相对贡献度

1981～2010 年关键气候要素（平均气温、累积降水、累积日照时数）在各玉米种植区对玉米不同物候期的相对贡献度不同（图 3.25～图 3.27），这是由于响应的气候变化趋势及玉米物候对气候要素的敏感度不同。贡献度为正，表明气候要素对玉米物候期有推迟作用；贡献度为负，表明气候要素对玉米物候期有提前作用。

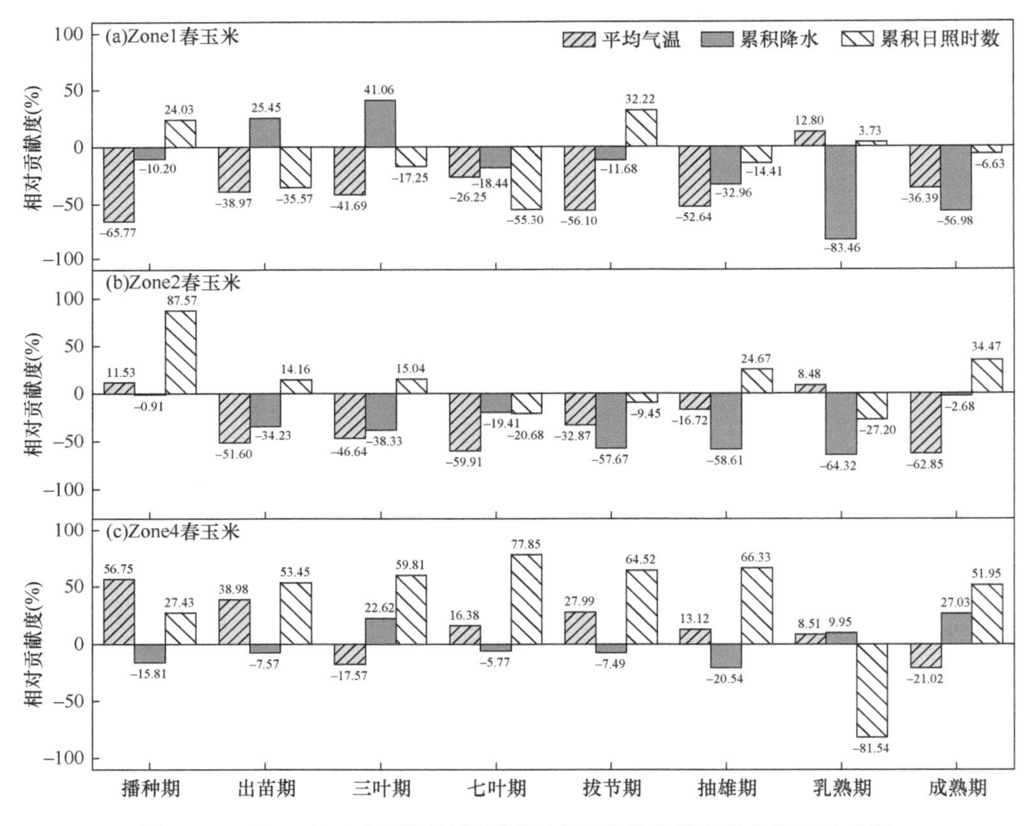

图 3.25 1981～2010 年不同气候要素对春玉米物候期变化的相对贡献度

玉米同一物候期在不同种植区受到的气候要素影响不同。Zone1 春、夏玉米及 Zone4 春玉米的播种期主要受到平均气温影响，而 Zone2 春玉米和 Zone3 套玉米的播种期主要受到累积日照时数的影响。同一种植区内，作物类型的不同也会带来气候要素相对贡献度的变化。在 Zone1 种植区，平均气温均提前了春玉米绝

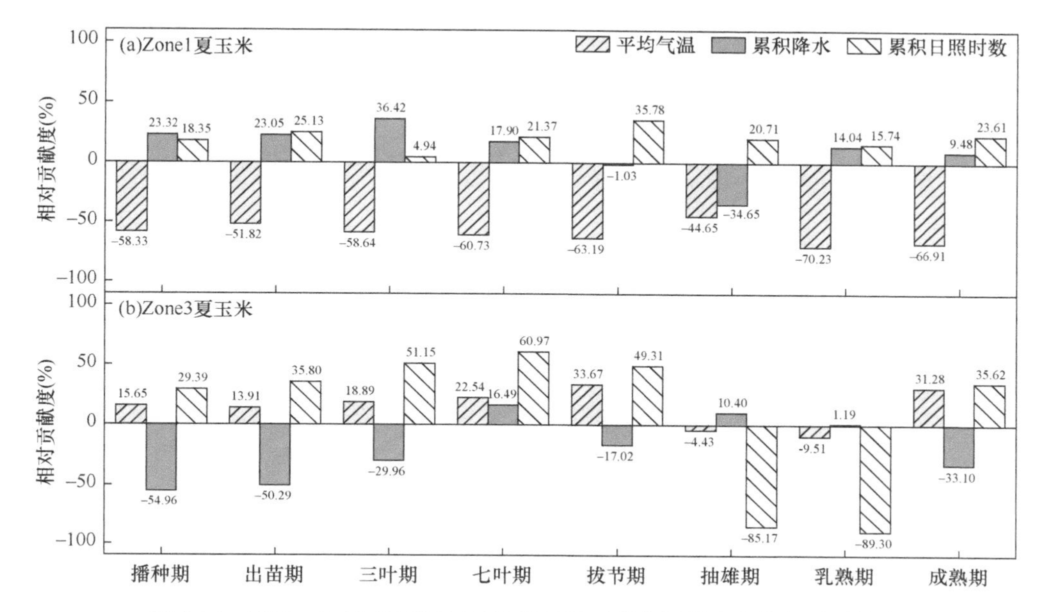

图 3.26　1981～2010 年不同气候要素对夏玉米物候期变化的相对贡献度

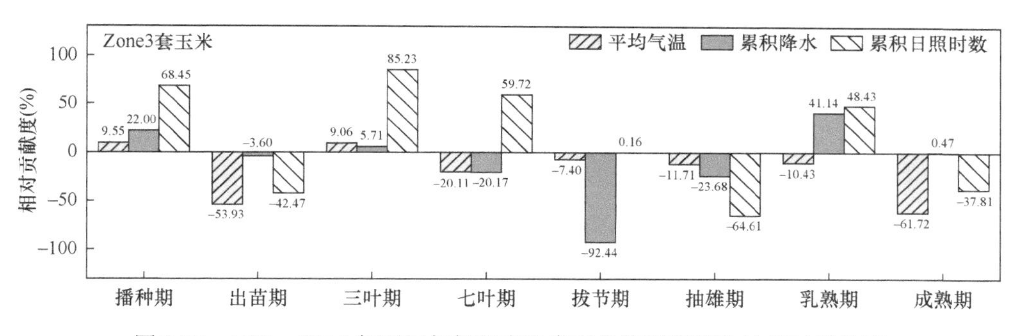

图 3.27　1981～2010 年不同气候要素对套玉米物候期变化的相对贡献度

大部分和夏玉米全部的物候期，累积日照时数的变化提前了春玉米的大部分物候期，却对夏玉米各物候期有推迟作用。与其他两个气候要素相比，平均气温对夏玉米物候期的相对贡献较大。

2. 气候要素对玉米生长期变化的相对贡献度

1981～2010 年不同气候要素对春玉米、夏玉米和套玉米生长期长度变化的相对贡献度如图 3.28 所示。平均气温升高延长了夏玉米及 Zone1 和 Zone2 春玉米的全生育期长度，缩短了套玉米和 Zone4 春玉米的全生育期持续时间。累积降水的变化提前了各个种植区玉米的拔节期并缩短了营养生长期长度。累积日照时数的变化普遍推迟了玉米的播种期，缩短了营养生长期长度。气候要素对不同类型作

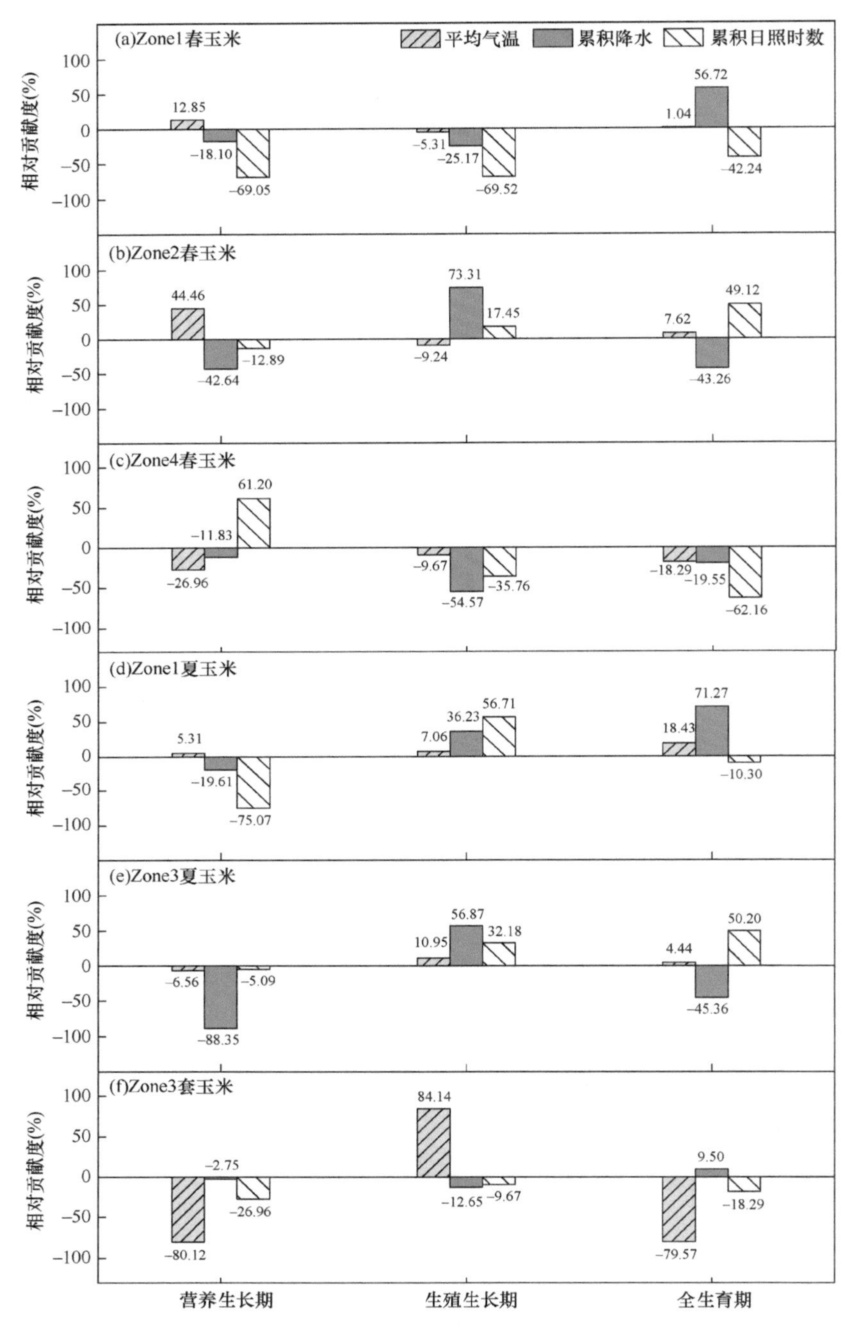

图 3.28　1981～2010 年不同气候要素对春玉米（a～c）、夏玉米（d、e）、套玉米（f）生长期长度变化的相对贡献度

物的贡献不同，例如，Zone3 种植区内，夏玉米全生育期的主要气候要素是累积日照时数，而对于套玉米却是平均气温。

3.4.4 气候变化和管理措施对玉米物候变化的相对贡献度

1. 气候变化和管理措施对玉米物候期变化的相对贡献度

1981～2010 年，气候变化和管理措施对春玉米、夏玉米和套玉米物候期变化的相对贡献度如图 3.29～图 3.31 所示。总体上，在玉米各种植区，管理措施对物候的贡献度大于气候变化。对于同一物候期，气候变化在不同种植区的贡献各不相同。平均而言，气候变化对春玉米各物候期的贡献程度普遍大于对夏玉米的贡献程度，对春玉米物候期的贡献范围为–48.12%～29.46%，对夏玉米物候期的贡献范围为–13.75%～31.47%。气候变化提前了大部分种植区的出苗期、三叶期和抽雄期，其中 Zone1 和 Zone2 的春玉米几乎所有物候期均被提前。

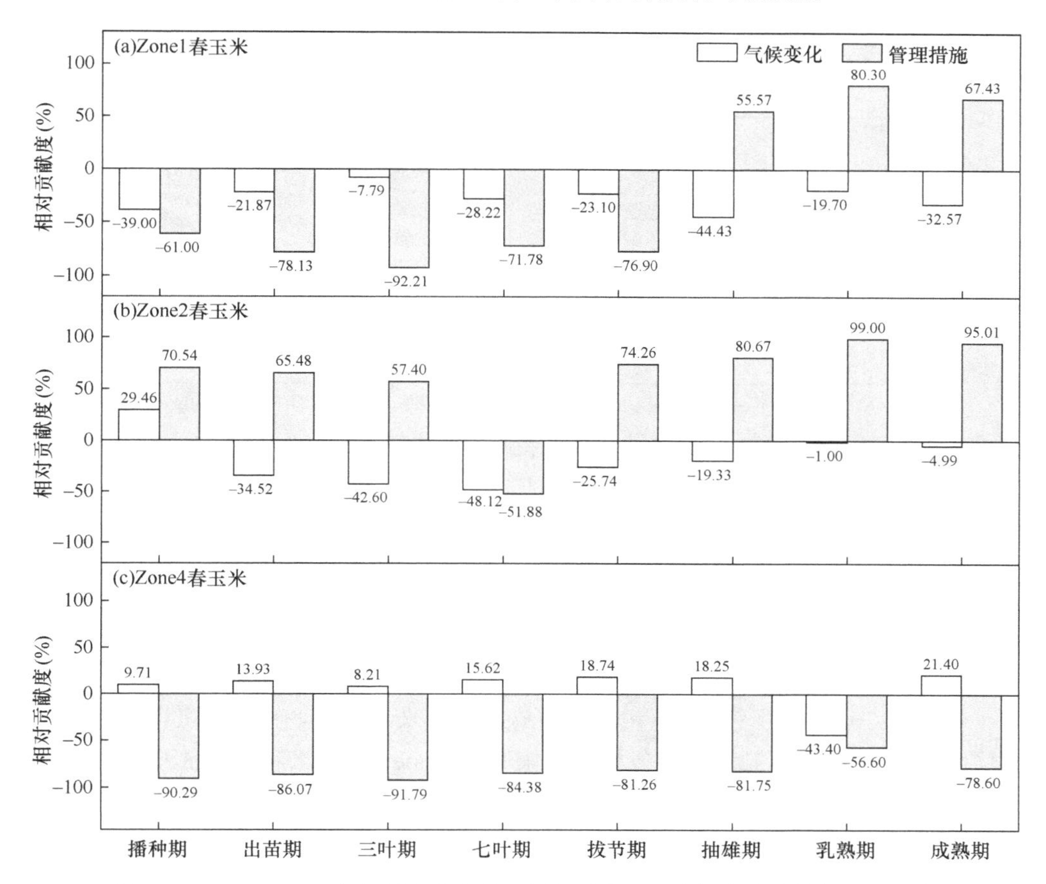

图 3.29　1981～2010 年气候变化和管理措施对春玉米物候期变化的相对贡献度

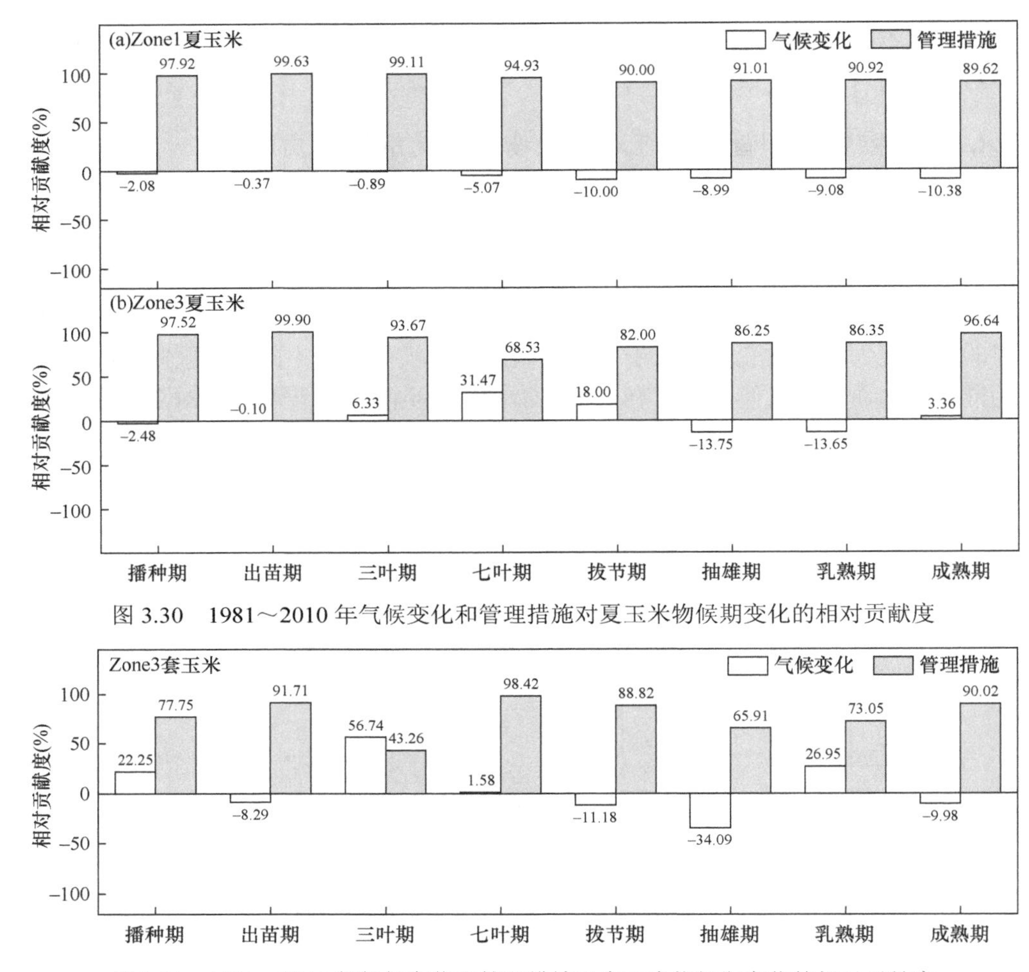

图 3.30　1981～2010 年气候变化和管理措施对夏玉米物候期变化的相对贡献度

图 3.31　1981～2010 年气候变化和管理措施对套玉米物候期变化的相对贡献度

管理措施对玉米的物候期有决定性作用，对于 Zone1 夏玉米和 Zone3 夏玉米的出苗期，管理措施的贡献度甚至超过了 99%。管理措施提前了 Zone1 和 Zone4 春玉米播种期至拔节期的各物候期，但对 Zone2 春玉米主要表现为推迟作用。

2. 气候变化和管理措施对生长期变化的相对贡献度

1981～2010 年，气候变化和管理措施对春玉米、夏玉米和套玉米生长期变化的相对贡献度如图 3.32 所示。气候变化缩短了 Zone1 夏玉米和 Zone3 夏玉米的营养生长期长度，延长了生殖生长期和全生育期长度，同时 Zone3 套玉米的营养生长期和全生育期长度被缩短，而生殖生长期长度被延长。

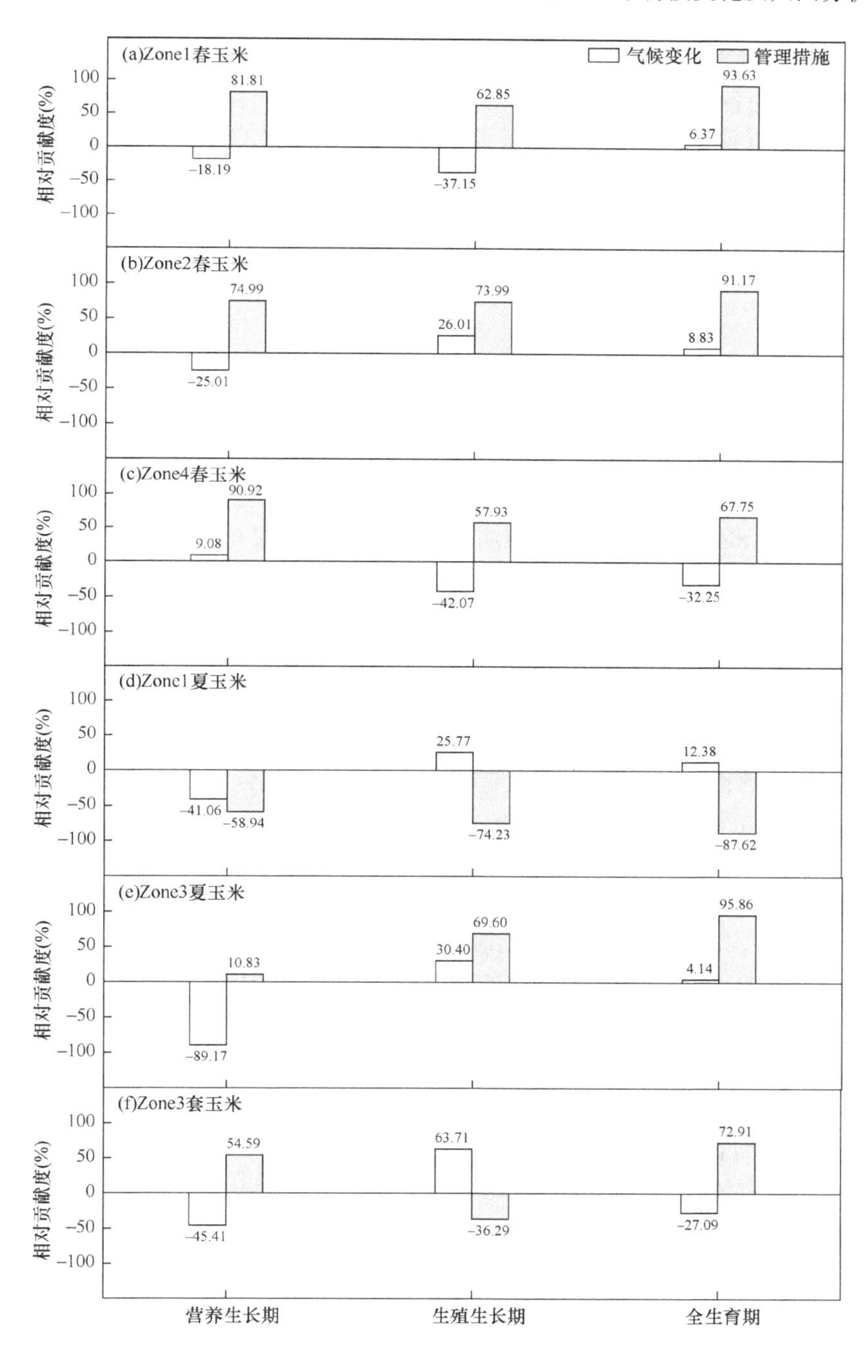

图3.32 1981～2010年气候变化和管理措施对春玉米（a～c）、夏玉米（d、e）、套玉米（f）生长期长度变化的相对贡献度

管理措施对生长期的贡献度在各种植区表现不同。例如，管理措施延长了Zone3 夏玉米的各生长期长度，却缩短了 Zone1 夏玉米的各生长期长度。在管理措施影响下，所有种植区春玉米的生长期均被延长。Zone3 夏玉米营养生长期长度和Zone3 套玉米的生殖生长期长度受气候变化影响更大。总体上，在春玉米、夏玉米、套玉米各种植区，管理措施对物候的贡献度大于气候变化。

3.5 讨　　论

3.5.1 气候变化与玉米物候变化特征

作物物候期的变化是本身的基因、气候和管理共同作用的结果（Rezaei et al.，2018；翟治芬等，2012）。1981～2010 年，在全国水平上，玉米全生育期内的平均气温、GDD 和累积降水整体呈现增加趋势，分别增加 0.04℃/a、3.40（℃·d）/a 和 0.1mm/a，累积日照时数总体呈减少趋势（–3.05h/a）。对不同作物类型而言，春玉米、夏玉米和套玉米全生育期内平均气温的上升幅度分别为 0.04℃/a、0.03℃/a、0.03℃/a，积温的上升趋势分别为 5.04（℃·d）/a、2.90（℃·d）/a、2.41（℃·d）/a。玉米整个生长周期都受到平均气温的影响，尤其是出苗期、开花等关键物候期（Hou et al.，2014；Liu et al.，2010b），除此之外，积温对作物物候的阶段有决定性作用。积温理论认为，只要满足一定的积温需求，物候便从一个阶段转向另一个阶段，而积温又受到平均气温和光周期影响（Keating et al.，2003），平均气温升高可以加快积温的积累、缩短各生长期持续的时间（Dong et al.，2009；Zhang et al.，2013），导致物候期提前或生长期缩短（Zheng et al.，2009）。虽然平均气温是决定物候变化的主要因素，但其他气候要素的变化（累积降水、累积日照时数）也对玉米的物候有一定的影响（秦雅等，2018）。本研究显示区域间累积日照时数主要呈现减少趋势，累积降水以增加趋势为主。分不同类型来看，春玉米、夏玉米、套玉米全生育期内累积日照时数的下降趋势分别为 1.01h/a、4.68h/a 和 4.27h/a，夏玉米和套玉米全生育期内累积降水呈现上升趋势，分别为 2.24mm/a 和 0.09mm/a，而春玉米的全生育期内累积降水下降明显，变化趋势为–1.60mm/a，且黄淮平原春夏播玉米区和西北内陆夏玉米种植区的累积降水均呈现减少趋势。

总体上，在 30 年观测期中，中国玉米的物候期均以推迟为主。其中，部分地区的春玉米物候期提前，例如，西南山地丘陵区的春玉米在播种期至成熟期物候期均呈现提前趋势（0.15～0.59d/a），西北内陆玉米区的春玉米种植区在播种期至拔节期的各物候期呈现提前趋势（0.06～0.29d/a）。肖登攀等（2015）的结论印证了这一结果，西南山地丘陵玉米区春玉米物候期的提前幅度要大于西北内陆玉米区的春玉米。北方春玉米区较为特殊，仅有七叶期呈现提前趋势（–0.12d/a），播种期、出苗期和成熟期均呈现推迟趋势。

全国平均水平上，春玉米的营养生长期、生殖生长期和全生育期均有延长，延长趋势分别为 0.08d/a、0.20d/a、0.28d/a，但由于区域气候条件的差异，各种植区之间差异明显。例如，黄淮平原春夏播玉米区的春玉米的生长期长度呈现缩短趋势。夏玉米的生长期总体呈现延长趋势，营养生长期、生殖生长期和全生育期变化趋势分别为–0.07d/a、0.14d/a、0.02d/a，且西北内陆玉米区夏玉米生长期的延长幅度要大于黄淮平原春夏播玉米区的夏玉米。已有研究发现，1981～2010 年华北平原夏玉米生长期内升温趋势随纬度递减，累积日照时数呈极显著下降趋势，全生育期天数显著增加（孟林等，2015）。这与本研究黄淮平原夏玉米整个生长期内的累积日照时数变化趋势相同，所以累积日照时数减少很可能是促使玉米生长期延长的重要原因。套玉米的营养生长期长度变化趋势与春玉米和夏玉米相反，且平均变化幅度大于春玉米和夏玉米。

由此可见，在气候变化背景下，不同作物类型和种植区域的物候变化有所差异。在实际农业管理中，应依据玉米种植区的气候变化特征及区域种植特点因地制宜地采取恰当措施，缓解气候变化带来的负面影响，以促进农业可持续发展，保障粮食安全。

3.5.2　玉米物候对气候要素变化的敏感度

有研究表明，平均气温是加速作物生长并决定生长季节长度的关键因素（Li et al.，2014；郭建平，2015）。本研究对玉米物候进一步的敏感度分析也验证了这一观点。玉米各物候期对平均气温的敏感度呈现明显的纬度变化特征，这与 Abbas 等（2017）研究结果一致。高纬度地区对平均气温的敏感度普遍为负，平均气温升高 1℃，北方春玉米区和西北内陆玉米区春玉米播种期分别提前 0.79d 和 0.64d。西南山地丘陵玉米区春玉米全生育期长度对平均气温的敏感度最大，为–2.08d/℃。平均气温升高会缩短玉米的生长周期，缩短干物质积累的时间，产量也随之降低（Araya et al.，2015），带来的粮食产量波动将加剧农业生产的不稳定性（张向荣等，2016）。虽然玉米物候总体受到平均气温变化的影响，但由于气候变暖使累积降水的时空变化变得更加复杂，同时，复杂的地形和季节变化也带来了累积日照时数在区域间的差异（千怀遂和魏东岚，2000；王占彪等，2015），这就导致玉米物候对关键气候要素的敏感度存在空间分异。本研究表明，在抽雄期之前，各种植区玉米的物候期对累积日照时数和累积降水的敏感度普遍为负；播种期对累积日照时数和累积降水敏感度均相对较高的种植区是西北内陆玉米区。除此之外，玉米发育不同阶段对累积降水的敏感度不同，明确最敏感时段和了解不同时间段敏感度的定量差异将能为玉米生产中的趋利避害提供依据（Fang et al.，2010）。同时西北内陆玉米区对累积降水的敏感度高于其他种植区，因此，适时灌溉对玉米生产有重要意义，应重点关注对累积降水较为敏感的出苗期、拔节期和乳熟期，以提高该地区的单产和水分利用率。

已有研究表明，气候变化对农业发展既有正面影响也有负面影响（Cohn et al.，2016；Liu et al.，2016）。刘芳圆等（2014）通过研究平均气温和累积降水对河北农作物种植系统的影响，认为气候变化在一定程度上降低了农业生产水平并提高了生产成本。气候变暖带来的积温增加对农业多样性和提高复种指数有促进作用（胡琦等，2014），例如，≥10℃积温增加使东北地区春玉米种植界线北移，而在平均气温升高之前，该地区不适宜播种早熟玉米品种（Zhao et al.，2014）。类似地，西藏边缘喜温作物适宜区也有所增大（杨晓光等，2011）。预计未来平均气温可能会更高（IPCC，2014），尤其是对西北内陆玉米区这样的半干旱地区，作物物候将会受到更大的影响（Rasul et al.，2012），频繁的极端气候事件也将增加农业生产的损失（Zhang et al.，2015），因此，开发具有耐热性的新品种是适应气候变化重要管理措施之一。

3.5.3 气候变化及管理措施对玉米物候变化的贡献度比较

在气候变化和管理措施的综合影响下，春玉米、夏玉米、套玉米的播种期、成熟期均被推迟，全生育期长度呈现不同程度的延长趋势，与前人在其他种植区得到的结论一致（Tao et al.，2014）。前人关于气候变化对物候影响的研究主要是通过田间试验（De Vries et al.，2011）、作物机理模型（Maytín et al.，1995）或统计模型（Gornott and Wechsung，2016）进行的。本研究基于一阶差分法，结果表明，在气候变化的独立影响下，各类型玉米的物候期普遍呈现提前趋势，在其他作物的研究中也有类似的结果（Huang and Ji，2015）。对于玉米的生长期，各类型玉米的生殖生长期和全生育期长度均呈现延长趋势；春玉米和套玉米的营养生长期延长，夏玉米的营养生长期则呈现缩短的趋势。我们发现气候趋势会对玉米生长造成负面影响，Liu 等（2013）在东北地区也得到了类似的结论。管理措施对玉米物候的影响程度大于气候变化，尽管各种植区之间存在差异。管理措施普遍推迟了玉米的成熟期，延长了西北内陆玉米区、北方春玉米区、西南山地丘陵玉米区春玉米区和黄淮平原春夏播玉米区夏玉米区的生殖生长期和全生育期长度。以往的研究通常将这种变化解释为品种变化的贡献，大多数农民采用了生长期较长或热量需求高的栽培品种（Liu et al.，2012）。一定的升温为玉米的发芽、出苗和籽粒充实提供了更好的条件（Li et al.，2014）。这个假设是合理的，因为使用较长时间的品种是获得较高产量和减轻气候变化影响的最常用方法之一（Aggarwal and Mall，2002；Porter et al.，2014）。然而，玉米新品种的育种、交付和采用过程可能长达 30 年（Challinor et al.，2016），因此除了品种的更替，其他管理措施也需要被考虑进来。Liu 等（2018a）报道推迟播种期也是延长全生育期的方式之一。本研究结果表明西北内陆玉米区、黄淮平原春夏播玉米区夏玉米和北方春玉米区春玉米的播种期在管理措施作用下被推迟，这印证了前人指出的玉米生产系统正在通过播种日期和基因型的转变对气候变化进行适应的观点（Tao et al.，2016）。

尽管在部分地区，气候变化对玉米物候期变化的贡献比管理措施的贡献小一个数量级，但气候变化对玉米物候的影响也不可忽视。有研究指出，在 30 年观测期中气候变暖对物候的变化有着重要的影响（Abbas et al.，2017；Siebert and Ewert，2012），例如，玉米的生殖生长期长度与平均气温之间存在显著的正相关（Li et al.，2014），极端气候事件的增多干扰了作物的关键物候期（Rasul et al.，2012）。玉米的大部分物候期及生长期长度在气候变化影响下提前或缩短，作物产量普遍受到生长期持续时间的影响，生物量积累时间的减少会严重影响玉米产量。除此之外，气候变化也能为玉米的生长发育带来正面影响，例如，气候变化可以延长北方春玉米区春玉米的生殖生长期和全生育期长度，有助于促进生物量积累，进而提高产量。

3.5.4　平均气温、累积降水和累积日照时数对玉米物候变化的贡献度比较

通过进一步区分关键气候要素对玉米物候变化的相对贡献度，研究发现与其他两个气候要素相比，平均气温对西北内陆玉米区春玉米、西北内陆玉米区夏玉米和北方春玉米区春玉米的各物候期相对贡献较大，而累积日照时数对黄淮平原春夏播玉米区夏玉米、黄淮平原春夏播玉米区套玉米和黄淮平原春夏播玉米区春玉米的贡献较大。这些特征可能与中国的南北气候差异、作物的生理特性及不同季节的平均气温升高有关。西北内陆玉米区在 30 年观测期中平均气温的升高幅度最大，平均气温升高普遍提前了该种植区玉米的物候期，但延长了全生育期的长度。有研究指出这种响应与临界平均气温有关，当玉米生长期的平均气温超过临界平均气温时，平均气温升高则不再缩短生长期长度，甚至可能会导致生长期的延长（Wang et al.，2004）。黄淮平原春夏播玉米区夏玉米区和西南山地丘陵玉米区春玉米区的累积日照时数变化对播种期至拔节期的各物候期表现出正向贡献。在这些种植区，累积日照时数呈现减少趋势，从而促进植被活动和非结构性碳水化合物的积累（Fu et al.，2014），导致物候期被推迟。此外，我们发现累积降水变化提前了大部分玉米的物候期。累积降水变化呈现随纬度升高而递减的趋势，尤其是在缺水地区，伴随着强大的蒸散作用的低累积降水可能会增加干旱事件的发生率，从而可能导致较早的叶片衰老（Buermann et al.，2013），物候期也随之

提前。为了在这些变化的气候条件下保持高产水平，农民必须对作物进行高灌溉，但这会导致地下水位下降和水质下降（Liu et al.，2001）。可见农业生产活动会带来生态环境的变化，导致更严峻的气候问题，因此，根据累积降水对玉米各物候期及生长期的影响，优化灌溉策略对提高作物水分利用效率至关重要。

3.6 小　　结

1）在全国尺度上，1981～2010 年春玉米物候期在不同区域呈现不同的变化趋势，主要呈现提前趋势的区域包括西北内陆玉米区和西南山地丘陵玉米区；夏玉米和套玉米各物候期在主要呈现推迟的趋势，西北内陆玉米区夏玉米各物候期推迟的幅度大于黄淮平原玉米区夏玉米各物候期推迟的幅度。春玉米的播种期和成熟期平均推迟 0.03d/a 和 0.20d/a，出苗期平均提前 0.08d/a，夏玉米的播种期、出苗期和成熟期平均分别推迟 0.36/a、0.36d/a、0.31d/a；套玉米的播种期、出苗期和成熟期平均分别推迟 0.17d/a、0.17d/a、0.37d/a。玉米物候期的变化改变了相应生长期的长度，春玉米、夏玉米、套玉米生殖生长期（抽雄期至成熟期）的平均长度分别延长 0.20d/a、0.14d/a、0.14d/a，春玉米、套玉米营养生长期（出苗期至抽雄期）和全生育期（播种期至成熟期）的平均长度分别延长 0.08d/a、0.15d/a，0.28d/a、0.20d/a，而夏玉米营养生长期则平均缩短 0.07d/a，全生育期长度平均延长 0.02d/a。

2）敏感度分析表明，玉米物候表现出对关键气候要素（平均气温、累积降水、累积日照时数）的不同反应，且存在明显的空间差异。北方春玉米区和西北内陆玉米区春玉米和夏玉米的各物候期对平均气温的敏感度均为负，而西南山地丘陵玉米区春玉米在播种期至七叶期对平均气温的敏感度却为正；除了西北内陆玉米区夏玉米，其余种植区的玉米在抽雄期之前对累积日照时数和累积降水的敏感度均为负。

3）总体上，管理措施对玉米物候的贡献程度普遍大于气候变化。管理措施推迟了夏玉米和套玉米的物候期，延长了春玉米的生长期。它在各种植区的贡献又有显著差异，对西北内陆玉米区夏玉米、北方春玉米区春玉米、黄淮平原春夏播玉米区夏玉米的大部分物候期有延长作用，而对西北内陆玉米区春玉米和西南山地丘陵玉米区春玉米的大部分物候期有缩短作用。

4）各气候要素在不同种植区对春玉米、夏玉米、套玉米的贡献程度各异，平均气温变化在西北内陆玉米区对玉米物候变化贡献较大，而在黄淮平原春夏播玉米区和西南山地丘陵玉米区，累积日照时数的贡献更大。

第 4 章　水稻物候变化及归因分析

4.1　水稻研究区概况

4.1.1　水稻种植情况

水稻是中国最重要的粮食作物之一，水稻种植遍布全国，除了青海，其他各省（自治区、直辖市）均有水稻种植（孙华生等，2008）。水稻属喜温好湿的短日照作物。一般而言，热量资源≥10℃积温 2000～4500℃·d 的地方适于种一季稻，积温 4500～7000℃·d 的地方适于种双季稻，积温 5300℃·d 是双季稻的安全界限，积温 7000℃·d 以上的地方可以种三季稻；水分、温度和日照时数等气候要素共同影响了水稻的布局、品种分布和生产能力。同时，水稻的生长应具备良好的土壤，即较高的保水、保肥能力，有一定的渗透性，酸碱度接近中性。根据生态环境、社会经济条件和水稻种植特点，全国可划分为 6 个稻作区。①华南双季稻稻作区，位于南岭以南，在我国最南部，包括福建、广东、广西、云南的南部，以及台湾、海南和南海诸岛全部，包括 194 个县（市），水稻面积约占全国的 18%。②华中双季稻稻作区，包括江苏、上海、浙江、安徽、江西、湖南、四川 7 个省（直辖市）的全部或大部和陕西、河南两省南部，是我国最大的稻作区，占全国水稻面积的 68%。③西南高原单双季稻稻作区，地处云贵和青藏高原，共 391 个县（市），水稻面积占全国的 8%。④华北单季稻稻作区，位于秦岭-淮河以北，长城以南，关中平原以东，包括北京、天津、河北、山东、河南和山西、陕西、江苏、安徽的部分地区，共 457 个县（市），水稻面积仅占全国的 3%。⑤东北早熟单季稻稻作区，位于辽东半岛和长城以北，大兴安岭以东，包括黑龙江、吉林全部、辽宁大部及内蒙古东北部，共 184 个县（旗、市），水稻面积仅占全国的 3%。⑥西北干燥区单季稻稻作区，位于大兴安岭以西，长城、祁连山与青藏高原以北，银川平原、河套平原、天山南北盆地的边缘地带是主要稻区，水稻面积仅占全国的 0.5%（梅方权等，1988）。

本书主要包括的水稻种植制度有双季稻（早稻和晚稻轮作）和单季稻（也称中稻）。从播种时间来看，早稻播种最早，平均播种时间为 1～4 月；晚稻播种最晚，平均播种时间为 6～7 月；中稻平均播种时间为 3～4 月（图 4.1）。鉴于并非所有站点所有年份的所有物候期都是完整的，我们收集了 1981～2010 年 39 个站点的10个水稻物候期记录（其中早稻和晚稻相同站点共有14个），包括播种期、出苗期、三叶期、移栽期、返青期、分蘖期、孕穗期、抽穗期、乳熟期和成熟期。水稻种植区农业气象站点基本情况见表4.1，水稻物候数据及物候期/生长期内气候要素平均值见表4.2。

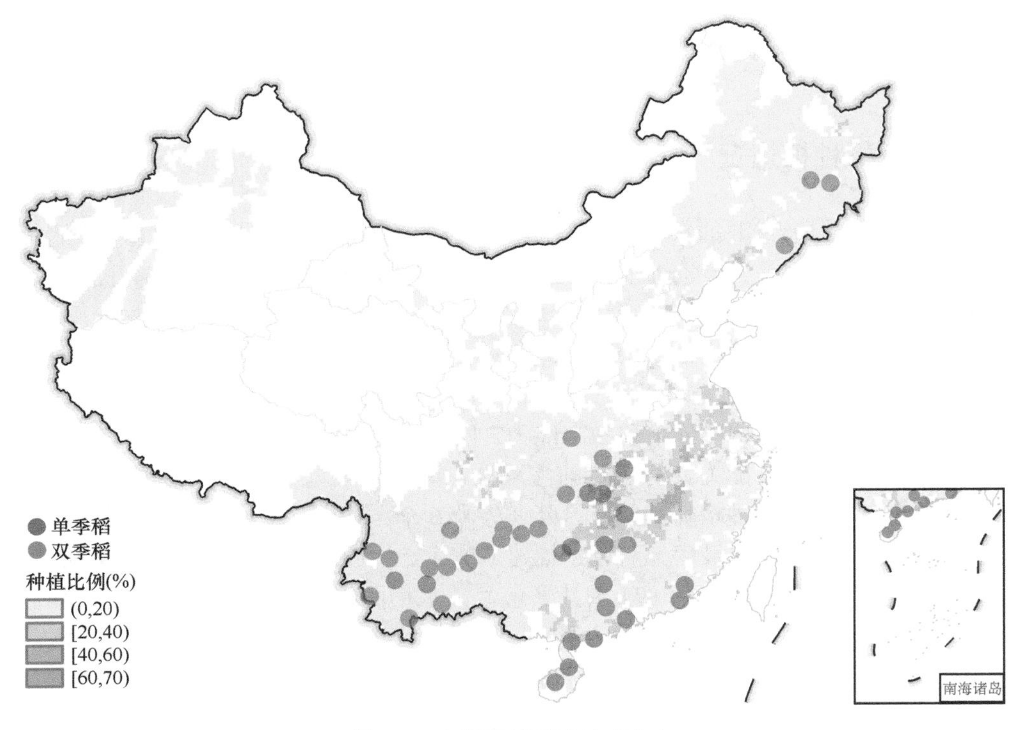

图4.1　水稻种植区及站点分布

表4.1　水稻种植区农业气象站点基本情况

水稻种类（站点数）	站点	E（°）	N（°）	海拔（m）	播种期
早稻（16）	化州	110.37	21.39	31.9	3月
	阳江	111.58	21.52	22	3月
	连县	112.17	24.43	112.3	3月
	高要	112.27	23.2	41	3月
	潮州	116.38	23.4	11.8	2月
	梅县	116.7	24.18	77.5	3月
	琼中	109.5	19.2	250.9	1月
	琼山	110.22	20	9.9	1月
	孝感	113.57	30.54	25.3	4月
	武冈	110.38	26.44	341	3月

续表

水稻种类（站点数）	站点	E（°）	N（°）	海拔（m）	播种期
早稻（16）	常德	111.41	29.3	350	4 月
	南县	112.24	29.22	36	4 月
	衡阳	112.3	26.53	70.4	4 月
	长沙	113.5	28.12	44.9	3 月
	景东	100.52	24.28	1162.3	2 月
	玉溪	102.33	24.21	1636.7	3 月
晚稻（15）	化州	110.37	21.39	31.9	7 月
	阳江	111.58	21.52	22	7 月
	连县	112.17	24.43	112.3	7 月
	高要	112.27	23.2	41	7 月
	中山	113.35	22.53	1.1	7 月
	潮州	116.63	23.67	11.8	7 月
	梅县	116.7	24.18	77.5	7 月
	琼中	109.5	19.2	250.9	6 月
	琼山	110.22	20	9.9	6 月
	孝感	113.57	30.54	25.3	6 月
	武冈	110.38	26.44	341	6 月
	常德	111.41	29.3	350	6 月
	南县	112.24	29.22	36	6 月
	衡阳	112.3	26.53	70.4	6 月
	长沙	113.5	28.12	44.9	6 月
中稻（22）	普安	104.58	25.47	1649.4	4 月
	普定	105.45	26.19	1243.3	4 月
	惠水	106.38	26.8	990.9	4 月
	遵义	106.49	27.35	953.3	4 月
	余庆	107.53	27.14	555.7	4 月
	江口	108.51	27.42	369.6	4 月
	黎平	109.9	26.14	568.8	4 月
	五常	127.9	44.54	194.6	4 月
	宁安	129.28	44.2	267.9	4 月
	房县	110.46	32.2	426.9	4 月
	钟祥	112.34	31.1	65.8	4 月
	桑植	110.1	29.24	322.2	4 月
	桂东	113.57	26.5	835.9	4 月
	新宾	125.3	41.44	328.4	4 月
	大理	100.11	25.42	1990.5	3 月

续表

水稻种类（站点数）	站点	E（°）	N（°）	海拔（m）	播种期
中稻（22）	江城	101.51	22.35	1119.5	3 月
	昆明	102.41	25.1	1892.4	3 月
	蒙自	103.23	23.23	1300.7	4 月
	陆良	103.4	25.2	1840.5	3 月
	昭通	103.43	27.21	1949.5	4 月
	保山	99.1	25.7	1653.5	4 月
	耿马	99.24	23.33	1104.4	4 月

表 4.2　水稻物候数据及物候期/生长期内气候要素平均值

水稻种类（站点数）	物候期/生长期	物候期/生长期（d）	平均气温（℃）	累积降水（mm）	累积日照时数（h）
早稻（16）	播种期	72±23	14.81±4.04	99.16±83.45	101.67±60.78
	出苗期	78±22	15.83±3.60	105.29±86.42	106.22±60.97
	三叶期	85±24	16.58±3.69	111.08±91.53	111.18±61.32
	移栽期	105±24	20.31±3.63	140.01±100.56	133.27±58.53
	返青期	110±22	20.72±3.49	146.52±99.19	131.81±55.98
	分蘖期	120±22	21.11±3.59	154.12±99.16	132.99±52.57
	孕穗期	158±19	24.82±3.38	216.82±149.77	139.24±43.05
	抽穗期	168±19	25.11±2.83	233.11±146.59	139.69±43.91
	乳熟期	180±19	26.33±3.51	211.38±156.63	172.91±62.28
	成熟期	197±19	26.79±3.39	185.01±130.67	192.58±58.06
	营养生长期	63±16	22.91±2.94	527.98±280.46	387.4±144.50
	生殖生长期	27±8	25.97±3.00	428.97±222.67	338.18±82.27
	全生育期	124±24	21.81±3.18	847.19±330.72	725.6±224.51
晚稻（15）	播种期	178±13	25.98±2.72	211.37±132.96	171.04±51.80
	出苗期	181±13	25.98±2.72	211.37±132.96	171.04±51.80
	三叶期	185±14	26.39±2.89	205.85±135.95	179.38±54.53
	移栽期	206±10	27.21±2.85	208.28±140.10	202.55±48.64
	返青期	209±12	27.19±2.83	205.79±139.05	201.63±48.29
	分蘖期	217±11	26.97±2.72	194.49±134.78	198.30±48.24
	孕穗期	251±16	24.29±2.67	144.77±134.56	162.00±39.73
	抽穗期	263±13	23.13±3.76	118.48±136.22	149.73±45.90
	乳熟期	274±13	22.11±3.56	101.02±127.36	148.95±47.74
	成熟期	295±13	18.75±4.10	106.15±174.64	134.28±49.16
	营养生长期	57±9	25.55±3.17	499.80±290.16	523.34±110.74
	生殖生长期	33±10	20.92±3.83	224.62±254.96	284.01±81.04
	全生育期	117±14	24.21±3.05	781.98±393.32	801.0±148.34

续表

水稻种类（站点数）	物候期/生长期	物候期/生长期（d）	平均气温（℃）	累积降水（mm）	累积日照时数（h）
中稻（22）	播种期	101±13	14.97±3.94	69.08±56.82	163.60±66.66
	出苗期	108±13	15.59±4.30	76.49±60.59	163.96±65.97
	三叶期	120±15	17.72±2.99	97.70±77.02	171.00±64.36
	移栽期	145±13	20.10±2.95	149.51±98.56	162.12±60.60
	返青期	151±14	21.07±3.06	159.46±102.56	155.96±58.57
	分蘖期	164±15	22.01±2.16	175.10±99.87	146.68±53.76
	孕穗期	208±14	23.20±2.58	191.06±115.18	156.93±49.92
	抽穗期	220±12	22.79±2.57	174.59±111.00	164.78±46.71
	乳熟期	237±15	22.32±3.03	161.16±105.25	159.33±45.94
	成熟期	259±14	19.16±3.57	110.36±92.92	138.60±45.81
	营养生长期	75±12	22.10±2.31	629.68±233.64	580.4±155.12
	生殖生长期	40±11	20.48±3.44	318.17±189.23	333.55±83.38
	全生育期	158±17	20.22±2.53	873.02±317.31	981.0±222.90

由于水稻站点较少，且双季稻轮作，早稻和晚稻多在同一站点，故本章根据所选站点的地理分布和水稻的类型可将水稻种植区域划分为 3 个。如图 4.1 所示，早稻种植区 16 个站点主要分布在南部和西南部；晚稻种植区 15 个站点主要分布在中部和南部；中稻种植区 22 个站点主要分布在东北和西南部。早稻和晚稻相同站点共有 14 个。

每个站点水稻生长期内的管理措施在 1981～2010 年不断发生调整，其中调整最为频繁的措施包括水稻品种的变换。在本章所述站点中，1981～2010 年早稻、晚稻和中稻品种变化的平均次数分别为 20 次、20 次和 16 次。其他管理措施（如灌溉、施肥、农药）每个站点每年用量都会改变。

1981～2010 年 3 个水稻种植区水稻不同物候期和生长期内平均气温、累积降水、累积日照时数的平均值和标准差见表 4.2。

4.1.2　水稻物候期定义与观测标准

本章选择的水稻物候期包括播种期、出苗期、三叶期、移栽期、返青期、分蘖期、孕穗期、抽穗期、乳熟期和成熟期。水稻各物候期的定义和观测标准参考《农业气象观测规范》（国家气象局，1993）。

播种期：开始播种的日期。

出苗期：从芽鞘中生出第一片不完全叶。

三叶期：从第二片完全叶的叶鞘中，出现了全部展开的第三片完全叶。

移栽期：移栽日期。

返青期：移栽后叶色转青，心叶重新展开或出现新叶（上午叶尖有水珠出现），用手将植株轻轻上提，有阻力。

分蘖期：叶鞘中露出新生分蘖的叶尖，叶尖露出长 0.5～1.0cm。

孕穗期：剑叶全部露出叶鞘。

抽穗期：穗子顶端从剑叶叶鞘中露出，有的稻穗从叶鞘旁呈弯曲状露出。

乳熟期：穗子顶部的籽粒达到正常谷粒的大小，颖壳内充满乳浆状内含物，籽粒呈绿色。

成熟期：籼稻稻穗上有 80%以上、粳稻有 90%以上的谷粒呈现该品种固有的颜色。

本章将水稻所有物候期分为 3 个关键的生长期，分别为营养生长期（移栽期至抽穗期）、生殖生长期（抽穗期至成熟期）、全生育期（播种期至成熟期）。

4.2 水稻生长期内气候要素变化

4.2.1 气候要素时间变化特征

1981～2010 年 3 个种植区水稻全生育期内平均气温、累积降水、累积日照时数和 GDD 时间变化如图 4.2 所示。就平均气温而言，在 30 年观测期中晚稻全生育期内平均气温最高，早稻次之，中稻最低。3 种水稻全生育期内平均气温平均值分别为 24.21℃、21.81℃和 20.22℃。总体而言，水稻全生育期内平均气温在 1998 年以前较低，变化幅度较小，而 1998 年以后水稻全生育期内平均气温较高，变化幅度较大。在 30 年观测期内不同种植区水稻全生育期内累积降水较为接近，早稻、晚稻和中稻种植区水稻全生育期内平均累积降水分别为 847.19mm、781.98mm 和 873.02mm。总体而言，早稻、晚稻和中稻全生育期内所有站点平均气温在 1981～2010 年增加趋势显著（$P<0.05$），平均增加幅度均为 0.03℃/a，其中，早稻全生育期内平均气温增加幅度最大，晚稻次之，中稻最小。

在 30 年观测期中，1992～2002 年为水稻全生育期内累积降水较为集中的时段，而 1986～1991 年及 2003～2007 年累积降水较少。其中晚稻全生育期内累积降水年间波动幅度最大，早稻次之，中稻最小。比较 3 种水稻全生育期内累积降水变化趋势发现，早稻全生育期内平均累积降水呈减少趋势（–0.20mm/a），而晚稻和中稻全生育期内平均累积降水则呈增加趋势（分别为 0.12mm/a 和 0.20mm/a），然而在 30 年观测期内水稻全生育期内累积降水趋势变化并不显著。

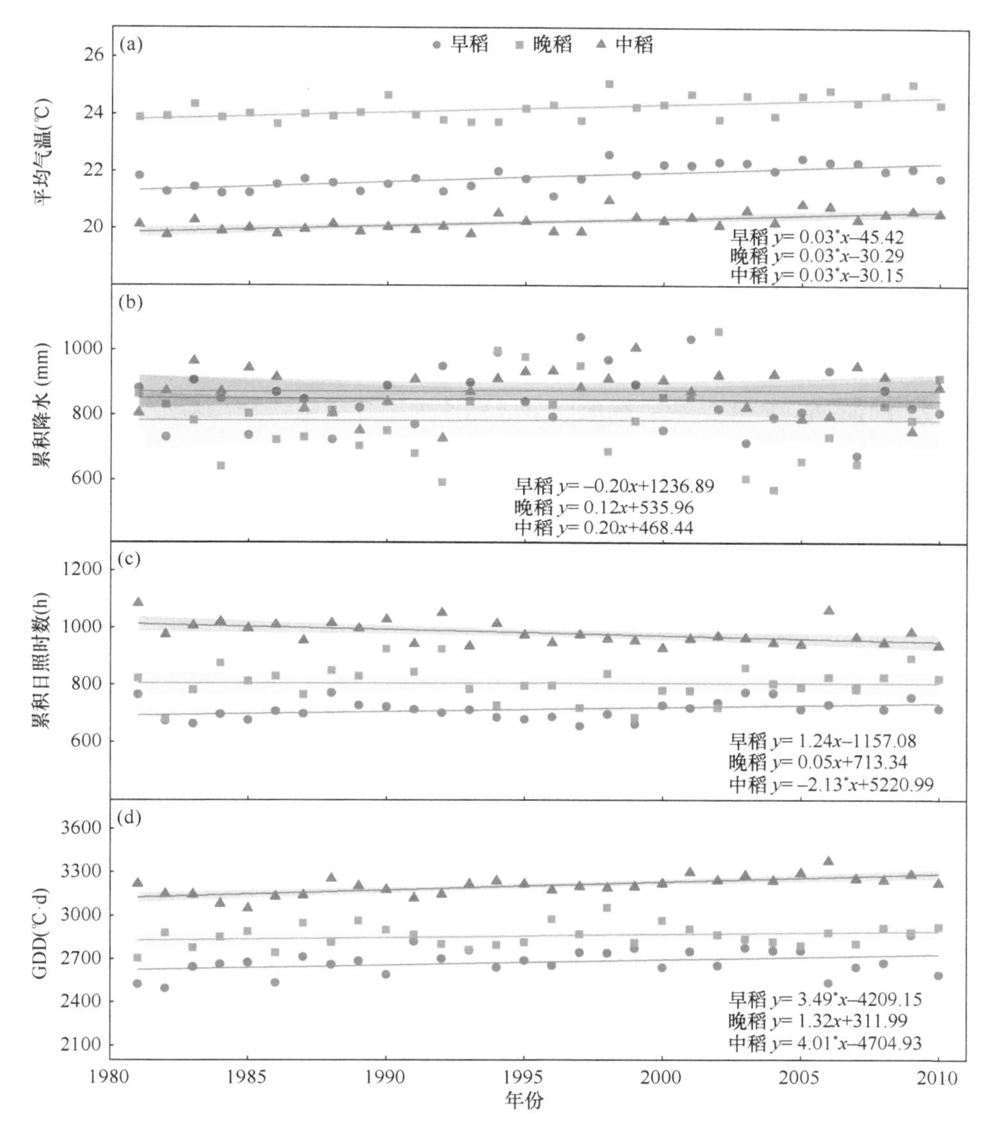

图 4.2　1981～2010 年水稻全生育期内平均气温（a）、累积降水（b）、累积日照时数（c）和 GDD（d）年际变化趋势

在 30 年观测期中，不同种植区水稻全生育期内累积日照时数差异较明显，中稻全生育期内累积日照时数最大，在 30 年观测期中平均累积日照时数为 981.09h，晚稻次之（804.34h），早稻最小（714.11h）。水稻全生育期内累积日照时数较高的时段为 1987～1992 年，而 1995～2005 年累积日照时数相对较低。

就GDD而言，在30年观测期中中稻全生育期内GDD最大，为3205.43℃·d，晚稻次之，为2858.45℃·d，早稻最小，为2676.05℃·d。早稻和晚稻全生育期内GDD在1986年出现轻微下降，而中稻全生育期内GDD在2006年轻微上升。然而总体而言水稻全生育期内GDD变化幅度较小。

水稻各种植区物候期和生长期内气候要素平均变化趋势见表4.3。就平均气温而言，早稻、晚稻和中稻各物候期和生长期内平均气温都是增加趋势。平均而言，早稻区内，播种期至三叶期内平均气温增加趋势最大，平均增加幅度达到0.06℃/a，孕穗期至成熟期内平均气温增加趋势最小，为0.02℃/a；营养生长期和全生育期内平均气温增加幅度最大，为0.03℃/a，生殖生长期内平均气温增加幅度为0.02℃/a。晚稻区内，孕穗期至成熟期内平均气温增加趋势最大，平均增加幅度达到0.04℃/a，返青期和分蘖期内平均气温增加趋势最小，为0.01℃/a；生殖生长期内平均气温增加最大，为0.04℃/a，营养生长期内平均气温增加最小，为0.02℃/a。中稻区内，播种期至三叶期及成熟期内平均气温增加趋势最大，平均增加幅度为0.04℃/a，抽穗期内平均气温增加趋势最小，为0.01℃/a；全生育期内平均气温增加最大，为0.03℃/a，营养生长期和生殖生长期内平均气温增加最小，为0.02℃/a。

表4.3　1981～2010年水稻各物候期和生长期内气候要素平均变化趋势

水稻种类（站点数）	物候期/生长期	T_{tem}（℃/a）	T_{pre}（mm/a）	T_{sun}（h/a）
早稻（16）	播种期	0.06	–0.69	0.95
	出苗期	0.06	–0.69	1.10
	三叶期	0.06	–0.69	0.92
	移栽期	0.04	–0.26	0.46
	返青期	0.03	–0.13	0.33
	分蘖期	0.03	–0.01	0.15
	孕穗期	0.02	0.85	–0.30
	抽穗期	0.02	1.48	–0.35
	乳熟期	0.02	1.55	–0.51
	成熟期	0.02	0.09	–0.23
	营养生长期	0.03	0.51	0.31
	生殖生长期	0.02	1.51	–0.64
	全生育期	0.03	–0.20	1.24
晚稻（15）	播种期	0.03	–0.59	–0.12
	出苗期	0.03	–0.59	–0.12
	三叶期	0.02	–0.58	–0.15

续表

水稻种类（站点数）	物候期/生长期	T_{tem}（℃/a）	T_{pre}（mm/a）	T_{sun}（h/a）
晚稻（15）	移栽期	0.02	0.34	–0.34
	返青期	0.01	0.33	–0.37
	分蘖期	0.01	0.65	–0.45
	孕穗期	0.04	0.48	0.36
	抽穗期	0.04	–0.40	0.25
	乳熟期	0.04	–0.77	0.24
	成熟期	0.04	–0.77	0.45
	营养生长期	0.02	1.38	–0.23
	生殖生长期	0.04	–1.18	0.70
	全生育期	0.03	0.12	0.05
中稻（22）	播种期	0.04	0.19	0.02
	出苗期	0.04	0.24	0.05
	三叶期	0.04	0.26	–0.03
	移栽期	0.02	0.75	–0.81
	返青期	0.02	0.04	–0.62
	分蘖期	0.02	0.37	–0.51
	孕穗期	0.02	0.19	–0.67
	抽穗期	0.01	–0.37	–0.82
	乳熟期	0.02	–0.24	–0.42
	成熟期	0.04	–0.82	0.18
	营养生长期	0.02	1.04	–2.42
	生殖生长期	0.02	–1.33	–0.55
	全生育期	0.03	0.20	–2.13

注：T_{tem}、T_{pre}、T_{sun} 分别表示响应阶段的平均气温、累积降水、累积日照时数的变化趋势

就累积降水而言，早稻区内，播种期至分蘖期内累积降水呈减少趋势，其中播种期至三叶期内累积降水平均减少趋势最大，为 0.69mm/a；而孕穗期至成熟期内累积降水都是增加趋势，其中乳熟期内累积降水平均增加趋势最大，为 1.55mm/a。营养生长期和生殖生长期内累积降水都呈增加趋势，而全生育期内累积降水呈轻微减少趋势。就晚稻区而言，播种期至三叶期内累积降水呈减少趋势，而移栽期至孕穗期呈增加趋势，抽穗期至成熟期呈减少趋势；其中分蘖期内累积降水平均增加趋势最大，为 0.65mm/a，乳熟期和成熟期内累积降水平均减少趋势最大，为 0.77mm/a。营养生长期和全生育期内累积降水是增加趋势，

生殖生长期则呈减少趋势。中稻区内，播种期至孕穗期内累积降水呈增加趋势，而抽穗期至成熟期呈减少趋势；其中移栽期内累积降水平均增加趋势最大，为 0.75mm/a，成熟期内累积降水平均减少趋势最大，为 0.82mm/a。与晚稻相似，中稻营养生长期和全生育期内累积降水是增加趋势，生殖生长期则呈减少趋势。

就累积日照时数而言，早稻区内，播种期至分蘖期内累积日照时数呈增加趋势，其中出苗期平均增加趋势最大，为 1.10h/a；而孕穗期至成熟期都是减少趋势，其中乳熟期内平均减少趋势最大，为 0.51h/a。营养生长期和全生育期内累积日照时数都呈增加趋势，而生殖生长期呈轻微减少趋势。晚稻区内，播种期至分蘖期内累积日照时数呈减少趋势，而孕穗期至成熟期呈增加趋势；其中分蘖期内累积日照时数平均减少趋势最大，为 0.45h/a，成熟期内平均增加趋势最大，为 0.45h/a。生殖生长期和全生育期内累积日照时数是增加趋势，营养生长期则呈减少趋势。中稻区内，播种期和出苗期内累积日照时数呈增加趋势，而三叶期至乳熟期内累积降水呈减少趋势，成熟期内累积日照时数呈增加趋势；其中成熟期内累积日照时数平均增加趋势最大，为 0.18h/a，抽穗期内累积日照时数平均减少趋势最大，为 0.82h/a。中稻营养生长期、生殖生长期和全生育期内累积日照时数均呈减少趋势，其中营养生长期减少的幅度最大，达到 2.42h/a。

4.2.2 气候要素空间变化特征与区域分异

1981～2010 年，早稻、晚稻和中稻全生育期内平均气温、累积降水、累积日照时数和 GDD 空间变化如图 4.3～图 4.5 所示。就平均气温而言，3 个水稻种植区内所有站点全生育期内的平均气温都呈增加趋势。其中早稻区、晚稻区和中稻区水稻全生育期内平均气温呈显著增加（$P<0.05$）的站点分别占 11/16、10/15 和 13/22。早稻区和晚稻区水稻全生育期内平均气温显著增加的站点主要集中在湖南和广东北部，而中稻区水稻全生育期内平均气温显著增加的站点主要集中在四川和东北地区。就累积降水而言，早稻区和中稻区水稻全生育期内累积降水呈从南到北逐渐增加规律，晚稻区生长期内累积降水无明显空间变化特征。各站点全生育期内累积降水除了中稻区东北地区 2 个站点显著减少（$P<0.05$），其余种植区和站点的累积降水在水稻全生育期内无显著变化。就累积日照时数而言，早稻区和晚稻区水稻全生育期内累积日照时数呈从南到北逐渐减少的空间模态，而中稻区水稻全生育期内累积日照时数以减少为主。早稻区内有 12/16 的站点全生育期内累积日照时数呈增加趋势，其中 2 个站点呈显著增加趋势（$P<0.05$）。晚稻区

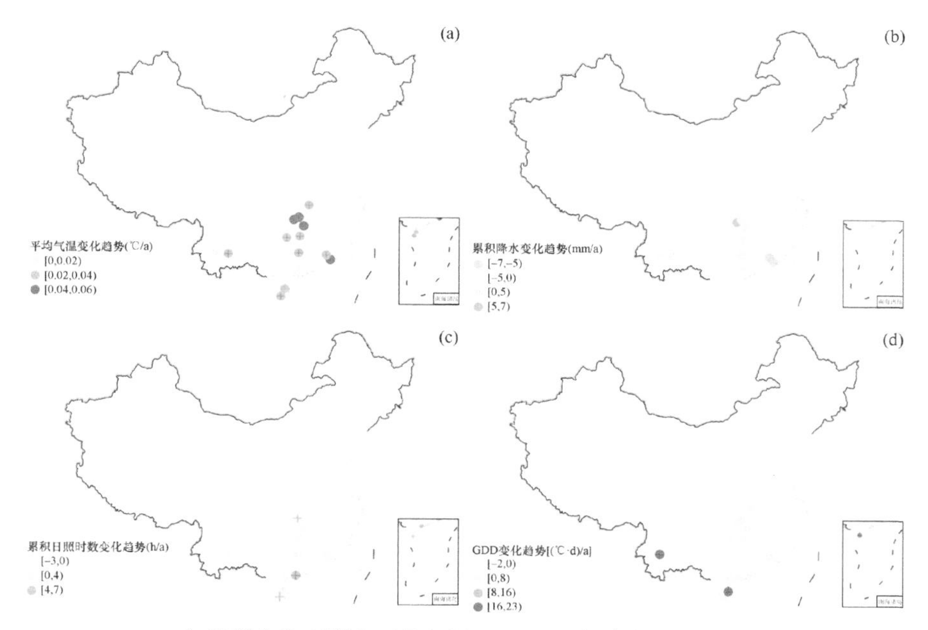

图 4.3　1981～2010 年早稻全生育期内平均气温（a）、累积降水（b）、累积日照时数（c）和 GDD（d）空间变化趋势

+表示通过 0.05 显著性水平检验，下同

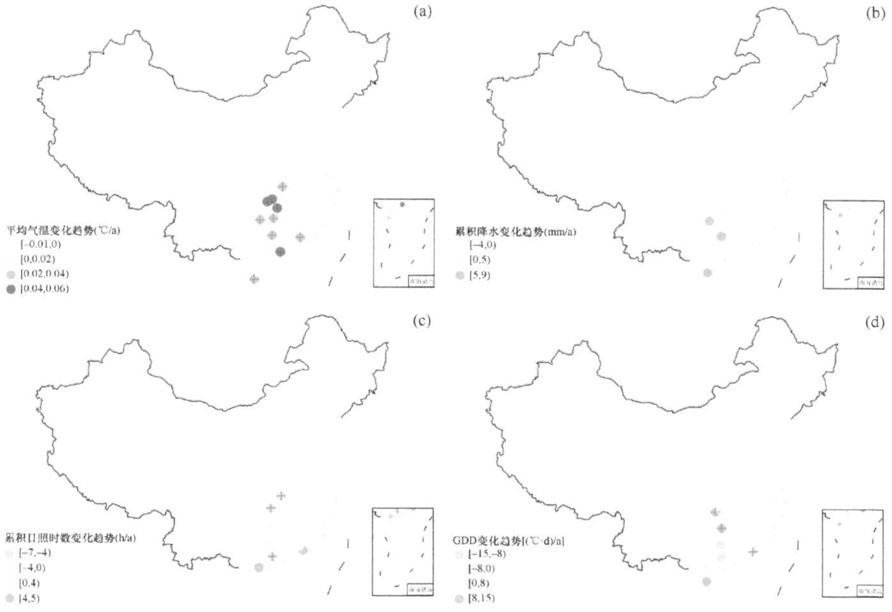

图 4.4　1981～2010 年晚稻全生育期内平均气温（a）、累积降水（b）、累积日照时数（c）和 GDD（d）空间变化趋势

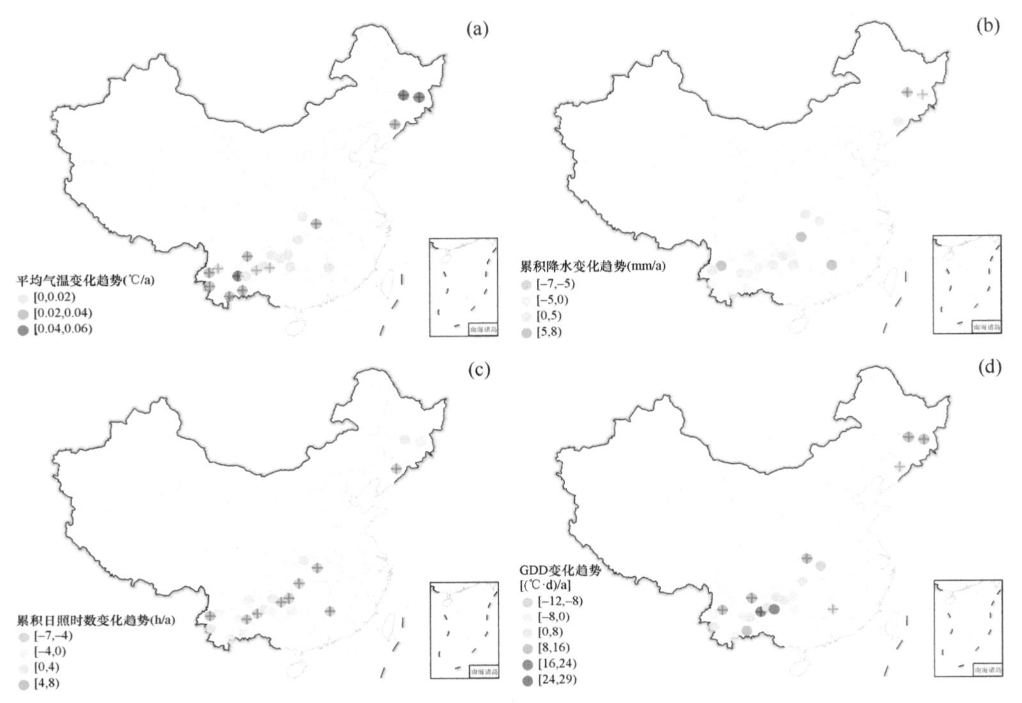

图 4.5　1981～2010 年中稻全生育期内平均气温（a）、累积降水（b）、累积日照时数（c）和 GDD（d）空间变化趋势

内有 10/15 的站点全生育期内累积日照时数呈增加趋势，然而均不显著；相反，有 3 个站点全生育期内累积日照时数呈显著减少趋势（$P<0.05$）。中稻区内有 16/22 的站点全生育期内累积日照时数呈减少趋势，其中有 8/22 的站点显著减少（$P<0.05$）。就 GDD 而言，早稻区和晚稻区水稻全生育期内 GDD 呈从南到北逐渐增加的空间规律。中稻区水稻全生育期内 GDD 以增加为主。早稻区、晚稻区和中稻区水稻全生育期内分别有 13/16、7/15、16/22 的站点呈增加趋势，其中早稻区低纬地区有 2 个站点在早稻全生育期内显示 GDD 有显著增加趋势（$P<0.05$）。相反，晚稻区高纬地区有 3 个站点在晚稻全生育期内显示 GDD 有显著增加趋势（$P<0.05$），而中稻区有 8/22 的站点全生育期内 GDD 呈显著增加趋势（$P<0.05$）。水稻各分区站点在各生长期的气候要素变化趋势范围见附表 1～附表 4。

1981～2010 年水稻全生育期内平均气温、累积降水、累积日照时数和 GDD 变化趋势如图 4.6 所示。总体而言，早稻、晚稻和中稻全生育期内所有站点平均气温均为增加趋势，早稻全生育期内平均气温增加幅度最大，晚稻次之，中稻最小，平均增加幅度均为 0.03℃/a。

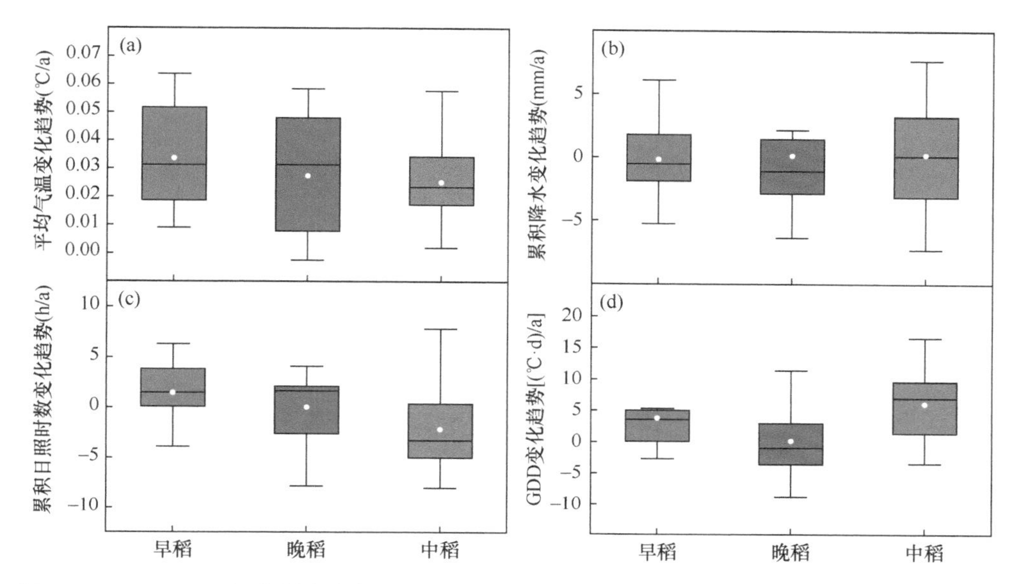

图 4.6　1981～2010 年水稻全生育期内平均气温（a）、累积降水（b）、累积日照时数（c）和 GDD（d）变化趋势

4.3　水稻物候变化特征

4.3.1　水稻物候期变化特征

1. 水稻物候期时间变化特征

1981～2010 年早稻、晚稻和中稻区内播种期、出苗期、三叶期、移栽期、返青期、分蘖期、孕穗期、抽穗期、乳熟期和成熟期时间变化如图 4.7 所示。在 30 年观测期中早稻播种期呈现先推迟后提前的时间变化，其中在 1996 年早稻播种期推迟得最晚，平均 DOY 为 80d。早稻出苗期和三叶期呈现出与播种期相似的时间变化特征；而移栽期和返青期在 1996 年以前较 1996 以后整体较晚；到了分蘖期，早稻呈现出“中间高、两头低”的时间变化特征，峰值即最晚期在 1993 年，平均 DOY 达到 130d；而孕穗期则表现为在 1987～2003 年整体较其他时段较晚，平均 DOY 为 155～163d；而到了抽穗期、乳熟期和成熟期，物候期表现为先推迟后提前再推迟的时间变化特征。在 30 年观测期中晚稻播种期呈现先推迟后提前的时间变化特征，其中在 1999 年推迟得最晚，平均 DOY 为 178d；除分蘖期外，其他物候期整体上都呈现推迟的趋势。然而中稻播种期却表现为先提前后推迟的变化特征；出苗期呈现与播种期类似的时间变化特征；三叶期和移栽期在 1996 年前后呈现不同的时间变化特征，即在 1996 年以前逐渐提前，而在 1996 年以后逐渐推迟；

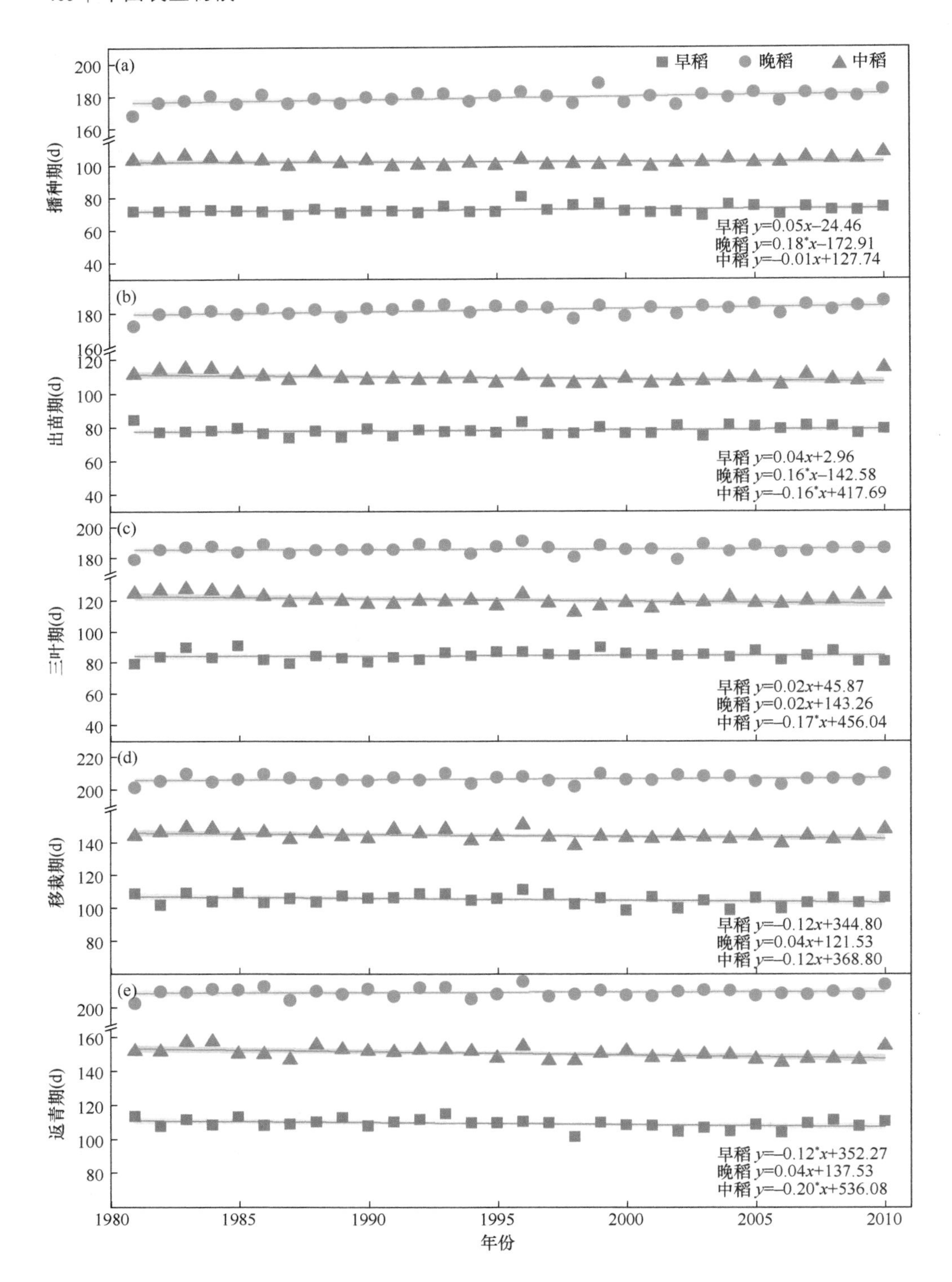

早稻
晚稻
中稻
(a)
播种期(d)
早稻 y=0.05x–24.46
晚稻 y=0.18*x–172.91
中稻 y=–0.01x+127.74
(b)
出苗期(d)
早稻 y=0.04x+2.96
晚稻 y=0.16*x–142.58
中稻 y=–0.16*x+417.69
(c)
三叶期(d)
早稻 y=0.02x+45.87
晚稻 y=0.02x+143.26
中稻 y=–0.17*x+456.04
(d)
移栽期(d)
早稻 y=–0.12x+344.80
晚稻 y=0.04x+121.53
中稻 y=–0.12x+368.80
(e)
返青期(d)
早稻 y=–0.12*x+352.27
晚稻 y=0.04x+137.53
中稻 y=–0.20*x+536.08
1980
1985
1990
1995
2000
2005
2010
年份

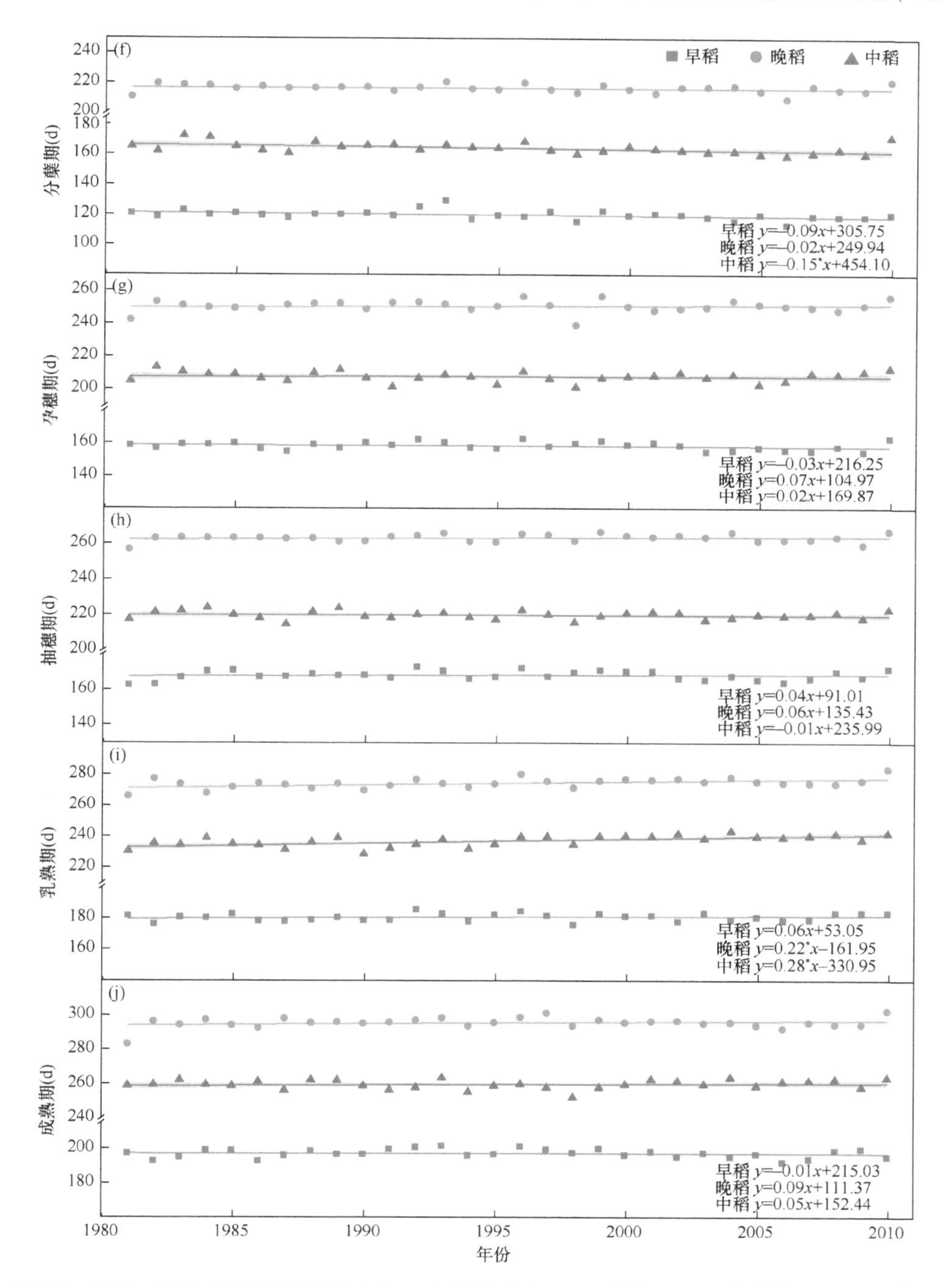

图 4.7 1981～2010 年水稻播种期（a）、出苗期（b）、三叶期（c）、移栽期（d）、返青期（e）、分蘖期（f）、孕穗期（g）、抽穗期（h）、乳熟期（i）、成熟期（j）的时间（DOY）变化趋势

而返青期至抽穗期，物候期基本为先提前后推迟的时间变化特征；而乳熟期表现为逐渐推迟的时间变化特征；成熟期则呈现出在 1981～1998 年逐渐提前，1998～2010 年逐渐推迟的时间变化特征。

平均而言，早稻所有站点移栽期至孕穗期在 1981～2010 年呈提前趋势，提前幅度为 0.03～0.12d/a；而播种期、出苗期、三叶期、抽穗期和乳熟期呈推迟趋势，推迟幅度为 0.02～0.06d/a。晚稻分蘖期为提前趋势，提前趋势为 0.02d/a，而其余物候期则表现为推迟趋势，推迟幅度为 0.02～0.23d/a。中稻所有站点播种期、出苗期至分蘖期在 1981～2010 年呈提前趋势，提前幅度为 0.01～0.20d/a，而孕穗期、乳熟期和成熟期呈推迟趋势，推迟幅度为 0.02～0.28d/a。

2. 水稻物候期空间变化特征与区域分异

在 30 年观测期中，水稻全生育期内各物候期都发生显著变化。如图 4.8 所示，在早稻区，播种期有 8/16 的站点呈推迟趋势，其中 5/16 的站点呈显著延迟（$P<0.05$）趋势。出苗期有 10/16 的站点呈推迟趋势，其中 2 个站点呈显著推迟（$P<0.05$）趋势。然而，三叶期至孕穗期，超过一半的站点呈提前趋势，其中显著提前趋势的站点集中在高纬度地区。抽穗期和乳熟期有 50%及以上的站点呈推迟趋势，然而到了成熟期，超过一半的站点呈提前趋势。总体而言，四川早稻的播种期至成熟期呈推迟趋势，而湖南早稻的物候期除了乳熟期，呈提前趋势。

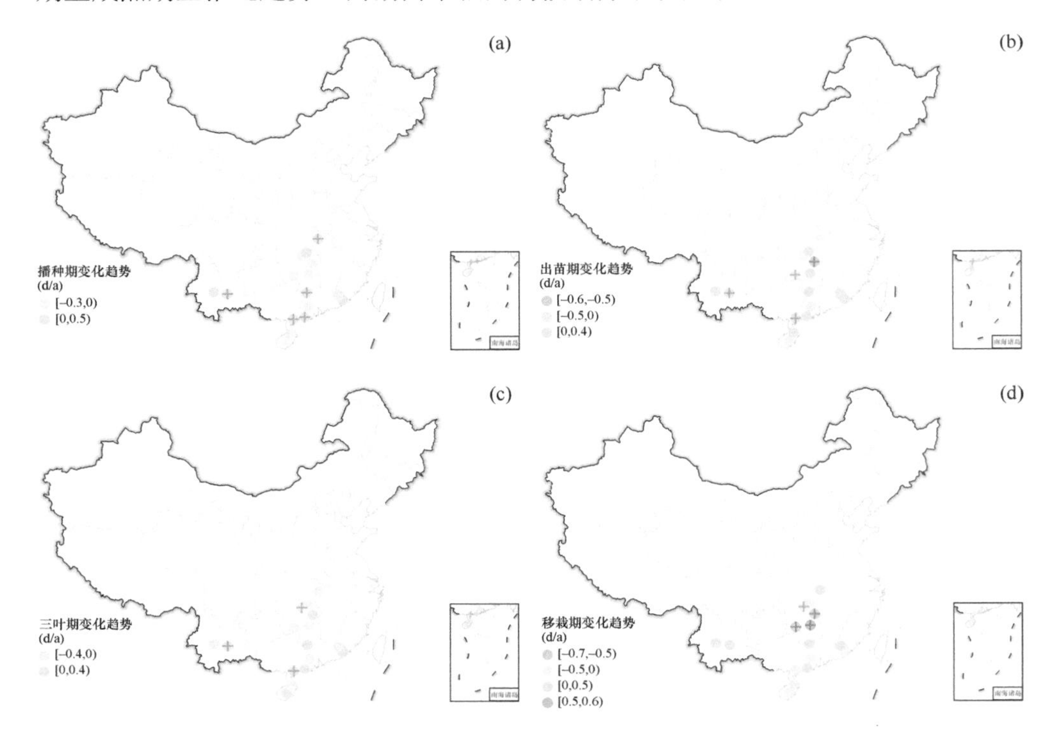

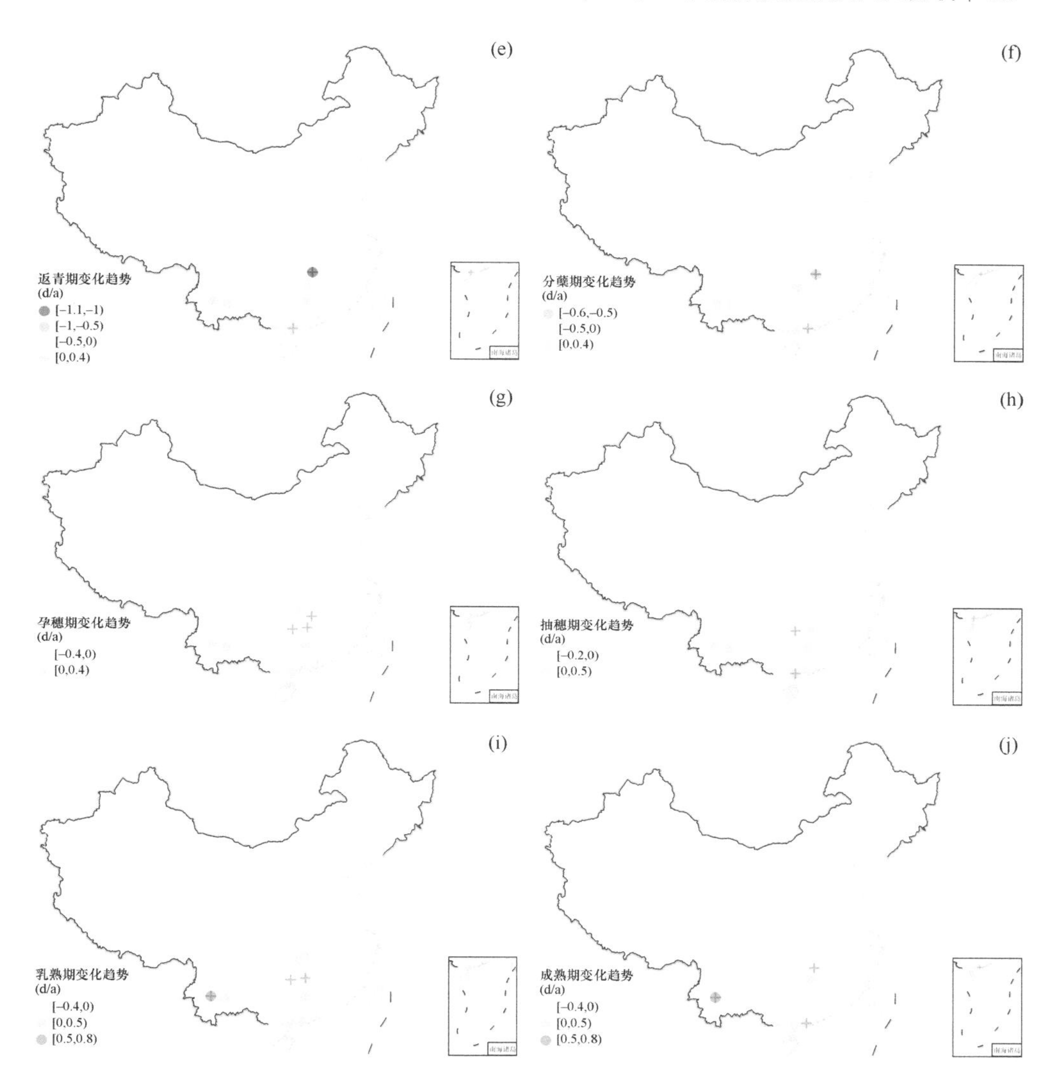

图 4.8　1981～2010 年早稻播种期（a）、出苗期（b）、三叶期（c）、移栽期（d）、返青期（e）、分蘖期（f）、孕穗期（g）、抽穗期（h）、乳熟期（i）、成熟期（j）空间变化趋势
+表示通过 0.05 显著性水平检验

如图 4.9 所示，在晚稻区，播种期有 10/15 的站点呈推迟趋势，其中 3 个站点呈显著推迟趋势。5 个站点显示出苗期显著推迟，其变化趋势和播种期的空间分布一致。9/15 站点显示三叶期呈推迟趋势，其中 3 个站点呈显著推迟。到了移栽期，超过一半的站点呈推迟趋势，然而变化趋势不显著。返青期和分蘖期，有超过一半的站点呈提前趋势，而孕穗期至成熟期，超过一半的站点呈推迟趋势，尤其是乳熟期，有 4/15 站点呈显著推迟。值得注意的是，广东超过一半的站点显示

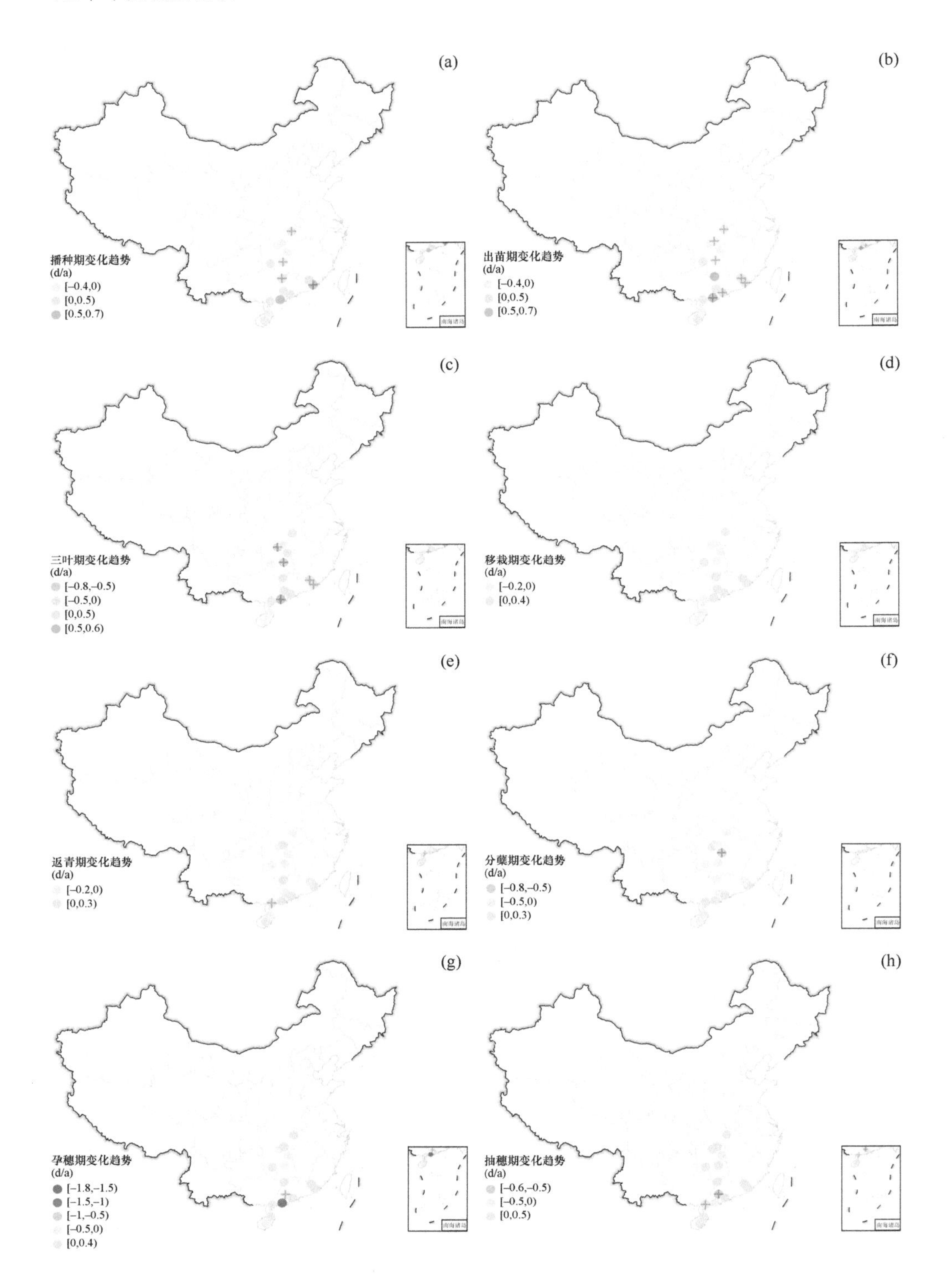
(a)
播种期变化趋势
(d/a)
[−0.4,0)
[0,0.5)
[0.5,0.7)
(b)
出苗期变化趋势
(d/a)
[−0.4,0)
[0,0.5)
[0.5,0.7)
(c)
三叶期变化趋势
(d/a)
[−0.8,−0.5)
[−0.5,0)
[0,0.5)
[0.5,0.6)
(d)
移栽期变化趋势
(d/a)
[−0.2,0)
[0,0.4)
(e)
返青期变化趋势
(d/a)
[−0.2,0)
[0,0.3)
(f)
分蘖期变化趋势
(d/a)
[−0.8,−0.5)
[−0.5,0)
[0,0.3)
(g)
孕穗期变化趋势
(d/a)
[−1.8,−1.5)
[−1.5,−1)
[−1,−0.5)
[−0.5,0)
[0,0.4)
(h)
抽穗期变化趋势
(d/a)
[−0.6,−0.5)
[−0.5,0)
[0,0.5)

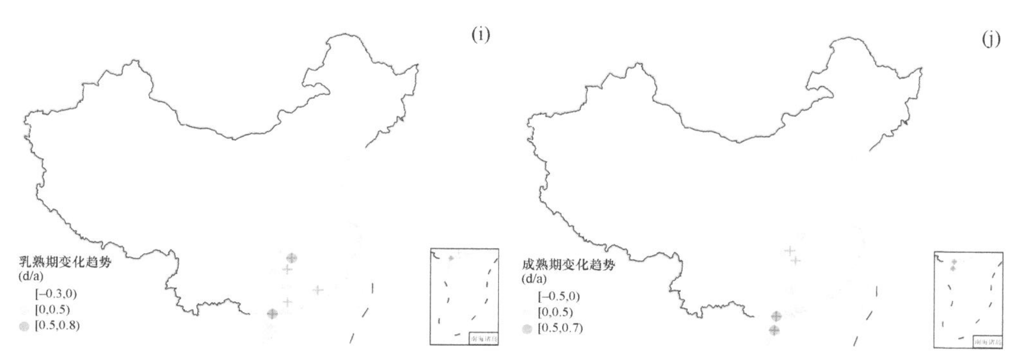

图 4.9　1981～2010 年晚稻播种期（a）、出苗期（b）、三叶期（c）、移栽期（d）、返青期（e）、分蘖期（f）、孕穗期（g）、抽穗期（h）、乳熟期（i）、成熟期（j）空间变化趋势
+表示通过 0.05 显著性水平检验

了水稻 10 个物候期推迟的趋势，相反，湖南超过 50%的站点除了抽穗期和乳熟期，其余物候期基本显示了提前趋势。

如图 4.10 所示，在中稻区，13/22 的站点播种期呈推迟趋势，其中 5 个站点呈显著推迟趋势，而且东北地区站点全部呈推迟趋势。除移栽期外，中稻在西南地区的大部分站点的出苗期至分蘖期都呈提前趋势，其中 4 个站点在出苗期、2 个站点在三叶期、3 个站点在移栽期、6 个站点在返青期，以及 6 个站点在分蘖期都呈显著提前趋势，趋势显著的站点主要集中在云南。然而，除了抽穗期，孕穗期至成熟期，有超过一半的站点呈推迟趋势，大部分显著推迟的站点都在云南。中稻乳熟期和成熟期推迟的站点分别有 16/22 和 15/22，显著推迟的站点分别为 7 个和 4 个。

总体而言，中稻物候期的变化趋势幅度大于双季稻轮作系统。对于双季稻轮作系统，高纬度地区的大多数物候期是提前的，而低纬度地区的物候期是推迟的。对于中稻种植系统而言，低纬度地区播种期至抽穗期主要以提前为主，乳熟期和成熟期以推迟为主。而对于高纬度的东北地区而言，所有物候期普遍呈推迟趋势。

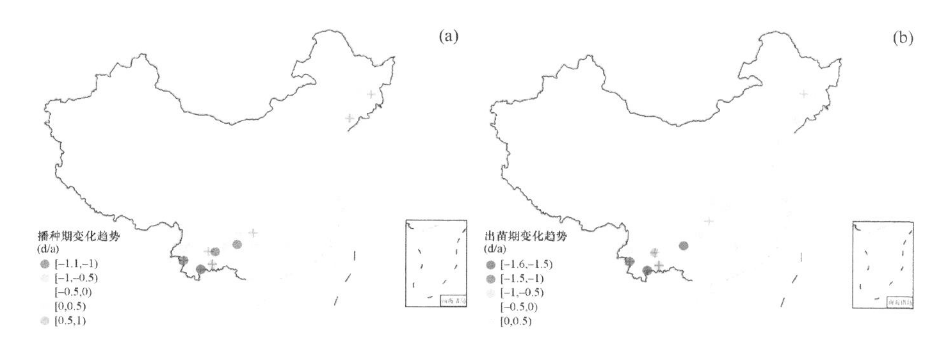

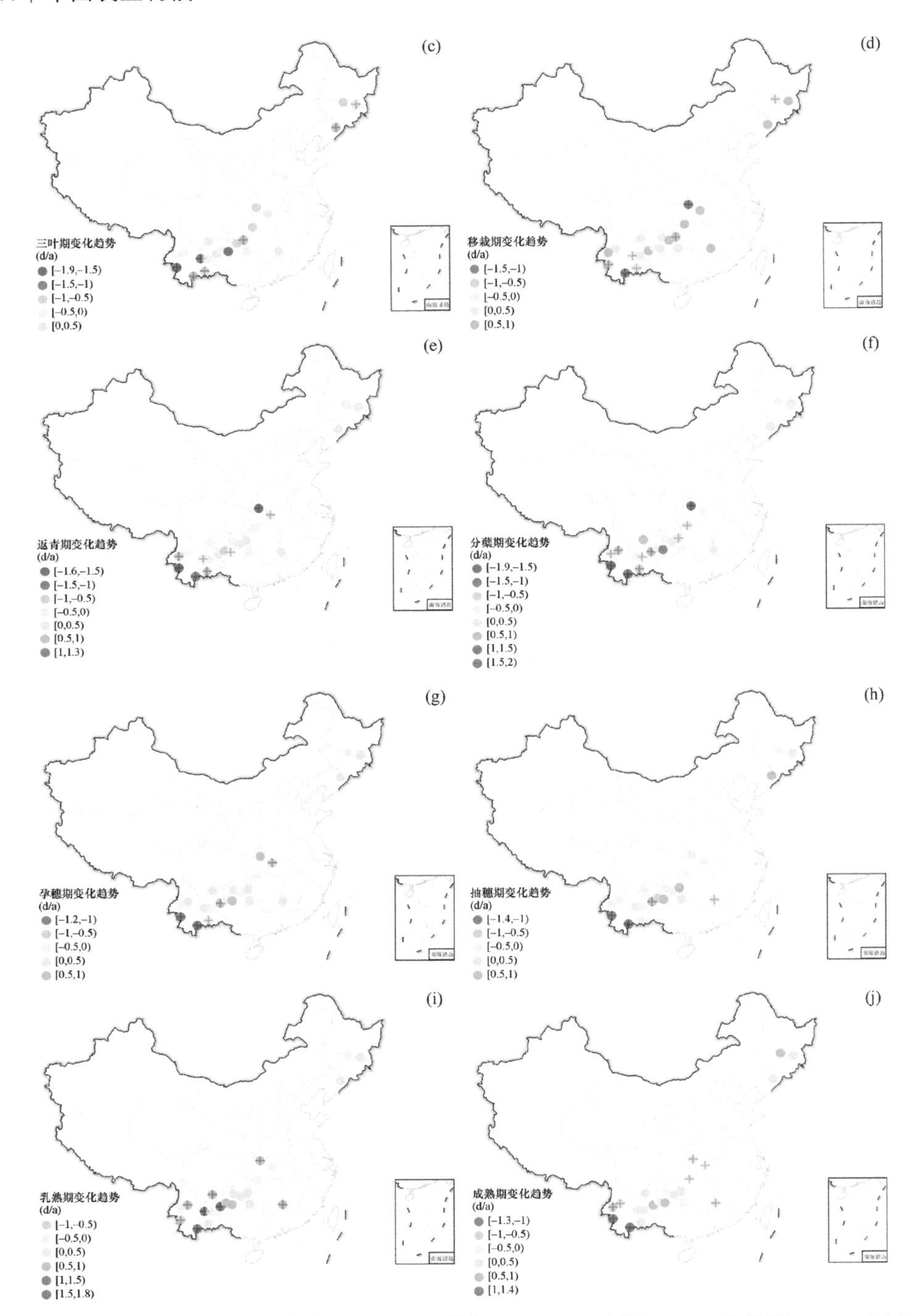

图 4.10 1981～2010 年中稻播种期（a）、出苗期（b）、三叶期（c）、移栽期（d）、返青期（e）、分蘖期（f）、孕穗期（g）、抽穗期（h）、乳熟期（i）、成熟期（j）空间变化趋势

+表示通过 0.05 显著性水平检验

1981～2010 年水稻各物候期变化趋势如图 4.11 所示。平均而言，晚稻播种期和出苗期变化幅度最大，推迟趋势分别为 0.18d/a 和 0.16d/a；而三叶期至分蘖期，中稻物候期提前趋势大于早稻和晚稻，平均提前 0.08～0.20d/a，而早稻较晚稻变化幅度大；晚稻与中稻孕穗期为推迟趋势，而早稻则为提前趋势，抽穗期至成熟期，早稻、晚稻和中稻则都为推迟趋势，平均推迟幅度为 0.00～0.28d/a，其中晚稻抽穗期（0.06d/a）、中稻乳熟期（0.28d/a）、晚稻成熟期（0.09d/a）平均推迟幅度最大。

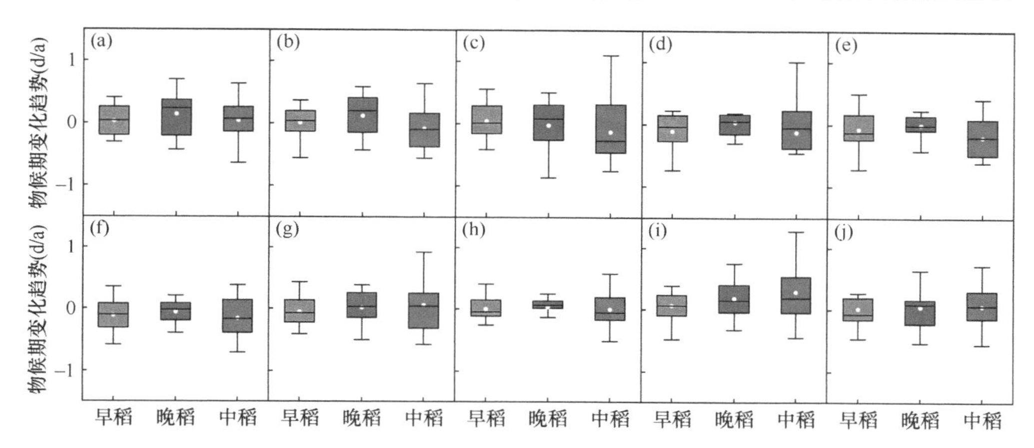

图 4.11　1981～2010 年种植区水稻播种期（a）、出苗期（b）、三叶期（c）、移栽期（d）、返青期（e）、分蘖期（f）、孕穗期（g）、抽穗期（h）、乳熟期（i）、成熟期（j）变化趋势

4.3.2　水稻生长期变化特征

1. 水稻生长期时间变化特征

1981～2010 年，早稻、晚稻和中稻区内营养生长期、生殖生长期和全生育期长度的时间变化趋势如图 4.12 所示。平均而言，中稻营养生长期、生殖生长期和全生育期最长；早稻营养生长期、全生育期次之；早稻生殖生长期最短；晚稻营养生长期和全生育期最短。具体而言，就早稻而言，在 30 年观测期中营养生长期呈现逐渐延长的变化特征，其中在 1997～2006 年长度较其他时段长，营养生长期平均长度范围为 51～71d；而生殖生长期则表现为 1983～1990 年较短（25～29d），1990～2000 年较长（26～30d）的变化特征；早稻全生育期表现为先延长后缩短的变化特征，其中 1989～1994 年较其他时段长，平均长度为 122～133d，而 2005～2009 年则为较短的时段，平均长度为 118～128d。就晚稻而言，营养生长期在 1983～1993 年及 1995～2006 年较其他时段长，平均长度为 51～60d。生殖生长期在 1987～1997 年较长（32～36d），2003～2008 年较短（29～33d），而全生育期表现为先延长后缩短的变化特征。就中稻而言，中稻营养生长期在 1997 以前整

体较短，其中 1989 年长度（80d）明显长于其他时期，而 1997 年以后营养生长期整体较长。生殖生长期表现为“中间低两头高”的变化特征，峰值出现在 1994 年（50d）。而全生育期表现为较长的时段集中在 1986～1993 年和 1999～2008 年，最低值出现在 1998 年（152d）。

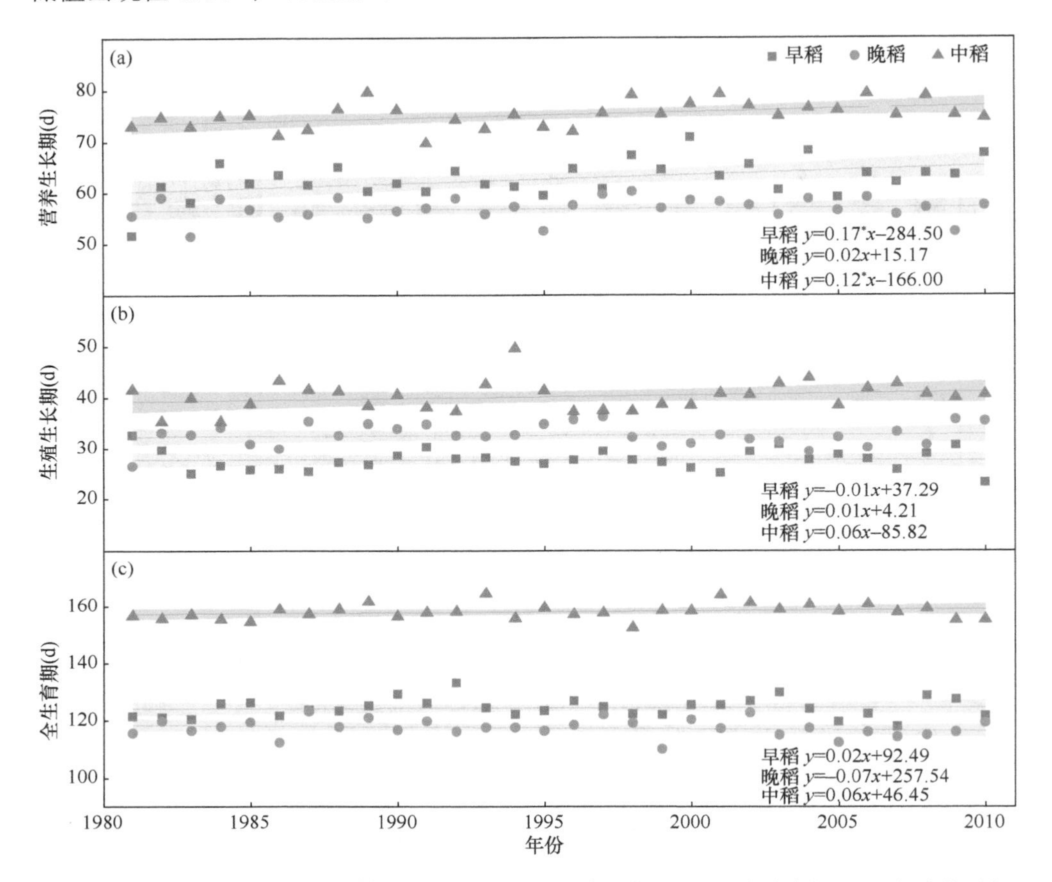

图 4.12　1981～2010 年水稻营养生长期（a）、生殖生长期（b）、全生育期（c）长度的时间变化趋势

1981～2010 年，早稻区内所有站点水稻的营养生长期和全生育期呈延长趋势，延长趋势分别为 0.17d/a 和 0.02d/a。晚稻营养生长期和生殖生长期在 1981～2010 年呈延长趋势，延长趋势分别为 0.02d/a 和 0.01d/a，而全生育期呈缩短趋势，为–0.07d/a。中稻 3 个生长期都为延长趋势，平均延长幅度为 0.06～0.12d/a。

2. 水稻生长期空间变化特征与区域分异

1981～2010 年，各观测站点水稻的生长期都发生了显著变化。早稻、中稻和晚稻营养生长期、生殖生长期和全生育期长度的空间变化趋势如图 4.13～图 4.15 所示。在早稻区，营养生长期、生殖生长期和全生育期分别有 12/16、9/16、6/16 的站点呈延长趋势，其中显著延长的站点分别占 1/16、1/16 和 2/16。其中营养生长期显示从东到西逐渐延长，全生育期显示从南到北逐渐缩短的空间特征。在晚稻区，营养生长期、生殖生长期分别有 8/15 的站点呈延长趋势，其中显著延长的站点分别占 3/15 和 1/15，而显著缩短的站点均占 2/15。全生育期有 11/15 的站点显示缩短趋势，显著缩短的站点占 2/15。从南到北的地理区域来看，晚稻的营养生长期和全生育期显示逐渐延长，而生殖生长期显示逐渐缩短的空间特征。在中稻区，营养生长期、生殖生长期、全生育期分别有 12/22、14/22 和 12/22 的站点呈延长趋势，其中显著延长的站点分别占 4/22、0/22 和 2/22，而显著缩短的站点分别占 1/22、1/22 和 3/22。总体而言，营养生长期、生殖生长期和全生育期都显示了从南到北逐渐缩短的空间特征。

比较 3 种水稻 3 个生长期长度变化趋势（图 4.16），结果表明 1981～2010 年早稻的营养生长期和全生育期、晚稻和中稻的营养生长期及生殖生长期都为延长趋势，平均延长趋势分别为 0.09～0.14d/a 和 0.02～0.06d/a，其中中稻营养生长

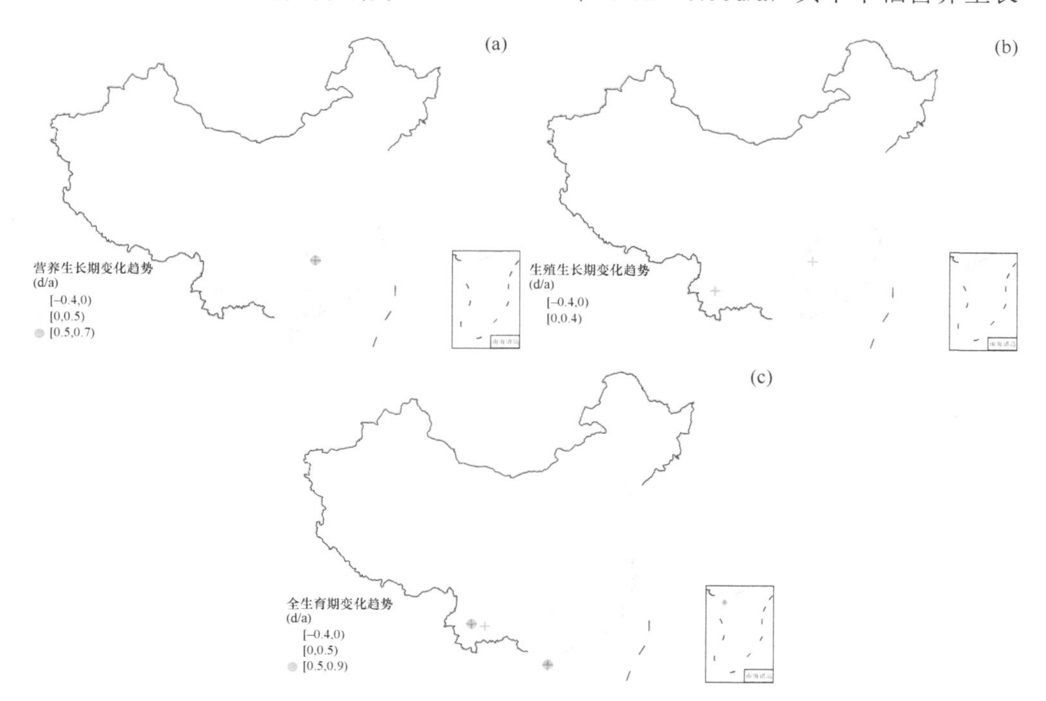

图 4.13　1981～2010 年早稻营养生长期（a）、生殖生长期（b）、全生育期（c）长度的空间变化趋势

+表示通过 0.05 显著性水平检验，下同

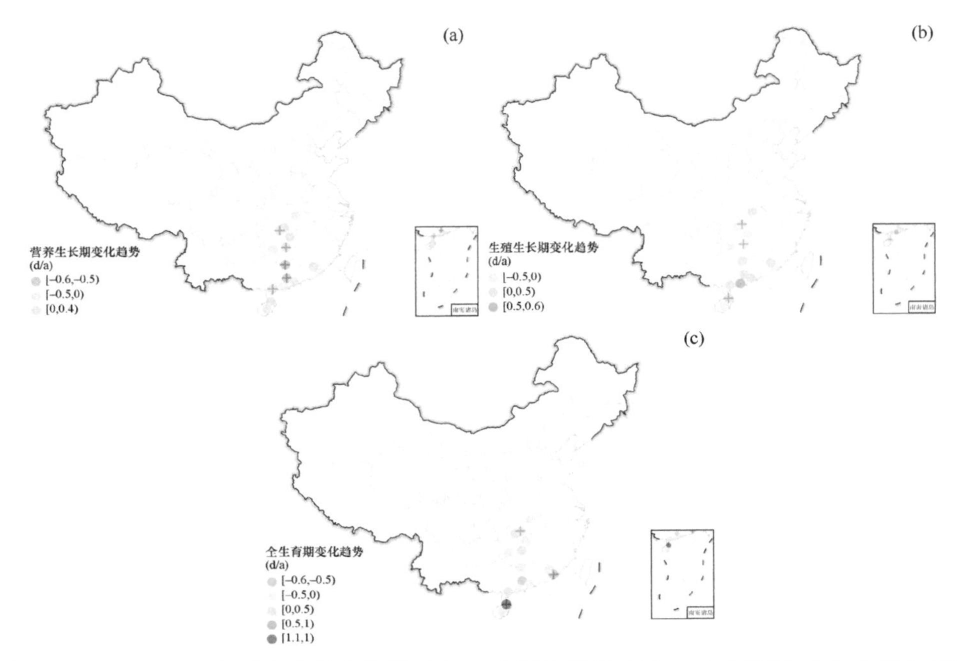

图 4.14　1981～2010 年晚稻营养生长期（a）、生殖生长期（b）、全生育期（c）长度的空间变化趋势

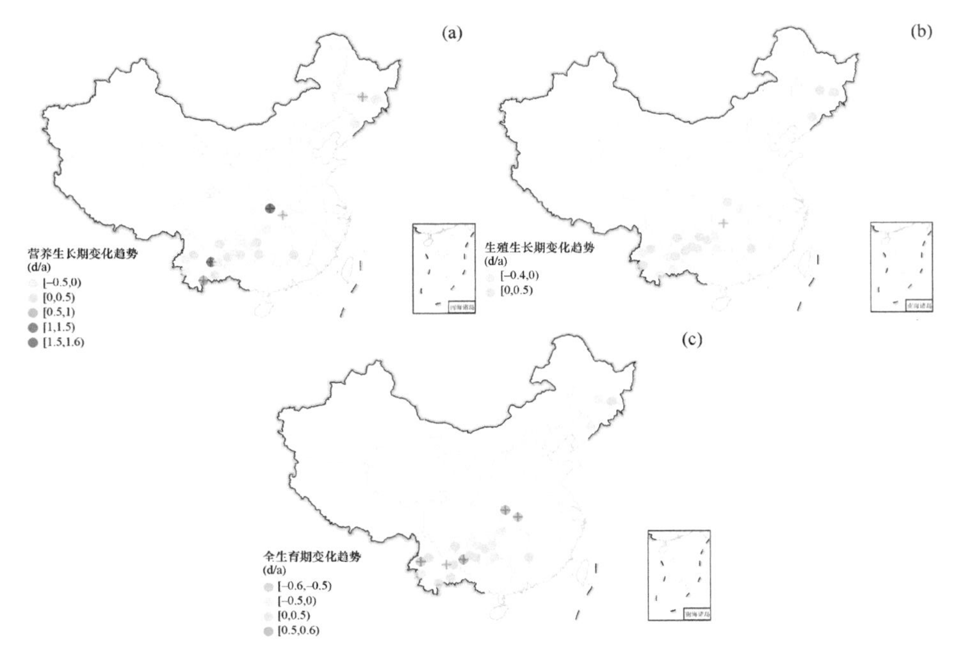

图 4.15　1981～2010 年中稻营养生长期（a）、生殖生长期（b）、全生育期（c）长度的空间变化趋势

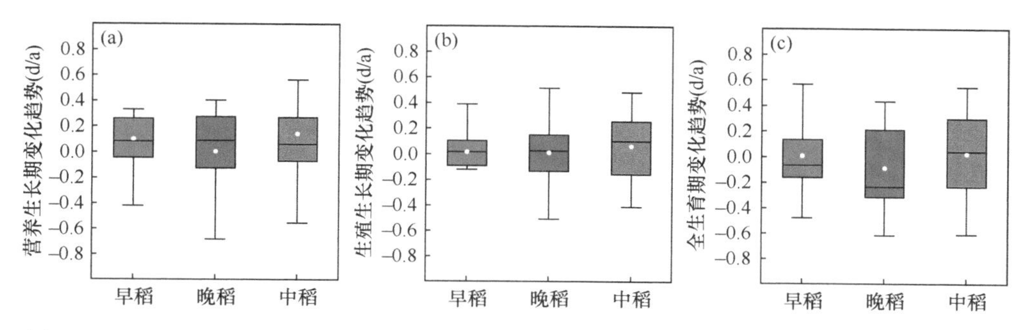

图 4.16　1981～2010 年种植区水稻营养生长期（a）、生殖生长期（b）、全生育期（c）长度的变化趋势

期延长幅度最大，早稻次之，晚稻最小；而生殖生长期则是中稻延长幅度最大，晚稻次之，早稻最小。平均而言，早稻和中稻全生育期均为延长趋势，平均延长趋势为 0.01～0.02d/a，而晚稻则为缩短趋势，平均缩短趋势为 0.23d/a。

4.4　水稻物候变化归因分析

4.4.1　水稻物候对气候要素的敏感度分析

1. 水稻物候期对平均气温、累积降水和累积日照时数的敏感度分析

1981～2010 年，早稻、晚稻和中稻各物候期对相应时段内气候要素（平均气温、累积降水、累积日照时数）的敏感度如图 4.17 所示。平均来说，对早稻而言，相应时段平均气温的增加对播种期、孕穗期、抽穗期有较轻的推迟作用，而对出苗期、三叶期、移栽期、返青期、分蘖期、乳熟期和成熟期有较强的提前作用。其中三叶期对相应时段内平均气温的敏感度最大，提前趋势达到 1.98d/℃。对晚稻而言，相应时段平均气温的增加对出苗期、移栽期、成熟期有推迟作用，而对播种期、三叶期、返青期、分蘖期、孕穗期、抽穗期和乳熟期有提前作用。其中孕穗期对相应时段内平均气温的敏感度最大，提前趋势达到 1.89d/℃。对中稻而言，相应时段平均气温的增加对中稻所有物候期都具有提前作用，其中孕穗期和乳熟期对相应时期内平均气温的敏感度较大，提前趋势分别达到 2.66d/℃和 2.29d/℃。

平均来说，对早稻而言，相应时段累积降水的增加对播种期、出苗期、三叶期、分蘖期有推迟作用，而对移栽期、返青期、孕穗期、抽穗期、乳熟期和成熟期有提前作用，其中出苗期对相应时段内累积降水的敏感度最大，推迟趋势达到 2.86d/100mm。对晚稻而言，相应时段累积降水的增加对播种期、三叶期、孕穗期、抽穗期有较轻的提前作用，而对出苗期、移栽期、返青期、分蘖期、乳熟期和成

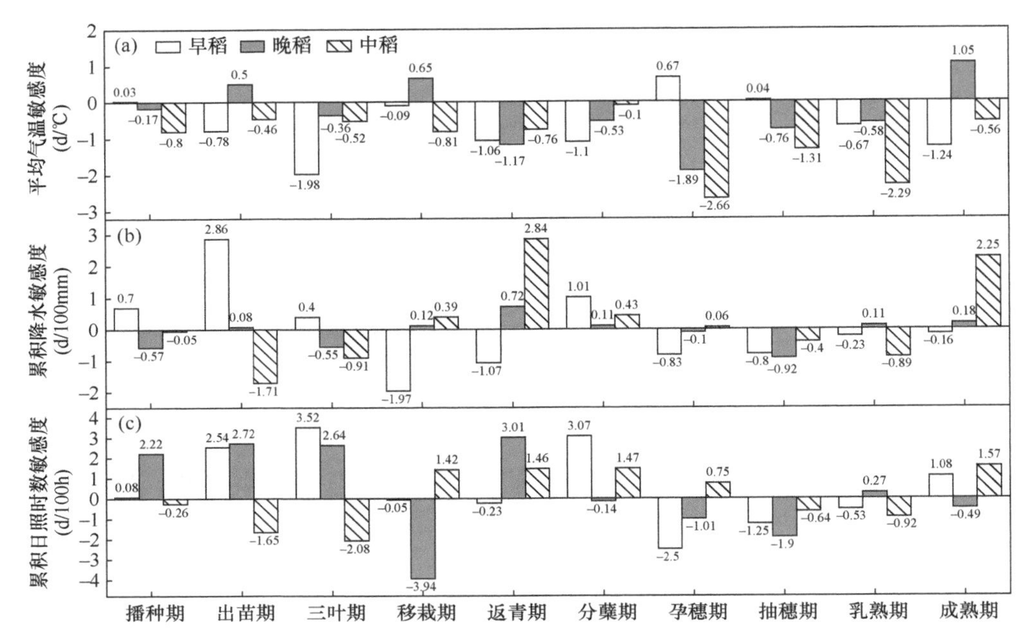

图 4.17　1981～2010 年水稻各物候期对平均气温（a）、累积降水（b）、累积日照时数（c）的敏感度

熟期有较轻的推迟作用。其中抽穗期对相应时期内累积降水的敏感度较大，提前趋势也仅为 0.92d/100mm。对中稻而言，相应时段累积降水的增加对播种期、出苗期、三叶期、抽穗期和乳熟期有提前作用，而对移栽期、返青期、分蘖期和成熟期有推迟作用，其中返青期对相应时段内累积降水的敏感度最大，推迟趋势达到 2.84d/100mm。

平均来说，对早稻而言，相应时段累积日照时数的增加对播种期、出苗期、三叶期、分蘖期、成熟期有推迟作用，而对移栽期、返青期、孕穗期、抽穗期、乳熟期有提前作用，其中三叶期对相应时段内累积日照时数的敏感度最大，推迟趋势达到 3.52d/100h。对晚稻而言，相应时段累积日照时数的增加对播种期、出苗期、三叶期、返青期、乳熟期有推迟作用，而对移栽期、分蘖期、孕穗期、抽穗期和成熟期有提前作用，其中移栽期对相应时段内累积日照时数的敏感度较大，提前趋势为 3.94d/100h。对中稻而言，相应时段累积日照时数的增加对播种期、出苗期、三叶期、抽穗期和乳熟期有提前作用，而对移栽期、返青期、分蘖期、孕穗期和成熟期有推迟作用，其中三叶期对相应时段内累积日照时数的敏感度最大，提前趋势达到 2.08d/100h。

总体而言，水稻物候期对平均气温增加的响应以提前为主，对累积降水和累积日照时数增加的响应则更加多样化。

2. 水稻生长期对平均气温、累积降水和累积日照时数的敏感度分析

1981～2010 年早稻、晚稻和中稻的营养生长期、生殖生长期和全生育期对相应时段内气候要素（平均气温、累积降水、累积日照时数）的敏感度如图 4.18 所示。平均来说，对早稻而言，相应时段平均气温的增加对营养生长期、生殖生长期和全生育期均有缩短作用，其中全生育期对相应时段内平均气温的敏感度最大，缩短趋势达到 3.39d/℃。对晚稻而言，相应时段平均气温的增加对营养生长期有缩短作用，而对生殖生长期和全生育期有延长作用，其中营养生长期对相应时期内平均气温的敏感度最大，缩短趋势达到 4.06d/℃。对中稻而言，相应时段平均气温的增加对营养生长期有缩短作用，而对生殖生长期和全生育期有延长作用，其中生殖生长期对相应时段内平均气温的敏感度较大，延长趋势达到 2.05d/℃。

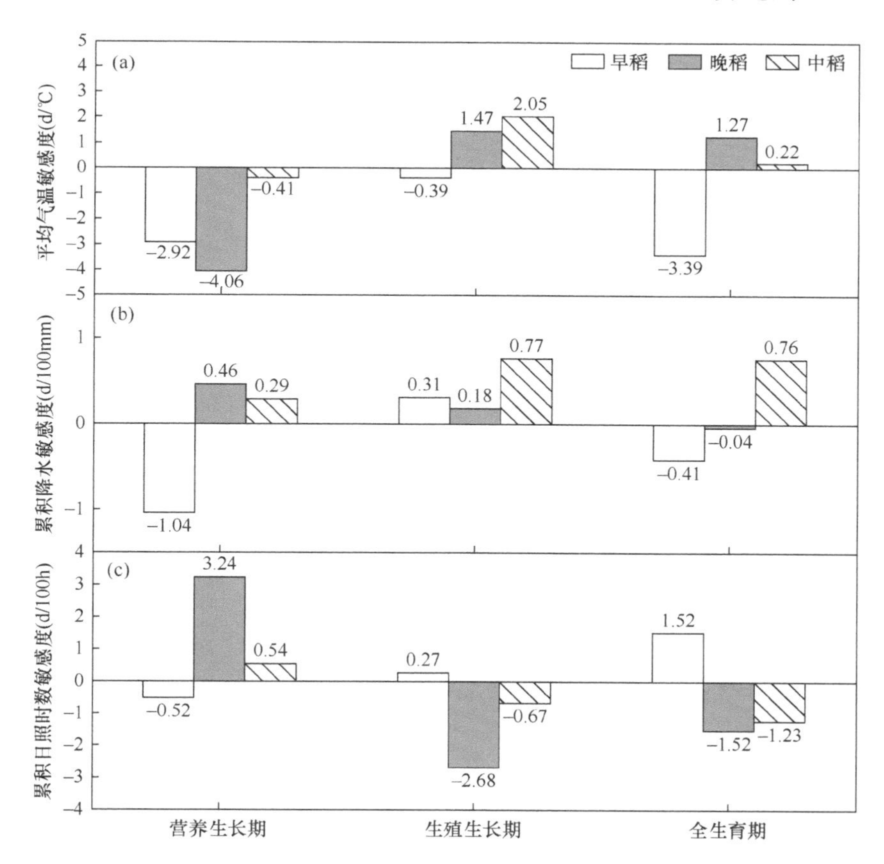

图 4.18　1981～2010 年水稻生长期对平均气温（a）、累积降水（b）、累积日照时数（c）的敏感度

平均来说，对早稻而言，相应时段累积降水的增加对营养生长期和全生育期

有缩短作用，而对生殖生长期有延长作用，其中营养生长期对相应时段内累积降水的敏感度最大，缩短趋势达到 1.04d/100mm。对晚稻而言，相应时段累积降水的增加对营养生长期和生殖生长期有延长作用，而对全生育期有较轻的缩短作用，其中营养生长期对相应时段累积降水的敏感度最大，延长趋势为 0.46d/100mm。对中稻而言，相应时段累积降水的增加对 3 个生长期都有延长作用，其中生殖生长期对相应时段内累积降水的敏感度较大，延长趋势达到 0.77d/100mm。

平均来说，对早稻而言，相应时段累积日照时数的增加对营养生长期有缩短作用，而对生殖生长期和全生育期有延长作用，其中全生育期对相应时段累积日照时数的敏感度最大，延长趋势为 1.52d/100h。对晚稻而言，相应时段累积日照时数的增加对营养生长期有延长作用，而对生殖生长期和全生育期有缩短作用，其中营养生长期对相应时段内累积日照时数的敏感度最大，延长趋势为 3.24d/100h。对中稻而言，相应时段累积日照时数的增加对营养生长期有延长作用，而对生殖生长期和全生育期都有缩短作用，其中全生育期对相应时段内累积日照时数的敏感度较大，缩短趋势为 1.23d/100h。

4.4.2 气候变化和管理措施对水稻物候变化的影响

1. 气候变化和管理措施对水稻物候期变化的影响

1981～2010 年，气候变化和管理措施的综合和单一因素对早稻、晚稻和中稻各物候期变化的影响如图 4.19 所示。由单一管理措施影响下的水稻物候期的变化趋势中值与气候和管理措施综合影响下的趋势中值相似。由单一管理措施影响下的水稻物候变化趋势与气候变化和管理措施的综合影响下的物候变化趋势相似。在气候变化和管理措施的综合影响下，超过一半的早稻站点显示播种期、出苗期、三叶期、乳熟期推迟，而移栽期、返青期、分蘖期、孕穗期、抽穗期和成熟期提前；超过一半的晚稻站点播种期、出苗期、三叶期、移栽期、孕穗期、抽穗期、乳熟期和成熟期以推迟为主，而返青期和分蘖期以提前为主；超过一半的中稻站点显示播种期、孕穗期、乳熟期和成熟期以推迟为主，而出苗期、三叶期、移栽期、返青期、分蘖期、抽穗期以提前为主。在气候变化单一因素影响下，超过一半的早稻站点显示播种期以推迟为主，而其余物候期以提前为主；超过一半的晚稻站点显示播种期、出苗期、三叶期、孕穗期、乳熟期和成熟期提前，而移栽期、返青期、分蘖期、抽穗期推迟；超过一半的中稻站点除移栽期外，其余物候期都显示提前。在管理措施单一要素影响下，超过一半的早稻站点显示播种期、出苗期、三叶期、抽穗期、成熟期推迟，而移栽期、返青期、分蘖期、孕穗期、乳熟期提前；超过一半的晚稻站点显示播种期、出苗期、三叶期、移栽期、返青期、抽穗期、乳熟期推迟，而分蘖期、孕穗期和成熟期则显示提前；超过一半的中稻站点显示播种期、孕穗期、乳熟期和成熟期推迟，而出苗期、三叶期、移栽期、返青期、分蘖期、抽穗期提前。

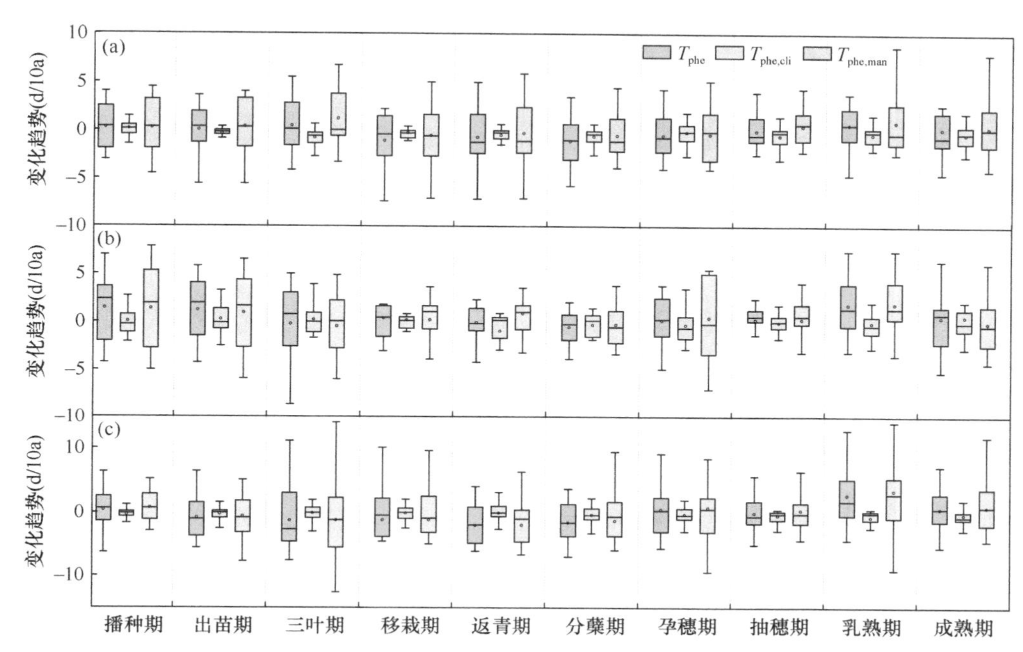

图 4.19　1981～2010 年气候变化和管理措施对早稻（a）、晚稻（b）、中稻（c）物候期变化的影响

2. 气候变化和管理措施对水稻生长期变化的影响

1981～2010 年气候变化和管理措施的综合和单一因素对早稻、晚稻和中稻营养生长期、生殖生长期和全生育期长度变化的影响如图 4.20 所示。在气候变化和管理措施的综合影响下，超过一半的早稻站点显示营养生长期和生殖生长期有延长趋势；超过一半的晚稻站点显示营养生长期和生殖生长期延长，而全生育期缩短；超过一半的中稻站点显示所有生长期延长。在气候变化单一因素影响下，超过一半的早稻站点显示营养生长期和全生育期缩短，而生殖生长期延长；超过一半的晚稻站点显示营养生长期缩短，而生殖生长期和全生育期延长；超过一半的中稻站点显示营养生长期和生殖生长期缩短，而全生育期延长。在管理措施单一要素影响下，超过一半的早稻站点显示营养生长期和全生育期有延长趋势，而生殖生长期有缩短趋势；超过一半的晚稻站点显示营养生长期和生殖生长期有延长趋势，而全生育期有缩短趋势；超过一半的中稻站点显示所有生长期都有延长趋势。可以看出，管理措施对气候变化造成的水稻生长期的缩短起了一定的延长作用。

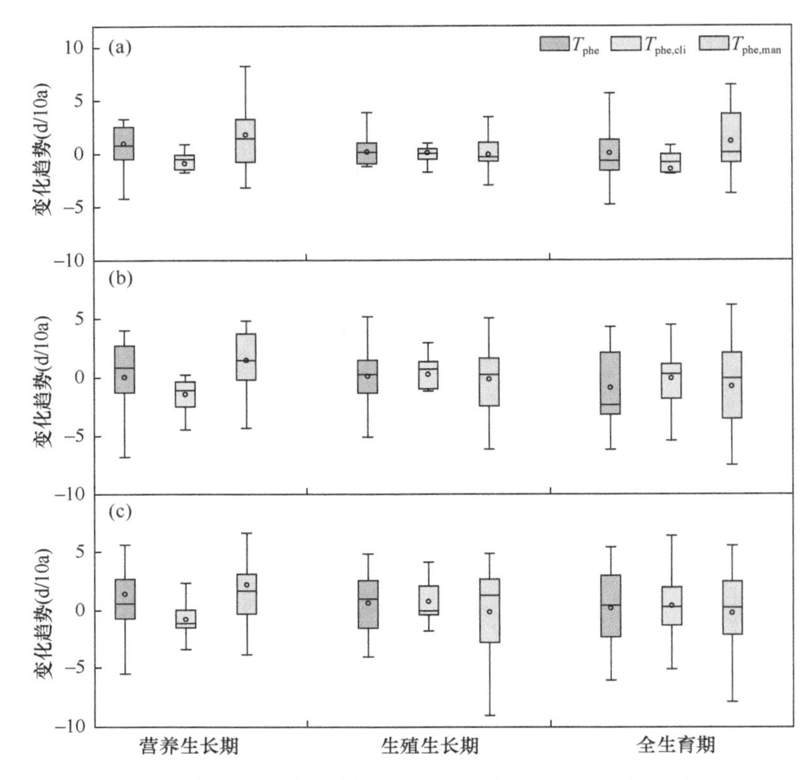

图 4.20 1981～2010 年气候变化和管理措施对早稻（a）、晚稻（b）、中稻（c）生长期长度变化的影响

3. 在气候变化和管理措施影响下水稻物候期和生长期的平均变化趋势

气候变化和管理措施影响下的中稻、早稻和晚稻物候期和生长期平均变化趋势如表 4.4 所示。平均而言，在气候变化和管理措施的综合影响下，早稻播种期、出苗期、三叶期、抽穗期、乳熟期和成熟期是推迟趋势，最大推迟幅度是在三叶期，平均每 10 年推迟 0.47d；而移栽期、返青期、分蘖期、孕穗期是提前趋势，最大提前幅度是分蘖期，平均每 10 年提前 1.09d。晚稻播种期、出苗期、移栽期、孕穗期、抽穗期、乳熟期和成熟期是推迟趋势，最大推迟幅度是在乳熟期，每 10 年平均推迟 1.83d；而三叶期、返青期、分蘖期是提前趋势，最大提前幅度是分蘖期，平均每 10 年提前 0.54d。中稻播种期、孕穗期、乳熟期和成熟期是推迟趋势，最大推迟幅度是在乳熟期，平均每 10 年推迟 2.83d；而其余物候期是提前趋势，最大提前幅度是返青期，平均每 10 年提前 2.02d。总体来看，在气候变化和管理措施的综合影响下，水稻平均推迟幅度最大的物候期是乳熟期，而平均提前幅度最大的物候期是返青期。

表 4.4　气候变化和管理措施影响下水稻物候期和生长期的平均变化趋势（单位：d/10a）

水稻种类（站点数）	物候期/生长期	T_{phe}	$T_{phe,cli}$	$T_{phe,man}$	P 值（t 检验）
早稻（16）	播种期	0.28	0.15	0.26	0.855
	出苗期	0.05	–0.33	0.40	0.578
	三叶期	0.47	–0.75	1.22	0.103
	移栽期	–1.08	–0.23	–0.51	0.317
	返青期	–0.71	–0.46	–0.25	0.747
	分蘖期	–1.09	–0.59	–0.50	0.454
	孕穗期	–0.50	–0.14	–0.36	0.586
	抽穗期	0.01	–0.49	0.50	0.369
	乳熟期	0.66	–0.36	0.93	0.220
	成熟期	0.20	–0.31	0.35	0.520
	营养生长期	1.00	–0.90	1.81	0.023*
	生殖生长期	0.16	0.09	–0.09	0.908
	全生育期	0.06	–1.47	1.14	0.182
晚稻（15）	播种期	1.42	0.06	1.36	0.175
	出苗期	1.09	0.26	0.94	0.349
	三叶期	–0.22	0.24	–0.46	0.675
	移栽期	0.39	0.18	0.22	0.770
	返青期	–0.05	–0.93	0.88	0.290
	分蘖期	–0.54	–0.28	–0.27	0.604
	孕穗期	0.19	–0.27	0.47	0.627
	抽穗期	0.28	–0.01	0.29	0.692
	乳熟期	1.83	–0.07	1.91	0.035*
	成熟期	0.51	0.58	–0.08	0.943
	营养生长期	0.05	–1.42	1.47	0.116
	生殖生长期	0.10	0.25	–0.16	0.860
	全生育期	–0.87	–0.09	–0.78	0.533
中稻（22）	播种期	0.40	–0.35	0.74	0.461
	出苗期	–0.81	–0.22	–0.59	0.578
	三叶期	–1.28	–0.09	–1.19	0.372
	移栽期	–1.23	–0.06	–1.17	0.312
	返青期	–2.02	–0.04	–1.98	0.151
	分蘖期	–1.59	–0.32	–1.27	0.408
	孕穗期	0.56	–0.25	0.81	0.545
	抽穗期	–0.02	–0.40	0.38	0.746
	乳熟期	2.83	–0.69	3.51	0.012*
	成熟期	0.62	–0.26	0.88	0.446

续表

水稻种类（站点数）	物候期/生长期	T_{phe}	$T_{phe,cli}$	$T_{phe,man}$	P 值（t 检验）
中稻（22）	营养生长期	1.43	−0.77	2.20	0.047*
	生殖生长期	0.64	0.78	−0.14	0.846
	全生育期	0.22	0.42	0.20	0.852

平均而言，在气候变化单一因素影响下，早稻除了播种期是推迟趋势，其余物候期均是提前趋势，其中最大提前幅度是在三叶期，平均每 10 年提前 0.75d。晚稻播种期、出苗期、三叶期、移栽期和成熟期是推迟趋势，最大推迟幅度是在成熟期，平均每 10 年推迟 0.58d；而返青期、分蘖期、孕穗期、抽穗期和乳熟期是提前趋势，最大提前幅度在返青期，平均每 10 年提前 0.93d。中稻所有物候期都是提前趋势，最大提前幅度是在乳熟期，平均每 10 年提前 0.69d。总体来看，在气候变化单一因素影响下，水稻物候期以提前居多。

平均而言，在管理措施单一因素影响下，早稻物候期变化与在气候变化和管理措施综合作用下的变化一致，即播种期、出苗期、三叶期、抽穗期、乳熟期和成熟期是推迟趋势，最大推迟幅度是在三叶期，平均每 10 年推迟 1.22d；而移栽期、返青期、分蘖期、孕穗期是提前趋势，最大提前幅度是移栽期，平均每 10 年提前 0.51d。晚稻播种期、出苗期、移栽期、返青期、孕穗期、抽穗期、乳熟期是推迟趋势，最大推迟幅度是在乳熟期，平均每 10 年推迟 1.91d；而三叶期、分蘖期和成熟期是提前趋势，最大提前幅度是三叶期，平均每 10 年提前 0.46d。中稻播种期、孕穗期、抽穗期、乳熟期和成熟期是推迟趋势，最大推迟幅度是在乳熟期，平均每 10 年推迟 3.51d；而出苗期、三叶期、移栽期、返青期、分蘖期是提前趋势，最大提前幅度是返青期，平均每 10 年提前 1.98d。总体来看，管理措施单一因素影响下的水稻物候期变化与在气候变化和管理措施的综合影响下的水稻物候变化相似，说明管理措施在引导水稻物候变化方面起着重要作用。尤其是对于晚稻和中稻乳熟期来说，管理措施影响下乳熟期的推迟在统计上是显著的（$P<0.05$）。

气候变化和管理措施影响下的中稻、早稻和晚稻生长期平均变化趋势如表 4.4 所示。平均而言，在气候变化和管理措施的综合影响下，早稻营养生长期、生殖生长期和全生育期都是延长趋势，最大延长幅度是营养生长期，平均每 10 年延长 1.00d；晚稻营养生长期和生殖生长期都是较小的延长趋势，平均每 10 年延长趋势不超过 0.10d，而全生育期是缩短趋势，平均每 10 年缩短 0.87d；中稻营养生长期、生殖生长期和全生育期都是延长趋势，最大延长幅度是在营养生长期，平均每 10 年延长趋势为 1.43d。

平均而言，在气候变化单一因素影响下，早稻营养生长期和全生育期都有缩短趋势，最大缩短幅度是全生育期，平均每 10 年缩短 1.47d，而生殖生长期是较小的延长趋势；晚稻营养生长期和全生育期都是缩短趋势，最大缩短幅度是营养生长期，平均每 10 年缩短 1.42d，而生殖生长期是延长趋势，平均每 10 年延长 0.25d；中稻营养生长期是缩短趋势，平均每 10 年缩短 0.77d，而生殖生长期和全生育期是延长趋势，最大延长幅度是在生殖生长期，平均每 10 年延长 0.78d。

平均而言，在管理措施单一因素影响下，早稻营养生长期和全生育期都有延长趋势，最大延长幅度是营养生长期，平均每 10 年延长 1.81d，而生殖生长期有轻微缩短趋势；晚稻营养生长期是延长趋势，平均每 10 年延长 1.47d，而生殖生长期和全生育期是缩短趋势，最大缩短幅度是在全生育期，平均每 10 年缩短 0.78d。中稻营养生长期和全生育期是延长趋势，最大延长幅度是在营养生长期，平均每 10 年延长 2.20d，而生殖生长期是缩短趋势，平均每 10 年缩短 0.14d。其中管理措施对早稻和中稻的营养生长期延长作用显著（$P<0.05$）。

4.4.3 气候要素对水稻物候变化的相对贡献度

1. 气候要素对水稻物候期变化的相对贡献度

1981～2010 年平均气温、累积降水和累积日照时数对早稻、晚稻和中稻各物候期变化的相对贡献度如图 4.21 所示。

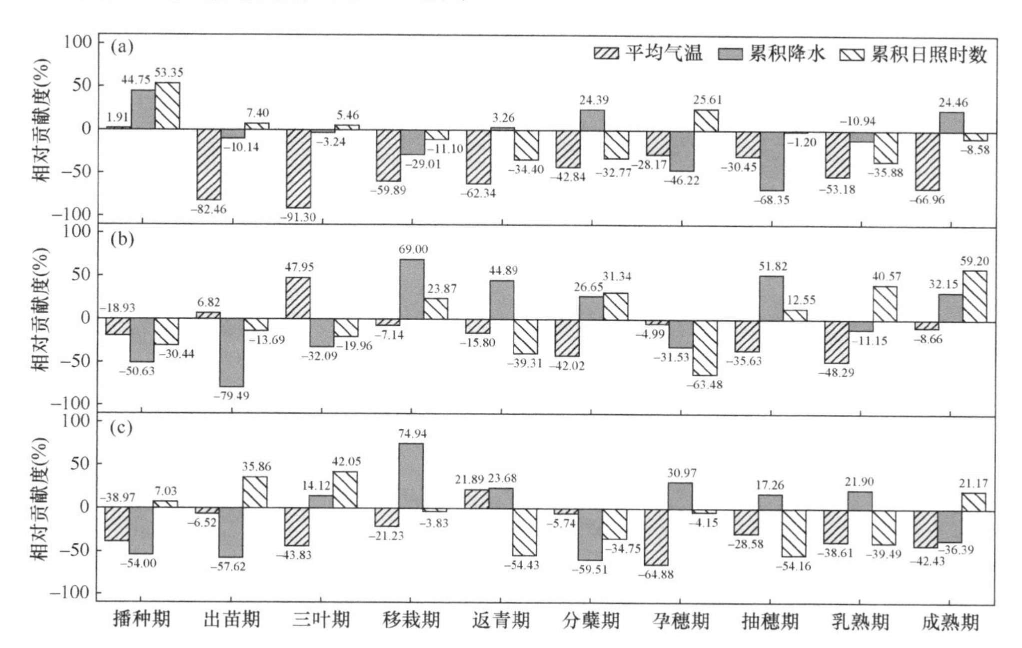

图 4.21 1981～2010 年不同气候要素对早稻（a）、晚稻（b）、中稻（c）物候期变化的相对贡献度

就早稻而言，平均气温升高使早稻所有物候期提前（除了播种期，温度升高使播种期推迟的相对贡献度仅占所有气候要素的 1.91%），其中温度升高导致物候期提前的最大相对贡献度是在三叶期，占所有气候要素的 91.30%。累积降水增加使早稻播种期、返青期、分蘖期、成熟期推迟，而出苗期、三叶期、移栽期、孕穗期、抽穗期和乳熟期提前，其中累积降水增加导致物候期推迟的最大相对贡献度是在播种期，占所有气候要素的 44.75%；而累积降水增加导致早稻物候期提前的最大相对贡献度是在抽穗期，占所有气候要素的 68.35%。累积日照时数增加使早稻播种期、出苗期、三叶期、孕穗期推迟，而移栽期、返青期、分蘖期、抽穗期、乳熟期和成熟期提前，其中累积日照时数增加导致早稻物候期推迟的最大相对贡献度是在播种期，占所有气候要素的 53.35%；而累积日照时数增加导致早稻物候期提前的最大相对贡献度是在乳熟期，占所有气候要素的 35.88%。

就晚稻而言，平均气温升高使晚稻播种期、移栽期、返青期、分蘖期、孕穗期、抽穗期、乳熟期和成熟期提前，其中温度升高导致晚稻物候期提前的最大相对贡献度是在乳熟期，占所有气候要素的 48.29%；而平均气温升高使晚稻出苗期和三叶期推迟，其相对贡献度分别占所有气候要素的 6.82%和 47.95%。累积降水增加使晚稻播种期、出苗期、三叶期、孕穗期、乳熟期提前，而移栽期、返青期、分蘖期、抽穗期和乳熟期推迟，其中累积降水增加导致晚稻物候期提前的最大相对贡献度是在出苗期，占所有气候要素的 79.49%；而累积降水导致晚稻物候期推迟的最大相对贡献度是在移栽期，占所有气候要素的 69.00%。累积日照时数增加使晚稻播种期、出苗期、三叶期、返青期、孕穗期提前，而移栽期、分蘖期、抽穗期、乳熟期和成熟期推迟，其中累积日照时数增加导致晚稻物候期提前的最大相对贡献度是在孕穗期，占所有气候要素的 63.48%；而导致晚稻物候期推迟的最大相对贡献度是在成熟期，占所有气候要素的 59.20%。

就中稻而言，平均气温升高使中稻所有物候期提前，其中温度升高导致中稻物候期提前的最大相对贡献度是在孕穗期，占所有气候要素的 64.88%。累积降水增加使中稻播种期、出苗期、分蘖期和成熟期提前，而三叶期、移栽期、返青期、孕穗期、抽穗期和乳熟期推迟，其中累积降水增加导致中稻物候期提前的最大相对贡献度是在分蘖期，占所有气候要素的 59.51%；而导致中稻物候期推迟的最大相对贡献度是在移栽期，占所有气候要素的 74.94%。累积日照时数增加使中稻播种期、出苗期、三叶期和成熟期推迟，而移栽期、返青期、分蘖期、孕穗期、抽穗期和乳熟期提前，其中累积降水增加导致中稻物候期推迟的最大相对贡献度是在三叶期，占所有气候要素的 42.05%；而导致中稻物候期提前的最大相对贡献度是在返青期，占所有气候要素的 54.43%。

2. 气候要素对水稻生长期变化的相对贡献度

1981～2010 年平均气温、累积降水和累积日照时数对早稻、晚稻和中稻各生长期长度变化的相对贡献度如图 4.22 所示。

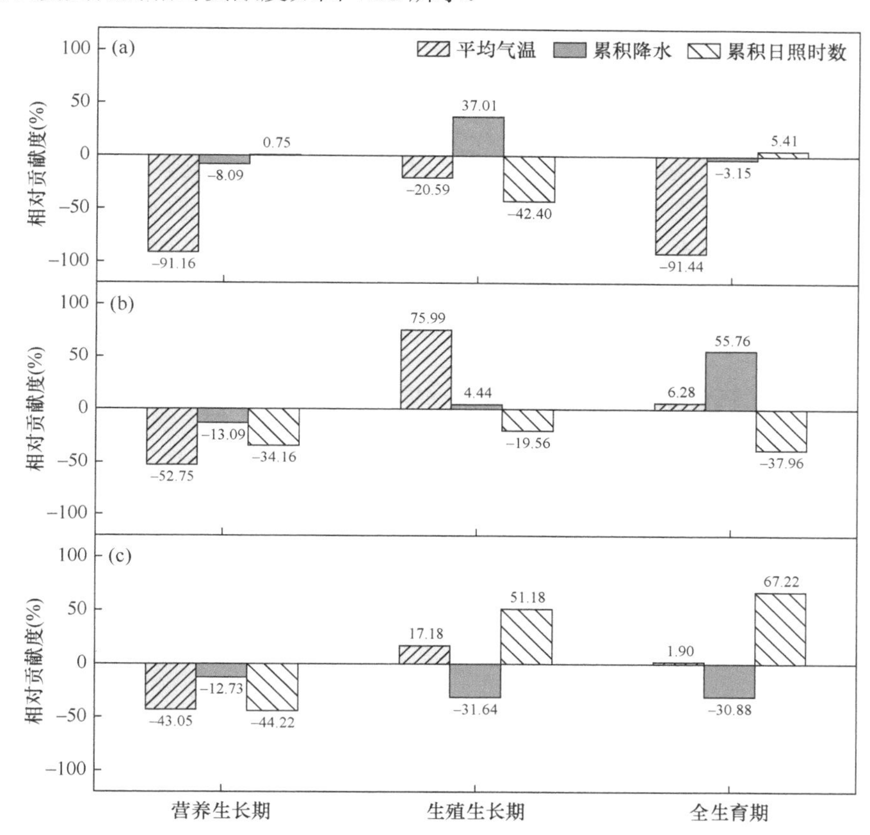

图 4.22　1981～2010 年不同气候要素对早稻（a）、晚稻（b）、中稻（c）生长期长度变化的相对贡献度

就早稻而言，平均气温的增加使早稻所有生长期缩短，其中温度升高导致早稻营养生长期和全生育期缩短的相对贡献度分别达到所有气候要素的 91.16% 和 91.44%。累积降水的增加使早稻营养生长期和全生育期轻微缩短，而使生殖生长期延长，其中导致早稻生殖生长期延长的累积降水平均贡献度占所有气候要素的 37.01%。相反，累积日照时数的增加使早稻营养生长期和全生育期轻微延长，而使生殖生长期缩短，其中导致早稻生殖生长期缩短的累积日照时数平均贡献度占所有气候要素的 42.40%。

就晚稻而言，平均气温的增加使晚稻营养生长期缩短（相对贡献度占所有气候要素的 52.75%），而生殖生长期和全生育期延长；温度升高导致晚稻生殖生长期和全生育期延长的相对贡献度分别达到所有气候要素的75.99%和6.28%。累积降水的增加使晚稻营养生长期缩短（相对贡献度占所有气候要素的13.09%），而生长生殖期和全生育期延长；累积降水增多导致晚稻生殖生长期和全生育期延长的相对贡献度分别达到所有气候要素的4.44%和55.76%。累积日照时数的增加使晚稻所有生长期缩短，其中累积日照时数增加导致晚稻生长期缩短的最大相对贡献度是在全生育期，占所有气候要素的37.96%。

就中稻而言，平均气温使中稻营养生长期缩短，平均贡献度占所有气候要素的43.05%，而使生殖生长期和全生育期延长，其中平均气温增加导致中稻生长期延长的最大相对贡献度在生殖生长期，占所有气候要素的17.18%。累积降水使中稻所有生长期缩短，其中累积降水增加导致中稻生长期延长的最大相对贡献度在生殖生长期，占所有气候要素的31.64%。累积日照时数使中稻营养生长期缩短，生殖生长期和全生育期延长，相对贡献度分别占所有气候要素的44.22%、51.18%和67.22%。

4.4.4 气候变化和管理措施对水稻物候变化的相对贡献度

1. 气候变化和管理措施对水稻物候期变化的相对贡献度

1981～2010年气候变化和管理措施对早稻、晚稻和中稻各物候期变化的相对贡献度如图4.23所示。

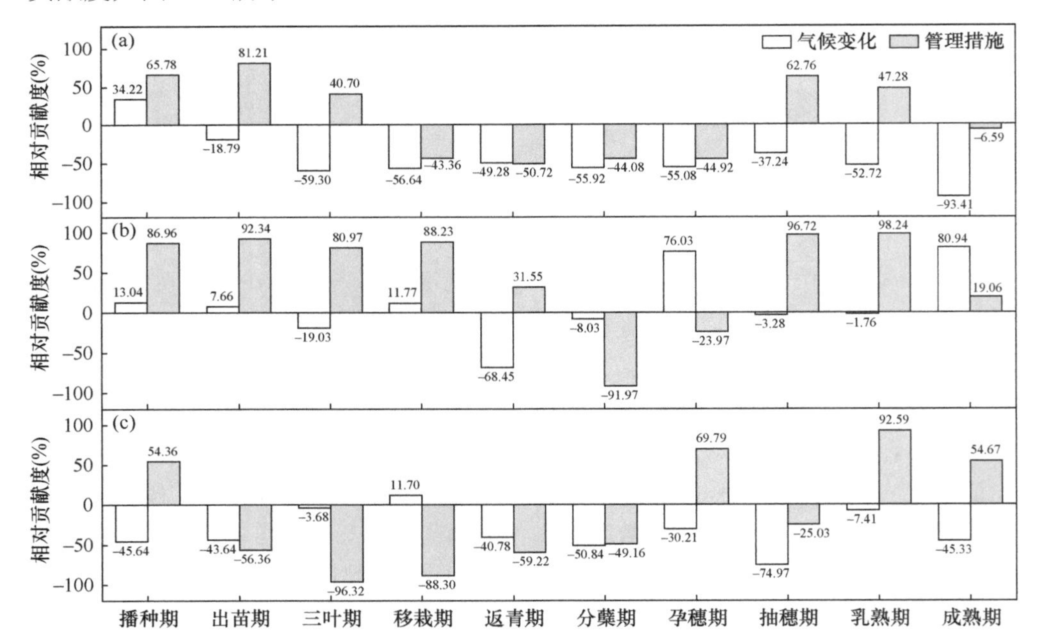

图4.23 1981～2010年气候变化和管理措施对早稻（a）、晚稻（b）、中稻（c）物候期变化的相对贡献度

就早稻而言，在 30 年观测期中，气候变化导致早稻除了播种期其余所有物候期提前，其中气候变化导致物候期提前的最大相对贡献度是在成熟期（93.41%），最小相对贡献度在出苗期（18.79%），播种期推迟的平均贡献度为 34.22%。而管理措施导致早稻播种期、出苗期、三叶期、抽穗期、乳熟期推迟，而移栽期、返青期、分蘖期、孕穗期和成熟期提前，其中管理措施导致早稻物候期推迟的最大贡献度是在出苗期，相对贡献度占 81.21%，而管理措施导致早稻物候期提前的最大贡献度是在返青期，相对贡献度占 50.72%。

就晚稻而言，气候变化导致播种期、出苗期、移栽期、孕穗期和成熟期推迟，而三叶期、返青期、分蘖期、抽穗期和乳熟期提前，其中气候变化导致晚稻物候期推迟的最大贡献度是在成熟期，相对贡献度占 80.94%，而气候变化导致晚稻物候期提前的最大贡献度是在返青期，相对贡献度占 68.45%。管理措施导致晚稻除分蘖期和孕穗期以外所有物候期推迟，其中管理措施导致晚稻分蘖期和孕穗期提前的相对贡献度分别占 91.97%和 23.97%，而管理措施导致晚稻推迟的物候期的相对贡献度分别为播种期 86.96%、出苗期 92.34%、三叶期 80.97%、移栽期 88.23%、返青期 31.55%、抽穗期 96.72%、乳熟期 98.24%和成熟期 19.06%。

就中稻而言，气候变化导致播种期、出苗期、三叶期、返青期、分蘖期、孕穗期、抽穗期、乳熟期和成熟期提前，而移栽期推迟（相对贡献度占 11.70%），其中气候变化导致晚稻物候期提前的最大贡献度是在抽穗期，相对贡献度占 74.97%。管理措施导致播种期、孕穗期、乳熟期和成熟期推迟，而出苗期、三叶期、移栽期、返青期、分蘖期、抽穗期提前，其中管理措施导致中稻物候期提前的最大贡献度是在三叶期，相对贡献度占 96.32%，而管理措施导致中稻物候期推迟的最大贡献度是在乳熟期，相对贡献度占 92.59%。

2. 气候变化和管理措施对水稻生长期变化的相对贡献度

1981～2010 年气候变化和管理措施对早稻、晚稻和中稻各生长期长度变化的相对贡献度如图 4.24 所示。

就早稻而言，在 30 年观测期中，气候变化导致早稻营养生长期缩短、生殖生长期延长和全生育期缩短的相对贡献度分别为 36.52%、54.95%和 85.29%；而管理措施导致早稻营养生长期延长，而生殖生长期和全生育期缩短，其中管理措施导致早稻营养生长期延长的相对贡献度达到 63.48%。

与早稻相似，气候变化导致晚稻营养生长期缩短、生殖生长期延长和全生育期缩短，平均贡献度分别为 47.20%、84.90%和 29.18%。管理措施导致晚稻营养生长期延长，而生殖生长期和全生育期缩短，其中管理措施导致早稻营养生长期延长的相对贡献度达到 52.80%，而管理措施导致晚稻全生育期缩短的相对贡献度达到 70.82%。

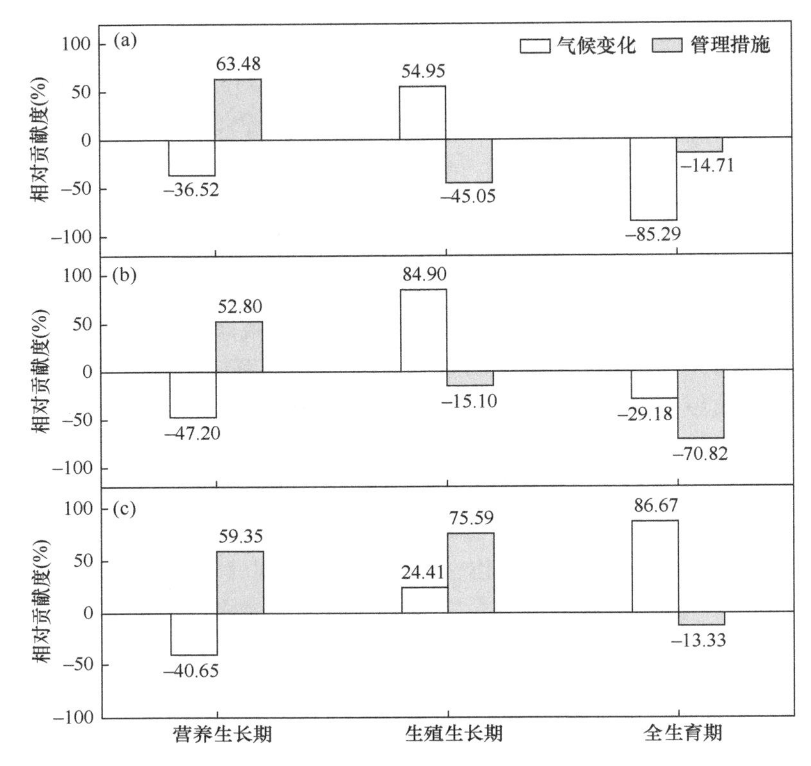

图 4.24　1981～2010 年气候变化和管理措施对早稻（a）、晚稻（b）、中稻（c）生长期长度变化的相对贡献度

就中稻而言，气候变化导致中稻营养生长期缩短，而生殖生长期和全生育期延长，其中气候变化导致中稻全生育期延长的相对贡献度达到 86.67%；管理措施使中稻营养生长期和生殖生长期延长，平均贡献度分别达到 59.35%和 75.59%，而全生育期缩短的程度则较小。

4.5　讨　　论

4.5.1　气候变化与水稻物候变化特征

本研究调查了 1981～2010 年中国 39 个站点 3 种水稻类型（早稻、晚稻和中稻）的物候时空趋势。不同地区不同物候趋势的变化主要反映在变化速率上。结果表明在中稻区、早稻区和晚稻区水稻的播种期有不同程度的推迟，然而早稻区和中稻区水稻的移栽期主要呈提前趋势。这与以往水稻物候相关研究的结果一致（Zhang et al.，2014）。播种期和移栽期主要受农民的决策影响（Estrella et al.，2007；

Rezaeiet al.，2017）。Zhang 等（2013）指出 1981～2006 年中国水稻播种期和移栽期主要受温度影响。然而也有研究观察到的中国中稻、早稻和晚稻移栽期很大程度上与气候不相关（Zhao et al.，2016）。乳熟期作为水稻生理成熟的主要标志期，比成熟期是更加可辨识的（Sharifi et al.，2018）。在本研究中，乳熟期在 3 个区域都呈现推迟趋势，其他物候期，如中稻和早稻的分蘖期则主要呈提前趋势。乳熟期属于开花期后对温度较敏感的阶段，且产量在乳熟期也更容易受到影响（Sánchez et al.，2014）。而作物的氮吸收通常在最大分蘖和穗分化期达到顶峰（Jing et al.，2007）。水稻在移栽一周后开始生长，生物量在分蘖期开始增长并且持续增长到孕穗期达到顶峰。这些详细的趋势可能为最终产量和作物营养品质的形成与变化提供参考。

1981～2010 年，早稻、晚稻、中稻区分别有 25.00%、46.67%和 45.45%的站点数据显示营养生长期长度缩短，这与 Zhang 和 Tao（2013）的研究结果一致。究其原因，可能与中国过去几十年中稻和晚稻采用了更短营养生长期的品种而早稻采用了更长营养生长期的品种有关（Zhang et al.，2014）。水稻产量会随着生殖生长期的变短而减少，由于灌浆阶段及高温下籽粒重的减少（Kim et al.，2011）。在中国采用更长生殖生长期的水稻品种可能是适应气候变化的有效措施。我们的趋势分析揭示了早稻、晚稻和中稻的生殖生长期分别有 43.75%、46.67%和 36.36%的站点分别呈缩短趋势（图 4.10～图 4.12）。变暖的气候造成全生育期缩短被认为是气候变化影响农业生产的关键因素（Craufurd and Wheeler，2009）。然而，Liu 等（2012）指出中国中稻全生育期延长是由于采用了长生育期品种。而且，Wang 等（2017）指出管理措施是造成早稻和中稻全生育期变化的主要因素。这表明基于历史观测到的物候变化主要受气候变化和农艺管理共同影响。

4.5.2　水稻物候对气候要素变化的敏感度

在全球气候变化背景下，气候对水稻物候学的影响仍然不容忽视。温度是一个重要的气候要素，在农业生产中起着至关重要的作用。以水稻为例，温度通过影响作物光合作用和呼吸损耗来影响作物生物量，从而影响作物产量（Peng et al.，2004）。温度还影响作物的生长和发育，主要包括出苗期、开花期和成熟期（Hou et al.，2014）。温度升高可以提高有效积温、缩短生长期，导致物候期提前或生长期缩短（Vitasse et al.，2011）。在本章中，1981～2010 年所有水稻种植区的温度都呈上升趋势（图 4.2，图 4.6）。敏感度分析表明，在大多数情况下，温度的升高会对营养生长期、生殖生长期和全生育期的长度产生负面影响（图 4.18），这与 Tao 等（2013）研究的结果一致。降水和日照时数对作物发育也有重要影响（Kristensen et al.，2011）。水稻生长季节降水的差异，特别是灌浆期前后降水的差异会对水稻生产造成损害（Ye et al.，2015）。日照时数变化影响水稻生育期光合速率和生物量积累（Bai et al.，2016）。在本研究中，中稻区累积日照时数呈下降趋势，而早稻区和晚稻区呈上升趋势。早稻区降水量呈下降趋势，而中稻区和晚稻区降水量呈上升趋势，然而所有呈上升趋势的站点并未通过显著性检验。敏感度分析表明，累积降水和日照时数对水稻生育期的影响不同于温度的影响（图 4.17，图 4.18）。总体而言，水稻生殖生长期和全生育期与其相应时段累积日照时数呈负相关。各水稻品种的生殖生长期均随相应生长期间降水的增加而延长。然而，较短的生殖生长期不利于水稻产量的提高（Kim et al.，2011）。位于中稻区西南部的大部分站点，水稻生长期间累积降水和累积日照时数减少，而温度和 GDD 增加，这表明在水稻生殖生长期增加灌溉可能是该地区在气候变化背景下提高生产力的有效对策。

4.5.3 气候变化及管理措施对水稻物候变化的贡献度比较

在气候变化和管理措施的共同作用下，中稻播种期和成熟期推迟，而出苗期、移栽期和抽穗期提前。对早稻而言，本研究结果表明，播种期、出苗期、抽穗期推迟，而移栽期、成熟期提前。相似的结果能在 Tao 等（2013）的研究中找到，即在中国长江流域和东北地区的中稻移栽期和抽穗期提前，成熟期推迟；而长江流域的早稻移栽期和成熟期提前。我们的结果显示中稻的营养生长期、生殖生长期和全生育期都呈延长趋势，这一发现与 Liu 等（2012）的研究结果一致。该研究调查了中国 1981～2009 年 4 个站点的中稻物候，发现抽穗期至成熟期、播种期至成熟期呈延长趋势。我们的结果同样表明，早稻的生殖生长期和晚稻的全生育期呈缩短的趋势，而营养生长期均呈延长趋势。值得注意的是，晚稻播种期、出苗期、移栽期、抽穗期和成熟期均表现出延迟的趋势。然而前人研究表明，晚稻移栽期、抽穗期和成熟期都呈提前趋势（Tao et al.，2013；Zhang et al.，2013；Zhao et al.，2016）。这一发现与前人研究的差异可能是因为研究所选的站点地理位置不同所致。

对所有水稻而言，管理措施的相对贡献度在水稻播种期、出苗期和移栽期超出了气候变化的贡献，早稻移栽期例外。以往大量研究指出，农作物的播种期、出苗期及移栽期的变化很大程度上受栽培管理的影响（Estrella et al.，2007；Menzel et al.，2006）。而 Zhao 等（2016）指出观测的中稻、早稻和晚稻移栽期变化与气候变化相关，而且能影响随后的抽穗期和成熟期。人为干预物候期可以有效提高作物生产力。例如，最近一项研究指出冬小麦播种期推迟能在不影响产量的前提下提高氮素利用效率（Yin et al.，2018）。Shimono 等（2010）发现更早的移栽期，结合引进晚熟品种，可能是提高日本北部水稻产量的有效措施。在 30 年观测期中，水稻播种期、出苗期和移栽期的变化似乎是农民在气候变化背景下追求更高产量调整的结果，并且随后的抽穗期和成熟期也能被前期物候期的变化所影响。本研究中，驱动中稻抽穗期提前的关键因素是气候变化，然而对于早稻和晚稻而言，管理措施是抽穗期推迟的主要因素。然而，相比其他物候期来说，水稻成熟期对气候变化的响应是更加复杂的。本研究的结果表明管理措施对延长中稻营养生长期和生殖生长期是更重要的，而气候变化对缩短全生育期是更重要的。值得注意的是，气候变化和管理措施对早稻和晚稻生长期变化相对贡献度的方向相同，但贡献度有所差异。

前人有研究报道人们采用了长生育期的早稻品种、短生育期的中稻和晚稻品种来适应气候变暖（Liu et al.，2012；Tao et al.，2013；Zhang et al.，2013）。然而在本研究中，管理措施主要通过缩短所有种类水稻的全生育期、早稻和晚稻的生殖生长期，延长所有种类水稻营养生长期来适应气候变化。尽管可能造成产量损失，但是缩短水稻生长期（尤其是生殖生长期）可以避免生长期内的热应力（Ali et al.，2019）和干旱（Zhang et al.，2018），这可能是其适应气候变化的有效措施。另外，作物产量主要受灌浆期内而不是整个生长期内的气候变化的影响（Kim et al.，2011）。营养生长期有更多时间获取光照和生物量积累似乎有助于提高产量（Shimono，2011）。例如，美国的农民在 1981～2005 年通过提前玉米和大豆的种植日期来延长营养生长期，进而达到更高的叶面积指数和更高的产量（Sacks and Kucharik，2011）。本研究中的水稻生长期改变可能是适应气候变化的有效适应对策。我们的研究结果与前人研究结果的差异可能是由于研究方法的不同。在本研究中，我们基于站点观测物候数据，有经验优势；然而，当连续多年采用一致的管理实践时，采用本方法量化是困难的，尽管这一点难以验证。而且，应当注意的是，作物机理模型能在特定环境下模拟物候，但是模拟结果存在不确定性，且取决于作物模型的结构和参数（Tao et al.，2018）。

4.5.4　平均气温、累积降水和累积日照时数对水稻物候变化的贡献度比较

平均气温、累积降水和累积日照时数对水稻物候期和生长期变化的相对贡献度如图 4.21 和图 4.22 所示。总体而言，平均气温是影响水稻物候期和生长期最大的气象因素，尤其对于早稻而言。这与以往研究利用田间试验（Kim et al.，2011；Shah et al.，2014）、站点观测（Oteros et al.，2015；Siebert and Ewert，2012）、遥感观测（Lobell et al.，2012；Ren et al.，2019b）和模型模拟（Ahmad et al.，2019；Tariq et al.，2018）研究作物物候得到的结果一致，这些研究都报道了温度上升是影响物候变化最大的气象影响因素。温度升高能加速生长循环，导致物候期提前，以及减少光截留和生物量积累的时间（Ahmad et al.，2019；Ishii et al.，2011）。

我们的结果同样证明了这一点：即温度升高提前了大部分物候期，缩短了生长期，尤其是中稻和早稻。值得注意的是，相比中稻和早稻，晚稻的全生育期更短（117d±14d），而生殖生长期更长（33d±10d），在此期间温度降低幅度更大（表4.3）。这可能意味着晚稻生殖生长期有可能有更多的冷害，而低温能延长晚稻生殖生长期。

除了平均气温，累积降水和累积日照时数的贡献也是不容忽视的。本研究分析显示累积降水对水稻播种期和移栽期变化的相对贡献度比平均气温和累积日照时数更大。这一结果与 Sawano 等（2008）的研究结果一致，即累积降水对水稻种植时间可能有限制作用，但是对水稻移栽时间是有强烈影响的。水分利用是决定移栽期的关键因素的可能解释是，过量的降水导致的早淹促使移栽期提前（Sawano et al.，2008）。水稻生长季内的降水差异，尤其是灌浆期内的降水能影响产量（Ye et al.，2015）。有些物候期和生长期主要受温度和累积日照时数的影响，却很少受累积降水的影响，如出苗期、抽穗期及营养生长期。日照时数能够影响水稻生长过程中的光合作用速率和生物量累积（Bai et al.，2016），而且温度和日照时数的共同作用能影响水稻的生长期和产量（Tao et al.，2013）。总体而言，理论上水稻物候可能受温度、降水量及日照时数等气候要素的影响，但对于不同物候期和生长期的影响不同。尽管有些气象要素同样对水稻生长发育有影响，但是为了避免共线性问题，这些因素在本研究构建的模型中没有考虑，如最高温和最低温等。但是我们依然强调平均气温对于水稻物候的影响是强于累积降水和累积日照时数的。

4.6 小　结

1）在 30 年观测期内，水稻生育期内平均气温和 GDD 上升明显，累积降水和累积日照时数变化不明显。所有站点水稻观测到的平均播种期（0.06d/a）、出苗期（0.00d/a）、孕穗期（0.01d/a）、抽穗期（0.01d/a）、乳熟期（0.19d/a）和成熟期（0.05d/a）推迟，而三叶期（–0.05d/a）、移栽期（–0.07d/a）、返青期（–0.11d/a）和分蘖期（–0.11d/a）提前；水稻营养生长期（0.09d/a）和生殖生长期（0.03d/a）延长，而全生育期（–0.01d/a）缩短。

2）敏感度分析结果表明，平均气温升高导致全国范围内水稻绝大部分物候期提前，水稻营养生长期和全生育期缩短，而生殖生长期延长；累积降水增加导致全国范围内水稻的播种期、出苗期、返青期、分蘖期和成熟期推迟，而三叶期、移栽期、孕穗期、抽穗期和乳熟期提前，营养生长期缩短，而生殖生长期和全生育期延长；累积日照时数增加导致全国范围内水稻播种期、出苗期、三叶期、返青期、分蘖期和成熟期推迟，而移栽期、孕穗期、抽穗期和乳熟期提前，营养生长期延长、生殖生长期和全生育期缩短。

3）比较气候变化和管理措施对水稻物候变化的影响发现，平均而言，在 30 年观测期中，气候变化使水稻播种期（–0.01d/a）、出苗期（–0.01d/a）、三叶期（–0.02d/a）、返青期（–0.04d/a）、分蘖期（–0.04d/a）、孕穗期（–0.02d/a）、抽穗期（–0.03d/a）、乳熟期（–0.04d/a）提前，而移栽期和成熟期轻微推迟。气候变化使营养生长期（–0.10d/a）和全生育期（–0.02d/a）缩短，而生殖生长期（0.04d/a）延长；而在 30 年观测期中管理措施使水稻播种期（0.08d/a）、出苗期（0.01d/a）、孕穗期（0.04d/a）、抽穗期（0.04d/a）、乳熟期（0.23d/a）和成熟期（0.05d/a）推迟，而三叶期（–0.03d/a）、移栽期（–0.06d/a）、返青期（–0.07d/a）和分蘖期（–0.08d/a）提前，水稻营养生长期（0.19d/a）和全生育期（0.00d/a）延长，而生殖生长期（–0.01d/a）缩短。

4）比较气候变化和管理措施对水稻物候变化的相对贡献度结果发现，气候变化对早稻三叶期、移栽期、分蘖期、孕穗期、乳熟期、成熟期、生殖生长期和全生育期变化的相对贡献大于管理措施；气候变化对晚稻返青期、孕穗期、成熟期和生殖生长期变化的相对贡献大于管理措施；气候变化对中稻分蘖期、抽穗期和全生育期变化的相对贡献大于管理措施，其余物候期和生长期则表现为管理措施的贡献大于气候变化。总体而言，管理措施对水稻大多数物候期和生长期变化的贡献大于气候变化。

5）比较不同气候要素对水稻物候期变化的相对贡献度结果发现，平均气温对早稻出苗期、三叶期、移栽期、返青期、分蘖期、乳熟期、成熟期、营养生长期和全生育期变化的相对贡献大于累积降水和累积日照时数；累积降水对早稻孕穗期和抽穗期变化的相对贡献大于平均气温和累积日照时数；累积日照时数对早稻播种期和生殖生长期变化的相对贡献大于平均气温和累积降水。平均气温对晚稻三叶期、分蘖期、乳熟期、营养生长期和生殖生长期变化的相对贡献大于累积降水和累积日照时数；累积降水对晚稻播种期、出苗期、移栽期、返青期、抽穗期、全生育期变化的相对贡献大于平均气温和累积日照时数；累积日照时数对晚稻孕穗期和成熟期变化的相对贡献大于平均气温和累积降水。平均气温对中稻三叶期、孕穗期和成熟期变化的相对贡献大于累积降水和累积日照时数；累积降水对中稻播种期、出苗期、移栽期和分蘖期变化的相对贡献大于平均气温和累积日照时数；累积日照时数对中稻返青期、抽穗期、乳熟期及 3 个生长期变化的相对贡献大于平均气温和累积降水。总体而言，平均气温对水稻大多数物候期和生长期变化的贡献大于累积降水和累积日照时数。

第 5 章　大豆物候变化及归因分析

5.1　大豆研究区概况

5.1.1　大豆种植情况

大豆是植物蛋白和植物油的主要来源，已成为重要的经济作物。由于世界人口增加，以及人们的饮食变化和对食用油的需求，未来对大豆的需求将继续增加（He et al.，2020）。大豆是中国的主要农作物之一，在我国农业生产和粮食安全中具有重要的地位。随着经济社会的发展，中国大豆的需求不断增长，但国内大豆产量却在下降，进口量激增，大豆生产状况急需改善（Zhang et al.，2016）。

本章参考修正后的大豆栽培区划（汪越胜和盖钧镒，2000），以站点大豆播种时间和栽培方式为主要参考指标对研究区大豆进行划分，主要分为 3 个大区（表 5.1）。

表 5.1　中国大豆种植区划及种植区基本情况

大豆种植区	种植亚区	N（°）	海拔（m）	地貌	气候带	种植制度	播季类型
北方春大豆区	东北亚区	40～50	0～500	平原，湿润低、中山	中温带	一年一熟	春豆
	华北高原亚区		1500～2000	剥蚀高原、平原，湿润中山			春豆
	西北亚区		200～1500	平原，干燥丘陵，低山			春豆
夏大豆区	海河流域亚区	32～40	0～1000	平原，湿润低山	暖温带	一年两熟	春夏豆搭配
	黄淮亚区		0～1500	平原，湿润丘陵，低、中山			夏豆为主，间有春豆
南方春大豆区	长江中下游春夏区	29～32	0～1500	平原，湿润丘陵，低、中山	亚热带	一年两熟或多熟	夏豆为主，间有春豆
	中南春夏秋豆区		200～1000	湿润低、中山，丘陵，平原			春、夏（秋）豆为主，间有秋（夏）豆
	西南高原春夏豆区		1500～3000	岩溶丘陵、中山，湿润高原			春豆为主，间有夏豆
	华南热带四季大豆区		0～500	湿润丘陵、低山，平原			四季播种大豆

Ⅰ区：北方春大豆区，熟制主要为一年一熟制春作大豆，主要区域包括东北三省，内蒙古、宁夏和河北、山西、陕西、甘肃、新疆 5 省区北部地区。

Ⅱ区：夏大豆区，熟制主要为一年两熟制春夏作大豆，主要区域包括长城以南，秦岭-淮河线以北，东起黄海，西至六盘山的广大地区；按省份有北京、天津、河北、山西、陕西的长城以南，山东、河南全省，安徽淮北、江苏淮北及甘肃南部等地。

Ⅲ区：南方春大豆区，熟制主要为多熟制春夏秋作大豆，主要区域包括秦岭-淮河线以南、青藏高原以东等。

本章一共收集到 1992～2011 年 51 个农业气象站 6 个大豆物候期的长时间序列观测数据，其中，北方春大豆区站点 33 个，夏大豆区站点 14 个，南方春大豆区 4 个（图 5.1）。本文站点的选择具有代表性，对应大豆种植类型为北方春大豆、夏大豆和南方春大豆，各个农业气象站点所在分区及基本情况见表 5.1 和表 5.2。33 个站点种植北方春大豆，分布于黑龙江、吉林、辽宁、内蒙古、河北和陕西 6 省区，一般于 4 月底或 5 月初播种，9 月成熟。14 个站点种植夏大豆，分布于河北、陕西、河南、安徽、江苏和江西 6 省，一般于 5 月底 6 月初播种，9 或 10 月成熟。4 个站点种植南方春大豆，分布于江西，播种时间集中于 3～4 月，6～7 月成熟。

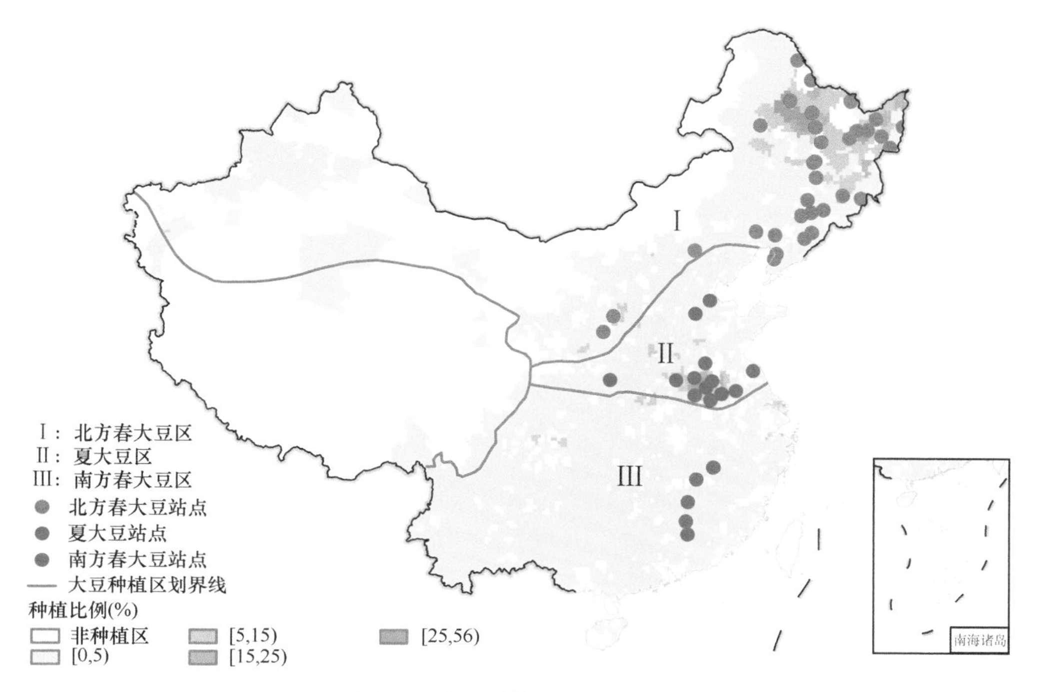

图 5.1　大豆种植区及站点分布

表 5.2 大豆种植区农业气象站点基本情况

大豆类型	站点	省份	E（°）	N（°）	播种期	种植区
春大豆	呼玛	黑龙江	126.39	51.43	5 月	北方春大豆区
	黑河	黑龙江	127.27	50.15	5 月	北方春大豆区
	嫩江	黑龙江	125.23	49.17	5 月	北方春大豆区
	海伦	黑龙江	126.97	47.43	5 月	北方春大豆区
	扎兰屯	内蒙古	122.44	48	5 月	北方春大豆区
	德都	黑龙江	126.9	48.28	5 月	北方春大豆区
	嘉荫	黑龙江	130.24	48.53	5 月	北方春大豆区
	富锦	黑龙江	131.98	47.23	5 月	北方春大豆区
	巴彦	黑龙江	127.21	46.5	5 月	北方春大豆区
	汤原	黑龙江	129.53	46.44	5 月	北方春大豆区
	佳木斯	黑龙江	130.28	46.82	5 月	北方春大豆区
	集贤	黑龙江	131.13	46.72	5 月	北方春大豆区
	宝清	黑龙江	132.11	46.19	5 月	北方春大豆区
	饶河	黑龙江	134	46.48	5 月	北方春大豆区
	哈尔滨	黑龙江	126.46	45.45	5 月	北方春大豆区
	双城	黑龙江	126.3	45.38	5 月	北方春大豆区
	虎林	黑龙江	132.58	45.46	5 月	北方春大豆区
	榆树	吉林	126.32	44.5	5 月	北方春大豆区
	双阳	吉林	125.39	43.3	5 月	北方春大豆区
	敦化	吉林	128.12	43.22	5 月	北方春大豆区
	昌图	辽宁	124.7	42.47	4 月	北方春大豆区
	辽源	吉林	125.5	42.55	5 月	北方春大豆区
	桦甸	吉林	126.45	42.59	5 月	北方春大豆区
	延吉	吉林	129.47	42.88	5 月	北方春大豆区
	丰宁	河北	116.38	41.13	5 月	北方春大豆区
	新民	辽宁	122.5	41.59	5 月	北方春大豆区
	锦州	辽宁	121.1	41.9	5 月	北方春大豆区
	本溪	辽宁	124.7	41.18	5 月	北方春大豆区
	新宾	辽宁	125.3	41.44	5 月	北方春大豆区
	海城	辽宁	122.43	40.53	5 月	北方春大豆区
	延安	陕西	109.5	36.6	6 月	北方春大豆区
	绥德	陕西	110.22	37.5	5 月	北方春大豆区
	盖县	辽宁	122.21	40.25	5 月	北方春大豆区
夏大豆	滨海	江苏	119.82	34.03	5 月	夏大豆区
	亳州	安徽	115.77	33.87	6 月	夏大豆区
	蒙城	安徽	116.53	33.28	6 月	夏大豆区

续表

大豆类型	站点	省份	E（°）	N（°）	播种期	种植区
夏大豆	宿县	安徽	116.98	33.63	6 月	夏大豆区
	盱眙	江苏	118.52	32.98	6 月	夏大豆区
	阜阳	安徽	115.73	32.87	6 月	夏大豆区
	寿县	安徽	116.78	32.55	6 月	夏大豆区
	凤阳	安徽	117.55	32.87	6 月	夏大豆区
	商州	陕西	109.97	33.87	6 月	夏大豆区
	黄骅	河北	117.21	38.22	5 月	夏大豆区
	阜城	河北	116.1	37.52	5 月	夏大豆区
	西华	河南	114.52	33.78	6 月	夏大豆区
	丰县	江苏	116.58	34.68	6 月	夏大豆区
	泰和	江西	114.92	26.8	4 月	夏大豆区
春大豆	余干	江西	116.68	28.7	4 月	南方春大豆区
	龙南	江西	114.82	24.92	3 月	南方春大豆区
	樟树	江西	115.55	28.07	4 月	南方春大豆区
	南康	江西	114.75	25.67	3 月	南方春大豆区

气候要素数据包括 1992～2011 年各个农业气象站的最高、平均和最低气温，日照时数和降水量数据。大豆种植区 1992～2011 年不同物候期和生长期内平均气温、累积降水、累积日照时数平均值和标准差如表 5.3 所示。

表 5.3　大豆物候数据及物候期/生长期内气候要素平均值

种植区（站点数）	物候期/生长期	物候期/生长期（d）	平均气温（℃）	累积降水（mm）	累积日照时数（h）
北方春大豆区（33）	播种期	130±3	13.79±0.97	47.89±18.60	245.47±16.29
	出苗期	146±3	15.86±0.79	55.42±14.42	249.70±13.69
	三真叶期	159±3	18.92±1.03	74.93±24.12	247.07±26.76
	开花期	194±5	22.56±0.78	133.56±29.84	220.79±25.11
	结荚期	213±7	22.47±0.78	137.91±32.75	219.17±24.79
	成熟期	268±2	14.84±0.79	48.62±18.94	225.16±16.71
	营养生长期	64±4	19.61±0.60	257.48±44.38	659.57±46.68
	生殖生长期	74±5	19.57±0.54	315.34±62.55	687.38±43.92
	全生育期	138±3	19.48±0.56	422.42±67.00	1045.57±56.54
夏大豆区（14）	播种期	167±3	25.33±0.80	124.78±56.87	191.97±22.81
	出苗期	174±4	25.56±0.78	116.04±56.55	199.20±21.82
	三真叶期	182±3	26.17±0.60	141.65±48.02	194.59±19.02
	开花期	212±4	27.17±0.73	205.73±64.16	186.15±32.32
	结荚期	226±5	26.11±0.71	139.50±42.12	176.42±30.44
	成熟期	270±4	20.98±0.70	61.95±29.87	167.19±28.40
	营养生长期	45±2	26.50±0.54	355.91±97.80	425.75±45.87

续表

种植区（站点数）	物候期/生长期	物候期/生长期（d）	平均气温（℃）	累积降水（mm）	累积日照时数（h）
夏大豆区（14）	生殖生长期	58±3	24.54±0.47	387.17±97.46	510.29±75.08
	全生育期	103±4	25.80±0.49	495.18±112.54	618.93±71.32
南方春大豆区（4）	播种期	88±10	16.29±0.96	194.89±54.30	99.44±16.40
	出苗期	96±8	17.84±1.07	194.94±49.54	107.59±20.30
	三真叶期	113±7	20.47±1.11	196.82±54.73	119.41±20.88
	开花期	139±6	22.67±0.76	222.85±58.87	131.30±23.46
	结荚期	145±7	25.04±0.70	276.56±93.25	132.96±24.75
	成熟期	184±6	28.23±0.73	198.73±66.28	186.15±28.83
	营养生长期	49±4	20.27±0.80	417.79±89.66	238.89±33.62
	生殖生长期	46±3	25.43±0.56	640.91±136.08	415.50±55.83
	全生育期	95±5	22.93±0.67	743.72±143.35	408.19±49.96

5.1.2 大豆物候期定义与观测标准

本章选择的大豆物候期包括播种期、出苗期、三真叶期、开花期、结荚期和成熟期，大豆各物候期的定义和观测标准如下。

播种期：开始播种的日期。

出苗期：子叶在土壤表面展开。

三真叶期：两片真叶（单叶）出现后，又出现了由三片小叶组成的复叶，并开始展开。

开花期：花序上展开了第一朵花的上花瓣（旗瓣）。

结荚期：落花后开始形成幼荚，长约 2.0cm。

成熟期：植株变黄，下部叶开始枯落，荚果变干，籽粒变硬，呈现出该品种固有的颜色。

本章大豆所有物候期分为 3 个关键的生长期，分别为营养生长期（播种期至开花期）、生殖生长期（开花期至成熟期）、全生中育期（播种期至成熟期）。

5.2 大豆生长期内气候要素变化

5.2.1 气候要素时间变化特征

1992～2011 年，大豆全生育期内平均气温、累积降水、累积日照时数和 GDD

的时间变化趋势如图 5.2 所示。研究时段内，大豆全生育期内的平均气温（图 5.2a）在 20.60～22.35℃之间，种植区内平均气温多年平均值为 21.49℃，整体呈现波动上升趋势，趋势为 0.03℃/a，其中平均气温在 1994 年、2000 年和 2010 年出现明显的上升。与大豆全生育期内平均气温时间变化趋势相似，1992～2011 年全国大豆全生育期内 GDD（图 5.2d）在 1285.55～1508.71℃·d 范围内，在 1992 年具有最低值，其多年平均值为 1396.28℃·d，呈明显的上升趋势，上升趋势达 3.87（℃·d）/a，仅在少数几年有所下降。研究时段内，大豆全生育期内累积降水（图 5.2b）在 376.11～559.61mm 之间，多年平均值为 467.65mm。大豆生长期内累积降水有所下降，趋势值为–0.21mm/a，其中 1994 年、2003 年和 2010 年降水量增加，而 1999 年、2001 年和 2004 年累积降水明显下降。此外，1992～2011 年大豆生长期内累积日照时数（图 5.2c）在 790.92～970.40h 范围内，其多年平均值为 878.461h，生长期内累积日照时数以–0.79h/a 的趋势波动下降，其中 2004 年上升幅度明显。

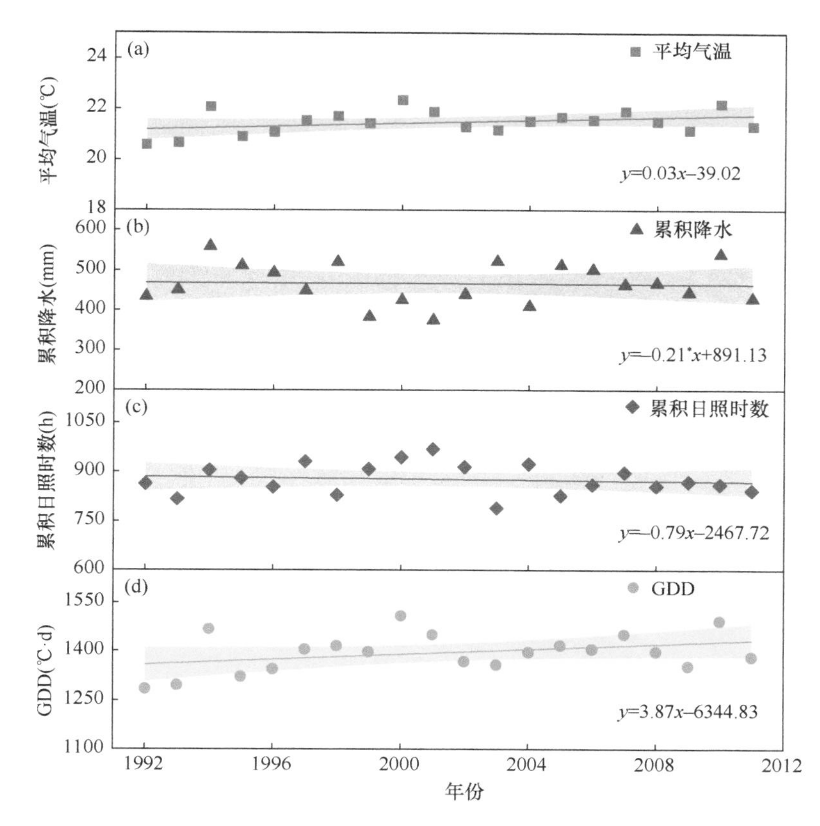

图 5.2　1992～2011 年大豆全生育期内平均气温（a）、累积降水（b）、累积日照时数（c）和 GDD（d）年际变化趋势

1992～2011 年大豆物候期和生长期内气候要素平均变化趋势如表 5.4 所示。大豆生长期内增温趋势明显，平均而言，北方春大豆除开花期和结荚期外，各物候期和生长期内平均气温均呈上升趋势，在 0.03～0.07℃/a。南方春大豆各个物候期和生长期内平均气温均呈上升趋势，趋势值在 0.02～0.08℃/a。夏大豆全生育期内平均气温上升，而开花期、结荚期和生殖生长期内平均气温呈下降趋势。北方春大豆各物候期和生长期内累积降水趋势在–2.99～0.88mm/a，其中播种期、出苗期累积降水增加，其余物候期累积降水均减少，以成熟期累积降水降幅最大（–1.73mm/a），营养生长期累积降水增加，而生殖生长期和全生育期累积降水减少。夏大豆生长期内累积降水变化趋势为–1.01～4.21mm/a，开花期至成熟期累积降水增加，但播种期至三真叶期累积降水减少，且以开花期增幅最大（4.21mm/a）、播种期降幅最大（–1.01mm/a）。南方春大豆各物候期和生长期的累积降水均减少，变化趋势值为–12.25～–2.19mm/a。北方春大豆各物候期和生长期内累积日照时数变化趋势存在较大差异，在–0.56～2.48h/a，其中成熟期和三真叶期累积日照时数增加，其余物候期均减少，营养生长期累积日照时数下降而生殖生长期和全生育期增加；夏大豆各物候期和生长期内累积日照时数均明显减少，变化趋势在–8.90～–0.93h/a，而南方春大豆除结荚期外，其余物候期和生长期内累积日照时数均增加，变化趋势为 0.35～2.63h/a。

表 5.4　1992～2011 年大豆物候期和生长期内气候要素平均变化趋势

种植区（站点数）	物候期/生长期	T_{tem}（℃/a）	T_{pre}（mm/a）	T_{sun}（h/a）
北方春大豆区（33）	播种期	0.03±0.04	0.88±0.74	–0.56±1.32
	出苗期	0.05±0.03	0.68±1.03	–0.19±1.90
	三真叶期	0.07±0.03	–0.01±1.10	0.67±1.92
	开花期	–0.01±0.03	–0.17±2.04	–0.25±1.87
	结荚期	–0.01±0.03	–0.08±2.35	–0.13±2.06
	成熟期	0.05±0.03	–1.73±1.28	1.13±1.72
	营养生长期	0.04±0.02	0.29±2.32	–0.16±4.30
	生殖生长期	0.03±0.02	–2.99±3.01	2.48±5.18
	全生育期	0.04±0.03	–2.10±2.97	1.85±7.34
夏大豆区（14）	播种期	0.03±0.03	–1.01±1.93	–1.18±0.91
	出苗期	0.04±0.04	–0.99±1.87	–0.93±1.17
	三真叶期	0.02±0.05	–0.29±3.77	–1.59±1.93
	开花期	–0.02±0.04	4.21±4.81	–3.55±2.02
	结荚期	–0.002±0.04	1.99±2.88	–2.35±0.92
	成熟期	0.01±0.05	1.64±2.06	–2.97±0.82
	营养生长期	0.004±0.04	4.17±5.14	–5.21±3.33
	生殖生长期	–0.01±0.04	7.87±6.42.	–8.90±4.22
	全生育期	0.001±0.04	7.68±7.22	–8.01±4.22

续表

种植区（站点数）	物候期/生长期	T_{tem}（℃/a）	T_{pre}（mm/a）	T_{sun}（h/a）
南方春大豆区（4）	播种期	0.07±0.03	−5.20±3.13	1.89±0.81
	出苗期	0.04±0.05	−3.36±3.28	1.63±1.19
	三真叶期	0.02±0.04	−2.19±1.93	1.07±1.20
	开花期	0.03±0.03	−4.00±0.54	0.87±0.98
	结荚期	0.03±0.02	−3.18±5.44	−0.37±0.99
	成熟期	0.08±0.06	−2.66±3.22	0.35±2.24
	营养生长期	0.04±0.03	−7.36±3.16	2.50±2.03
	生殖生长期	0.05±0.04	−8.95±9.11	0.87±3.30
	全生育期	0.05±0.03	−12.25±7.53	2.63±3.74

注：T_{tem}、T_{pre}、T_{sun}分别表示响应阶段的平均气温、累积降水、累积日照时数的变化趋势

5.2.2　气候要素空间变化特征与区域分异

大豆全生育期内的气候要素变化受生长期长度和地理环境的综合影响，不同种植区间有显著差异。夏大豆区的大豆全生育期内平均气温高于北方春大豆区和南方春大豆区。北方春大豆区大豆全生育期内平均气温随纬度北移而下降。北方春大豆区、夏大豆区和南方春大豆区的大豆全生育期内平均气温分别为 19.5℃、25.8℃和 23.4℃。大豆全生育期内累积降水由东南向西北内陆递减，北方春大豆区大豆全生育期内累积降水最低，区域平均累积降水仅为 421.7mm，南方春大豆区大豆全生育期内累积降水最多，区域平均降水量为 722.5mm。但北方春大豆区大豆全生育期内累积日照时数在 3 个大豆区中最高，为 1046.3h，南方春大豆区大豆全生育期内累积日照时数最低，仅为 451.7h。

1992～2011 年中国大豆种植区的全生育期内平均气温、GDD、累积降水和累积日照时数空间变化如图 5.3 所示。图 5.3a 表明，全国大豆种植区的全生育期内平均气温总体呈上升趋势，变化趋势在−0.08～0.08℃/a。所有站点平均上升趋势为 0.03℃/a，其中 86.3%的站点观测到大豆全生育期内平均气温升高，种植区的北部和南部呈明显的上升趋势，而中部以下降趋势为主。就区域而言，北方春大豆和南方春大豆种植区的平均气温变化趋势大于夏大豆种植区（图 5.4）。北方春大豆区的平均气温变化趋势−0.02～0.08℃/a，种植区内有 32 个站点全生育期内的平均气温呈上升趋势，其中 13 个站点上升趋势显著（$P<0.05$），且随纬度的增加，北方春大豆区站点全生育期内平均气温的上升幅度变大。夏大豆区的平均气温变化趋势为−0.08～0.08℃/a，种植区内有 8 个站点全生育期内平均气温呈上升趋势。南方春大豆区的所有站点全生育期内平均气温呈上升趋势，变化趋势在 0.01～0.07℃/a，且其中 3 个站点呈显著上升趋势（$P<0.05$）。大豆各分区站点在各生长期的气候要素变化趋势范围见附表 1～附表 4。

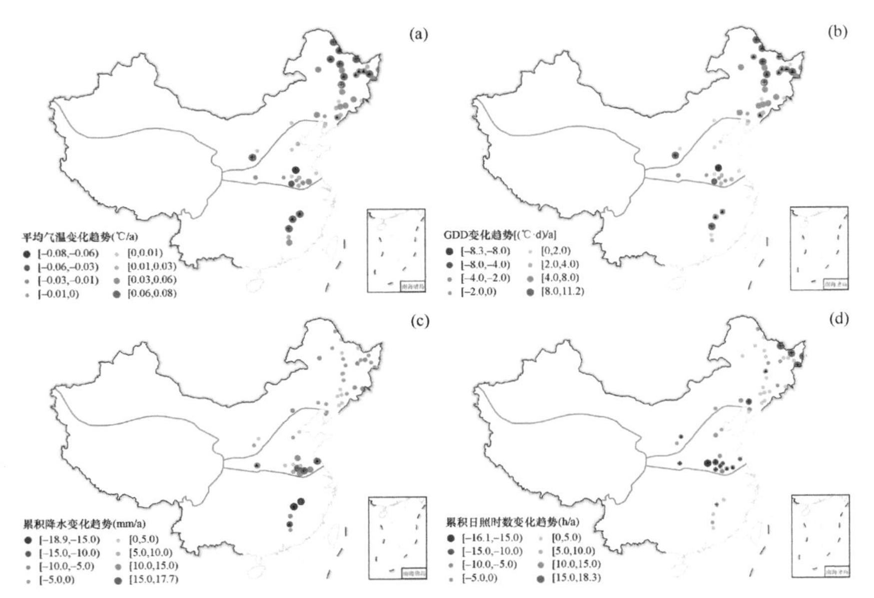

图 5.3　1992～2011 年大豆全生育期内平均气温（a）、GDD（b）、累积降水（c）和累积日照时数（d）空间变化趋势

▲表示通过 0.05 显著性水平检验；+表示通过 0.01 显著性水平检验

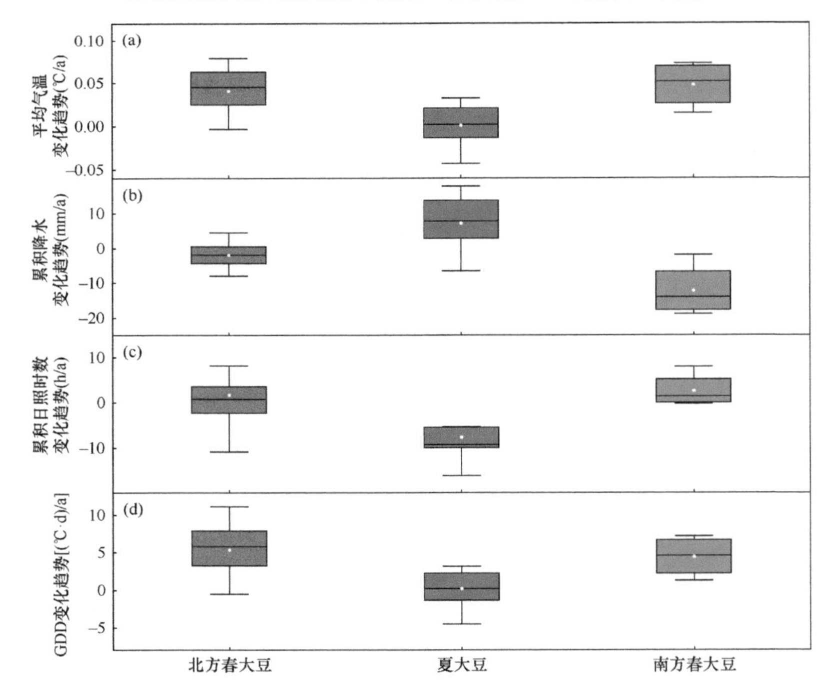

图 5.4　1992～2011 年各种植区大豆全生育期内平均气温（a）、累积降水（b）、累积日照时数（c）和 GDD（d）的变化趋势

全国所有站点大豆全生育期内 GDD 的空间变化分布如图 5.3b 所示。与平均气温变化一致，大豆全生育期内 GDD 总体呈上升趋势。所有站点变化趋势在–8.30～11.20（℃·d）/a，平均上升趋势为 3.87（℃·d）/a，其中 31.40%的站点 GDD 显著上升（$P<0.05$）。北方春大豆和南方春大豆种植区生育期内 GDD 总体均呈上升趋势，夏大豆种植区部分站点生育期内 GDD 则下降明显。不同种植区的 GDD 变化趋势存在较大的区域差异。如图 5.3b 所示，北方春大豆区的 GDD 变化趋势在–2.64～11.20（℃·d）/a，种植区有 32 个站点全生育期内的 GDD 呈上升趋势，其中 13 个站点上升趋势显著（$P<0.05$）。夏大豆区的 GDD 变化趋势为–8.30～9.57（℃·d）/a，种植区内有 6 个站点全生育期内 GDD 呈下降趋势，其中有 2 个站点显著下降（$P<0.05$）。南方春大豆区的所有站点全生育期内 GDD 均呈上升趋势，趋势值在 1.28～7.17（℃·d）/a，且其中 2 个呈显著上升趋势（$P<0.05$）。

大豆全生育期内累积降水整体呈微弱的下降趋势（图 5.3c），所有站点的变化趋势在–18.90～17.70mm，其中 58.82%的站点呈下降趋势，南部和北部种植区的累积降水下降明显，而中部站点以上升为主。就区域分布而言，北方春大豆区所有站点全生育期内累积降水总体呈下降趋势（图 5.4b），趋势值分布在–7.96～10.01mm/a，有 24 个站点全生育期内累积降水呈下降趋势。夏大豆站点全生育期内累积降水明显增加，趋势值为–6.50～17.70mm/a，其中有 3 个站点累积降水呈显著增加趋势（$P<0.05$）。南方春大豆区所有站点全生育期累积降水均呈下降趋势，变化趋势分布在–18.90～–1.94mm/a，其中余干下降趋势最显著，趋势值为–18.90mm/a（$P<0.05$）。

图 5.3d 表明，所有大豆全生育期内累积日照时数以下降为主，变化趋势为–16.10～18.30h/a，其中超过 50%的站点全生育期内累积日照时数呈现增加趋势，总体上由南向北变化趋势有所增大。区域上，北方春大豆全生育期内累积日照时数整体呈下降趋势，所有站点累积日照时数趋势在–10.85～18.30h/a，种植区内由北向南累积日照时数逐渐减少，而南方春大豆区大豆全生育期内累积日照时数增加，变化趋势为–0.26～7.96h/a，仅南康呈不明显的下降趋势。夏大豆站点全生育期内累积日照时数明显减少，变化趋势为–16.10～2.08h/a，其中 9 个站点下降趋势显著（$P<0.05$）。

5.3 大豆物候变化特征

5.3.1 大豆物候期变化特征

1. 大豆物候期时间变化特征

1992～2011 年大豆播种期、出苗期、三真叶期、开花期、结荚期和成熟期时间变化趋势如图 5.5 所示。

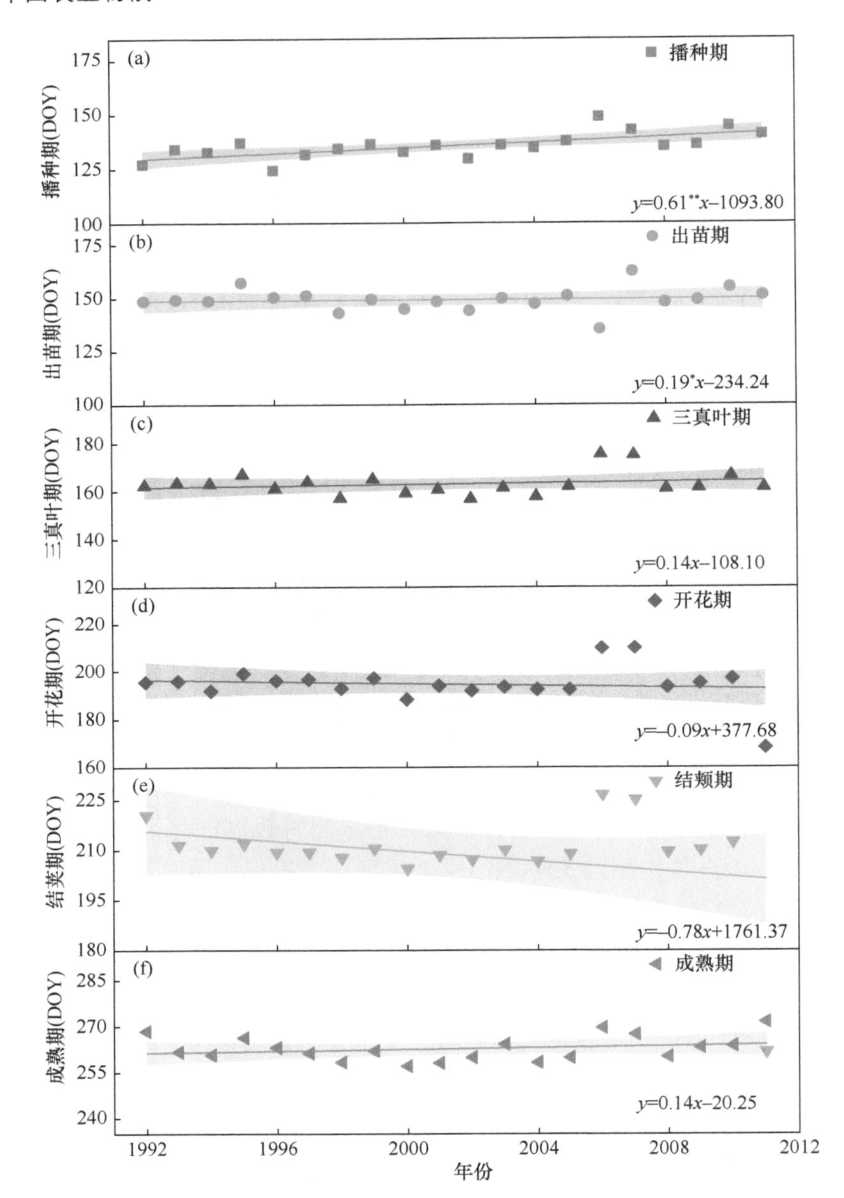

图 5.5 1992～2011 年大豆播种期（a）、出苗期（b）、三真叶期（c）、开花期（d）、结荚期（e）、成熟期（f）的时间（DOY）变化趋势

研究时段内，大豆播种期至三真叶期及成熟期均呈现延迟趋势，而开花期和结荚期却呈现提前的趋势。播种期 DOY 为 124.3～148.8d（图 5.5a），多年平均 DOY 为 135.5d，1992～1995 年播种期 DOY 持续推迟，在 1996 年出现提前，随后呈波动变化，并在 2006 年达到最大值，平均推迟趋势为 0.61d/a。出苗期 DOY

为 143.0～162.2d，变化趋势与播种期一致，趋势值为 0.19d/a，在 1995 年出现推迟的峰值，随后逐渐延迟，区域平稳后在 2006 年出现第 2 个峰值，推迟天数达到最大。大豆三真叶期年际波动较大，呈现明显的推迟趋势，趋势值达到 0.14d/a，三真叶期 DOY 为 156.51～175.2d，多年平均 DOY 为 162.9d。开花期和结荚期总体均呈现提前趋势，在 1992～2005 年呈现微弱但平缓的推迟趋势，而 2006～2011 年呈现明显的先上升后下降趋势，其中开花期 DOY 为 176.3～209.6d，多年平均 DOY 为 194.7d，变化趋势为–0.09d/a；结荚期 DOY 为 149.5～226.6d，多年平均 DOY 为 208.5d，提前趋势较开花期更明显，趋势值达到–0.78d/a。大豆成熟期总体呈现微弱的推迟趋势，趋势值为 0.14d/a。在 1992～2006 年波动提前，2008～2011 年逐渐推迟，DOY 为 257.1～271.5d，多年平均 DOY 为 262.8d。

2. 大豆物候期空间变化特征与区域分异

1992～2011 年，不同站点和种植区大豆的物候期变化具有明显的空间差异，空间趋势如图 5.6 所示。

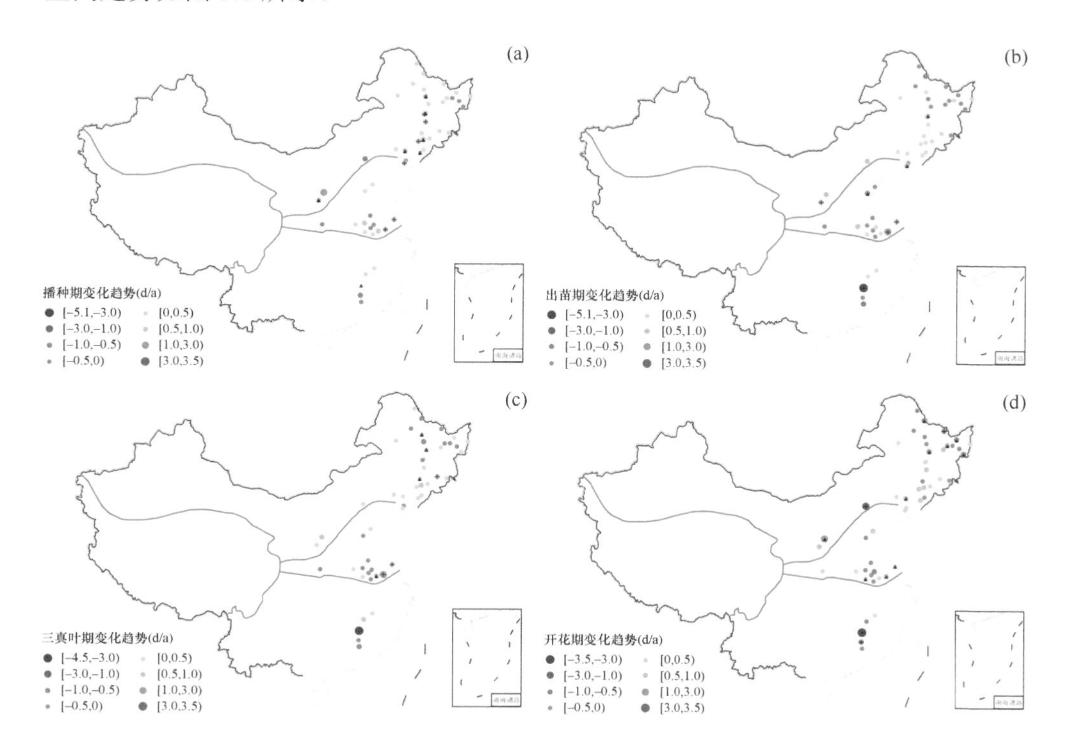

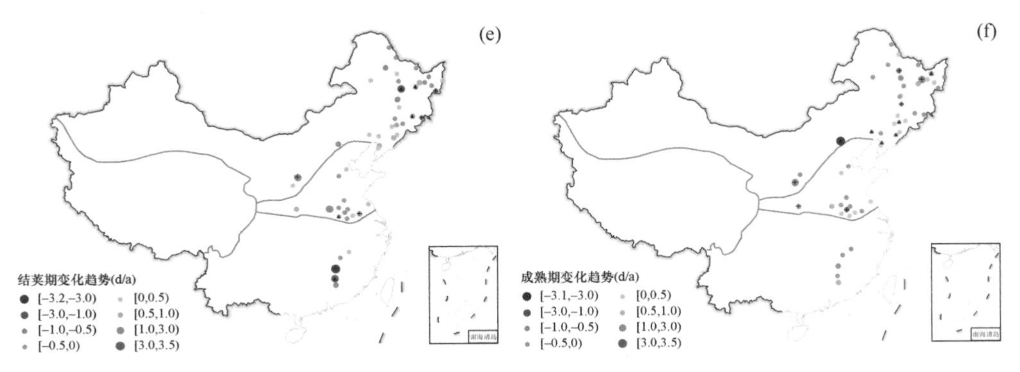

图 5.6　1992～2011 年大豆播种期（a）、出苗期（b）、三真叶期（c）、开花期（d）、结荚期（e）、成熟期（f）空间变化趋势

▲表示通过 0.05 显著性水平检验；+表示通过 0.01 显著性水平检验

图 5.6a 表明，1992～2011 年全国大豆播种期总体呈推迟趋势，所有种植区有 39/51 的站点播种期推迟，其中 13/51 的站点呈显著推迟趋势（$P<0.05$）。北方春大豆区的大豆播种期变化趋势值高于夏大豆区和南方春大豆区。就区域而言，在北方春大豆区，27 个站点（81.82%）的大豆播种期推迟，其中 10 个站点推迟趋势显著（$P<0.05$），所有站点播种期变化趋势在–0.51～0.83d/a，所有站点平均趋势值为 0.28d/a（图 5.7a）。夏大豆区大豆播种期有 10 个站点（71.4%）呈推迟趋势，其中东部黄淮海地区有 2 个站点推迟趋势极其显著（$P<0.01$），所有站点播种期变化趋势在–0.47～1.11d/a，而站点平均呈现 0.26d/a 的推迟趋势。南方春大豆区播种期变化具有南北差异，南部站点播种期提前而北部站点播种期推迟，但变化趋势都不显著，所有站点播种期变化趋势在–5.90～0.46d/a。

1992～2011 年全国所有站点大豆出苗期变化趋势如图 5.6b 所示，超过 50%（28/51）的站点大豆出苗期呈推迟趋势，其中北方春大豆整体呈现推迟趋势，而夏大豆和南方春大豆以提前为主，南方春大豆提前趋势较夏大豆更为明显（图 5.7b）。北方春大豆区有 20 个站点大豆出苗期呈推迟趋势，主要分布在种植区的东部和南部，其中有 3 个站点的出苗期显著推迟（$P<0.05$）。所有站点出苗期变化趋势在–0.72～0.64d/a，站点平均变化趋势为 0.07d/a。夏大豆区有 6/14 的站点呈推迟趋势，其中 2 个站点显著推迟（$P<0.05$）。所有站点出苗期变化趋势在–5.10～1.04d/a，站点平均变化趋势为–0.12d/a。与播种期变化趋势的分布相同，南方春大豆区南部的 2 个站点呈提前趋势，而北部的 2 个站点呈推迟趋势，所有站点出苗期变化趋势在–0.99～0.23d/a，站点平均变化趋势为–0.23d/a。

大豆三真叶期变化趋势空间分布与出苗期相似，全国有 32/51 的站点的大豆三真叶期呈推迟趋势（图 5.6c），其中北方春大豆三真叶期整体呈现推迟趋势，而夏大豆和南方春大豆均以推迟为主，且夏大豆提前趋势大于南方春大豆（图 5.7c）。

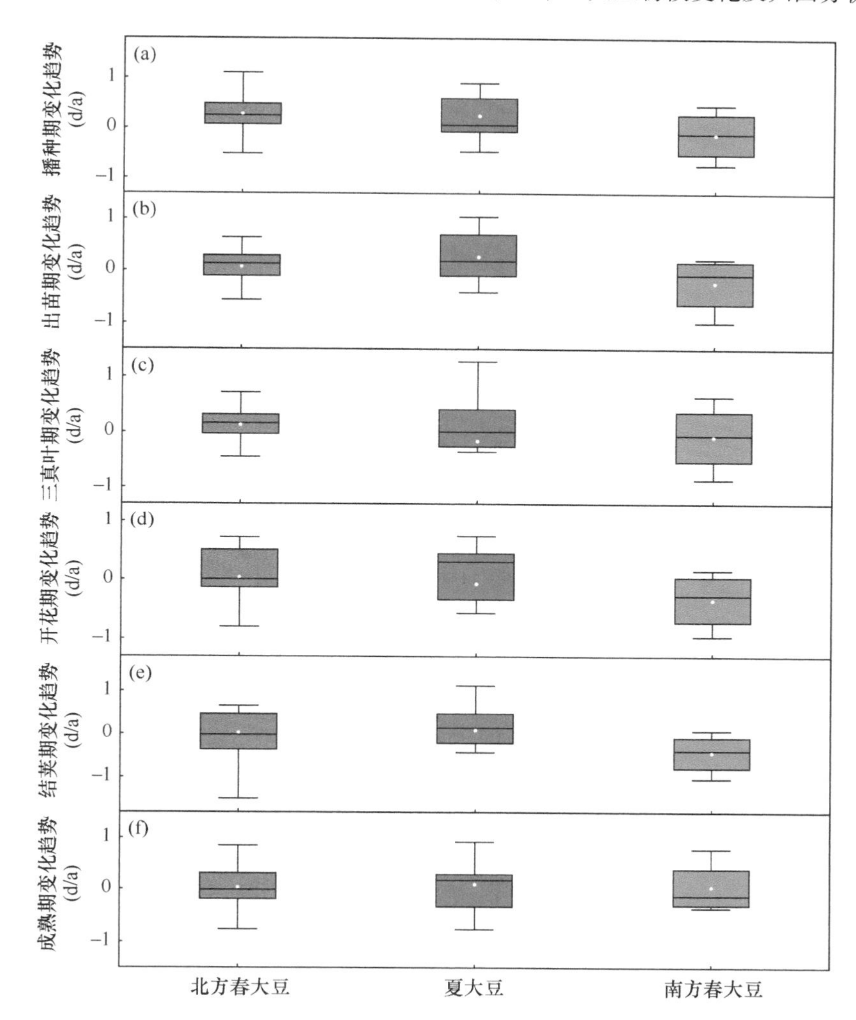

图 5.7 1992～2011 年各种植区大豆播种期（a）、出苗期（b）、三真叶期（c）、开花期（d）、结荚期（e）、成熟期（f）变化趋势

就区域而言，北方春大豆区有 24 个站点的大豆三真叶期呈推迟趋势，主要分布在种植区的东部和南部。黑龙江的大部分站点呈提前趋势。总体而言，北方春大豆区所有站点变化趋势在–0.69～0.71d/a，整体平均每年推迟 0.13d。夏大豆区三真叶期观测到的物候期提前或推迟的站点数目与出苗期相同，呈提前趋势的站点集中于安徽，其余站点物候期推迟，所有站点变化趋势在–4.50～1.28d/a，平均变化趋势为 0.16d/a。南方春大豆区大豆的三真叶期在北部站点推迟，而在南部站点提前，所有站点变化趋势在–0.86～0.65d/a，整体平均每年以 0.13d 的趋势微弱推迟。

图 5.6d 表明，全国所有大豆种植区内有 26/51 的站点大豆的开花期呈推迟趋

势，有 7/51 显著推迟（$P<0.05$），其中北方春大豆开花期整体微弱推迟，而夏大豆和南方春大豆主要以提前为主，且南方春大豆提前趋势较夏大豆明显（图 5.7d）。就区域而言，北方春大豆区开花期主要表现为提前趋势，共有 16 个站点开花期提前，所有站点开花期变化趋势在–1.42～1.65d/a。夏大豆区有 7 个站点开花期推迟，其中有 3 个站点显著推迟（$P<0.05$），而中部地区站点开花期提前，所有站点开花期变化趋势在–2.92～0.73d/a。南方春大豆区开花期整体提前，仅北部的余干站呈不显著的推迟趋势，所有站点开花期变化趋势在–0.96～0.16d/a。

图 5.6e 表明，全国有 26 个站点（51%）的大豆结荚期呈提前趋势，北方春大豆和夏大豆结荚期整体推迟，南方春大豆结荚期提前，且夏大豆推迟趋势大于北方春大豆（图 5.7e）。就区域而言，北方春大豆区超过 50%（17/33）的站点呈推迟趋势，主要分布在种植区南部，而黑龙江大部分站点及辽宁部分站点大豆结荚期呈提前趋势。北方春大豆区所有站点变化趋势在–1.49～2.23d/a，平均以每年 0.02d 的趋势推迟。夏大豆结荚期变化趋势空间分布与三真叶期相似，有 1 个站点显著提前，2 个站点显著推迟，所有站点结荚期变化趋势为–1.95～1.12d/a，站点平均变化趋势为 0.09d/a。南方春大豆区结荚期变化趋势与开花期相似，整体呈提前趋势。所有站点结荚期变化趋势在–1.04～0.07d/a，站点平均以每年 0.44d 的趋势提前。

1992～2011 年全国成熟期与结荚期的变化基本一致，变化幅度相对减小，有 26/51 的站点大豆成熟期呈提前趋势（图 5.6f），但北方春大豆和夏大豆成熟期整体以推迟为主，其中夏大豆推迟趋势大于北方春大豆（图 5.7f）。北方春大豆区域内，大豆成熟期同出苗期至结荚期的变化趋势相似，有 17 个站点呈推迟趋势，其中 7 个站点显著推迟（$P<0.05$）。所有站点成熟期变化趋势在–0.96～1.65d/a，站点平均以每年 0.03d 的趋势推迟。夏大豆成熟期观测到的物候期提前或推迟的站点数目与开花期和结荚期相同；夏大豆成熟期分别有 1 个站点显著提前和 1 个站点显著推迟，所有站点成熟期变化趋势在–0.77～1.22d/a，站点平均以每年 0.09d 的趋势推迟。南方春大豆区有 3 个站点成熟期提前，但南部的站点成熟期呈推迟趋势，所有站点成熟期变化趋势在–0.36～0.77d/a，站点平均以每年 0.04d 的趋势推迟。

5.3.2 大豆生长期变化特征

1. 大豆生长期时间变化特征

1992～2011 年不同种植区大豆营养生长期、生殖生长期和全生育期长度的时间变化趋势如图 5.8 所示。在 20 年观测期中，大豆的营养生长期长度集中在 39～51d，营养生长期多年平均长度约为 44d。从 1992～2005 年大豆营养生长期长度较为平稳，2006 年营养生长期长度缩短，随后的 2007～2011 年营养生长期长度延长逐渐趋于平稳，整体以每年–0.09d/a 的趋势缩短。大豆生殖生长期长度集中在 57～71d，多年平均长度为 67d。大豆生殖生长期长度在 1992～2002 年呈波动延长趋势，2003～2007 年呈缩短趋势，在 2007 年达到最小值，平均年际变化以–0.08d/a 的趋势缩短。大豆全生育期长度集中在 112～142d。从年际变化来看，全生育期年际波动较大，在 2002 年前呈现先延长后缩短再延长的波动特征，其中在 1996 年和 2002 年出现峰值，2002～2006 年持续缩短，在 2006 年出现最小值，2006～2011 年全生育期长度呈波动变化。20 年间多年平均长度为 126d，整体以–0.26d/a 的趋势缩短。

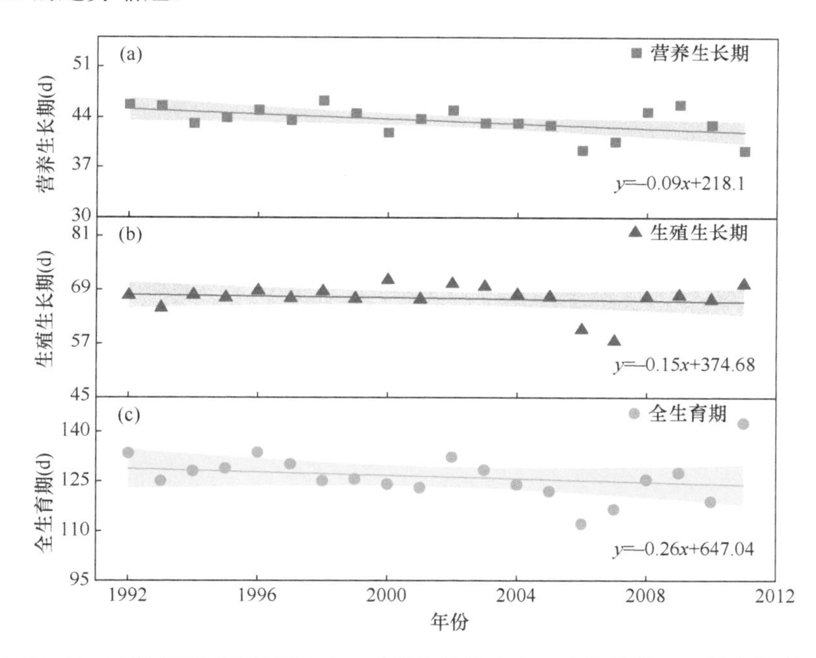

图 5.8　1992～2011 年大豆营养生长期（a）、生殖生长期（b）、全生育期（c）长度的时间变化趋势

2. 大豆生长期空间变化特征与区域分异

1992～2011 年大豆各生长期长度变化的空间变化趋势如图 5.9 所示。全国大豆种植区内，近 1/2 的站点营养生长期缩短，有 22 个站点生殖生长期缩短，29 个站点全生育期缩短，营养生长期和全生育期缩短的站点主要集中在北方春大豆区和夏大豆区东部，而夏大豆全生育期和南方春大豆营养生长期明显延长（图 5.10）。

结果表明，北方春大豆区的全生育期主要变化趋势为缩短（66.7%站点），11 个站点全生育期延长，占北方春大豆区站点的 33.3%，且延长的站点空间分布分散，所有站点变化趋势在–2.14～3.31d/a；夏大豆区内有 7 个站点全生育期缩短，

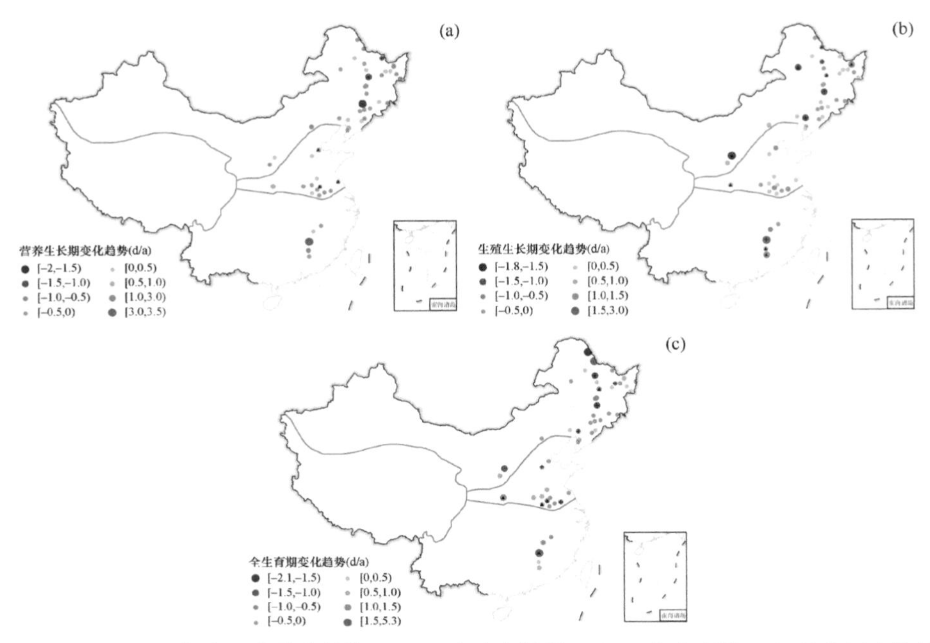

图 5.9 1992～2011 年大豆营养生长期（a）、生殖生长期（b）、全生育期（c）的空间变化趋势

▲表示通过 0.05 显著性水平检测；+表示通过 0.01 显著性水平检测

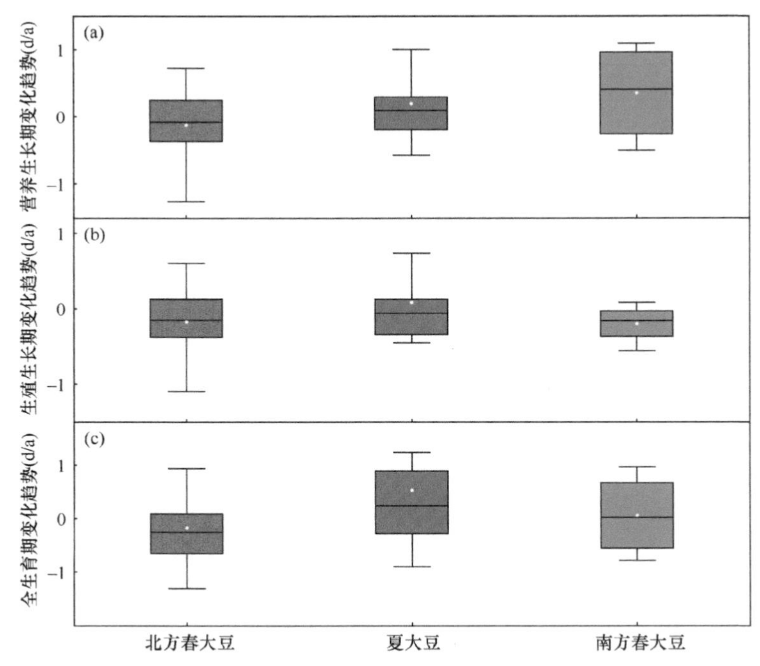

图 5.10 1992～2011 年各种植区大豆营养生长期（a）、生殖生长期（b）、全生育期（c）长度的变化趋势

在空间上为东部地区站点缩短，而西部地区延长，其中盱眙站全生育期缩短显著（$P<0.01$），而商州站延长显著（$P<0.05$），具有空间分异；南方春大豆区分别有 2 个站点大豆的全生育期缩短和延长，主要表现为北部站点的缩短和南部站点的延长。北方春大豆区营养生长期不同站点变化趋势不同，其中 23 个站点的营养生长期缩短，丰宁站缩短幅度最大，为–2.45d/a；10 个站点营养生长期延长，佳木斯站延长趋势最大，为 0.84d/a，营养生长期缩短或延长的站点空间分布分散。夏大豆区营养生长期缩短的区域主要为黄淮海地区的南部，8 个站点营养生长期缩短，占夏大豆区全部站点的 57.1%；延长的站点主要为黄土高原地区和黄淮海地区北部的站点，其中阜城站延长显著（$P<0.05$）。南方春大豆区站点营养生长期的变化趋势主要表现为北部和南部 3 个站点缩短，而中华部 1 个站点延长，延长或缩短均不显著。北方春大豆区生殖生长期整体呈缩短趋势，18 个站点缩短，占到北方春大豆区站点的 54.5%，生殖生长期延长的站点为 15 个，集中分布于北部地区，其中富锦站延长显著（$P<0.05$）。夏大豆区生殖生长期呈缩短趋势的站点相较于营养生长期减少，生殖生长期缩短的站点有 5 个，包括黄淮海南部 4 个站点和阜城站，其余的 9 个站点生殖生长期均呈延长的趋势，但仅有商州站点延长显著（$P<0.05$）；南方春大豆区站点生殖生长期的变化趋势与全生育期一致，均为北部站点呈缩短趋势，南部站点呈延长趋势，生殖生长期延长的站点均通过显著性检验（$P<0.05$）。

5.4　大豆物候变化归因分析

5.4.1　大豆物候对气候要素的敏感度分析

1. 大豆物候期对平均气温、累积降水和累积日照时数的敏感度分析

1992～2011 年大豆各物候期对平均气温、累积降水、累积日照时数的敏感度如图 5.11 所示。随着平均气温的上升，北方春大豆播种期、出苗期、开花期、结荚期和成熟期均提前，而三真叶期推迟，其中开花期和结荚期对平均气温的变化最敏感，而播种期和三真叶期对平均气温变化的响应较弱；平均气温每上升 1℃，北方春大豆播种期、出苗期、开花期、结荚期和成熟期分别提前 0.20d、0.36d、0.89d、0.83d 和 0.35d，三真叶期推迟 0.12d。夏大豆出苗期、三真叶期、开花期、结荚期随着平均气温的上升而推迟，其中结荚期对平均气温的响应最强烈；相反的是，随着平均气温的增加，夏大豆播种期和成熟期提前，其中播种期对平均气温的敏感度比较微弱，而成熟期对平均气温的变化响应敏感。平均气温每上升 1℃，夏大豆出苗期、三真叶期、开花期、结荚期分别推迟 0.27d、0.72d、0.24d 和 1.11d，

播种期和成熟期分别提前 0.07d 和 0.58d。南方春大豆播种期、出苗期、三真叶期、开花期和结荚期均因平均气温的上升而提前，其中播种期、出苗期和三真叶期对平均气温的变化最敏感，平均气温每上升 1℃，播种期、出苗期、三真叶期、开花期、结荚期分别提前 2.33d、2.89d、2.50d、0.78d 和 1.92d。

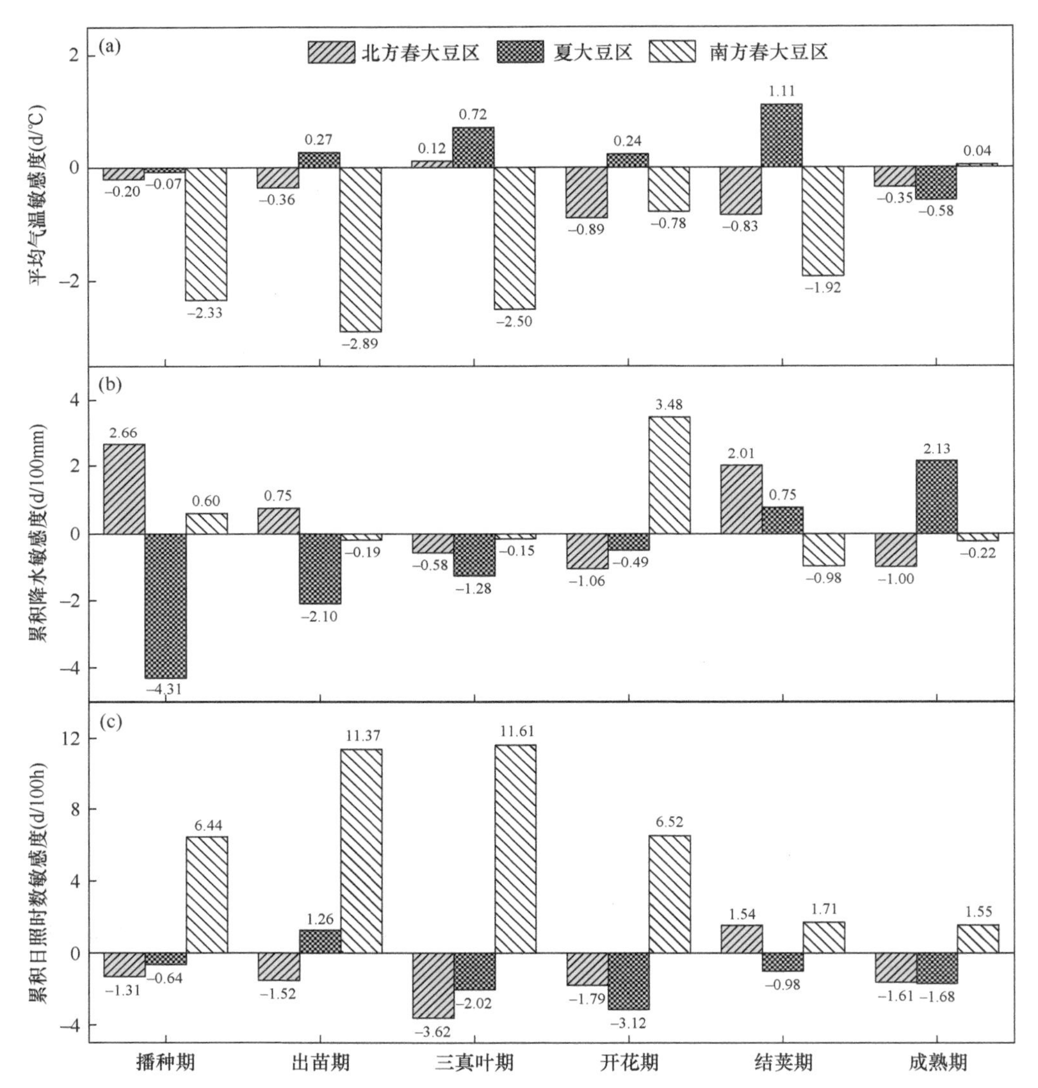

图 5.11 1992～2011 年大豆各物候期对平均气温（a）、累积降水（b）、累积日照时数（c）的敏感度

大豆物候期对降水量的响应在不同种植区差异较大。随着累积降水的增加，北方春大豆播种期、出苗期和结荚期推迟，其中播种期对累积降水变化最敏感，

推迟趋势值达到 2.66d/100mm。北方春大豆三真叶期、开花期和成熟期随着累积降水增加而提前，累积降水每增加 100mm，三真叶期、开花期和成熟期分别提前 0.58d、1.06d 和 1.00d。夏大豆物候期对降水量的响应比北方春大豆更敏感，随着累积降水的增加，播种期、出苗期、三真叶期和开花期提前，而结荚期和成熟期则推迟，其中播种期的响应最明显；累积降水每增加 100mm，夏大豆播种期、出苗期、三真叶期和开花期分别提前 4.31d、2.10d、1.28d 和 0.49d，结荚期和成熟期分别推迟 0.75d 和 2.13d。南方春大豆物候期变化随累积降水变化以提前为主，累积降水的增加提前了出苗期、三真叶期、结荚期和成熟期，其中结荚期对累积降水的变化响应最敏感，累积降水每增加 100mm，结荚期提前 0.98d，播种期和开花期随着累积降水的增加而推迟，其中开花期推迟幅度最大，为 3.48d。北方春大豆变化随累积日照时数变化以提前为主，播种期、出苗期、三真叶期、开花期及成熟期对累积日照时数敏感度均为负，其中三真叶期对累积日照时数的变化最敏感，日照时数每增加 100h，北方春大豆播种期、出苗期、三真叶期、开花期和成熟期分别提前 1.31d、1.52d、3.62d、1.79d 和 1.61d，结荚期则推迟 1.54d。同样地，累积日照时数的增加主要提前夏大豆的物候期，累积日照时数每增加 100h，夏大豆播种期、三真叶期、开花期、结荚期和成熟期分别提前 0.64d、2.02d、3.12d、0.98d 和 1.68d，而出苗期推迟 1.26d。与北方春大豆和夏大豆相反，南方春大豆各物候期变化随累积日照时数的增加均以推迟为主；其中出苗期和三真叶期对累积日照时数变化响应强烈，敏感度高于 11d/100h，其次是播种期和开花期，敏感度大于 6d/100h，其余物候期对累积日照时数变化的响应程度相对较弱。

2. 大豆生长期对平均气温、累积降水和累积日照时数的敏感度分析

除北方春大豆的生殖生长期外，其他种植区大豆的生长期对平均气温的敏感度均为负，即随着平均气温的上升，大豆各生长期均缩短（图 5.12）。图 5.12 表明平均气温每上升 1℃，北方春大豆、夏大豆和南方春大豆全生育期分别缩短 3.14d、0.93d 和 1.80d。北方春大豆生殖生长期对平均气温的敏感度为正（0.16d/℃），表明北方春大豆生殖生长期会随着平均气温的上升而延长。累积降水的增加延长了北方春大豆的营养生长期和全生育期，缩短了生殖生长期；而夏大豆生长期对降水量变化的响应与北方春大豆相反，即随着累积降水的增加，夏大豆的营养生长期缩短、生殖生长期和全生育期延长。南方春大豆营养生长期、生殖生长期和全生育期均随累积降水的增加而缩短，其中生殖生长期对累积降水的敏感度最大，达到–1.52d/100mm。累积日照时数增加缩短了所有种植区大豆的生殖生长期，延长了北方春大豆和南方春大豆的营养生长期，缩短了夏大豆的营养生长期。随着累积日照时数的增加，北方春大豆全生育期延长，夏大豆和南方春大豆的全生育期缩短，其中夏大豆全生育期对累积日照时数的敏感度最大，为–1.37d/100h。

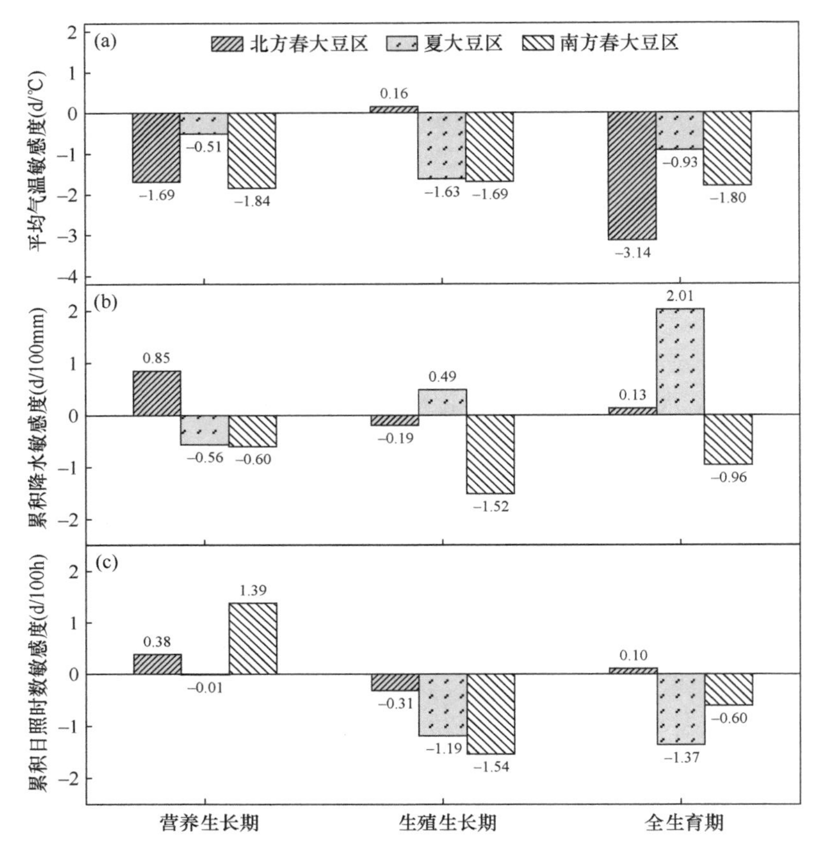

图 5.12 1992～2011 年大豆生长期对平均气温（a）、累积降水（b）、累积日照时数（c）的敏感度

5.4.2 气候变化和管理措施对大豆物候变化的影响

1. 气候变化和管理措施对大豆物候期变化的影响

1992～2011 年气候变化和管理措施的综合和单一因素对大豆物候期变化的影响如图 5.13 所示。在气候变化和管理措施的综合影响下，北方春大豆大部分站点的播种期、出苗期、三真叶期、开花期、结荚期和成熟期均以推迟为主，其中有 28 个站点的播种期推迟、20 个站点的出苗期推迟、24 个站点的三真叶期推迟、18 个站点的开花期推迟、17 个站点的结荚期和成熟期推迟。夏大豆超过一半站点的播种期、开花期、结荚期和成熟期推迟，出现推迟的站点数目分别为 9 个、7 个、7 个和 7 个，而出苗期和三真叶期则有超过一半的站点出现提前。南方春大豆有一半站点的播种期、出苗期和三真叶期推迟，超过一半站点的开花期、结荚

期和成熟期提前。在气候变化的单独影响下，北方春大豆的播种期、三真叶期、开花期和结荚期以推迟为主，分别有 22 个站点的播种期推迟、18 个站点的三真叶期推迟、17 个站点的开花期推迟、19 个站点的结荚期推迟，而出苗期和成熟期则以提前为主。夏大豆超过一半站点的播种期、出苗期和结荚期提前，而三真叶期、开花期和成熟期主要以推迟为主。南方春大豆的所有物候期都以提前为主，其中超过一半站点的播种期、开花期和成熟期提前。

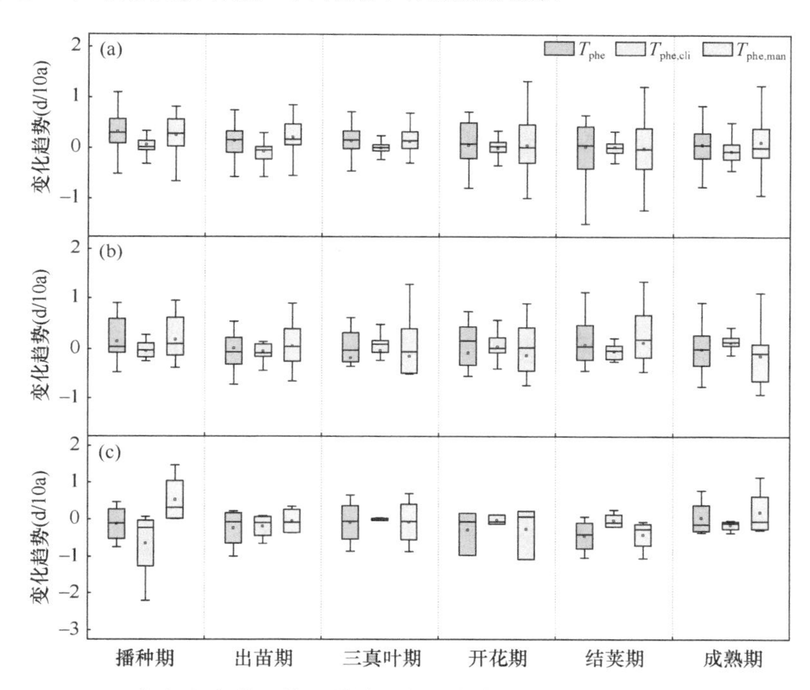

图 5.13　1992～2011 年气候变化和管理措施对北方春大豆（a）、夏大豆（b）、南方春大豆（c）物候期变化的影响

在管理措施的单独影响下，北方春大豆的播种期、出苗期、三真叶期和成熟期以推迟为主，推迟的站点数目分别为 27 个、25 个、24 个和 19 个，而超过一半站点的开花期和结荚期提前。夏大豆的物候期以提前为主，其中有一半站点大豆的播种期和开花期提前，超过一半站点大豆的出苗期、三真叶期、结荚期和成熟期提前。南方春大豆所有站点的播种期推迟，一半站点大豆的出苗期、三真叶期、开花期、结荚期和成熟期提前。

2. 气候变化和管理措施对大豆生长期变化的影响

图 5.14 为气候变化和管理措施对 1992～2011 年大豆生长期长度变化的综合和单独影响。在气候变化和管理措施的综合影响下，北方春大豆大部分站点的营养

生长期、生殖生长期和全生育期延长，分别有 15 个站点的营养生长期推迟、14 个站点的生殖生长期推迟、12 个站点的全生育期推迟。夏大豆的营养生长期和全生育期以缩短为主，而超过一半站点的生殖生长期延长。南方春大豆有一半站点的营养生长期、生殖生长期和全生育期延长。

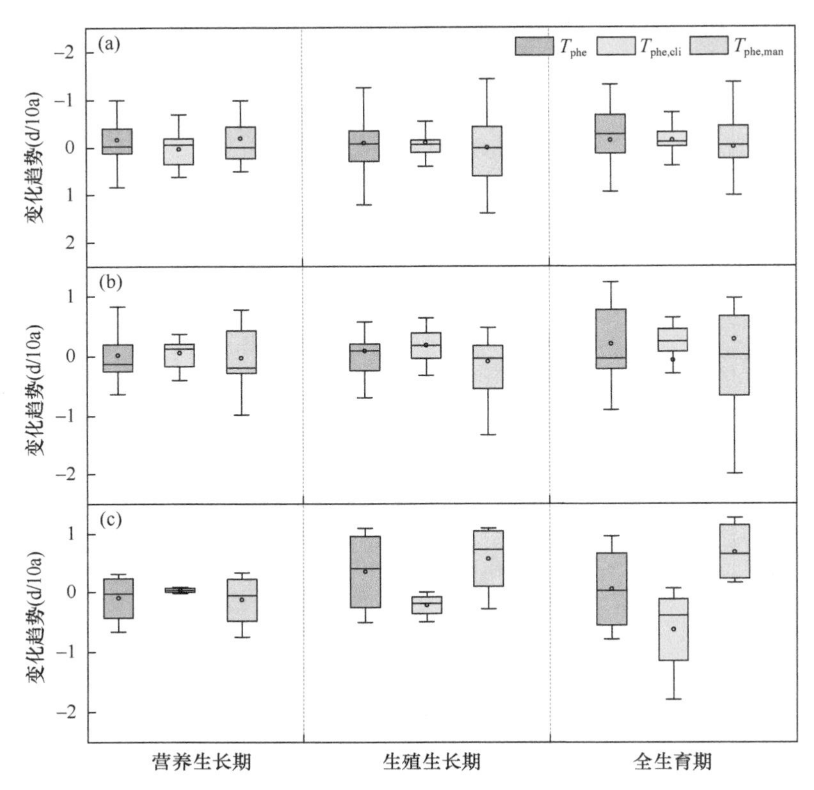

图 5.14　1992～2011 年气候变化和管理措施对北方春大豆（a）、夏大豆（b）、南方春大豆（c）生长期长度变化的影响

在气候变化的单独影响下，北方春大豆大部分站点的营养生长期、生殖生长期和全生育期缩短。夏大豆营养生长期以缩短为主，大部分站点的生殖生长期和全生育期延长。南方春大豆有超过一半站点的营养生长期延长、一半站点的生殖生长期延长，而超过一半站点的全生育期缩短。在管理措施的单独影响下，北方春大豆超过一半站点的营养生长期和全生育期缩短，生殖生长期延长。夏大豆营养生长期和生殖生长期以延长为主，一半站点的全生育期缩短。南方春大豆的营养生长期、生殖生长期和全生育期均以延长为主，其中超过一半站点的生殖生长期延长，全部站点的全生育期延长。

3. 在气候变化和管理措施影响下大豆物候期和生长期的平均变化趋势

在气候变化和管理措施影响下的大豆物候期和生长期的平均变化趋势如表 5.5 所示。结果表明，仅在气候变化影响下，北方春大豆的出苗期、开花期和成熟期提前，分别提前 0.68d/10a、0.02d/10a 和 0.58d/10a；播种期、三真叶期和结荚期推迟，其中播种期推迟幅度最大，为 0.63d/10a。夏大豆的播种期、出苗期、三真叶期和结荚期明显提前，而开花期和成熟期则推迟，其中成熟期推迟显著，达到 1.34d/10a。南方春大豆的物候期在气候要素变化的单独影响下均有所提前，其中播种期提前的幅度最大，高达 6.46d/10a，其次是出苗期和成熟期，提前趋势大于 1d/10a，而三真叶期提前趋势较弱。仅在气候变化影响下，3 个种植区大豆的营养生长期均延长，分别延长 0.3d/10a、0.52d/10a 和 0.3d/10a；全生育期均缩短，分别缩短 1.43d/10a、0.74d/10a 和 6.3d/10a。仅在管理措施的影响下，北方春大豆、夏大豆和南方春大豆的播种期均推迟，分别推迟 2.56d/10a、1.85d/10a 和 5.23d/10a；营养生长期均缩短，分别缩短 1.96d/10a、0.33d/10a 和 1.31d/10a。对于北方春大豆，单一的气候变化使大豆出苗期、开花期和成熟期提前，营养生长期延长而生殖生长期和全生育期缩短；单一的管理措施变化使大豆除结荚期外的物候期推迟，营养生长期和全生育期缩短而生殖生长期延长。对于夏大豆，单一的气候变化使播种期、出苗期、三真叶期和结荚期提前，而开花期和成熟期推迟，营养生长期和生殖生长期延长而全生育期缩短；单一的管理措施变化使播种期、出苗期和结荚期推迟，而三真叶期、开花期和成熟期提前，营养生长期和生殖生长期缩短而全生育期延长。对于南方春大豆，单一的气候变化使所有物候期均提前，营养生长期延长，生殖生长期和全生育期均缩短；单一的管理措施变化使播种期和成熟期推迟，出苗期和开花期提前，营养生长期缩短，而生殖生长期和全生育期延长。

表 5.5　气候变化和管理措施影响下大豆物候期和生长期的平均变化趋势（单位：d/10a）

种植区（站点数）	物候期/生长期	T_{phe}	$T_{phe,cli}$	$T_{phe,man}$	P 值（t 检验）
北方春大豆（33）	播种期	3.19	0.63	2.56	0.000**
	出苗期	1.46	−0.68	2.14	0.001**
	三真叶期	1.38	0.05	1.33	0.038*
	开花期	0.51	−0.02	0.53	0.658
	结荚期	0.25	0.27	−0.02	0.991
	成熟期	0.68	−0.58	1.27	0.186
	营养生长期	−1.66	0.30	−1.96	0.082
	生殖生长期	−0.89	−1.00	0.11	0.932
	全生育期	−1.49	−1.43	−0.07	0.967

续表

种植区（站点数）	物候期/生长期	T_{phe}	$T_{phe,cli}$	$T_{phe,man}$	P 值（t 检验）
夏大豆（14）	播种期	1.49	−0.36	1.85	0.136
	出苗期	0.15	−0.4	0.55	0.701
	三真叶期	−1.84	−0.31	−1.53	0.630
	开花期	−0.84	0.47	−1.31	0.581
	结荚期	0.83	−0.46	1.29	0.542
	成熟期	−0.04	1.34	−1.38	0.419
	营养生长期	0.19	0.52	−0.33	0.828
	生殖生长期	0.83	1.76	−0.93	0.649
	全生育期	1.99	−0.74	2.73	0.561
南方春大豆（4）	播种期	−1.23	−6.46	5.23	0.224
	出苗期	−2.32	−1.84	−0.47	0.812
	三真叶期	−0.82	−0.08	−0.74	0.835
	开花期	−2.89	−0.25	−2.64	0.587
	结荚期	−4.41	−0.28	−4.13	0.159
	成熟期	0.38	−1.5	1.88	0.607
	营养生长期	−1.01	0.3	−1.31	0.615
	生殖生长期	3.49	−2.22	5.71	0.168
	全生育期	0.56	−6.3	6.86	0.082

配对 t 检验的结果表明，北方春大豆的播种期、出苗期和三真叶期的变化趋势在气候变化和管理措施的综合影响下，以及在单一的气候变化影响下显著不同（$P<0.05$），同时，北方春大豆的结荚期、生殖生长期、全生育期（T_{phe}=0.25、−0.89、−1.49，$T_{phe,cli}$=0.27、−1.00、−1.43）和夏大豆的营养生长期、生殖生长期（T_{phe}=0.19、0.83，$T_{phe,cli}$=0.52、1.76）的气候变化和管理措施的综合影响与单一气候变化的影响一致。

5.4.3 气候要素对大豆物候变化的相对贡献度

1. 气候要素对大豆物候期变化的相对贡献度

1992～2011 年平均气温、累积降水和累积日照时数对大豆物候期变化的相对贡献度如图 5.15 所示。结果表明，春大豆的播种期受累积降水的影响最大（北方春大豆：78.44%，南方春大豆：−84.31%），而对夏大豆物候期的影响从大到小的气候要素则依次为平均气温（−40.04%）、累积日照时数（−32.31%）和累积降水（27.65%）。北方春大豆、夏大豆和南方春大豆的出苗期均受平均气温影响最大，且平均气温变化使物候期提前。平均气温对 3 个种植区的大豆三真叶期均具有提前作用，且对北方春大豆和夏大豆三真叶期变化的影响强于累积降水和累积日照时数；相反地，累积日照时数推迟大豆的三真叶期，且对南方春大豆三真叶期变化的贡献度大于平均气温和累积降水。3 种大豆对开花期影响最大的均为累积日照时数，其中，累积日照时数使春大豆的开花期提前、夏大豆的开花期推迟。累积降水对 3 种大豆开花期的影响次于累积日照时数，其中北方春大豆受到累积降水的推迟作用，夏大豆和南方春大豆则受到累积降水的提前作用。值得一提的是，平均气温、累积日照时数和累积降水对南方春大豆开花期变化的影响均为负效应，即 3 种关键气候要素的变化均提前南方春大豆的开花期。累积降水对北方春大豆和南方春大豆结荚期变化的影响均大于平均气温和累积日照时数，其中累积降水推迟北方春大豆的结荚期，提前南方春大豆的结荚期，贡献度分别为 43.18%和–44.35%。平均气温对夏大豆结荚期具有提前作用，且贡献度大于累积降水和累积日照时数。与开花期相同，成熟期受累积日照时数变化影响最大，累积日照时数变化使春大豆成熟期提前而夏大豆成熟期推迟。平均气温、累积降水和累积日照时数对北方春大豆和南方春大豆的成熟期均具有提前作用，而推迟夏大豆的成熟期。

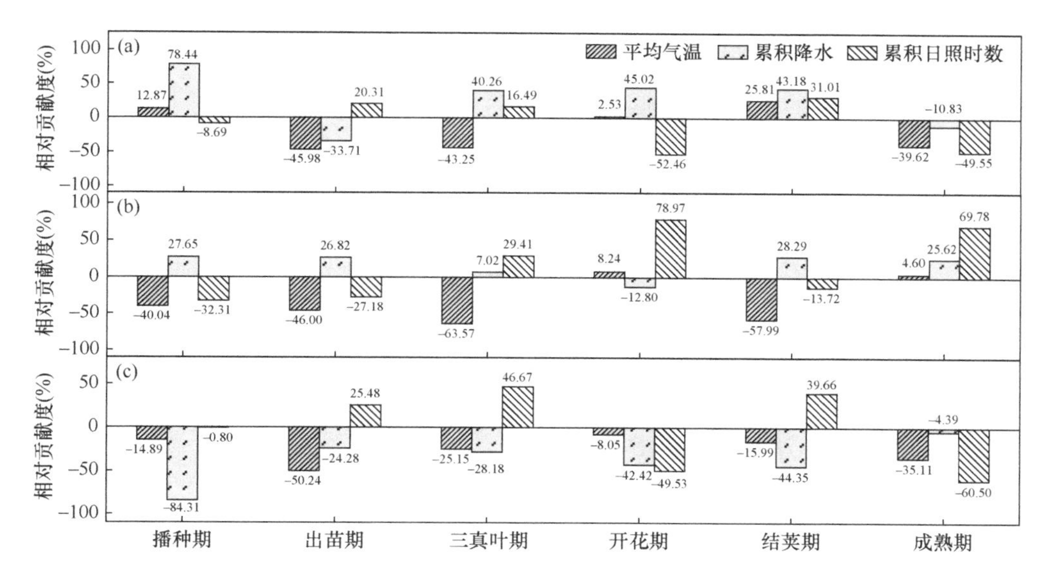

图 5.15　1992～2011 年不同气候要素对北方春大豆（a）、夏大豆（b）、南方春大豆（c）物候期变化的相对贡献度

2. 气候要素对大豆生长期变化的相对贡献度

1992～2011 年平均气温、累积降水和累积日照时数对大豆生长期长度变化的

影响如图 5.16 所示。北方春大豆营养生长期变化主要受日照时数（41.12%）和平均气温（–38.76%）影响。平均气温、累积降水和累积日照时数均缩短北方春大豆的生殖生长期和全生育期，其中日照时数对生殖生长期变化的贡献大于平均气温和累积降水，为–75.24%；平均气温对全生育期变化的影响大于累积降水和累积日照时数，贡献度为–84.08%。夏大豆的营养生长期受到的气候要素影响的相对贡献度依次为平均气温（44.71%）、累积降水（33.29%）和累积日照时数（–22.00%），生殖生长期的变化主要受累积日照时数的影响，贡献度达到 75.52%；全生育期同样受累积日照时数的影响最大，但累积日照时数对生殖生长期具有延长作用，而对全生育期具有缩短作用。南方春大豆的营养生长期则主要受累积降水的延长作用影响（62.48%），而平均气温和日照时数缩短营养生长期。与北方春大豆和夏大豆相同，南方春大豆生殖生长期受累积日照时数影响最大，贡献度为–45.73%，其次为平均气温变化的影响（–37.64%）。此外，平均气温、累积降水和累积日照时数均对南方春大豆的生殖生长期有缩短作用。南方春大豆全生育期受到平均气温和累积日照时数的负影响，且累积日照时数对其变化的相对贡献度大于平均气温和累积降水。

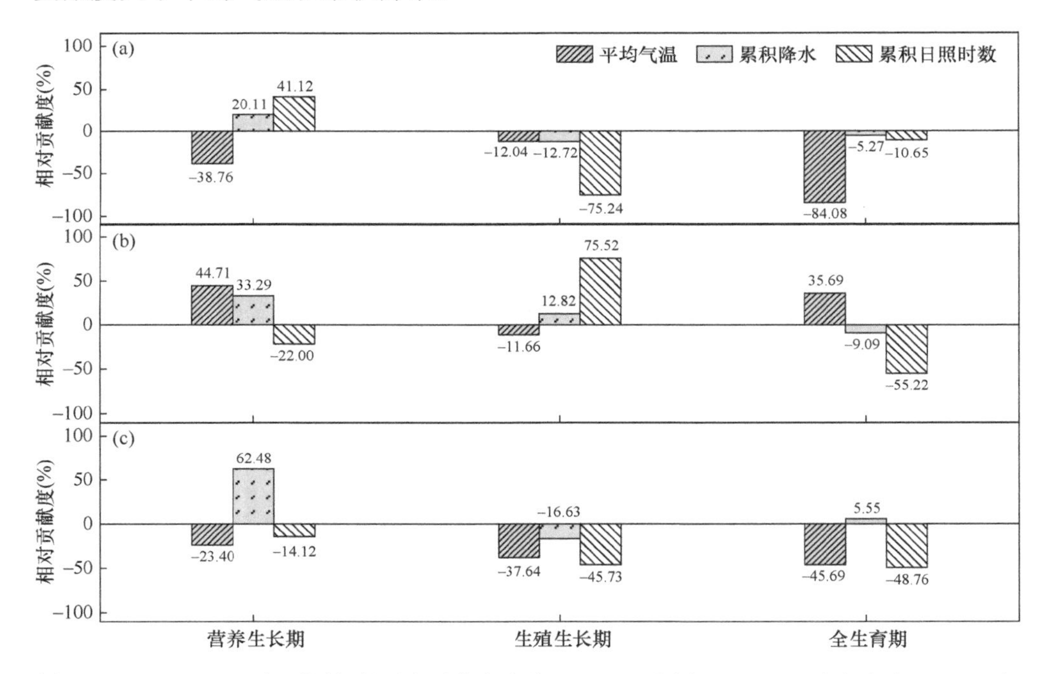

图 5.16　1992～2011 年不同气候要素对北方春大豆（a）、夏大豆（b）、南方春大豆（c）生长期长度变化的相对贡献度

5.4.4 气候变化和管理措施对大豆物候变化的相对贡献度

1. 气候变化和管理措施对大豆物候期变化的相对贡献度

1992～2011 年气候变化与管理措施对大豆物候期变化的相对贡献度如图 5.17 所示。管理措施对北方春大豆的播种期、出苗期、三真叶期、开花期和成熟期有推迟作用；气候变化对北方春大豆的播种期和三真叶期具有推迟作用，对出苗期、开花期和成熟期有提前作用。在对应物候期，管理措施变化对物候期变化的贡献度高于气候变化的贡献度，其中管理措施对开花期的贡献度最大（96.67%）。气候变化对北方春大豆结荚期具有推迟作用，而管理措施对结荚期有提前作用，但气候变化对结荚期变化的贡献度大于管理措施。管理措施对夏大豆物候期变化的贡献度大于气候变化。管理措施对夏大豆播种期、出苗期和结荚期具有推迟作用，对三真叶期、开花期和成熟期的贡献度为负值，其中对播种期的贡献度最大，为 83.80%。气候变化导致夏大豆开花期和成熟期推迟，播种期、出苗期、三真叶期和结荚期提前，其中气候变化对成熟期变化的贡献显著，达到 49.17%。对于南方春大豆，气候变化对各物候期均具有提前作用，其中气候变化对出苗期变化的贡

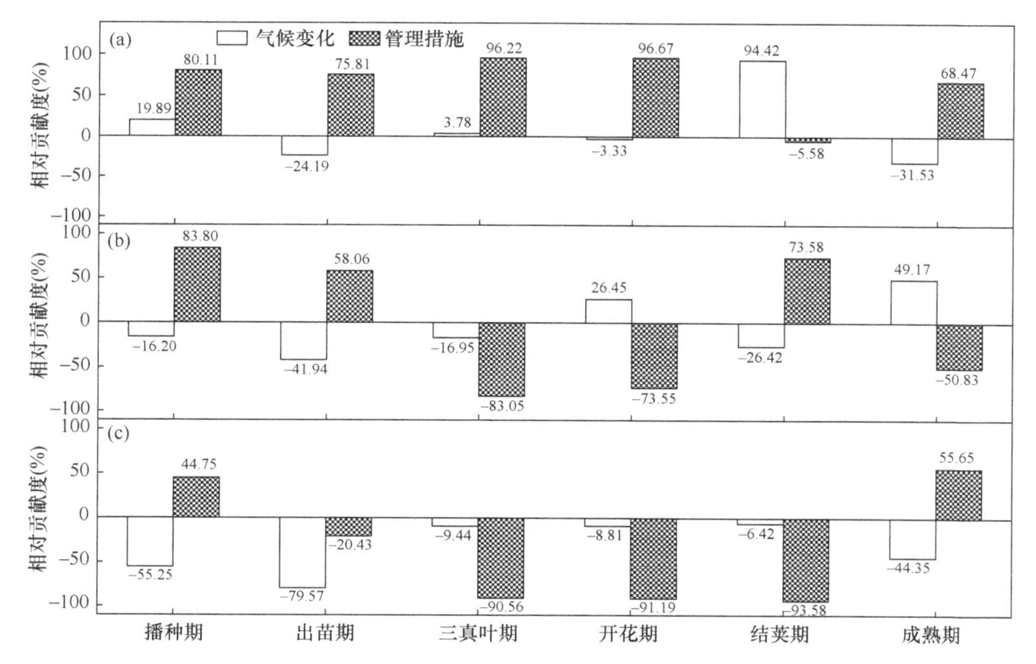

图 5.17　1992～2011 年气候变化和管理措施对北方春大豆（a）、夏大豆（b）、南方春大豆（c）物候期变化的相对贡献度

献最大（–79.57%），对结荚期变化的贡献最小（–6.42%）。管理措施使南方春大豆出苗期、三真叶期、开花期和结荚期提前，播种期和成熟期推迟，其中管理措施对三真叶期、开花期和结荚期提前的贡献度均高于 90%，显著大于气候变化的贡献度。而播种期和出苗期，气候变化对其变化的贡献度高于管理措施。

2. 气候变化和管理措施对大豆生长期变化的相对贡献度

1992～2011 年气候变化与管理措施对大豆生长期长度变化的相对贡献度如图 5.18 所示。结果表明，气候变化对北方春大豆、夏大豆和南方春大豆的营养生长期均具有延长作用，而管理措施则具有相反作用；其中气候变化对夏大豆生长期变化的贡献度大于管理措施，北方春大豆和南方春大豆营养生长期的变化受管理措施的影响大于气候变化。气候变化对北方春大豆的生殖生长期和全生育期具有缩短作用；管理措施对北方春大豆的生殖生长期具有延长作用，对全生育期具有缩短作用，且气候变化导致的生殖生长期和全生育期变化明显大于管理措施，其中气候变化对全生育期变化的贡献度最大（–95.57%）。夏大豆的生殖生长期受到气候变化的影响为正效应，受到管理措施的影响为负效应，即气候变化延长生殖生长期，而管理措施缩短生殖生长期，且气候变化对生殖生长期变化的贡献度

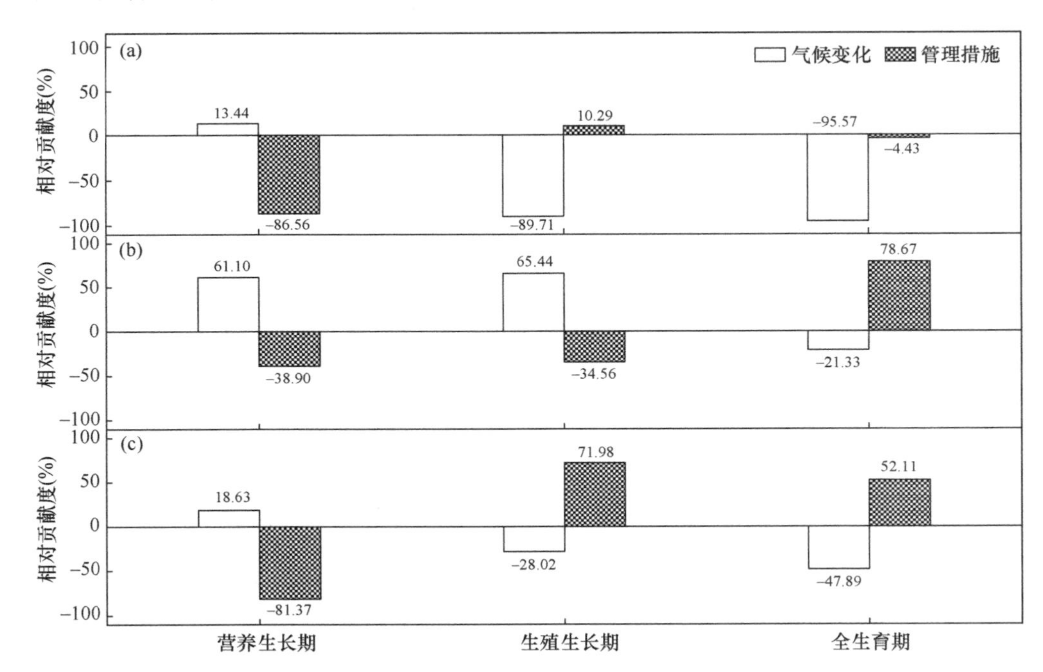

图 5.18　1992～2011 年气候变化和管理措施对北方春大豆（a）、夏大豆（b）、南方春大豆（c）生长期长度变化的相对贡献度

大于管理措施。与生殖生长期相反，气候变化缩短了夏大豆的全生育期，管理措施延长了全生育期，且管理措施导致的全生育期变化大于气候变化。气候变化和管理措施对南方春大豆生殖生长期和全生育期的影响具有相反作用，且管理措施对大豆生长期变化的贡献度均大于气候变化的贡献度。其中气候变化缩短了生殖生长期和全生育期，且对全生育期变化的贡献大于对生殖生长期的贡献；而管理措施延长了生殖生长期和全生育期，对生殖生长期变化的贡献大于全生育期。

5.5 讨　　论

5.5.1 气候变化与大豆物候变化特征

本章研究了气候变化背景下，1992～2011 年中国大豆主产区 51 个站点大豆物候的时空分异特征。结果表明不同种植区大豆物候期和生长期的变化趋势在变化方向和幅度上均存在差异。整体上，观测到的大豆播种期、出苗期、三真叶期和成熟期推迟，开花期和结荚期提前，营养生长期、生殖生长期和全生育期均缩短。区域间，北方春大豆的物候期以推迟为主，生长期缩短；夏大豆的物候期以提前为主，生长期以延长为主；南方春大豆区物候期以提前为主，营养生长期缩短，而生殖生长期和全生育期延长。这同前人的研究结果一致（Choi et al.，2016），其他作物也有类似的研究结果（Zhang and Tao，2013；Mo et al.，2016；Liu et al.，2017）。播种期主要受农民的决策影响，调整播种期是影响作物生长发育的重要农艺管理措施（Fotiadis et al.，2017）。在一定程度上，播种期的调整会影响大豆的发育时间（Jing et al.，2017；Sacks and Kucharik，2011），调节大豆的生长发育环境，最大化作物水肥资源的利用效率（Plaza-Bonilla et al.，2017）。在本研究中，北方春大豆和夏大豆的播种期显著推迟，而南方春大豆的播种期提前，表明气候变暖对大豆种植的影响取决于区域（Jing et al.，2017），因而农民适当调整播种期的决策需要考虑不同种植区的气候条件差异，以实现大豆适应气候变化的有效管理。开花期是大豆生长发育的敏感阶段，Zhang 等（2016）研究表明中国华北平原的大豆开花期提前，全生育期缩短，而花后阶段长度上没有观察到明显的变化，因此开花期提前，大豆的生长、发育和成熟时间显著减少。在本研究中，北方春大豆区大部分站点的开花期推迟，结荚期表现为提前的站点居多，但全生育期以缩短为主；南方春大豆的开花期和结荚期均显著提前；同样夏大豆区的所有站点中开花期提前的站点居多，但南方春大豆和夏大豆的全生育期总体均延长。除了夏大豆的营养生长期总体微弱延长，北方春大豆和南方春大豆的营养生长期均显著缩短。这与气候变暖加速大豆生长，缩短作物的生育时间的相关研究结果一致（Boote，2011；Kumagai and Sameshima 2014；Oteros et al.，2015），并且长的营养生长期被认为是适应气候变暖的有效策略。

5.5.2 大豆物候对气候要素变化的敏感度

以变暖为主要特征的气候变化是作物物候期变化的主要影响因素（Oteros et al.，2015），本研究选取平均气温、累积降水、累积日照时数这3个关键气候要素分析气候变化对大豆物候期的影响。大豆物候期和生长期对关键气候要素变化的敏感度分析的结果表明，大豆物候期对平均气温的敏感度均为负，即随着平均气温的上升，不同地区大豆的物候期均提前，生长期均缩短，这与前人的研究结果一致，即温度的升高会加快作物的发育速率，使物候期提前和生长期缩短（Karlsen et al.，2009；Zhang and Tao，2013）。同时，不同地区大豆的温度敏感度有所差异，南方春大豆物候期的温度敏感度与其他地区相比较大，且南方春大豆区的平均气温也高于其他地区，表明南方春大豆物候期受平均气温变化的负影响要大于北方春大豆和夏大豆，平均气温相对较高的地区大豆物候期对平均气温的敏感度更大。

相对于其他物候期，北方春大豆和夏大豆的播种期对累积降水更为敏感，降水量敏感度分别约为0.027d/mm和–0.043d/mm，即降水量的增多会使北方春大豆的播种期推迟而夏大豆的播种期提前。适宜的土壤水分含量和光照温度是种子萌发的必要条件（Dobor et al.，2016），北方春大豆区的纬度偏高，北方春大豆播种期降水量的增多会影响日照和温度，进而影响大豆的出苗，因此适当推迟播种期有利于提高光热资源的利用效率。相反，黄淮海夏大豆区播种期相对干旱而光热充足，降水量的增加将有效补充大豆播种前后的土壤水分，缓解夏大豆种植区播种期的干旱胁迫。

北方春大豆的主要物候期对累积日照时数的敏感度为负，南方春大豆为正。累积日照时数是影响大豆发育的关键气候要素之一，但由于北方春大豆区纬度较高，温度相对较低，累积日照时数增加带来的热量与光照能够有效满足大豆生长发育的光热需求，使大豆发育加速，因而北方春大豆的物候期受累积日照时数变化的影响为提前。而南方春大豆区则相反，纬度较低使光照与热量充足，累积日照时数的增长反而会抑制大豆的发育，使物候期推迟。适当延长大豆的日照时间能够加速大豆的发育（Kantolic et al.，2013）。本研究发现不同种植区大豆的生殖生长期对累积日照时数的敏感度均为负，与前人研究的结论一致（He et al.，2020）。这反映了累积日照时数对大豆生殖生长期的负影响，表明在生殖生长期日照时数的变化仍影响着大豆的发育，而多数过程机理模型的大豆发育与产量模拟往往仅考虑成花诱导阶段日照时数的影响（Setiyono et al.，2010）。在未来的研究中，注意考虑不同生长期日照时数对大豆生长发育的影响能够提高大豆发育与产量模拟的精度。

5.5.3 气候变化及管理措施对大豆物候变化的贡献度比较

受气候变化和管理措施的综合影响，北方春大豆的物候期均呈推迟趋势，而生长期均缩短；夏大豆的播种期、出苗期和结荚期推迟，而三真叶期、开花期和成熟期提前，生长期均延长；南方春大豆除成熟期推迟外，其余物候期均提前，营养生长期缩短，而生殖生长期和全生育期延长，研究结果同前人的研究结果一致（Choi et al.，2016；Setiyono et al.，2007）。在此基础上，利用一阶差分方法量化了不同气候要素和管理措施的变化对大豆物候变化的相对贡献度。气候要素与管理措施的变化对大豆物候的相对贡献度分析结果表明，气候变化仅对北方春大豆的结荚期和南方春大豆的播种期、出苗期变化的相对贡献较大，北方春大豆、夏大豆和南方春大豆其余物候期变化的主导因素均为管理措施，即以播种期调整和品种改良为代表的技术进步等管理措施变化是大豆物候期变化的主要驱动因素。有研究指出，早播能够促进作物生长，提高作物氮肥的吸收利用，提升粮食产量（Christensen et al.，2017）。本研究结果表明，在气候变暖背景下，播种期的推迟加速了大豆的营养生长期、生殖生长期和全生育期内平均气温的上升，反映了播种期的调整能够改变大豆全生育期内的温度环境，使通过调整播种期提高作物对生长期热量的有效利用成为可能（Zhao et al.，2015）。此外，播种期的调整同样会影响大豆生殖生长期的降水量和日照的变化。播种期的提前会减缓大豆生殖生长期累积降水的减少速率，而播种期的推迟会减缓大豆生殖生长期累积日照时数的增加速率。当播种期提前超过 2d/10a，大豆生殖生长期的降水量由减少变为增加，增速随播种期提前天数的增加而增加；当播种期推迟超过 6d/10a，大豆生殖生长期的累积日照时数由减少变为增多。在本研究中，北方春大豆有一半物候期在气候变化影响下呈现提前的趋势，但以播种期的明显推迟为代表的管理措施使北方春大豆物候期均推迟，表明播种期推迟是北方春大豆区农民为适应气候变化对大豆物候影响的实际举措。这与 Bao 等（2015）得出的结论（即推迟大豆播种日期以免在美国东南部遭遇潜在的热应激）一致。然而，Xiao 等（2016b）基于 APSIM 模型分离了播种期和品种变化对春小麦物候期的影响，发现早播是缓解气候变暖对北方春小麦营养生长期和全生育期影响的有效措施，高热量需求品种的更替则会延长小麦的生长期。结果的差异可能是由作物的不同和方法的差异导致的。春小麦与春大豆作物类型不同，发育所需的气候条件和管理措施差异也较大。同时，过程机理模型和基于观测数据的统计模型的差异也会引起结果的不同（Lobell and Asseng，2017）。图 5.18 表明，北方春大豆营养生长期的缩短主要受管理措施的影响，而生殖生长期和全生育期的缩短则主要由于气候的变化。夏大豆营养生长期和生殖生长期延长的主要影响因素为气候变化，而全生育期的延长主要受管理措施影响。管理措施的变化是南方春大豆营养生长期缩短，生殖生长期和全生育期延长的主要因素。

本研究结果表明，仅在气候变化影响下，中国大豆的营养生长期均延长，全生育期均缩短，这意味着种植更长生育期或更高热量需求的大豆品种能够有效应对气候变化对大豆生长发育的影响。Zhang 等（2013）同样发现气候变化使水稻生育期缩短，而长生育期品种能够更好地适应气候变暖的环境。He 等（2015）的研究表明，高热量需求品种小麦的种植能够补偿温度上升导致的物候变化，而高热时需求品种棉花的种植则补偿了 30%温度上升带来的不利影响。因此，本研究结果表明，播种期的调整和品种的改良，尤其是高热时和长生育期品种的种植是大豆适应气候变化的有效措施。

5.5.4 平均气温、累积降水和累积日照时数对大豆物候变化的贡献度比较

不同气候要素（平均气温、累积降水和累积日照时数）的变化对大豆不同物候期和生长期长度变化的影响程度不同。这主要是因为大豆不同物候期对各气候要素的敏感度不同，而在气候变化背景下，各生长期内的气候要素变化趋势也有所差异。早先的研究中，温度上升一直被视为作物物候变化的主要驱动因素（Craufurd and Wheeler，2009；Wang et al.，2013），然而，本研究结果表明，平均气温与累积日照时数的变化共同主导着大豆物候期和生长期的变化。除此之外，累积降水的变化对两种春大豆的播种期和结荚期变化的贡献最大，其他物候期的累积降水变化的影响均小于平均气温和累积日照时数变化的影响。前人的研究结果表明，气候变暖加快了作物生长发育的进程，使作物的开花期或成熟期提前，缩短了生长期长度（Lobell et al.，2012；Xiao et al.，2013）。对于大豆，温度上升同样加速了大豆的生长发育，使大豆物候期提前。不同的是，累积日照时数同样是大豆物候期变化的关键影响因素，光周期改变了短日照植物大豆的温度响应，长日照会减缓发育速度（Setiyono et al.，2007）。尤其是开花期、成熟期和生殖生长期，累积日照时数的变化对大豆物候期和生长期的影响超过温度变化的影响，主导着大豆开花期、成熟期和生殖生长期的变化。在大豆的开花期、成熟期和生殖生长期中，虽然累积日照时数变化的影响在关键气候要素中相对贡献最大，但不同种植区大豆响应结果有所差异。累积日照时数的变化使北方春大豆和南方春大豆的开花期和成熟期提前，使夏大豆的开花期和成熟期推迟。大豆属于短日照作物，累积日照时数的增长会使其开花期和成熟期提前（Mouhu et al.，2009）。北方春大豆和南方春大豆的开花期、成熟期和生殖生长期的累积日照时数以增长为主，而夏大豆区累积日照时数则下降，这导致了累积日照时数变化对北方春大豆、南方春大豆和夏大豆造成了不同的影响。累积降水在影响北方春大豆和南方

春大豆播种期变化的气候要素中占据主导。作物播种期与土壤水分含量和降雨有着密切的联系（Estrada-Campuzano et al.，2008；Hassan and Nhemachena，2008）。根据降水情况调整播种期，使作物在土壤水分适宜的条件下播种，将更有利于作物的生长发育（Deressa et al.，2009）。北方春大豆的播种期内累积降水增加，而南方春大豆的播种期内累积降水明显减少，这导致了前者播种期推迟而后者播种期提前。北方春大豆和南方春大豆的生殖生长期和全生育期受平均气温和累积日照时数变化的影响较大。采用耐高温、高热量需求、长生育期品种等是应对平均气温和累积日照时数变化的有效措施（Liu et al.，2018a；Tao and Zhang，2010）。作物物候变化是气候变化和管理措施等多种因素综合影响的结果，需要深入了解气候变化和管理措施影响大豆物候变化的物理机制，并基于此提出相应的适应措施。

5.6　小　　结

1）大豆全生育期内，平均气温和 GDD 均明显升高。北方春大豆生长期内累积降水减少，累积日照时数北增南减；夏大豆生长期内累积降水增加，累积日照时数减少；南方春大豆生长期内累积降水减少而累积日照时数增加。

2）大豆物候期和生长期的变化具有明显的空间差异。北方春大豆的物候期整体以推迟为主，生长期均缩短；夏大豆的播种期、出苗期和结荚期推迟，三真叶期和开花期提前，生长期均延长；南方春大豆的成熟期推迟，而其余物候期均提前，生殖生长期显著延长。

3）不同大豆物候期对平均气温的敏感度以负向为主。大豆的播种期对累积降水变化敏感，北方春大豆的主要物候期对累积日照时数的敏感度以负向为主，而南方春大豆则相反。大豆生殖生长期对累积日照时数的敏感度均为负。播种期调整和品种更替能够改变大豆物候期内的生长环境，以及对光热等资源的需求，调节大豆生长以适应气候变化。

4）气候变化和管理措施综合影响着大豆物候期的变化，且对不同地区大豆物候期的影响不同。研究时段内，仅在气候要素变化的影响下，北方春大豆和南方春大豆的出苗期提前，营养生长期延长，而全生育期缩短；仅在管理措施的影响下，北方春大豆、夏大豆和南方春大豆的播种期均推迟，营养生长期缩短。以播种期的调整和品种改良为代表的管理措施变化是大豆主要物候期变化的主导因素，相对贡献度大于 50%。北方春大豆的结荚期和南方春大豆的播种期、出苗期以气候变化对大豆物候变化的相对贡献最大。平均气温与累积日照时数的变化共同主导着大豆物候期和生长期的变化。此外，累积降水变化对北方春大豆和南方春大豆播种期变化的相对贡献最大。

第 6 章　棉花物候变化及归因分析

6.1　棉花研究区概况

6.1.1　棉花种植情况

棉花原产于热带、亚热带地区，是一种多年生、短日照作物。棉花种植带大致分布在 18°～46°N、76°～124°E、气温≥10℃的地区。我国是世界上种植棉花较早的国家之一，目前国内所种植的棉花多为细绒棉，新疆还种植少量长绒棉。棉花是关系我国国计民生的重要战略物资和棉纺织工业的工业原料，产业涉及多个行业，在我国国民经济中占有重要地位。目前，我国已经成为全球第一大棉花生产国和消费国，总产量和单产均居世界首位。同时，由于棉花生长周期较长，也是农产品中受气候影响较大的作物。

我国产棉省份共有 22 个，其中棉田面积在 40 万 hm^2 以上的有 7 个（新疆、河南、江苏、湖北、山东、河北、安徽），在 10 万 hm^2 以上的有 4 个（湖南、江西、四川、山西）；其他各省份只有较零星的种植。从区域上划分，我国主要包括三大产棉区域，即新疆棉区、黄河流域棉区、长江流域棉区。①新疆棉区主要包括新疆和甘肃地区，国内主要使用新疆棉。该区日照充足，降雨较少，耕作制度为一年一熟，为灌溉棉区。新疆棉区棉花单产水平高，原棉色泽好，棉花纤维强力低于黄河流域棉区、长江流域棉区。与北疆相比，南疆的气温较高，棉花回潮率低，棉花均在三级以上。我国唯一的长绒棉产区位于南疆阿克苏，长绒棉纤维长度在 36～37mm。北疆的阴雨多、水量大，日照时间相对较短，因此棉花以三级为主。②黄河流域棉区包括河北（除长城以北）、山东、河南（不包括南阳、信阳两个地区）、山西南部、陕西关中、甘肃陇南、江苏、安徽两省的淮河以北地区和北京、天津两市的郊区。黄河流域棉区日照充足，热量条件相对较好，土壤肥力中等，降水量适中。但气候因素也是纤维品质不稳定的重要原因。③长江流域棉区位于中亚热带湿润区，商品棉生产主要集中在江苏的沿海和沿江棉区，其中产棉量较大的是湖南、湖北。该棉区的棉花特点是成熟度好、马克隆值偏大、纤维偏粗、短绒率比河南低。

结合现有物候实测数据，本章选取的 26 个农业气象观测站点位于新疆、河南、江苏、湖北、山东、河北、山西、四川、浙江 9 个省份，基本覆盖了中国棉花的主产区。棉花的播种月份在 2～5 月，其中新疆棉花均在 3 月播种，河南、河北的个别站点在 4 月播种，而播种期最晚的站点分布在四川。1991～2000 年棉花观测物候期包括播种期、出苗期、三真叶期、五真叶期、现蕾期、开花期、裂铃期、吐絮期。棉花种植区的气候条件、土壤状况、棉花的种植状况和农业气象站点的具体情况见表 6.1 和表 6.2。中国棉花种植区及农业气象观测站点的分布情况见图 6.1。

表 6.1　中国棉花种植区划及种植区的基本情况

种植主区	气候类型	种植制度	区域平均海拔（m）	年平均气温（℃）	≥10℃积温（℃·d）	年降水量（mm）	年累积日照时数（h）	播种期	收获期	土壤类型
新疆棉区	温带湿润、半湿润气候	一年一熟	500	4～11	1300～3700	400～800	2400～2800	4 月上旬至5 月中旬	9 月中旬至10 月上旬	褐黄土、黄绵土 盐渍土等
黄河流域棉区	温带半湿润气候	一年两熟、两年三熟	＜50	10～14	3400～4700	500～600	＞2000	春棉花：4 月上中旬；夏棉花：5 月下旬至 6 月上旬	春棉花：8 月上中旬；夏棉花：9 月中下旬	棕壤或褐色土
长江流域棉区	温带湿润气候	一年一熟、两年五熟、一年两熟	200～5000	16～20	4400～8000	800～1200	1200～1400	3 月中旬至4 月中旬	7 月上旬	红壤、黄壤

表 6.2　棉花种植区农业气象站点的基本情况

作物	站点	E（°）	N（°）	播种期	省份
棉花	博乐	82.07	44.90	3 月	新疆
	乌苏	84.67	44.43	3 月	新疆
	沙湾	85.82	44.28	3 月	新疆
	吐鲁番	89.20	42.93	3 月	新疆
	阿克苏	80.23	41.17	3 月	新疆
	库车	82.95	41.72	3 月	新疆
	库尔勒	86.13	41.75	3 月	新疆
	喀什	75.98	39.47	3 月	新疆
	巴楚	78.57	39.80	3 月	新疆
	若羌	88.17	39.03	3 月	新疆
	莎车	77.27	38.43	3 月	新疆
	和田	79.93	37.13	3 月	新疆
	且末	85.55	38.15	3 月	新疆
	于田	81.67	36.87	3 月	新疆
	哈密	93.52	42.82	3 月	新疆

续表

作物	站点	E（°）	N（°）	播种期	省份
棉花	临汾	111.50	36.07	3 月	山西
	新乡	113.88	35.32	4 月	河南
	南宫	115.38	37.37	4 月	河北
	惠民	117.53	37.50	3 月	山东
	西华	114.52	33.78	5 月	河南
	南部	106.05	31.35	2 月	四川
	麻城	114.97	31.18	4 月	湖北
	荆州	112.08	30.40	3 月	湖北
	天门	113.32	30.65	3 月	湖北
	大丰	120.48	33.20	3 月	江苏
	慈溪	121.17	30.27	3 月	浙江

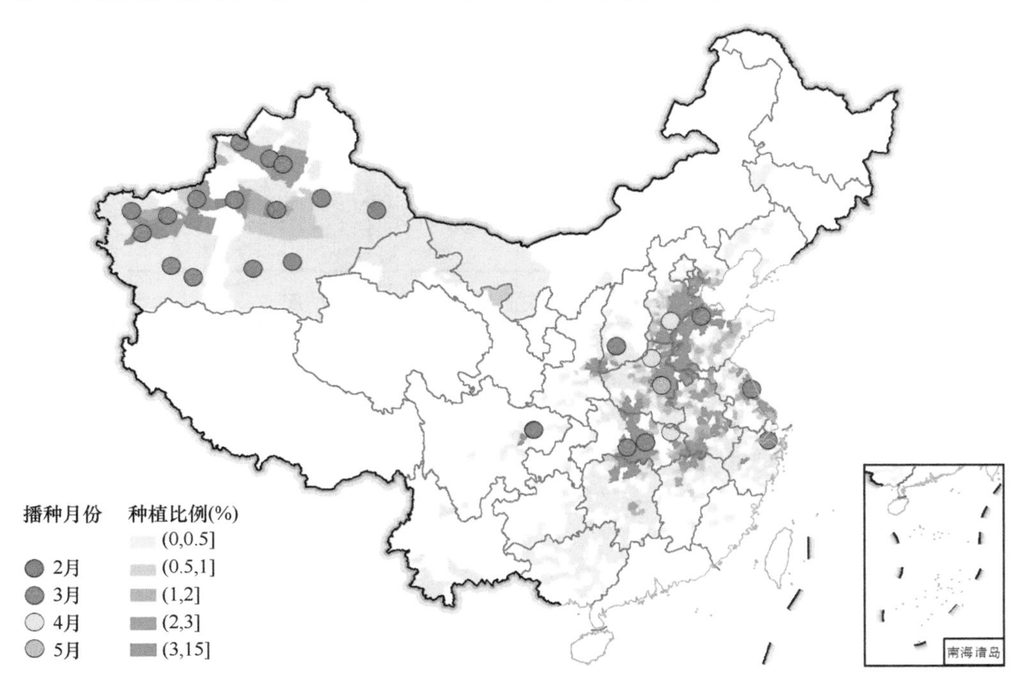

图 6.1 棉花种植区及站点分布

6.1.2 棉花物候期定义与观测标准

本章选择的棉花物候期包括播种期、出苗期、三真叶期、五真叶期、现蕾期、开花期、裂铃期、吐絮期。根据《农业气象观测规范》（国家气象局，1993），棉花各物候期的定义和观测标准如下。

播种期：开始播种的日期。

出苗期：幼苗出土，两片子叶展开。

三真叶期：从主茎顶端出现完全展开的第三片真叶。

五真叶期：从主茎顶端出现完全展开的第五片真叶。

现蕾期：植株最下部果枝的第一果节出现三角塔形花蕾，长约 3.0mm。

开花期：植株下部的果枝有花朵开放。

裂铃期：植株上出现正常开裂的棉铃，可见到棉蕾。

吐絮期：植株上出现完全张开的棉铃，棉絮外露呈松散状态，容易从铃瓣中取出。如果天气阴雨，棉铃难以正常裂铃或吐絮，发育期推迟应注明。

本章将棉花所有物候期分为 3 个关键的生长期，分别为营养生长期（播种期至开花期）、生殖生长期（开花期至吐絮期）、全生育期（播种期至吐絮期）。

6.2　棉花生长期内气候要素变化

6.2.1　气候要素时间变化特征

1991～2000 年棉花全生育期内平均气温、累积降水、累积日照时数和 GDD 的年际变化如图 6.2 所示。平均气温在棉花全生育期内整体呈现显著上升趋势。整体来说，棉花全生育期内的平均气温平均每年升高 0.14℃。1991～2000 年棉花全生育期内的累积降水呈现波动增加趋势，整体上，累积降水以 0.61mm/a 的趋势增加。与累积降水变化趋势的方向一致，棉花全生育期内的累积日照时数在 1991～2000 年也呈现波动增加的趋势，均大于 1500h。总体上，棉花全生育期内累积日照时数呈每年增加 3.39h 的趋势。GDD 的年际变化趋势基本上与平均气温的波动趋势一致，多年平均 GDD 为 4312.53℃·d，整体以 29.59（℃·d）/a 的速度逐渐增加。

6.2.2　气候要素空间变化特征与区域分异

1991～2000 年中国棉花全生育期内年平均气温、累积降水、累积日照时数和 GDD 的平均值分别为 20.30℃、343.03mm、1636.32h 和 4312.53℃·d。1991～2000 年，江苏和新疆棉区的棉花全生育期内的平均气温相对较低，而平均气温相对较高的省份为河南，达到 23.46℃。总体上，全国棉花全生育期内的降水分布呈现北低南高的分布特征，其中，新疆棉区棉花全生育期内的气候资源呈现生长期热量资源充足、日照时数多、有效积温高的特点。

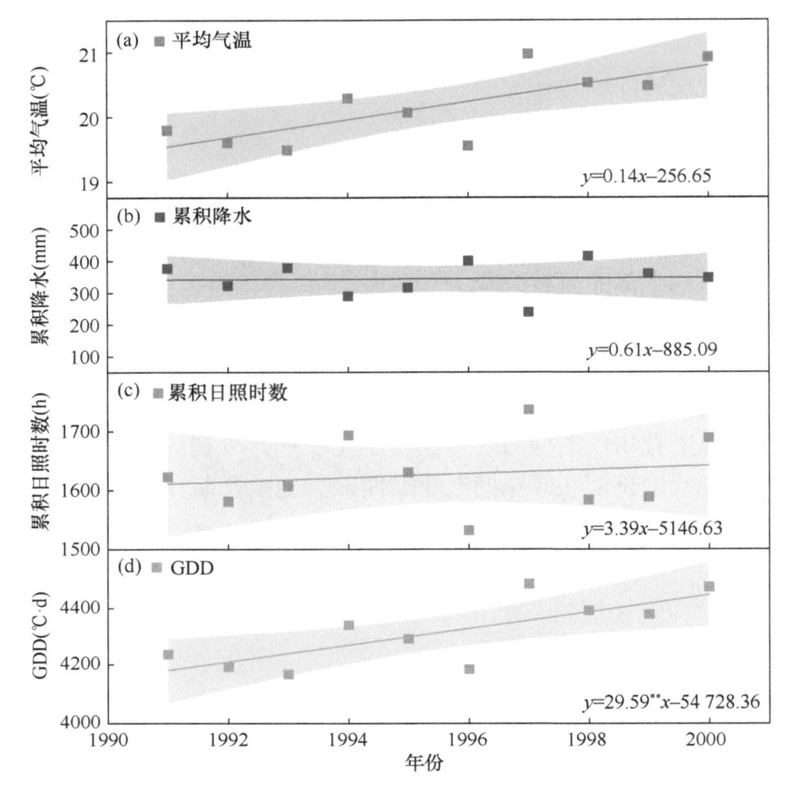

图 6.2　1991～2000 年棉花全生育期内平均气温（a）、累积降水（b）、累积日照时数（c）和 GDD（d）年际变化趋势

1991～2000 年棉花全生育期内平均气温、累积降水、累积日照时数和 GDD 的空间变化趋势如图 6.3 所示。从气候变化趋势来看，棉花全生育期内的平均气温呈现上升趋势。棉花全生育期内的增温趋势在东部、西部两个主要种植区内呈现出北高南低的特点，升温幅度最大的站点分布在浙江慈溪，呈现每年升温 0.08℃的趋势。与平均气温的变化趋势非常相似，绝大多数站点棉花全生育期内 GDD 呈现上升趋势。浙江、山西的 GDD 增加幅度相对较大，分别为 20.69（℃·d）/a 和 15.92（℃·d）/a，而河南、河北的增加幅度均低于 5（℃·d）/a。57.69%的站点呈现累积日照时数增加的趋势，且增加幅度最大的省份为河南（3.62h/a），新疆呈现微弱的增加趋势（0.21h/a）。而对于累积降水，57.69%的站点呈下降趋势。其中河南的累积降水减少幅度最大（–7.12mm/a），而新疆呈现 1.65mm/a 的增加趋势，且增加幅度最大的站点出现在新疆喀什（11.34mm/a）。棉花所有站点在各生长期的气候要素变化趋势范围见附表 1～附表 4。

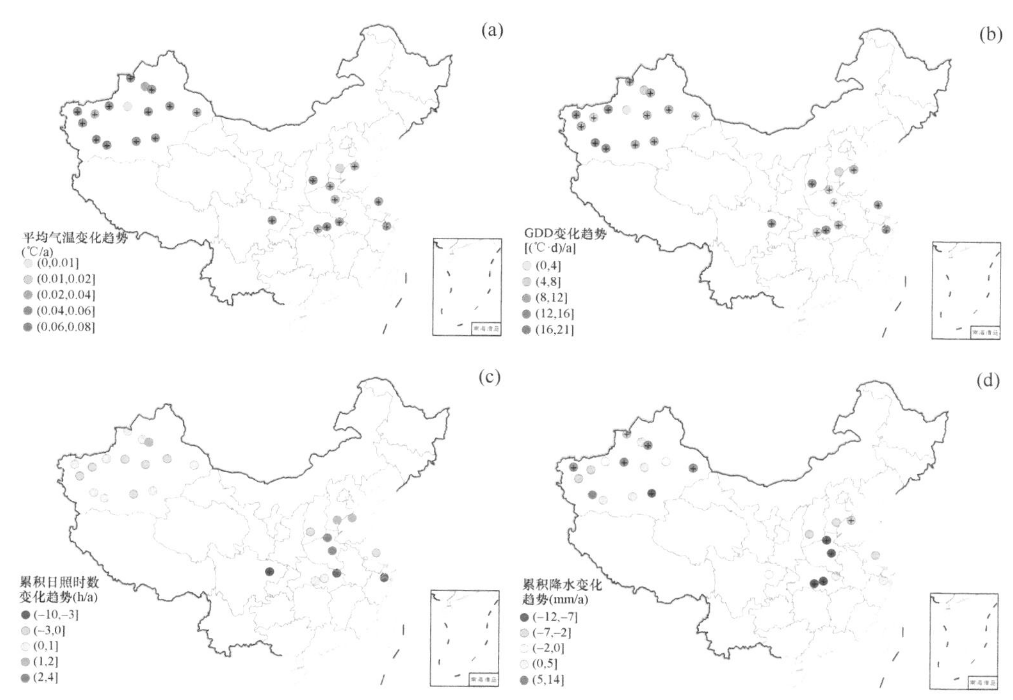

图 6.3　1991～2000 年棉花全生育期内平均气温（a）、GDD（b）、累积日照时数（c）和累积降水（d）空间变化趋势

+表示通过 0.05 显著性水平检验

6.3　棉花物候变化特征

6.3.1　棉花物候期变化特征

1. 棉花物候期时间变化特征

1991～2000 年棉花播种期、出苗期、三真叶期、五真叶期、现蕾期、开花期、裂铃期、吐絮期的年际变化如图 6.4 所示。在 10 年观测期中棉花的播种期每年推迟 0.25d，出苗期、三真叶期、五真叶期、现蕾期、开花期、裂铃期、吐絮期每年分别提前 0.11d、0.27d、0.37d、0.26d、0.39d、1.09d、0.10d。

在所有物候期中，吐絮期的变化幅度最为微弱，平均每年提前 0.10d，而裂铃期年际波动较大。此外，三真叶期主要分布在 4 月下旬，除 1993、1996 和 2000 年外，其余年份棉花的三真叶期均呈现推迟趋势，但总体表现为提前的趋势。五真叶期主要分布在 5 月上旬，且提前幅度大于三真叶期。现蕾期主要分布在 5 月中旬，年际波动较大，总体趋势以提前为主。开花期在不同年份呈现出波动变化，但整体提前幅度大于现蕾期，主要分布在 6 月上旬至中旬。

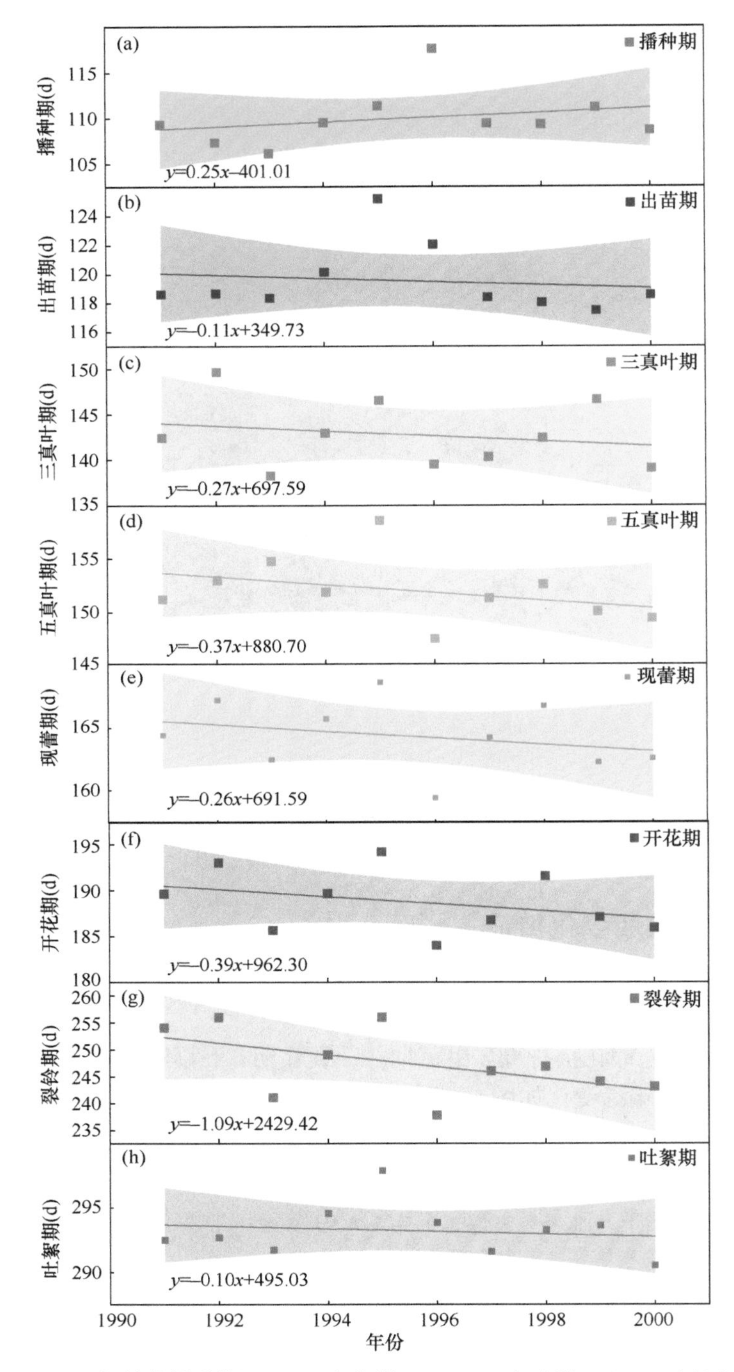

图 6.4 1991～2000 年棉花播种期（a）、出苗期（b）、三真叶期（c）、五真叶期（d）、现蕾期（e）、开花期（f）、裂铃期（g）、吐絮期（h）的时间（DOY）变化趋势

2. 棉花物候期空间变化特征与区域分异

1991～2000 年，中国棉花生长期内各个关键物候期都发生了显著变化，不同物候期的主导趋势不尽相同（图 6.5）。虽然在时间变化上，棉花播种期总体呈现不显著的推迟趋势，但在站点尺度，中国大部分站点棉花的播种日期均呈现提前趋势，大部分地区的提前速率在 0.6d/a 以内，其中新疆乌苏和河北南宫的提前速率超过了 0.6d/a；大部分地区的提前速率的置信度水平未达到 95%（$P>0.05$），说明中国棉花在 1991～2000 年的播种日期变化趋势不显著。受播种日期提前的影响，大部分地区棉花的出苗日期也呈现提前趋势，提前速率普遍在 0.2～1.0d/a，部分地区（吐鲁番、库尔勒、若羌、和田、西华、惠民、慈溪、哈密、临汾、新乡、麻城）出现推迟趋势。与播种期相比，出苗日期变化在大部分地区的趋势显著性水平较高，置信度水平高于 95%（$P>0.05$）的站点普遍为提前趋势，这表明中国部分地区棉花在 1991～2000 年其出苗日期可能出现提前。大部分地区棉花的三真叶期的变化趋势同样以提前为主，提前速率的变化幅度较大，在 0.02～2.4d/a；部分地区出现推迟趋势，推迟速率的变化幅度在 0.1～1.0d/a。三真叶期提前幅度越高的地区往往置信度水平也较高，表明中国棉花的三真叶期整体提前。中国大部分地区棉花的五真叶期同样呈现提前趋势，提前幅度在 0.03～1.4d/a；部分地区出现推迟趋势，推迟速率的变化幅度在 1.4d/a 以内。西部棉花种植区除了阿克苏、库尔勒和哈密站点的棉花现蕾期出现推迟外（$P>0.05$）其他站点的现蕾期都呈提前趋势；东部种植区棉花现蕾期推迟的站点占比则更高，为 6/11。总体上看，中国棉花现蕾期呈提前趋势。中国有 69.2%的棉花站点记录数据表明棉花开花期提前，提前速率普遍集中在 0.05～1.4d/a；大部分地区提前速率的置信度水平高达 95%以上（$P<0.05$），说明棉花在 1991～2000 年开花日期普遍提前。大部分地区的裂铃期呈现提前趋势，且提前速率较大，普遍集中在 0.15～2.3d/a，喀什站点的裂铃期甚至达到 2.98d/a。受前期物候期的影响，棉花吐絮期同样呈现提前趋势，提前速率普遍在 1d/a 以内，部分地区棉花成熟日期出现推迟趋势，但是出现推迟趋势地区的置信度水平都较低（$P>0.05$），而出现提前趋势的部分地区的置信度水平均超过 95%（$P<0.05$）。这表明中国部分地区棉花在 1991～2000 年的成熟日期很可能出现提前，提前的平均速率约为 0.40d/a。

6.3.2　棉花生长期变化特征

1. 棉花生长期时间变化特征

1991～2000 年中国棉花营养生长期、生殖生长期及全生育期长度的时间变化

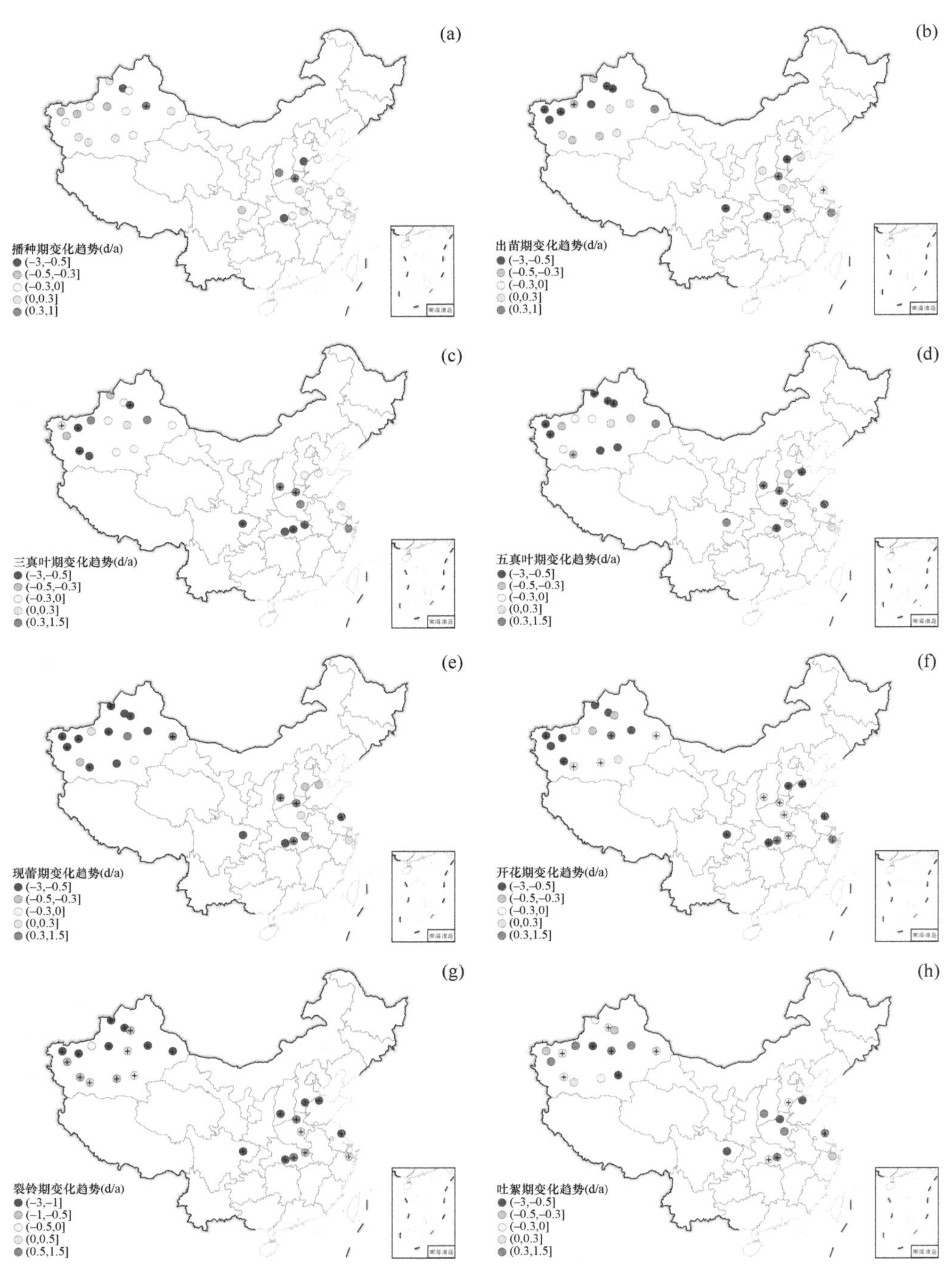

图 6.5　1991～2000 年棉花播种期（a）、出苗期（b）、三真叶期（c）、五真叶期（d）、现蕾期（e）、开花期（f）、裂铃期（g）、吐絮期（h）空间变化趋势

+表示通过 0.05 显著性水平检验

趋势如图 6.6 所示。中国棉花全生育期的平均长度约为 184d，平均营养生长期和生殖生长期长度分别为 79d 和 105d。总体上，在 10 年观测期内棉花的营养生长期和全生育期长度呈缩短趋势，而生殖生长期长度呈延长趋势。1991～2000 年中国棉花营养生长期和全生育期长度平均每年缩短 0.39d 和 0.35d，生殖生长期平均每年延长 0.15d。

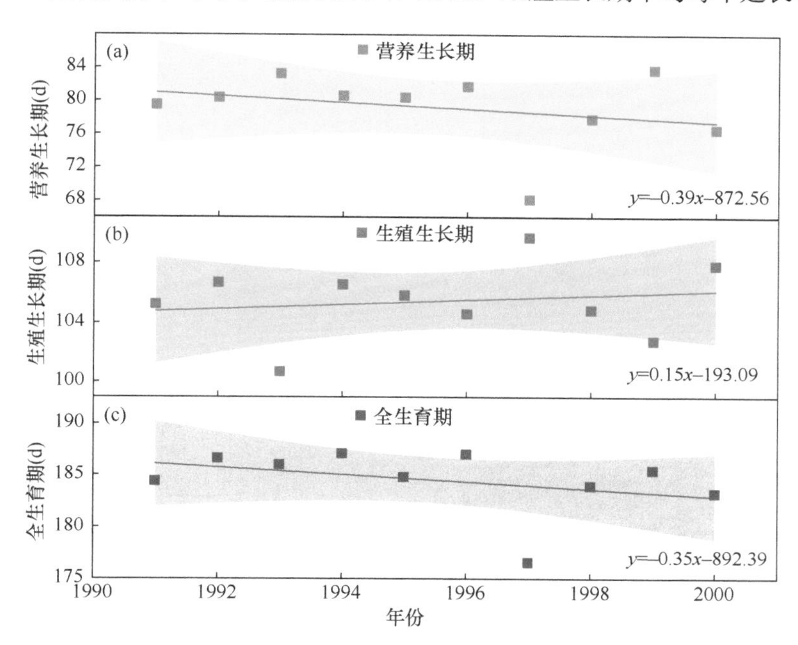

图 6.6　1991～2000 年棉花营养生长期（a）、生殖生长期（b）、全生育期（c）的时间变化趋势

2. 棉花生长期空间变化特征与区域分异

1991～2000 年棉花营养生长期、生殖生长期及全生育期长度的空间变化趋势如图 6.7 所示。各生长期变化趋势具有显著的空间分异特征，其中分别有 14/26、12/26 的站点的营养生长期和全生育期长度呈缩短趋势；生殖生长期以延长为主，有 8/26 的站点观测到生殖生长期缩短。其中，河南新乡和新疆若羌是棉花全生育期长度变化最大的站点，分别呈现每年缩短 4.59d 和 1.39d 的趋势；延长趋势较大的站点主要为湖北天门站和新疆阿克苏、沙湾站。对于营养生长期，河南新乡、新疆吐鲁番和山东惠民站的平均缩短幅度相对较大，缩短幅度均超过 1d/a。棉花生殖生长期缩短的站点主要分布在河南新乡、新疆若羌和浙江慈溪，分别呈现 2.28d/a、0.85d/a 和 0.55d/a 的缩短趋势。新疆为棉花的主要种植区，该区棉花生殖生长期变化趋势以延长为主，平均延长幅度为 0.25d/a。新疆北部地区棉花的生殖生长期延长趋势大于南部地区，也有个别站点出现生殖生长期缩短的情况，如新疆南部的库车、库尔勒、若羌和哈密。

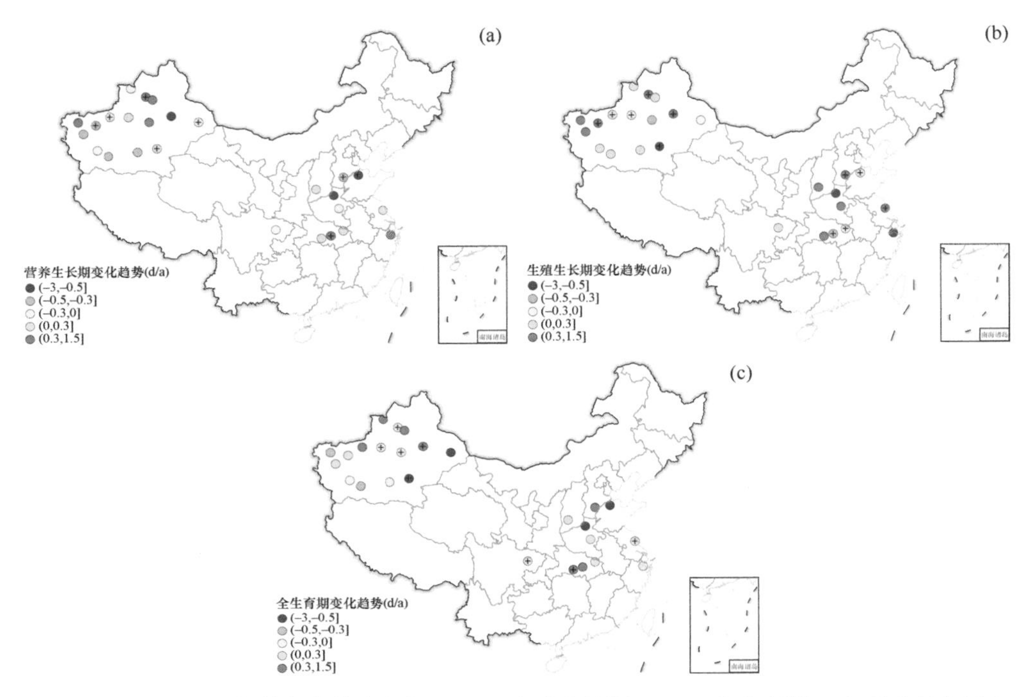

图 6.7　1991～2000 年棉花营养生长期（a）、生殖生长期（b）、全生育期（c）长度的空间变化趋势

+表示通过 0.05 显著性水平检验

6.4　棉花物候变化归因分析

6.4.1　棉花物候对气候要素的敏感度分析

1. 棉花物候期对平均气温、累积降水和累积日照时数的敏感度分析

在 10 年观测期内，棉花物候期对平均气温、累积降水和累积日照时数的敏感度如图 6.8 所示。平均而言，棉花各物候期与同期的平均气温均呈负相关，表明温度升高会加速棉花的生育进程。3 种气候要素中，棉花对温度的响应高于降水和日照。对于不同物候期，裂铃期和开花期对平均气温的敏感度相对较高，分别为–4.77d/℃和–3.07d/℃，吐絮期对平均气温的敏感度最弱，仅为–0.30d/℃。较为温暖的站点对平均气温的敏感度相对较高，如新疆库车、湖北麻城和荆州；对温度响应较弱的站点为江苏大丰和新疆和田。与平均气温不同，棉花的各物候期对累积降水和累积日照时数的敏感程度存在差异。播种期和五真叶期对累积降水的平均敏感度为负，而对累积日照时数的平均敏感度为正。棉花各物候期对累积降

水的敏感度范围从–1.19d/100mm（五真叶期）到 0.97d/100mm（三真叶期）；棉花各物候期对累积日照时数的敏感度范围从–0.24d/100h（裂铃期）到 0.63d/100mm（播种期）。新疆棉区棉花的物候期对降水的敏感度普遍较高，其中博乐、乌苏、库车、吐鲁番对累积降水的敏感度为负，而阿克苏、喀什、巴楚对降水的敏感度为正。其余省份站点的棉花物候期对降水的敏感度均不超过 1d/100mm。新疆吐鲁番、河南西华和江苏大丰站点棉花的各物候期均随累积日照时数的增加而提前。

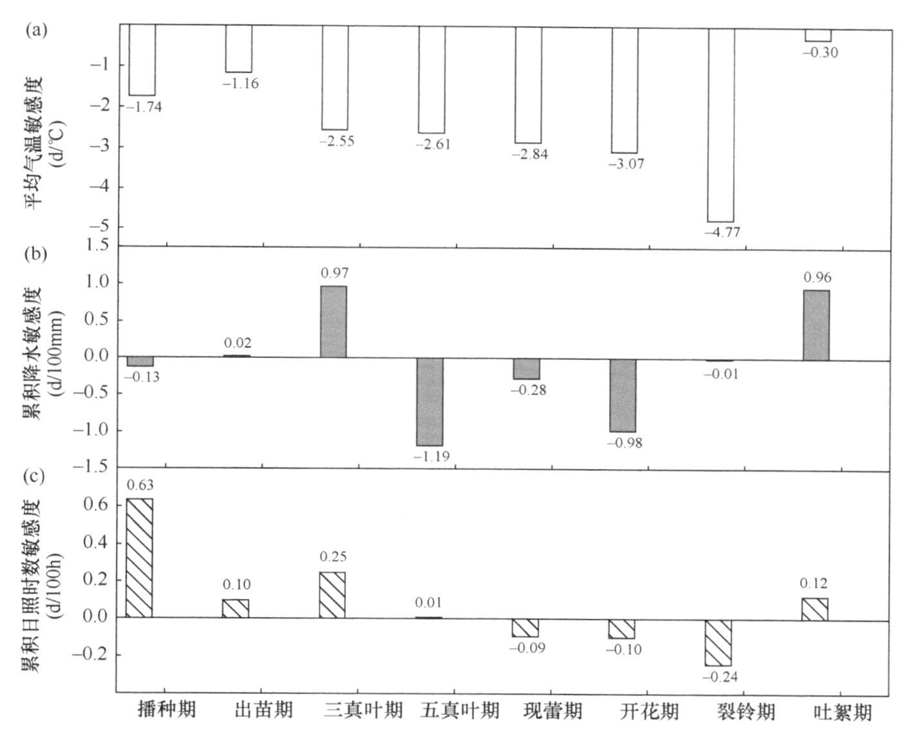

图 6.8 1991～2000 年棉花各物候期对平均气温（a）、累积降水（b）、累积日照时数（c）的敏感度

2. 棉花生长期对平均气温、累积降水和累积日照时数的敏感度分析

1991～2000 年，棉花各生长期对相应阶段内气候要素（平均气温、累积降水、累积日照时数）的敏感度如图 6.9 所示。总体而言，营养生长期长度随平均气温升高而缩短（–0.42d/℃），而生殖生长期和全生育期长度随平均气温升高而延长（2.69d/℃和 1.29d/℃）。在站点层面，四川南部和湖北天门棉花的 3 个生长期均随温度升高而缩短，新疆阿克苏、河北南宫、山东惠民棉花的全生育期对平均气温却呈现相反的响应。棉花生殖生长期和全生育期对累积降水的平均敏感度为正值，营养生长期对累积降水的敏感度为负值，其中生殖生长期对累积降水

的响应较为强烈，达到 2.33d/100mm，营养生长期和全生育期对累积降水的平均敏感度分别为–0.97d/100mm 和 0.86d/100mm。不同站点对生长期内累积降水变化的敏感度的波动范围较大，新疆博乐、沙湾、乌苏、库车棉花的生殖生长期和全生育期长度普遍随累积降水增加而延长，而新疆南部地区的站点则呈现相反的响应，相较而言，新疆棉区的棉花全生育期长度对累积降水的响应相对较强。与平均气温和累积降水相比，棉花各生长期长度对累积日照时数敏感度相对较低，相应生长期内累积日照时数每增加 100h，营养生长期和全生育期长度分别缩短 0.69d 和 0.56d，生殖生长期长度延长 0.25d。

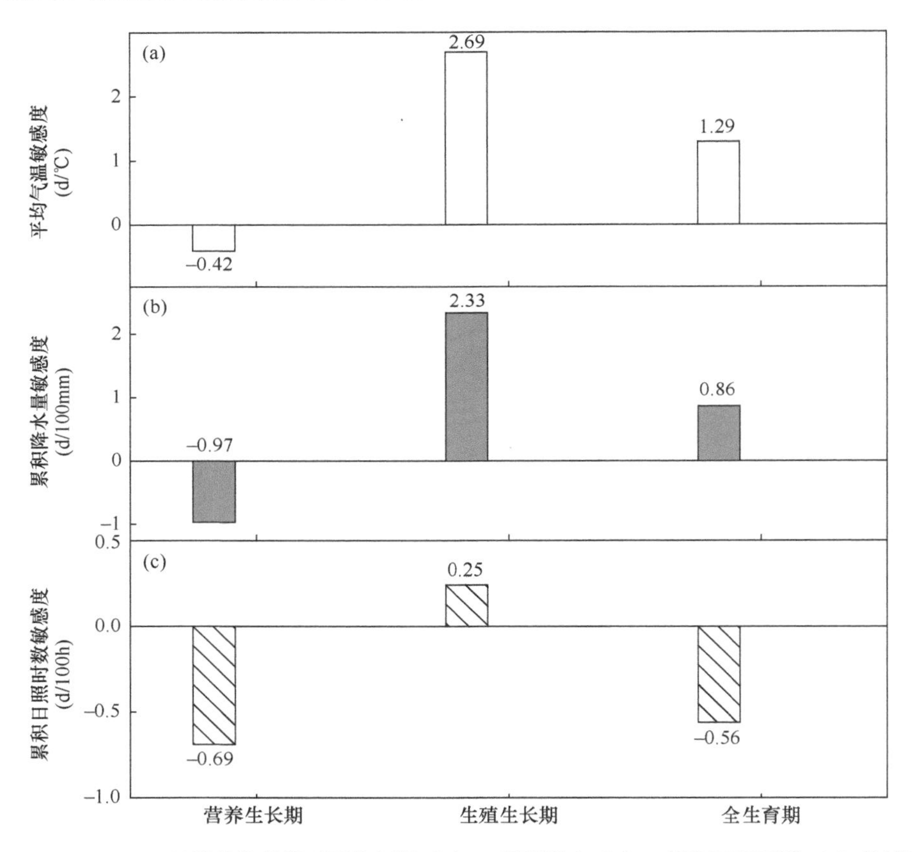

图 6.9　1991～2000 年棉花生长期对平均气温（a）、累积降水（b）、累积日照时数（c）的敏感度

6.4.2　气候变化和管理措施对棉花物候变化的影响

1. 气候变化和管理措施对棉花物候期变化的影响

1991～2000 年，气候变化和管理措施对棉花物候期变化的综合和单独影响如

图 6.10 所示。在综合影响下，播种期、出苗期、三真叶期、五真叶期和现蕾期均被提前，提前幅度为 0.24d/10a～3.19d/10a。同时，在气候变化的单独影响下，各个物候期均呈现提前趋势，提前幅度为 0.33d/10a～1.89d/10a，其中提前幅度较大的物候期为裂铃期。管理措施使棉花开花期、裂铃期和吐絮期分别推迟 4.49d/10a、6.47d/10a 和 3.91d/10a，在一定程度上抵消了气候变化对棉花物候的加速效应。在气候变化影响下，棉花物候期的变化范围小于气候和管理的综合影响及管理措施的单独影响，同时，在管理措施单独影响下的棉花物候期的变化趋势中值与气候和管理综合影响下的趋势中值相似。

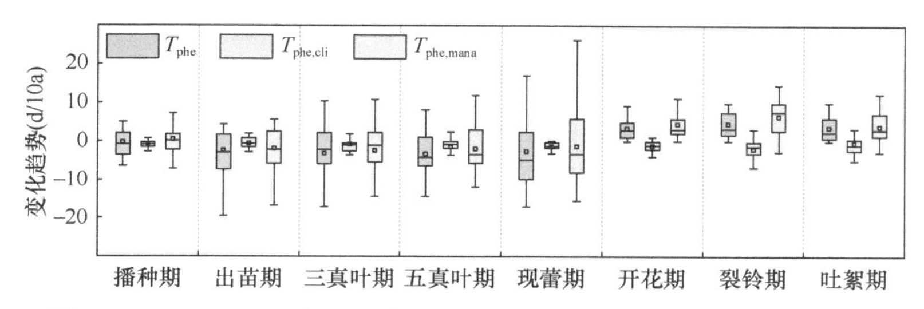

图 6.10　1991～2000 年气候变化和管理措施对棉花物候期变化的影响

2. 气候变化和管理措施对棉花生长期变化的影响

图 6.11 表示在 1991～2000 年气候变化和管理措施的单独和综合影响下，棉花生长期（营养生长期、生殖生长期和全生育期）的长度变化趋势。在综合因素影响下，大部分站点的生长期有所延长，且管理措施和气候变化对棉花营养生长期和生殖生长期的变化为同向作用。气候变化对棉花营养生长期和生殖生长期长度变化的影响分别为 0.22d/10a 和 0.85d/10a，而管理措施对棉花营养生长期和生殖生长期长度变化的影响分别为 5.95d/10a 和 4.99d/10a，气候变化对生长期变化的影响幅度远远小于管理措施。对于部分站点，气候变化和管理措施对棉花的影响方向相反，管理措施在一定程度上缓解了气候变化对棉花全生育期长度的缩短作用。

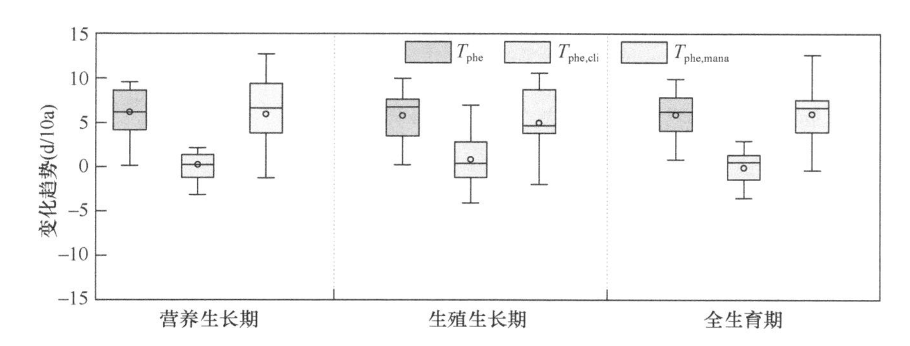

图 6.11　1991～2000 年气候变化和管理措施对棉花生长期长度变化的影响

3. 在气候变化和管理措施影响下棉花物候期和生长期的平均变化趋势

在气候变化和管理措施影响下的棉花物候期和生长期变化趋势的平均值如表 6.3 所示。对棉花而言，气候变化使各物候期提前，其中，裂铃期提前效应最明显，平均变化趋势为–1.89d/10a；相较而言，出苗期受气候变化的影响最小，仅为–0.55d/10a。气候变化对生殖生长期长度的影响大于营养生长期，生殖生长期和营养生长期受气候变化的影响分别为 0.85d/10a 和 0.22d/10a。在管理措施影响下，裂铃期的变化程度远大于其他物候期，达到 6.47d/10a；而管理措施对出苗期至现蕾期的各物候期均为提前效应。气候变化对开花期、裂铃期和吐絮期为提前效应，而管理措施对这些物候期的影响与气候变化恰好相反，这在一定程度上抵消了气候变化的影响。与气候变化的影响不同，管理措施对营养生长期的影响较大，达到 5.95d/10a，对全生育期的影响为 5.98d/10a。平均而言，气候变化和管理措施的综合影响缩短了开花期之前的各物候期，延长了开花期之后的物候期，且对营养生长期和生殖生长期长度均有延长作用。

表 6.3　气候变化和管理措施影响下的棉花物候期和生长期的平均变化趋势（单位：d/10a）

棉花类型（站点数）	物候期/生长期	T_{phe}	$T_{phe,cli}$	$T_{phe,man}$	P 值（t 检验）
棉花（26）	播种期	–0.24	–0.78	0.55	0.798
	出苗期	–2.32	–0.55	–1.78	0.347
	三真叶期	–3.06	–0.74	–2.32	0.597
	五真叶期	–3.19	–1.34	–1.85	0.267
	现蕾期	–2.48	–1.24	–1.24	0.533
	开花期	3.38	–1.12	4.49	0.000**
	裂铃期	4.58	–1.89	6.47	0.000**
	吐絮期	3.58	–0.33	3.91	0.000**
	营养生长期	6.17	0.22	5.95	0.000**
	生殖生长期	5.84	0.85	4.99	0.000**
	全生育期	5.91	–0.07	5.98	0.000**

6.4.3　气候要素对棉花物候变化的相对贡献度

1. 气候要素对棉花物候期变化的相对贡献度

1991～2000 年不同站点的棉花对 3 个关键气候要素的敏感度不同，因此气候要素的相对贡献度也存在差异（图 6.12）。3 个关键气候要素对棉花物候期普遍表现为提前作用，其中，平均气温的相对贡献度较大（–96.79%～–64.88%），累积降水次之（–26.06%～15.03%），累积日照时数的相对贡献度最小（–9.07%～5.20%）。同一物候期在不同省份受到的气候要素影响不同，新疆的棉花播种期受气候影响相对较大，例如，在沙湾、库尔勒和莎车，气候变化的相对贡献度均高于 60%。同一省份内，不同站点受到的影响也存在差异，例如，新疆大部分站点受温度的影响最大，但对于库车和巴楚，累积降水的相对贡献度均高于 50%。与其他两个气候要素相比，累积日照时数对棉花物候期的相对贡献度较小，不超过 10%。

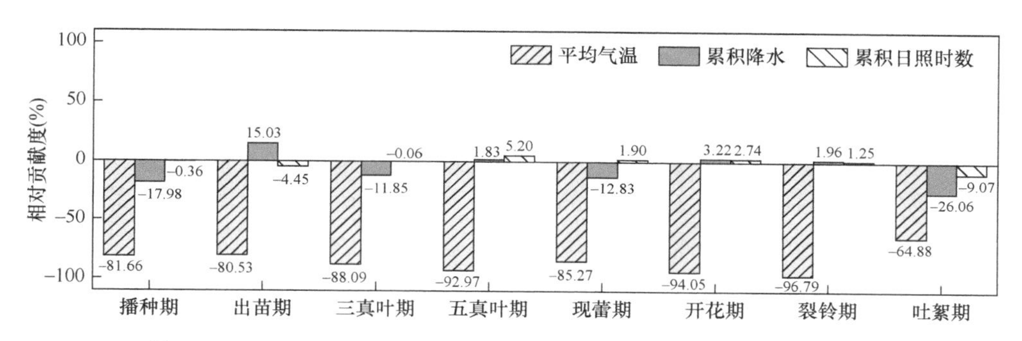

图 6.12　1991～2000 年不同气候要素对棉花物候期变化的相对贡献度

2. 气候要素对棉花生长期变化的相对贡献度

1991～2000 年棉花生长期在气候变化影响下呈现波动性变化，各气候要素对不同地区棉花生长期的相对贡献度有所不同（图 6.13）。平均气温对库尔勒、且末和临汾站点的生殖生长期贡献为负，缩短了这些站点的生殖生长期长度，而对于其他站点，平均气温的相对贡献度普遍为正。各站点的累积降水对生殖生长期长度的影响以缩短为主，其中对若羌和吐鲁番棉花生殖生长期长度的相对贡献度分别为 95.42%和 98.28%。相反，对于营养生长期长度，累积降水的相对贡献度普遍呈现正值，延长了大部分站点的营养生长期长度，累积降水对库车和新乡站

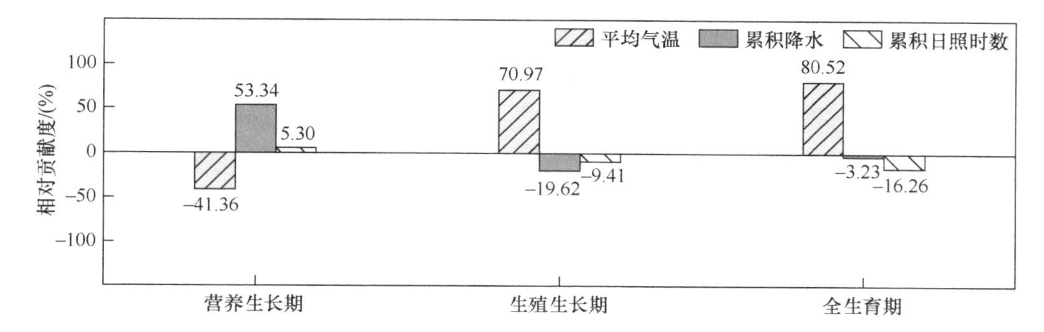

图 6.13　1991～2000 年不同气候要素对棉花生长期变化的相对贡献度

点棉花的营养生长期长度变化的相对贡献度分别高达 99.78%和 89.48%。累积日照时数对营养生长期和生殖生长期长度的相对贡献度均呈现较低值。总体上，营养生长期受累积降水的影响较大（53.34%）而生殖生长期和全生育期长度受平均气温影响较大，相对贡献度分别为 70.97%和 80.52%。

6.4.4 气候变化和管理措施对棉花物候变化的相对贡献度

1. 气候变化和管理措施对棉花物候期变化的相对贡献度

1991～2000 年气候变化和管理措施对棉花物候期变化的相对贡献度如图 6.14 所示。总体而言，气候变化对大多数站点的棉花的影响表现为提前效应，而管理措施则减轻甚至逆转了这些不利影响，最终使棉花生长期延长。1991～2000 年管理措施对棉花物候期的影响有明显的阶段效应，在出苗期至现蕾期加剧了气候变化的提前效应。提高人为管理水平能够加强棉花对气候变化的适应，1991～2000 年，管理措施对棉花开花期、裂铃期和吐絮期的相对贡献度均超过 80%，因此棉花开花期、裂铃期和吐絮期在气候暖干化背景下推迟很可能是由于人为管理水平的提高。

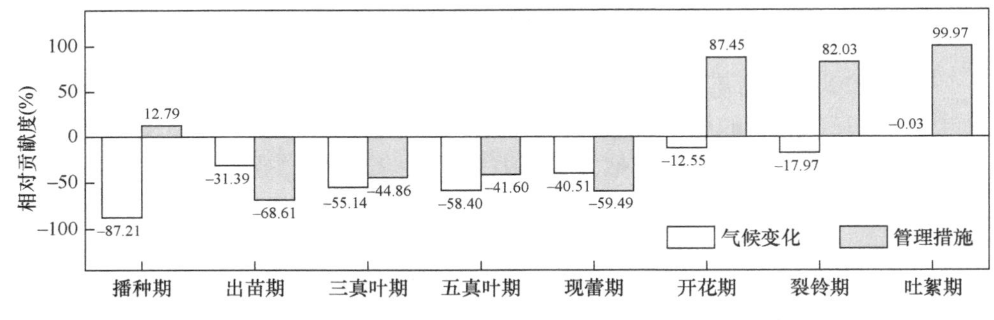

图 6.14 1991～2000 年气候变化和管理措施对棉花物候期变化的相对贡献度

与管理措施相比，气候变化对物候期变化的贡献相对较小，且气候变化对棉花生长既有正面影响，也有负面影响。一方面，气候变暖扩大了棉花的适宜播种范围，更充分的热量条件将促进棉花生产。但另一方面，随着温度的变化，极端气候事件的发生频率也会增加，这将加剧气候变化的不确定性。气候变化对播种期（–87.21%）、三真叶期（–55.14%）和五真叶期（–58.40%）的影响较大。

2. 气候变化和管理措施对棉花生长期变化的相对贡献度

1991～2000 年，在大多数站点，气候变化的单独影响延长了棉花的营养生长期和生殖生长期长度。气候变化和管理措施对棉花生长期变化的相对贡献度存在差异（图 6.15）。研究结果表明，管理措施对生长期的影响较大，管理措施延长了营养生长期和生殖生长期的长度，相对贡献度分别为 88.59%和 79.65%。气候变化对棉花生长期的贡献度方向与管理措施一致，但影响程度小于管理措施。这在一定程度上说明了品种对气候变化的响应和棉花生长习性的不确定，棉花生长习性的不确定性意味着只要环境适宜，棉花就可以继续生长。

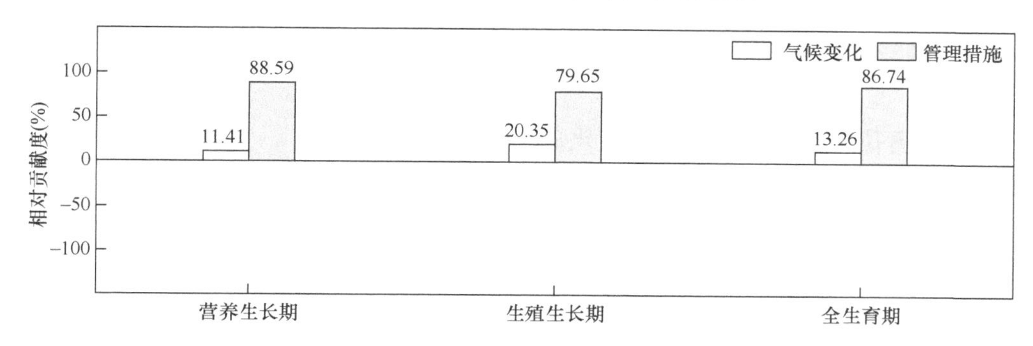

图 6.15　1991～2000 年气候变化和管理措施对棉花生长期变化的相对贡献度

6.5　讨　　论

6.5.1　气候变化与棉花物候变化特征

本研究调查了 1991～2000 年棉花全生育期内平均气温、累积降水、累积日照时数和 GDD 的年际变化。在研究阶段内，棉花全生育期内平均气温和累积降水均呈现增加趋势，累积日照时数也呈现波动性增加，形成暖湿化气候背景。我国对作物物候学的研究主要集中在小麦、玉米、水稻三大粮食作物上，对棉花、大豆等经济作物的物候学研究相对较少（Mo et al.，2016；Zhao et al.，2017）。Wang 等（2008）对 1983～2004 年中国西北敦煌站的棉花生育期变化进行了统计分析，评价了气候（温度）变化对物候的影响。Huang 和 Ji（2015）评价了 1981～2010 年乌兰乌苏（中国新疆）气候（温度）变化对棉花物候的影响。Wang 等（2017b）分析了 1981～2012 年华北平原 13 个农业气象站的棉花物候、不同生育期长度、平均气温和平均降雨量的时空变化趋势及其相互关系。然而，这些研究大多忽略了管理措施对棉花物候的影响。实际上，观测到的物候变化是气候变化和管理措施共同影响的结果。此外，以往的研究主要集中在局部地区或个别站点（Bai et al.，2016；Xiao and Tao，2014）。考虑到不同地区作物物候对气候变化的响应差异（秦雅等，2018），我们研究了气候变化对不同站点棉花物候和生育期的影响，为制定更适宜的适应措施提供了有价值的政策见解。

研究表明，1991～2000 年中国棉花的播种期呈现推迟趋势，除播种期外，棉花其他物候期均呈提前趋势；出苗期的提前速率普遍在 0.5d/a 以内，开花期的提前速率普遍集中在 1～1.5d/a。受前期物候期的影响，成熟日期呈现提前趋势，提前速率普遍率普遍在 1d/a 以内，也有部分地区棉花的成熟日期出现推迟趋势，但是出现推迟趋势地区的置信度水平都较低（$P>0.05$）。已开展的气候变化对中国主要粮食作物物候影响的研究也表明温度导致作物生长加速而缩短生长期（Liu et al.，2021b；Sadras and Monzon，2006）。明确不同因素对作物物候的贡献将有助于农民制定适当的减缓气候变化策略，以促进农业可持续发展。

6.5.2 棉花物候对气候要素变化的敏感度

人们普遍认为，温度升高会促进棉花开花或成熟，进而缩短生长周期（Lobell et al.，2011）。我们的研究结果表明，平均气温增加会减少棉花总的生长持续时间。先前的研究多基于田间试验（Makinen et al.，2018）和作物模型（Lobell and Burke，2010；Niyogi et al.，2015），指出了气候变暖将加速作物生长。Ahmad 等（2017b）发现，温度每升高 1℃，棉花播种期至吐絮期的持续时间缩短了 1.97d。本研究结果表明，棉花的物候期与平均气温呈负相关，随着气温的升高，播种期和出苗期也随之提前，这可能表明棉花对气候变暖趋势的自适应响应。此外，由于人们在棉花上应用了覆膜技术，棉花对全球变暖的响应相对较小。

统计模型显示，气候变暖对作物物候变化有重要影响（Rezaei et al.，2015）。总的来说，气候变化加剧了棉花大部分物候期的变化。此外，作物在气候变化下的响应已经被阐明（Liao et al.，2019；Mendoza et al.，2017）。已有研究表明，气候变化对作物既存在不利影响，也存在有利影响。例如，在全球变暖的影响下，由于我国光热资源的空间变异性和年际变化。作物适宜性的退化会影响作物的种植面积和地理分布，这与总产量直接相关（Sloat et al.，2020；Zhu and Burney，2021）。棉花的主要种植区域已逐渐从黄河、长江流域转移到中国西北内陆地区。棉花种植面积的变化主要是由于生产技术和自然条件的变化。与此同时，长江和黄河流域的棉花生产仍然以个体农户的小规模生产为主，棉花生产标准化和种植机械化水平较低，阻碍了规模化、机械化生产的进程，进一步增加了生产成本。此外，水分和热量的不均匀分布将导致黄河流域棉花产量变异性增大。长江流域棉花种植的主要限制因素是春末夏初的梅雨和连阴雨及秋季日照少，全球变暖导致春末夏初和秋季的降雨增加，这可能会降低棉花产量，进而减少棉花种植面积。因此，在保证灌溉的条件下，西北内陆地区棉花种植面积将大幅增加。另外，积温的增加可以促进农业多样性，提高复种指数（Liu et al.，2013）。对于像新疆棉区这样的半干旱地区，棉花物候对温度和降水的变化更为敏感，热浪和干旱等极端事件的增加可能会不利于棉花产量增加（Zhang et al.，2015）。

6.5.3 气候变化及管理措施对棉花物候变化的贡献度比较

在作物生长过程中，由于管理措施也发生了变化，简单地将物候变化归因于气候变化是不合理的。因此，本研究采用一阶差分法分离农田管理措施的影响，探讨棉花物候对平均气温、累积降水和累积日照时数的响应。

在本研究中，由于气候变化和管理措施的综合影响，棉花播种期至现蕾期的各物候期提前，开花期至吐絮期的各物候期推迟，生长期延长。这些结果与之前在其他地区的研究结果一致（Wang et al.，2004）。气候变化对播种期、三真叶期和五真叶期的贡献度相对较大，而管理措施是物候变化的主导因素。这与 Wang 等（2017a）的研究一致，该研究强调了管理对中国水稻生育期长短的影响超过了气候变化。调整播种期是影响作物生长和生产的重要农艺管理措施（Chen et al.，2018；Tu et al.，2019）。Huang 等（2020）说明播种期调整和生育期降水对玉米产量提高的贡献度为 44.5%～96.7%，甚至高于移栽品种的贡献。Xiao 等（2016b）区分了播种期调整和品种优化对春小麦物候期的影响，发现早播是缓解气候变暖对中国北方春小麦营养生长期和整个生育期影响的有效措施。同样，我们的研究结果表明，在气候变化影响下棉花的物候期有提前的趋势，而播种期同样有明显的提前，说明提前播种期是棉花农户适应气候变化的一种切实可行的措施。本研究表明，在管理措施的单独影响下，棉花生长期均有延长，这意味着较长生育期或较高热量需求的棉花品种有助于适应气候变化。用晚熟品种代替早熟品种可以获得较长的生育期，从而提高棉花产量（Yang et al.，2014）。He 等（2018）的研究表明，种植高热量需求的小麦品种可以弥补升温引起的物候变化。因此，开发高热量需求、长生育期的棉花品种和调整播种期是缓解气候变化对棉花负面影响并使其可持续生产的有效措施。

我们的发现有助于理解作物管理在棉花物候变化中的作用，并为粮食安全政策提供更深层次的见解。例如，为了建立农业可持续发展的长期机制，遗传育种科研人员可以重点培育适应气候的基因型和增加遗传多样性。此外，气候变化也可能对某些地区的作物生长产生积极影响（Ortiz et al.，2008），因此，调整种植边界并优化农业结构有利于人们更好地利用气候资源。

6.5.4 平均气温、累积降水和累积日照时数对棉花物候变化的贡献度比较

温度是决定生长期长短的关键因素（Li et al.，2014），本研究对棉花物候敏感度的分析也验证了这一结论。以往研究表明，温度升高会加速作物生长并缩短其生长期（Li et al.，2020；Xu et al.，2019）。我们的研究表明，1991～2000 年棉花生育期内的平均气温缩短了营养生长期而延长了生殖生长期。这些差异可能与我国南北地区的气候变化有关，也与作物的生理特性有关。这种响应可能是由

临界温度引起的，当生长期平均气温超过临界温度时，温度的升高不再缩短生长期的长度，甚至可能导致生长期的延长（Wang et al.，2004）。

降水也是棉花物候变化的关键影响因素，对营养生长期的影响尤为显著。日照时数对棉花营养生长期的影响超过了温度变化的影响。作物播种期与土壤水分和降水密切相关。根据累积降水调整播种期，在适宜的土壤水分条件下播种作物，有利于作物生长和生产。由于气候变化与作物栽培的相互作用，根据作物物候期和生长期的动态变化，对不同区域采取相应的适应措施，可提高水分和肥料的利用效率，促进作物生物量积累，从而减轻气候变化的不利影响。与其他气候变量相比，降水对棉花物候的贡献相对较低，这可能与灌溉缓解了水分亏缺有关。在关键物候期，降水不足会导致棉花的减少。然而，如果降水发生在适当的时间，并伴随着适当的种植制度，产量可能会增加。因此，改善供水是促进农业可持续发展的重要措施。以增加降水为基础的灌溉农业将大大改善棉花的生长条件。在新疆棉区，应特别注意改善灌溉的基础设施，合理规划灌溉时间，这也是缓解因降水不平衡而导致的预期产量下降的可持续措施。累积日照时数的变化使出苗期、三真叶期和吐絮期提前，而使五真叶期、现蕾期、开花期和裂铃期推迟。充足的光照是决定棉花品质的关键，累积日照时数的减少使其开花期推迟。新疆日照充足、光热资源丰富、昼夜温差大、空气湿度小，而干旱和昼夜温差大的气候特征可以有效地抑制棉花病虫害的发生，这些都是有利于棉花生产的有利条件。

6.6 小　　结

1）棉花生育期平均气温、累积降水和累积日照时数均呈增加趋势。在气候变化和管理措施的共同作用下，棉花播种期每年推迟 0.25d，出苗期、三真叶期、五真叶期、现蕾期、开花期、裂铃期和吐絮期均被提前，提前幅度为 0.10～1.09d/a，大部分站点的生长期有所缩短，且管理措施和气候变化对棉花营养生长期和生殖生长期的变化为同向作用。

2）气候变化对棉花物候的影响弱于管理措施影响。气候变化对棉花营养生长期和生殖生长期的影响分别为 0.22d/10a 和 0.85d/10a，管理措施对棉花营养生长期和生殖生长期的影响分别为 5.95d/10a 和 4.99d/10a，气候变化的影响幅度远小于管理措施。对于部分站点，气候变化和管理措施对棉花的影响相反，管理措施一定程度上缓解了气候变化对棉花全生育期长度的缩短作用。

3）提高人为管理措施水平能够提高棉花对气候变化的适应性。生长期长、产量高或在气候变化中产量稳定性好的棉花品种是较好的种植选择，为适应气候变化提供了可行的策略。与管理措施相比，气候变化对物候的贡献相对较小，且气候变化对棉花生长既有正面影响，也有负面影响。

第 7 章　高粱物候变化及归因分析

7.1　高粱研究区概况

7.1.1　高粱种植情况

高粱，禾本科一年生草本植物（赵冠等，2021），秆较粗壮，直立，基部节上具支柱根；叶鞘无毛或稍有白粉；叶舌硬膜质，先端圆，边缘有纤毛。高粱原产于热带，性喜温暖，抗旱、耐涝。世界高粱生产远远落后于“四大谷物”（水稻、玉米、小麦和大麦）。但高粱是次要谷类作物中的主要作物，是世界第五大作物（高旭等，2016；张一中等，2018），是干旱及半干旱地区的主要粮食作物。

作为 C4 作物（卢华雨等，2018），高粱光合作用效率高，生物产量和经济产量大。此外，高粱具有强的抗逆性和适应性，素有“作物中的骆驼”之称，具有抗旱、抗涝、耐盐碱、耐瘠薄、耐高温、耐寒冷等诸多特性（卢华雨等，2019；宝力格等，2020；蔡欣月等，2020）。高粱是一种很容易种植的经济作物，对土壤的要求不严，在干旱地区也能很好地生长。高粱全生育期所需的温度比玉米高，并有一定的耐高温特性，全生育期适宜温度为 20～30℃。此外，高粱虽属于短日照作物，但全生育期都需要充足的光照，任何品种在短日照处理下都能加速发育。高粱根系发达，根细胞具有较高的渗透压，从土壤中吸收水分能力强。同时，高粱的茎、叶表面有一层白色蜡质，干旱时能减弱其敏感度。

高粱栽培可分为春作与秋作两种，春作播种期在农历 3 月底至 4 月中旬，秋作则选在农历五月下旬至六月下旬之间播种。高粱籽粒含有丰富的营养物质，是酿酒及制造淀粉的主要原料，也是良好的家畜饵料，其茎秆因坚实柔韧也有较高的实用价值（Qu et al.，2014；Chen et al.，2019；李顺国等，2021b）。按性状及用途，高粱可分为食用高粱、糖用高粱、帚用高粱等（陈艳丽等，2015；乔婧等，2019）。食用高粱的谷粒供食用、酿酒；糖用高粱的秆可制糖浆或生食；帚用高粱的穗可制笤帚或炊帚，嫩叶阴干青贮，或晒干后可作饲料，颖果能入药。高粱属于经济作物，它非常适合用于制作谷类食物及快餐食品、焙烤食品和酿造（孙玉琴等，2020）。高粱还可用于房屋建造业中的墙板，以及生物降解包装材料的生产。国内高粱下游产业主要分为酿造工业和饲料行业。近几年高粱下游领域中变化最大的是饲料消费。

高粱种植主要分布在吉林、内蒙古、四川等地，其种植区域分为春播早熟区、春播晚熟区、春夏兼播区及南方高粱区。①春播早熟区主要分布在黑龙江、吉林、内蒙古大部分地区，河北承德、张家口坝下地区，山西、陕西北部，宁夏干旱区，甘肃中部与河西地区，以及新疆北部平原和盆地等。该种植区以早熟和中早熟品种为主，为一年一熟制，通常在 5 月上、中旬播种，9 月收获。该区由于积温较低，高粱生产易受低温冷害的影响，应采取防低温、促早熟的技术措施。②春播晚熟区主要分布在辽宁、河北、山西、陕西等省的大部分地区，北京、天津、宁夏的黄灌区，甘肃东部和南部，新疆的南疆和东疆盆地等，是中国高粱主产区，单产水平较高。该种植区的高粱，基本为一年一熟制，主要是由于该种植区热量条件较好，栽培品种多采用晚熟种。近年来，由于耕作制度改革，麦收后种植夏播高粱，变一年一熟为两年三熟或一年两熟。③春夏兼播区主要分布在山东、江苏、河南、安徽、湖北、河北等省的部分地区。春播高粱与夏播高粱各占一半左右，春播高粱多分布在土质较为瘠薄的低洼、盐碱地，多采用中晚熟种；夏播高粱主要分布在平肥地上，作为夏收作物的后茬，多采用生育期不超过 100 天的早熟品种。栽培制度以一年两熟或两年三熟为主。④南方高粱区基本分布在华中地区南部，以及华南、西南地区全部。南方高粱区分布地域广阔，多为零星种植，种植相对较多的省份有四川、贵州、湖南等。该种植区采用的品种对短日照适应能力很强，散穗型、糯性品种居多，大部分具分蘖性，栽培制度为一年三熟。近年来，再生高粱有一定发展。

结合现有物候实测数据，本章选取了分别位于黑龙江、吉林、辽宁、河北、陕西、山西 6 个省份的 14 个农业气象观测站，基本覆盖了中国高粱主产区。高粱的播种月份在 3～4 月，除陕西外，其余省份均在 4 月播种。高粱种植区农业气象站点基本情况见表 7.1。高粱种植区及站点分布见图 7.1。

表 7.1　高粱种植区农业气象站点基本情况

站点	E（°）	N（°）	海拔（m）	播种期	省份
泰来	123.42	46.40	149.0	4 月	黑龙江
绥化	126.97	46.62	179.6	4 月	黑龙江
安达	125.32	46.38	149.3	4 月	黑龙江
哈尔滨	126.77	45.75	142.3	4 月	黑龙江
大同	113.33	40.10	1066.7	4 月	山西
原平	112.70	38.75	836.7	4 月	山西
绥德	110.22	37.50	929.7	4 月	陕西
离石	111.10	37.50	950.8	4 月	山西
榆社	112.98	37.07	1041.4	4 月	山西
隰县	110.95	36.70	1052.7	4 月	山西

续表

站点	E（°）	N（°）	海拔（m）	播种期	省份
长武	107.80	35.20	1221.3	3 月	陕西
四平	124.33	43.18	164.2	4 月	吉林
彰武	122.53	42.42	79.4	4 月	辽宁
怀来	115.50	40.40	536.8	4 月	河北

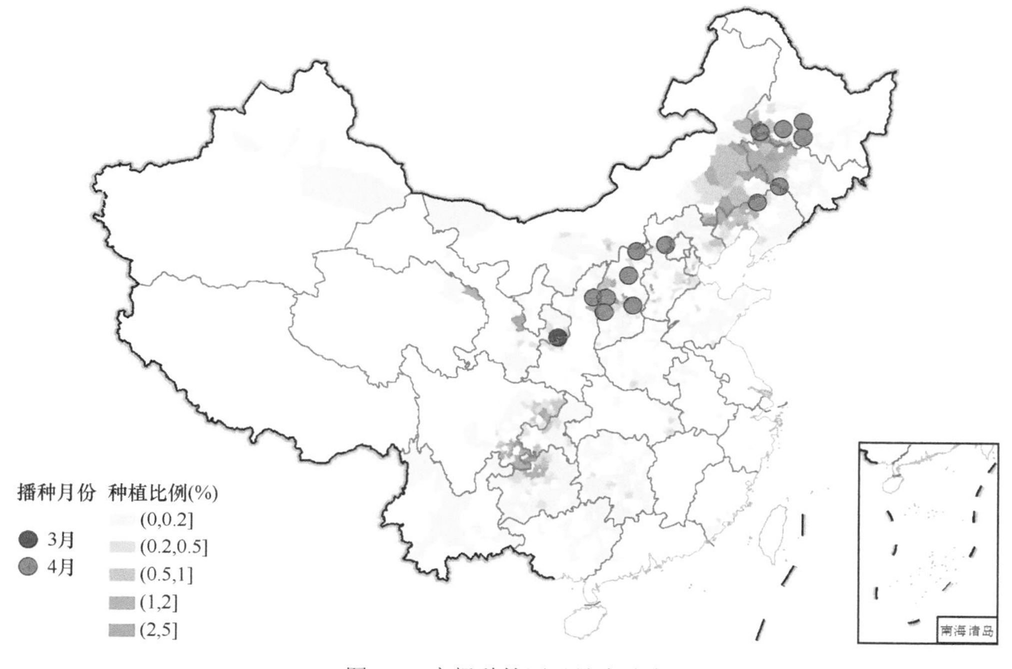

图 7.1　高粱种植区及站点分布

7.1.2　高粱物候期定义与观测标准

本章选择的高粱物候期包括播种期、出苗期、三叶期、七叶期、拔节期、抽穗期、乳熟期、成熟期。根据《农业气象观测规范》（国家气象局，1993），高粱各物候期的定义和观测标准如下。

播种期：开始播种的日期。

出苗期：从芽鞘中露出第一片叶，长约 3.0cm。

三叶期：从第二叶叶鞘中露出第三叶，长约 2.0cm。

七叶期：从第六叶叶鞘中露出第七叶，长约 2.0cm。

拔节期：基部节间由扁平变圆，近地面用手可摸到圆而硬的茎节。节间长度约为 3.0cm。此时雄穗开始分化。

抽穗期：雄穗的顶部小穗，从叶鞘中露出。

乳熟期：挤压时，谷物很软，很少或者没有液体存在。

成熟期：内核底部有黑色层。

本章将高粱所有物候期分为 3 个关键的生长期，分别为营养生长期（播种期至抽穗期）、生殖生长期（抽穗期至成熟期）、全生育期（播种期至成熟期）。

7.2 高粱生长期内气候要素变化

7.2.1 气候要素时间变化特征

1992～2010 年，高粱全生育期内平均气温、累积降水、累积日照时数和 GDD 的时间变化趋势如图 7.2 所示。研究时段内，高粱全生育期内的平均气温（图 7.2a）在 17.44～19.22℃，种植区内平均气温多年平均值为 18.51℃，整体呈现波动上升趋势，趋势为 0.04℃/a，其中平均气温在 1994 年、2000 年和 2005 年出现明显的上升。与高粱全生育期内平均气温时间变化趋势相似，1992～2010 年全国高粱全生育期内 GDD（图 7.2d）在 2949.3～3247.9℃·d，在 1993 年达到最低值，其多年平均值为 3130.13℃·d，呈明显的上升趋势，上升趋势达 6.11（℃·d）/a，而在 1993 年、2002 年和 2010 年有所下降。研究时段内，高粱全生育期内累积降水（图 7.2b）为 290.82～453.24mm，多年平均值为 375.39mm，高粱全生育期内累积降水呈不显著上升趋势，上升幅度为 0.09mm/a，其中 1994 年、1998 年、2003 年和 2005 年降水量增加，而 1997 年、2001 年、2004 年和 2007 年累积降水明显下降。此外，1992～2010 年高粱生长期内累积日照时数（图 7.2c）为 1152.96～1403.66h，其多年平均值为 1298.55h，生长期内累积日照时数以 4.86h/a 的趋势波动下降，其中 2003 年下降幅度明显。

7.2.2 气候要素空间变化特征与区域分异

气候要素在不同种植区之间有显著差异，现有高粱物候观测资料主要分布在春播早熟区和春播晚熟区。1992～2010 年中国高粱种植区的全生育期内平均气温、GDD、累积降水和累积日照时数空间变化如图 7.3 所示。图 7.3a 表明，全国高粱种植区的全生育期内平均气温均呈上升趋势，变化趋势为 0.02～0.06℃/a，所有站点平均上升趋势为 0.04℃/a，其中，中高纬度偏北地区有显著的上升趋势。就区域而言，黑龙江和陕西种植区的平均气温上升趋势大于其他地区，变化趋势分别为

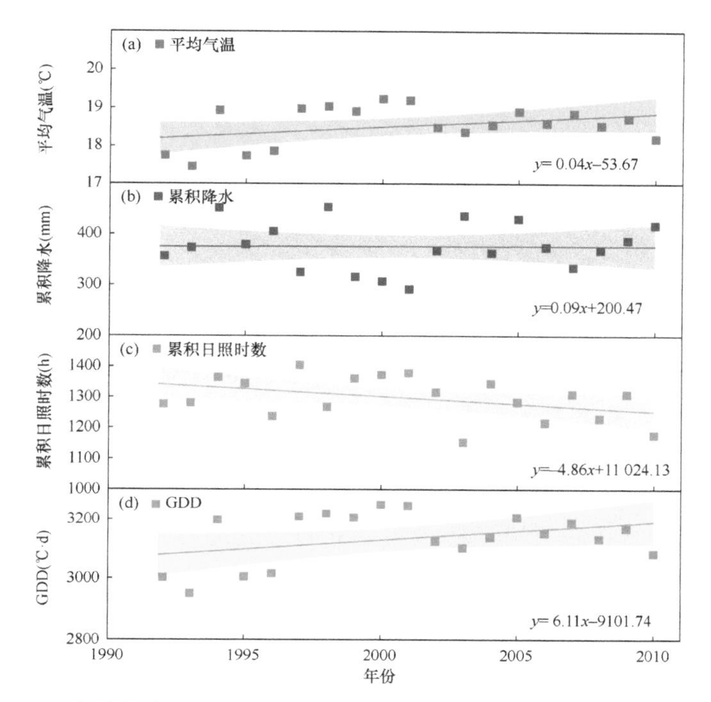

图 7.2　1992～2010 年高粱全生育期内平均气温（a）、累积降水（b）、累积日照时数（c）和 GDD（d）的年际变化趋势

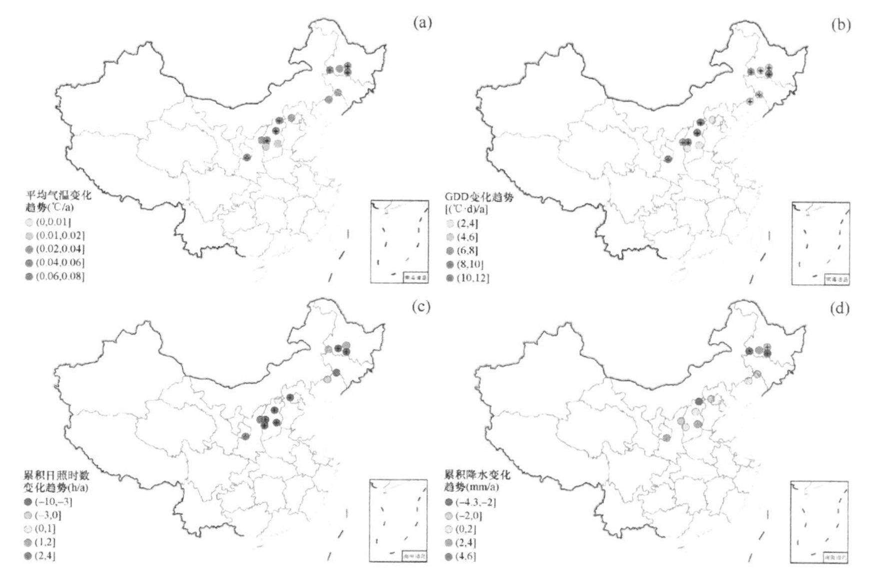

图 7.3　1992～2010 年高粱全生育期内平均气温（a）、GDD（b）、累积日照时数（c）和累积降水（d）空间变化趋势

+表示通过 0.05 显著性水平检验

0.03～0.05℃/a 和 0.03～0.06℃/a，且大部分站点均观测到上升趋势显著（$P<0.05$）。而对于山西种植区，随着纬度的升高，高粱站点全生育期内平均气温的上升幅度增大，且在纬度较高的 3 个站点平均气温呈显著上升趋势（$P<0.05$），该区平均气温变化趋势为 0.02～0.06℃/a。偏北地区诸如河北、吉林、辽宁及黑龙江平均气温变化趋势在 0.04℃/a 左右，其中黑龙江有 3 个站点呈显著上升趋势（$P<0.05$）。

全国所有站点高粱全生育期内 GDD 的空间变化趋势如图 7.3b 所示。与平均气温变化一致，高粱全生育期内 GDD 增加，所有站点变化趋势为 2.81～11.05（℃·d）/a，平均上升趋势为 6.11（℃·d）/a，其中 78.57%的站点观测到 GDD 显著上升（$P<0.05$）。黑龙江及陕西种植区的站点 GDD 呈显著上升趋势（$P<0.05$），变化范围分别为 5.07～8.26（℃·d）/a 和 6.13～10.55（℃·d）/a，此外，陕西种植区的站点 GDD 平均上升幅度最高达到 8.34（℃·d）/a。在山西种植区内，纬度越高的站点，GDD 变化趋势越明显，该区 GDD 变化趋势为 2.81～11.05（℃·d）/a，其中，3 个站点呈显著上升趋势（$P<0.05$）。而河北、吉林、辽宁及黑龙江种植区的 GDD 变化趋势较为接近，变化趋势为 3.77～4.98（℃·d）/a，其中有 6 个站点呈显著上升趋势（$P<0.05$）。

全国所有站点高粱全生育期内累积日照时数的空间变化趋势如图 7.3c 所示。高粱生育期内累积日照时数普遍呈下降的变化趋势，所有站点的变化趋势在–13.68～10.83h/a，平均下降趋势为 4.86h/a，其中 71.43%的站点累积日照时数呈下降趋势，50%的站点显著下降（$P<0.05$）。其中，在黑龙江和山西种植区的站点大多呈下降趋势，变化趋势分别为–6.28～1.40h/a 和–13.68～0.64h/a，且分别有 2 个和 4 个站点呈显著下降趋势（$P<0.05$）。而在河北、吉林及辽宁的 3 个站点均观测到累积日照时数的下降趋势，变化趋势为–5.82～–2.38h/a，其中 1 个站点呈显著下降趋势（$P<0.05$）。陕西的 2 个站点均呈上升趋势，累积日照时数的变化趋势为 2.19～10.83h/a，其中，有 1 个站点呈显著上升趋势（$P<0.05$）。

全国所有站点高粱全生育期内累积降水的空间变化趋势如图 7.3d 所示。高粱全生育期内有一半站点显示累积降水呈下降的变化趋势，所有站点的变化趋势在–4.3～6.00mm/a，其中有 3 个站点累积降水呈现显著的下降趋势。在黑龙江、河北、吉林及辽宁的站点观测到高粱全生育期内的累积降水都以下降趋势为主，仅有 2 个站点观测到累积降水增加的趋势，且黑龙江的站点变化幅度最大，普遍在–3mm/a 以上。高粱所有站点在各生长期的气候要素变化趋势范围见附表 1～附表 4。

7.3　高粱物候变化特征

7.3.1　高粱物候期变化特征

1. 高粱物候期时间变化特征

1992～2010 年高粱的播种期、出苗期、三叶期、七叶期、拔节期、抽穗期、乳熟期、成熟期变化如图 7.4 所示。在全国范围内，平均来说，高粱的各物候期均呈提前趋势，高粱的播种期、出苗期、三叶期、七叶期、拔节期、抽穗期、乳熟期、成熟期平均每年提前幅度分别为 0.90d、1.01d、1.02d、0.88d、0.54d、0.74d、0.51d、0.16d。在所有物候期中，高粱的出苗期和三叶期年际波动较大，成熟期变化幅度最小。在全国尺度上高粱的各物候期呈现一致的变化方向，这可能与一些站点的物候变化幅度大有关。

2. 高粱物候期空间变化特征与区域分异

不同站点和种植区的高粱物候期变化具有明显的空间差异。1992～2010 年，我国不同种植区高粱的播种期、出苗期、三叶期、七叶期、拔节期、抽穗期、乳熟期、成熟期的空间变化趋势如图 7.5 所示。在全国站点尺度上，高粱各物候期平均变化趋势依次为–0.90d/a、–1.01d/a、–1.02d/a、–0.88d/a、–0.54d/a、–0.74d/a、–0.51d/a、–0.16d/a，分别有 50.00%、50.00%、57.14%、50.00%站点的播种期、出苗期、三叶期、乳熟期呈提前趋势。在乳熟期有 1 个站点呈显著提前（$P<0.05$），而在三叶期有 2 个站点呈显著推迟（$P<0.05$），播种期、出苗期、三叶期、乳熟期的变化趋势分别为–3.14～2.57d/a、–2.10～2.69d/a、–1.67～1.64d/a、–0.36～0.52d/a。而高粱的七叶期、拔节期、抽穗期、成熟期在全国站点上以推迟为主，分别有 71.43%、64.29%、64.29%、57.14%站点高粱的七叶期、拔节期、抽穗期和成熟期呈推迟趋势，其中在七叶期有 2 个站点呈显著推迟趋势（$P<0.05$），拔节期有 1 个站点、抽穗期有 2 个站点、成熟期有 2 个站点呈显著提前趋势（$P<0.05$），变化趋势分别为–3.87～3.15d/a、–1.88～3.03d/a、–2.04～1.02d/a、–1.33～0.81d/a。

在省级尺度上，黑龙江和陕西有一半的站点播种期呈提前趋势，对于处于中高纬度地区的山西，高粱播种期以提前为主，而在偏北地区（如河北、吉林、辽宁）的播种期呈推迟趋势，变化幅度最大在山西，达到–3.14d/a。高粱的出苗期主要在高纬度北部地区（如黑龙江、吉林、辽宁）呈提前趋势，而在中高纬度的内陆地区（如河北、山西、陕西）以推迟为主，其中，山西变化幅度最大，达到 2.69d/a。

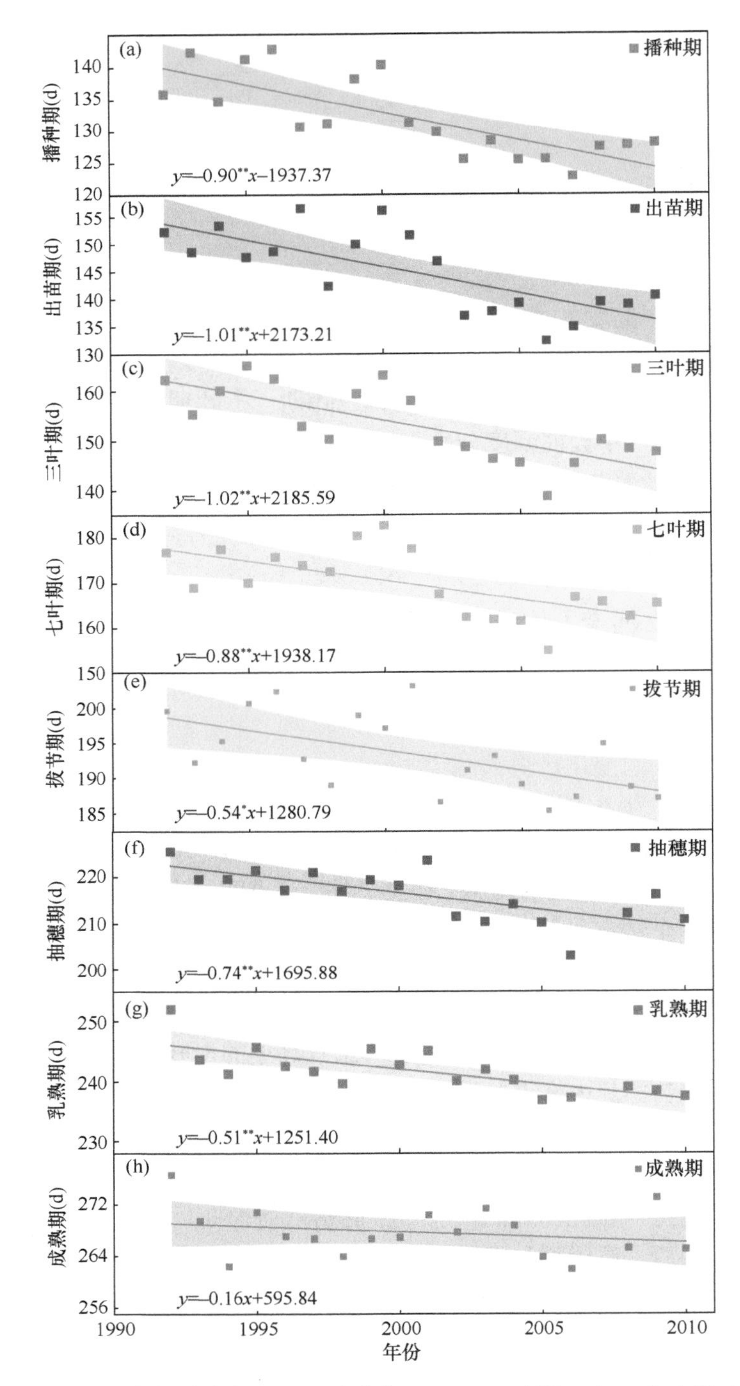

图 7.4　1992～2010 年高粱播种期（a）、出苗期（b）、三叶期（c）、七叶期（d）、拔节期（e）、抽穗期（f）、乳熟期（g）、成熟期（h）的时间（DOY）变化趋势

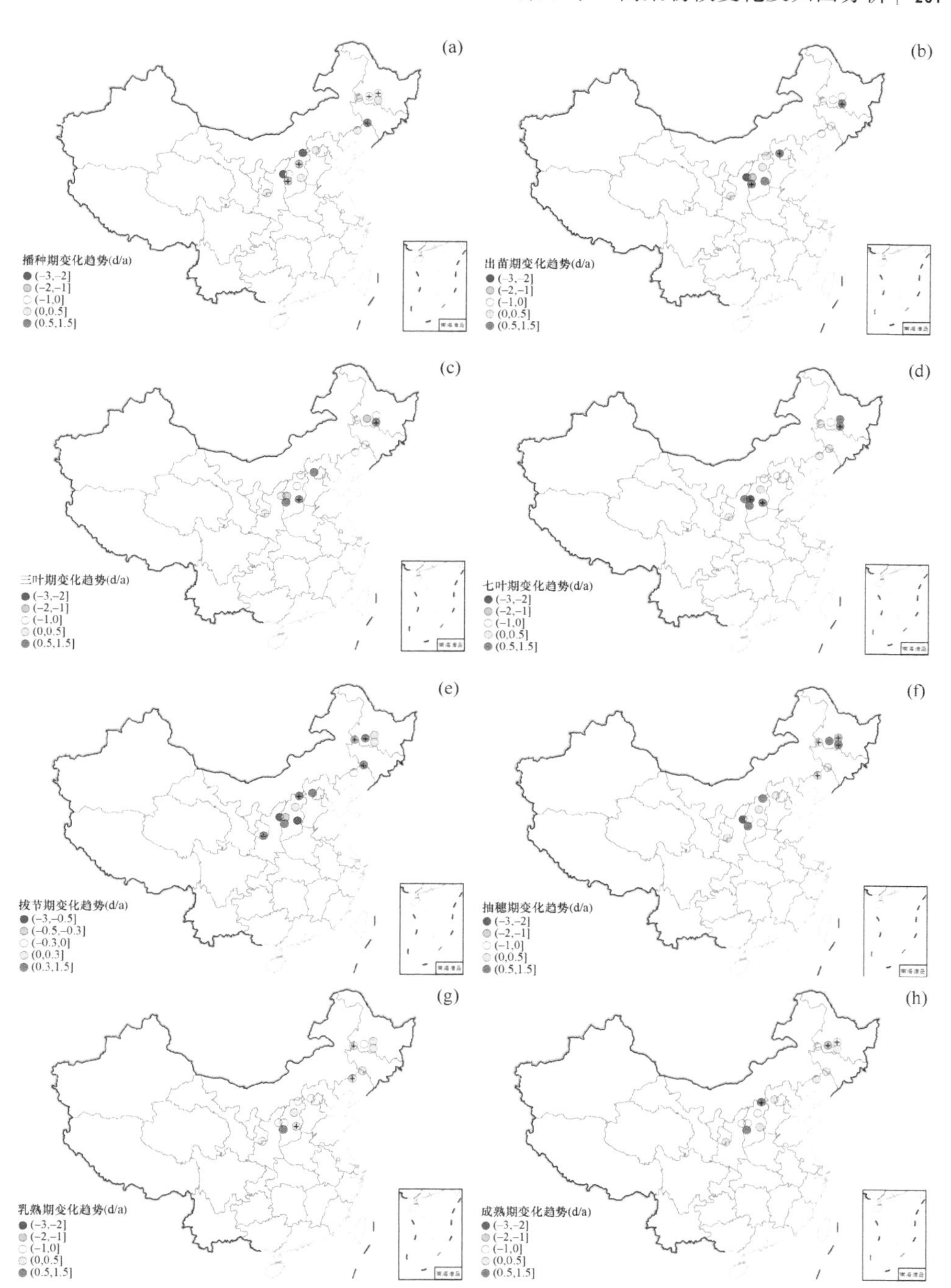

图 7.5　1992～2010 年高粱播种期（a）、出苗期（b）、三叶期（c）、七叶期（d）、拔节期（e）、抽穗期（f）、乳熟期（g）、成熟期（h）空间变化趋势

+表示通过 0.05 显著性水平检验

三叶期的变化趋势与出苗期相似，在黑龙江、山西、吉林、辽宁以提前趋势为主，而在河北、陕西以推迟为主，山西推迟幅度最大，达到 1.67d/a。而在七叶期，大部分地区都以推迟为主，而山西主要呈提前趋势，最大提前幅度能达到 3.87d/a。拔节期在大部分地区（如黑龙江、山西、吉林、河北）均呈现推迟趋势，而在辽宁和陕西均有 1 个站点呈现提前趋势，变化幅度最大的站点在吉林，达到 3.03d/a。抽穗期在空间上的变化与拔节期相似，在黑龙江、山西、吉林、辽宁、河北呈现推迟趋势，在陕西有 1 个站点呈现出提前趋势，变化幅度达到 2.04d/a。乳熟期在吉林、辽宁所有站点及山西和黑龙江的一半站点呈推迟趋势，在陕西和河北以提前趋势为主，最大变化幅度在山西达到 0.52d/a。成熟期主要在黑龙江呈提前趋势，在山西、吉林、辽宁和河北以推迟趋势为主，最大变化幅度在黑龙江，达到–1.33d/a。

7.3.2 高粱生长期变化特征

1. 高粱生长期时间变化特征

1992～2010 年不同种植区内高粱的营养生长期、生殖生长期及全生育期长度的平均时间变化趋势如图 7.6 所示。在观测期中，高粱的营养生长期长度集中在 75～93d，营养生长期多年平均长度为 85d。2001 年营养生长期长度最长，从 2002 年

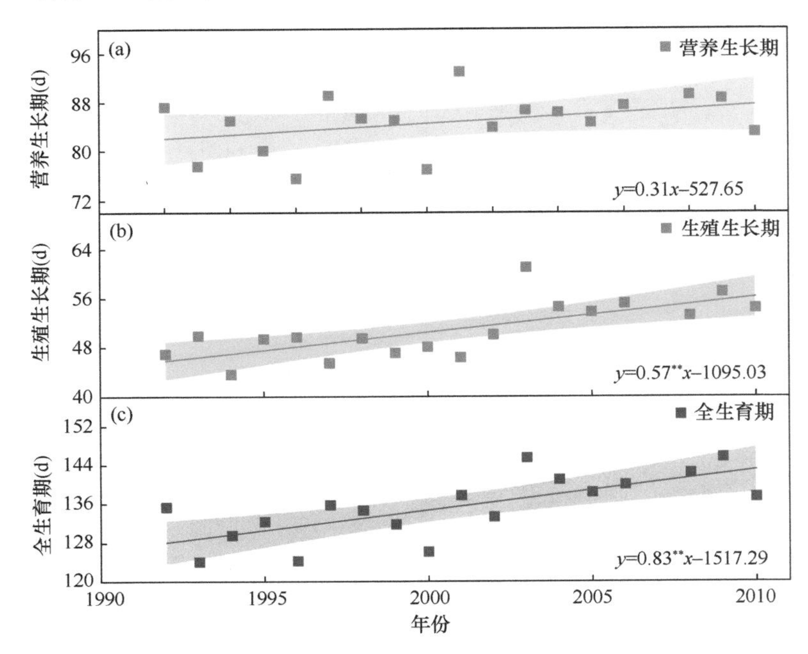

图 7.6 1992～2010 年高粱营养生长期（a）、生殖生长期（b）、全生育期（c）的时间变化趋势

之后高粱的营养生长期长度较为平稳，波动较小，整体以每年 0.31d 的趋势延长。高粱生殖生长期长度集中在 44～61d，多年平均长度为 51d。2001～2006 年，高粱生殖生长期长度波动幅度较大，在 2003 年达到最高值，年际变化整体以 0.57d/a 的趋势延长。高粱全生育期长度集中在 123～146d，多年平均长度为 135d。从年际变化来看，全生育期年际波动较大，但整体是以延长趋势波动，在 2003 年达到最高值，整体以 0.83d/a 的趋势延长。

2. 高粱生长期空间变化特征与区域分异

1992～2010 年，高粱生长期内营养生长期、生殖生长期、全生育期长度的变化趋势具有显著的空间分异特征（图 7.7）。在全国尺度上，有 57.14%（8 个站点）的营养生长期呈延长趋势，7 个站点的生殖生长期缩短，64.29%（9 个站点）的全生育期延长。北方地区（河北、吉林、黑龙江）的营养生长期以缩短为主，而陕西、山西和辽宁以延长为主，所有站点变化趋势为–1.34～4.11d/a，平均变化趋势为 0.55d/a，最大延长幅度出现在山西，黑龙江和山西各有 1 个站点的营养生长期呈显著延长趋势（$P<0.05$）。生殖生长期主要在山西和辽宁表现出缩短趋势，黑

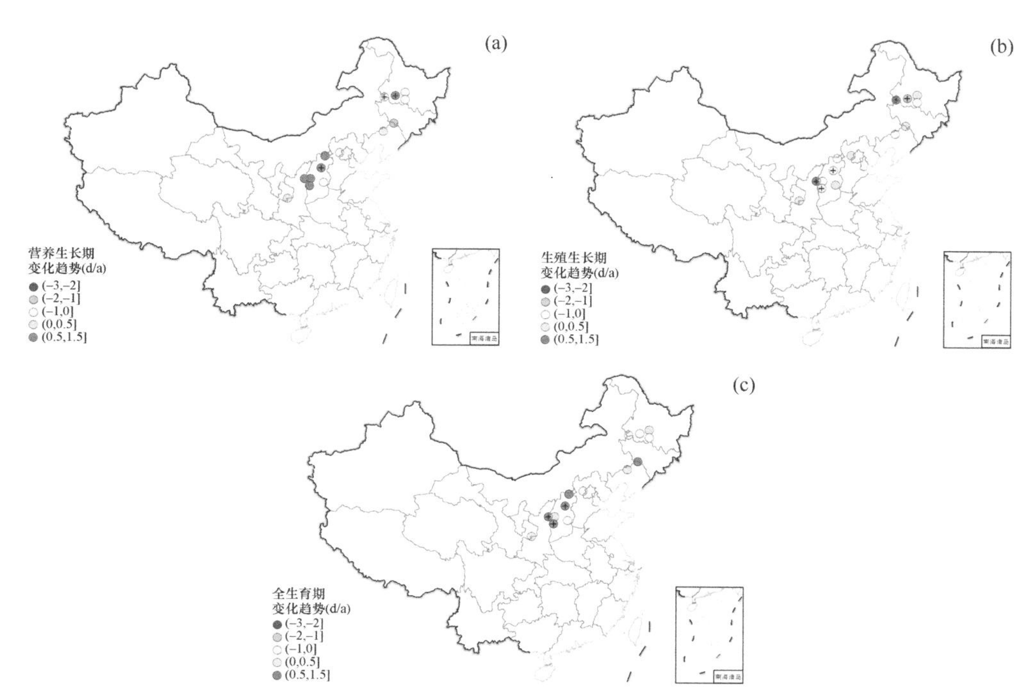

图 7.7　1992～2010 年高粱营养生长期（a）、生殖生长期（b）、全生育期（c）长度的空间变化趋势

+表示通过 0.05 显著性水平检验

龙江一半站点呈缩短趋势，而在陕西、吉林和河北高粱的生殖生长期主要呈延长趋势，所有站点变化趋势为–1.91～1.63d/a，最大缩短幅度出现在黑龙江，并且有1个站点呈现出显著的延长趋势（P<0.05）。全生育期长度的变化趋势在空间上也存在明显分异性，在黑龙江和河北以缩短为主，而在山西、陕西、吉林和辽宁呈延长趋势，所有站点变化趋势为–0.52～2.78d/a，平均变化趋势为0.64d/a，最大延长幅度出现在山西。

7.4 高粱物候变化归因分析

7.4.1 高粱物候对气候要素的敏感度分析

1. 高粱物候期对平均气温、累积降水和累积日照时数的敏感度分析

1992～2010年，高粱的各物候期对相应阶段内气候要素（平均气温、累积降水、累积日照时数）的敏感度如图7.8所示。对平均气温而言，高粱的出苗期、

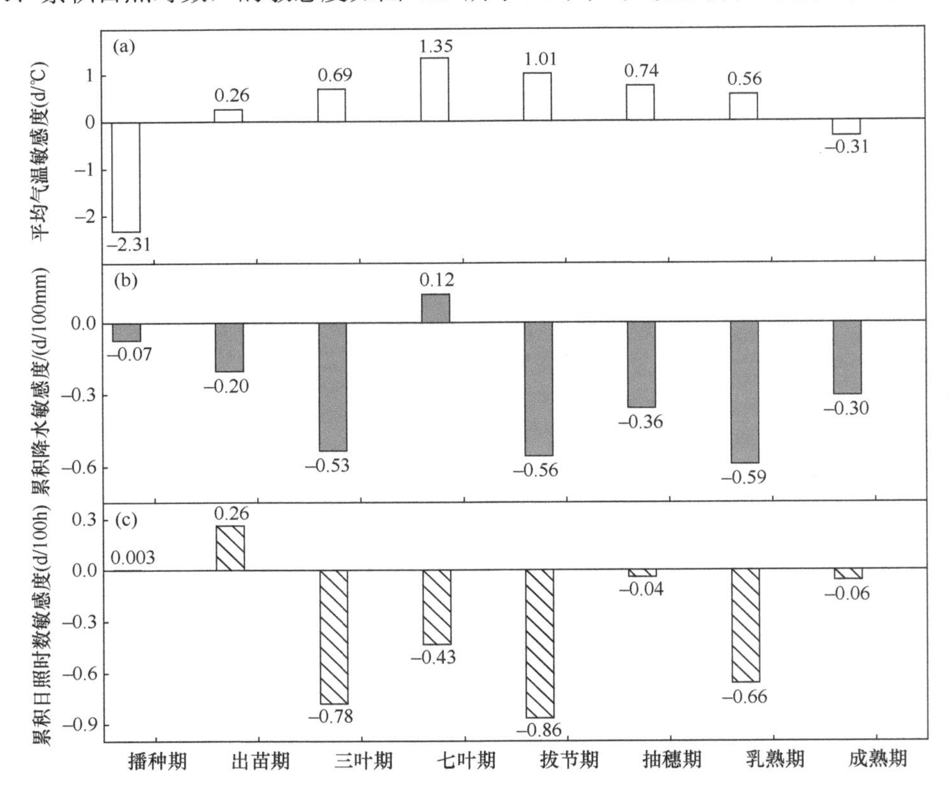

图7.8 1992～2010年高粱各物候期对平均气温（a）、累积降水（b）、累积日照时数（c）的敏感度

三叶期、七叶期、拔节期、抽穗期、乳熟期敏感度为正值，而播种期和成熟期敏感度为负值。对累积降水而言，除七叶期对其物候期内累积降水敏感度为正值外，其余物候期对累积降水的敏感度均为负值。对累积日照时数而言，三叶期、七叶期、拔节期、抽穗期、乳熟期和成熟期对相应物候期内的累积日照时数敏感度为负值，而播种期和出苗期敏感度为正值。其中，高粱的不同物候期对相应物候期内的平均气温、累积降水和累积日照时数的敏感度有所差异，高粱的播种期对平均气温的敏感度最高，为–2.31d/℃，高粱的各个物候期对累积降水的敏感度较低，乳熟期对累积降水的敏感度最高，仅为–0.59d/100mm，拔节期对累积日照时数的敏感度最高，敏感度为–0.86d/100h。

2. 高粱生长期对平均气温、累积降水和累积日照时数的敏感度分析

1992～2010 年，高粱的营养生长期、生殖生长期和全生育期对相应阶段内气候要素（平均气温、累积降水、累积日照时数）的敏感度如图 7.9 所示。高粱的

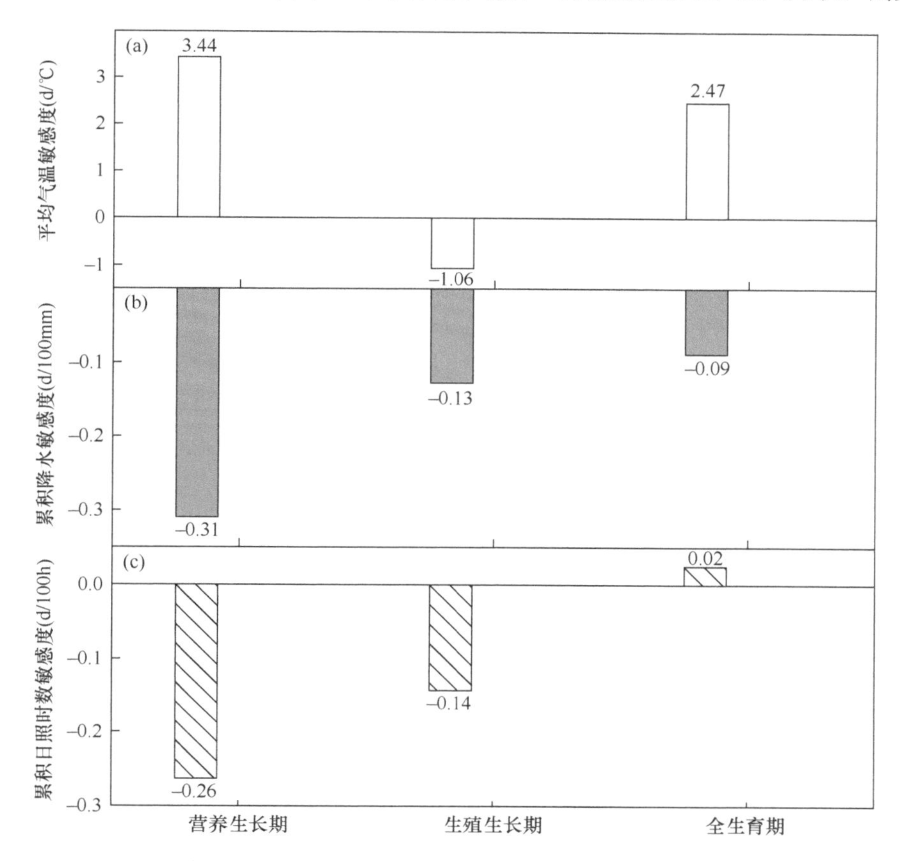

图 7.9　1992～2010 年高粱生长期对平均气温（a）、累积降水（b）、累积日照时数（c）的敏感度

营养生长期和全生育期均对相应生长期内的平均气温的敏感度为正值，而生殖生长期对其生长期内的平均气温的敏感度为负值。高粱的各生长期对相应生育期内的累积降水的敏感度均为负值。高粱的营养生长期和生殖生长期均对相应生育期内的累积日照时数的敏感度为负值，而全生育期对累积日照时数的敏感度为正值。高粱的不同生育期对平均气温、累积降水和累积日照时数的敏感度存在差异，高粱的营养生长期对平均气温、累积降水和累积日照时数的敏感度最高，分别为3.44d/℃，–0.31d/100mm 和–0.26d/100h。平均气温、累积降水和累积日照时数的变化均会使高粱的生殖生长期缩短，高粱生殖生长期内平均气温每上升 1℃、累积降水每增加 100mm，以及累积日照时数每增加 100h，高粱的生殖生长期长度分别平均缩短 1.06d、0.13d 和 0.14d。平均气温和累积日照时数的变化均会导致高粱的全生育期延长，而累积降水的变化导致高粱全生育期缩短，高粱的全生育期内，平均气温每上升 1℃和累积日照时数每增加 100h，全生育期长度分别平均延长 2.47d、0.02d，而累积降水每增加 100mm，全生育期长度将缩短 0.09d。

7.4.2 气候变化和管理措施对高粱物候变化的影响

1. 气候变化和管理措施对高粱物候期变化的影响

1992～2010 年气候变化和管理措施的综合和单一因素对高粱各物候期变化的影响如图 7.10 所示。在气候变化影响下，高粱物候期的变化趋势中值与气候变化和管理措施综合影响下的趋势中值相似。在气候变化单独作用下，大多数站点出苗期、三叶期、七叶期、拔节期、抽穗期和乳熟期推迟，播种期和成熟期提前。而在管理措施影响下的高粱物候变化趋势与气候变化和管理措施的综合影响下的物候变化趋势有差异。在管理措施单独影响下，高粱的播种期、出苗期、三叶期、抽穗期、乳熟期提前，但七叶期、拔节期和成熟期有所推迟。

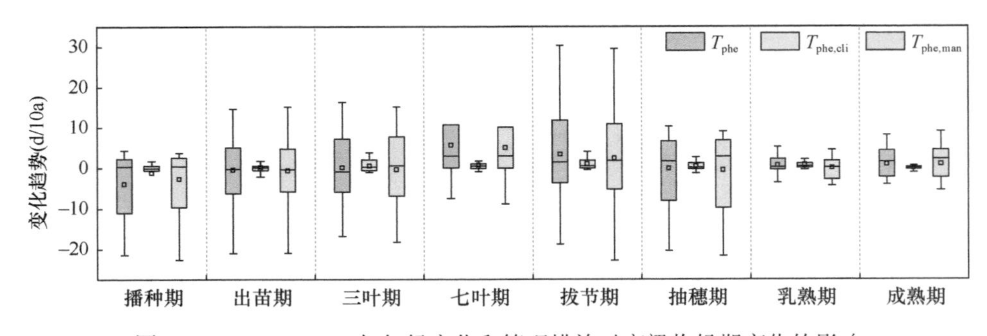

图 7.10 1992～2010 年气候变化和管理措施对高粱物候期变化的影响

2. 气候变化和管理措施对高粱生长期变化的影响

1992～2010 年气候变化和管理措施的综合和单一因素对高粱生长期（营养生长期、生殖生长期和全生育期）长度的影响如图 7.11 所示。在单一气候变化影响下，高粱生长期的变化趋势中值与气候变化和管理措施综合影响下的趋势中值相似，即大多数站点的营养生长期和全生育期延长，生殖生长期缩短。而在单一管理措施的影响下，高粱的营养生长期和生殖生长期的长度可能会延长，全生育期长度可能会缩短。

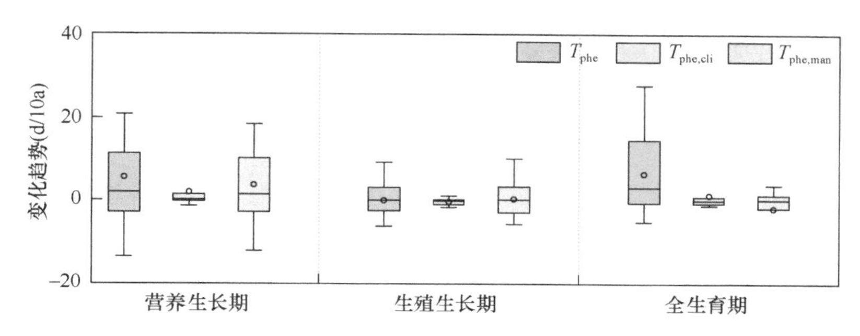

图 7.11 1992～2010 年气候变化和管理措施对高粱生长期变化的影响

3. 在气候变化和管理措施影响下高粱物候期和生长期的平均变化趋势

气候变化和管理措施影响下的高粱物候期和生长期平均变化趋势如表 7.2 所示。在气候变化和管理措施的综合影响下，高粱的营养生长期和全生育期均呈延长趋势，而生殖生长期缩短。单一的气候变化和管理措施对高粱的影响结果表明，

表 7.2 气候变化和管理措施影响下的高粱物候期和生长期的平均变化趋势（单位：d/10a）

高粱类型（站点数）	物候期/生长期	T_{phe}	$T_{phe,cli}$	$T_{phe,man}$
高粱（14）	播种期	–3.88	–1.18	–2.70
	出苗期	–0.51	0.14	–0.65
	三叶期	0.11	0.49	–0.38
	七叶期	5.59	0.64	4.95
	拔节期	3.35	0.98	2.37
	抽穗期	–0.17	0.39	–0.56
	乳熟期	0.61	0.71	–0.10
	成熟期	0.82	–0.09	0.91
	营养生长期	5.47	1.83	3.63
	生殖生长期	–0.04	–0.31	0.28
	全生育期	6.41	1.21	–1.94

气候变化的影响主要表现为高粱的出苗期、三叶期、七叶期、拔节期、抽穗期、乳熟期的推迟，播种期和成熟期的提前，其中，播种期的变化幅度最大。同时，气候变化延长了高粱的营养生长期和全生育期，缩短了生殖生长期，营养生长期的变化幅度最大。而管理措施对高粱物候期和生长期长度的影响与气候变化和管理措施综合影响效果有显著差异。在单一管理措施作用下，高粱的播种期、出苗期、三叶期、抽穗期和乳熟期有提前趋势，七叶期、拔节期和成熟期有推迟趋势，其中七叶期的变化幅度最大；就生长期而言，高粱的营养生长期和生殖生长期有延长趋势，全生育期有缩短趋势。

7.4.3 气候要素对高粱物候变化的相对贡献度

1. 气候要素对高粱物候期变化的相对贡献度

1992～2010 年平均气温、累积降水和累积日照时数对高粱各物候期变化的相对贡献度如图 7.12 所示。平均气温的升高使高粱的播种期、出苗期和成熟期提前，三叶期、七叶期、拔节期、抽穗期和乳熟期推迟，其中温度升高对抽穗期推迟的相对贡献度最大，占所有气候要素的 80%以上，其次对播种期提前的相对贡献度，约占所有气候要素的 60%。累积降水的增多主要使高粱的播种期、出苗期、三叶期、七叶期、拔节期、乳熟期和成熟期推迟，抽穗期提前，其中累积降水增多导致各物候期变化的相对贡献度分别为 18.20%、21.90%、58.83%、6.04%、27.48%、–15.26%、18.53%、39.11%，累积降水的增加导致物候期推迟变化的最大贡献度为三叶期。累积日照时数的增加使高粱的播种期、出苗期、三叶期、七叶期、拔节期、抽穗期、乳熟期推迟，成熟期提前，其中累积日照时数的增加导致各物候期变化的相对贡献度分别是 22.43%、50.35%、19.32%、52.62%、36.66%、2.45%、51.14%、–17.54%，累积日照时数的增加导致物候期推迟变化的最大贡献度在七叶期。平均气温对高粱播种期、抽穗期和成熟期的影响大于累积降水和累积日照

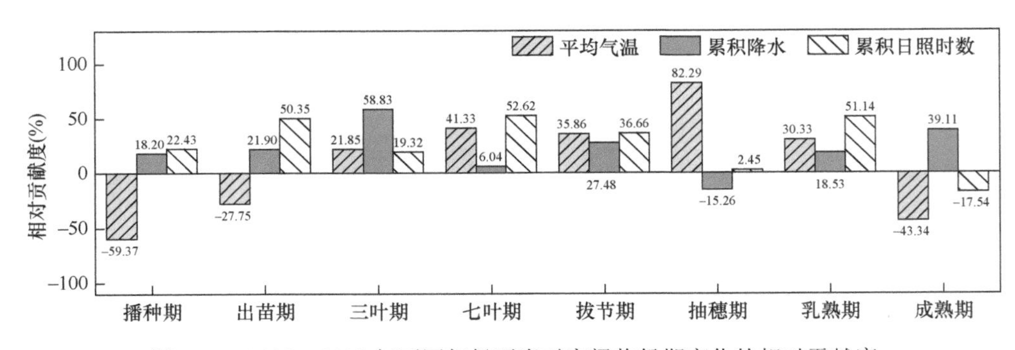

图 7.12 1992～2010 年不同气候要素对高粱物候期变化的相对贡献度

时数，而累积降水对高粱三叶期的影响最大，累积日照时数主要对高粱的出苗期、七叶期、拔节期和乳熟期影响较大。

2. 气候要素对高粱生长期变化的相对贡献度

1992～2010 年平均气温、累积降水和累积日照时数对高粱营养生长期、生殖生长期和全生育期变化的相对贡献度如图 7.13 所示。总体来看，平均气温上升使高粱的营养生长期和全生育期有所延长，生殖生长期缩短，其中温度升高导致高粱的营养生长期推迟的相对贡献度最大，占所有气候要素的 71.81%。累积降水的增加使高粱的生殖生长期和全生育期延长，营养生长期缩短；累积降水的变化对高粱的生长期变化的相对贡献度分别为–10.92%、23.80%和 5.24%，其中，累积降水的变化导致高粱的生长期变化的最大相对贡献度在生殖生长期。累积日照时数的增加对高粱生长期的影响与平均气温相反，延长了生殖生长期，缩短了营养生长期和全生育期；累积日照时数对高粱的生长期变化的相对贡献度分别为–17.27%、7.56%和–59.33%，累积日照时数的增加导致高粱生育期长度变化的最大相对贡献度在全生育期。对比 3 种气候要素，累积降水对高粱生长期变化的相对贡献度较低，平均气温的上升对高粱的营养生长期和生殖生长期的相对贡献度最大，而累积日照时数的变化对高粱全生育期的相对贡献度最大。

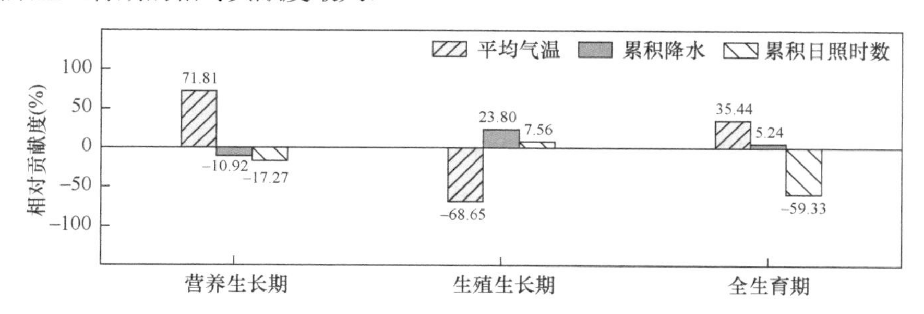

图 7.13　1992～2010 年不同气候要素对高粱生长期变化的相对贡献度

7.4.4　气候变化和管理措施对高粱物候变化的相对贡献度

1. 气候变化和管理措施对高粱物候期变化的相对贡献度

1992～2010 年气候变化和管理措施对高粱的播种期、出苗期、三叶期、七叶期、拔节期、抽穗期、乳熟期和成熟期变化的相对贡献如图 7.14 所示。气候变化和管理措施对高粱各物候期的影响存在差异，其中，气候变化导致高粱的播种期、三叶期、抽穗期和成熟期提前，在气候变化的贡献度中分别为–7.35%、–0.95%、–11.25%和–13.78%，影响最显著的物候期是成熟期。气候变化导致高粱出苗期、七叶期、拔节期、乳熟期推迟，气候变化对以上物候期变化的相对贡献度分别为

31.89%、13.01%、7.65%和 43.95%，影响最显著的物候期是乳熟期。而管理措施导致高粱的播种期、七叶期、拔节期、抽穗期、乳熟期、成熟期推迟，相对贡献度分别为 92.65%、86.99%、92.35%、88.75%、56.05%和 86.22%，对播种期影响最大。管理措施导致高粱的出苗期和三叶期提前，相对贡献度分别为–68.11%、–99.05%，管理措施对高粱各物候期的相对贡献度均高于气候变化。

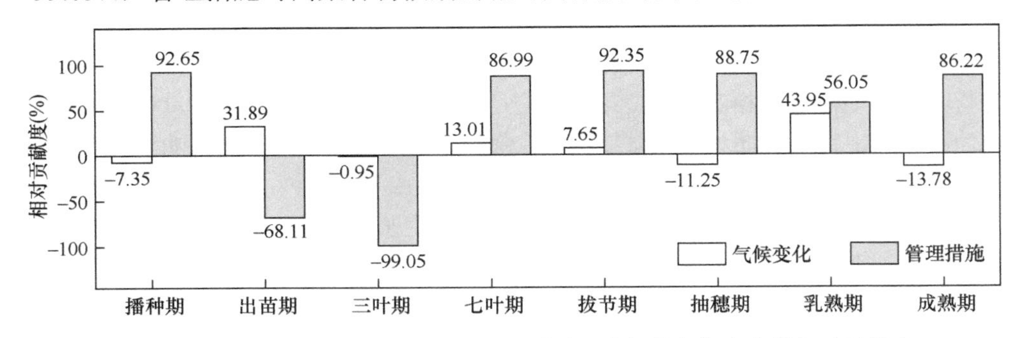

图 7.14 1992～2010 年气候变化和管理措施对高粱物候期变化的相对贡献度

2. 气候变化和管理措施对高粱生长期变化的相对贡献度

1992～2010 年气候变化和管理措施对高粱的营养生长期、生殖生长期和全生育期长度变化的相对贡献度如图 7.15 所示。其中，气候变化导致高粱的营养生长期延长，生殖生长期和全生育期缩短，相对贡献度分别为 72.64%、–34.72%和–60.58%，气候变化对高粱的营养生长期贡献度最大。而管理措施影响下的营养生长期、生殖生长期和全生育期长度均延长，相对贡献度分别为 27.36%、65.28%和 39.42%，管理措施对高粱的生殖生长期相对贡献度最大。

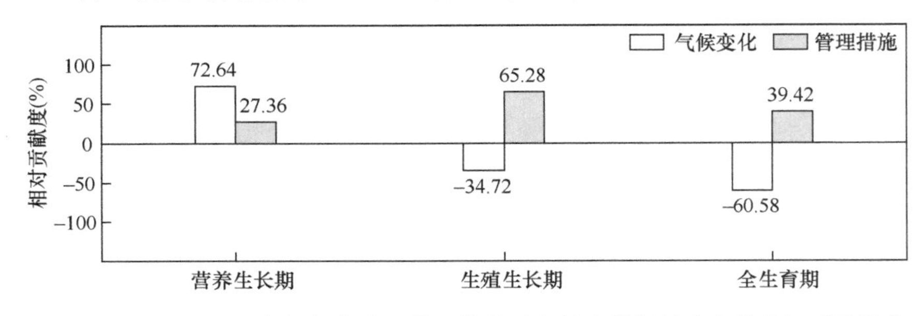

图 7.15 1992～2010 年气候变化和管理措施对高粱生长期长度变化的相对贡献度

7.5 讨 论

7.5.1 气候变化与高粱物候变化特征

本章调查了 1992～2010 年气候变化背景下中国 14 个站点的高粱的物候时空

变化特征。在全国水平上，高粱全生育期内的平均气温、GDD 和累积降水呈现上升趋势，分别增加 0.04℃/a、6.11（℃·d）/a 和 0.09mm/a，累积日照时数呈现下降趋势，下降速率为 4.86h/a。高粱随着基准温度和最佳温度之间的温度升高加快发育，而随着最佳温度和最高温度之间温度的进一步升高而下降（Hammer et al.，1989；Craufurd et al.，1998）。低温会影响高粱正常抽穗及穗的正常伸长（Hernández et al.，2023），温暖的温度会延长高粱的营养生长期。在全球变化背景下，气温升高、降水和日照时数发生变化，这都是影响作物物候变化的重要影响因素（Tao and Zhang，2011；Tokatlidis，2013）。对 1992～2010 年全国 14 个站点高粱关键物候期的时空变化进行量化分析，结果表明，不同地区的高粱物候期变化趋势在变化方向和幅度上均存在差异。在全国站点尺度上，高粱的播种期、出苗期、三叶期、七叶期、拔节期、抽穗期、乳熟期和成熟期的变化趋势分别为–0.90d/a、–1.01d/a、–1.02d/a、–0.88d/a、–0.54d/a、–0.74d/a、–0.51d/a、–0.16d/a，高粱的营养生长期、生殖生长期和全生育期则分别呈现不同程度的延长趋势。生长期前期气温升高会使播种期提前和总生育期缩短（Estrella et al.，2007），而播种期的差异也会导致高粱生育期内降水、积温和日照时数的变化。不同地区高粱的物候变化差异主要是由于不同地区气象因素的变化差异，北方地区（如黑龙江）高粱的出苗期、三叶期和成熟期普遍提前，营养生长期和全生育期缩短，该地区的平均气温均呈上升，而累积降水和累积日照时数下降。中部地区（如山西）高粱的播种期和三叶期普遍提前，而出苗期、七叶期、拔节期、抽穗期、乳熟期和成熟期推迟，营养生长期和全生育期延长。

在气候变化背景下，不同作物类型和种植区域的物候变化有所差异，在实际农业管理中，应依据高粱种植地区的气候变化特征及区域种植特点，因地制宜地采取恰当措施缓解气候变化带来的负面影响，以促进农业可持续发展，保障粮食安全。

7.5.2　高粱物候对气候要素变化的敏感度

在全球气候变化背景下，作物生长发育的热量条件会发生改变，进而导致作物物候发生变化。已有研究指出，升温对物候变化有显著影响，作物各物候期的发生日期与其前期气温变化显著相关（李德，2009；Liu et al.，2018b）。本研究分析了高粱各物候期和生长期对气候要素的敏感度。已有研究表明，充足的日照有利于高粱的生长发育，而 8 月、9 月降雨过多和 7 月、9 月日均温度过高均对产量有不利影响（杜连仲等，1985）。高粱的出苗期、三叶期、七叶期、拔节期、抽穗期、乳熟期对相应物候期内平均气温的敏感度为正值，而播种期和成熟期对相应物候期内的平均气温敏感度为负值。高粱的播种期对平均气温的敏感度最高，达到–2.31d/℃。高粱营养生长期的气温较低、生殖生长期气温较高有利于有机高粱单产的提高。虽然高粱的物候期和生长期总体受到平均气温的影响较大，但其对降水的变化也较为敏感。此外，相比干旱，高粱能耐受高温，通过渗透调节以适应不断升高的温度（Svihra et al.，1996）。高粱具有很强的抗旱性，比任何其他谷类作物都更能抗涝。高粱的水分利用取决于高粱植株的生长期，在植物发育的早期，水分利用相对较低，但这段时间的水分胁迫会影响植物的生长，降雨及其时机是影响高粱生长的重要因素（Promkhambut et al.，2010）。在降雨量很大的情况下，作物会在土壤长期湿润的情况下受到损害。此外，过多的降水会使土壤剖面饱和，并带走空气，从而损害作物。尤其在营养生长期，高粱对干旱的耐受能力最强，甚至还会导致其进入休眠状态，此时一旦出现降雨过程，有机高粱将恢复正常生长，且雨水充足将导致有机高粱的营养生长更加旺盛（Sharma et al.，2019）。在本研究中，仅有高粱的七叶期对其物候期内累积降水的敏感度为正值，其余物候期对相应物候期内的累积降水敏感度均为负值，且乳熟期对累积降水的敏感度最高，达到–0.59d/100mm。因此，人们须重点关注对降水敏感的物候期，以期通过人为管理措施减少或消除不利影响，提高水分利用效率。高粱属于喜温作物，在其生长发育过程中对光照的要求较为严格。当日照充足时，既有利于叶绿秆壮、壮苗，使穗部充分发育，又能够为开花结果及灌浆创造有利条件（孙秀姬等，2019）。高粱的三叶期、七叶期、拔节期、抽穗期、乳熟期和成熟期对相应物候期内的累积日照时数敏感度为负值，而播种期和出苗期对累积日照时数敏感度为正值。拔节期对累积日照时数的敏感度最高，敏感度为–0.86d/100h。

需要指出的是，作物生长发育受到多个因素的综合作用，既有气候要素（光照、温度、降水等）影响，也有播种期调整、品种更替，以及施肥和灌溉等管理措施作用。一些研究指出气候变化决定了作物生育期的变化趋势，而品种更新和播种期的调整则抵消了14%～30%的气候变化对生育期的影响（Abbas et al.，2017；Ahmad et al.，2017c）。

7.5.3 气候变化及管理措施对高粱物候变化的贡献度比较

在气候变化和管理措施的综合影响下，高粱的出苗期、三叶期、七叶期、拔节期、抽穗期、乳熟期有所推迟，而播种期和成熟期有所提前，播种期的变化幅度最大。在两者综合作用下，高粱的营养生长期和全生育期延长，生殖生长期缩短，营养生长期的变化幅度最大。

气候变化和管理措施对高粱不同物候期和生长期天数变化的影响程度存在差异。本研究结果表明，管理措施对高粱各个物候期变化的影响均大于气候变化的影响。一些研究发现，不同生长期内的有利温度可能会提高光合速率，这些同化物将被提供给早播作物而不是晚播作物，以增加种子生长。高粱的播种期会影响半干旱地区高粱的发育和成熟（Lauer and Partridge，1990）。高温和干旱胁迫在高粱的发育和成熟期间是常见的自然灾害，因此，选择合适的播种期可以更好地利用降水和土壤水分，从而提高粮食产量（Wolf et al.，2015）。高粱的早播导致热量资源有限及开花灌浆期高温，进而导致产量降低，合适的播种期是影响高粱产量和品质形成的关键因素之一（郭宗学等，2007；李林蔓，2016；王聪和杨克军，2016）。本研究通过一阶差分的方法分离气候要素和管理措施对高粱各个物候期和生长期长度的影响。在管理措施影响下，高粱的营养生长期、生殖生长期和全生育期的长度均有所延长，这表明，管理措施在一定程度上减轻了全球变化下平均气温、累积降水和累积日照时数变化对高粱物候的负面影响。

尽管管理措施可以消除部分气候变化的负面影响，但气候要素的影响仍需引起充分重视。有效积温、日照时数、有效降水都对高粱产量产生了显著的影响（陈娟等，2012）。有机高粱拔节之前各个阶段的平均气温与单产之间呈现出显著的负相关关系，拔节之后各阶段平均气温与单产之间呈现出一定的正相关关系（孙秀姬等，2019）。黄淮西部高粱生产主要通过有效降雨影响高粱的生长发育，进而调控其他气象因子影响籽粒灌浆和干物质生产并最终影响产量（赵建武等，2014；高杰等，2017；屈洋等，2019）。在气候变化影响下，大多数站点高粱的营养生长期和全生育期延长，生殖生长期缩短。

7.5.4　平均气温、累积降水和累积日照时数对高粱物候变化的贡献度比较

通过进一步区分关键气候要素对高粱物候变化的相对贡献度，我们发现平均气温对高粱的播种期、抽穗期、成熟期的影响高于累积降水和累积日照时数，而累积降水对高粱三叶期的影响最大，累积日照时数对高粱的出苗期、七叶期、拔节期和乳熟期影响较大。这些特征可能与高粱所在种植区的纬度高低、气候差异，以及作物生理特性和不同季节的气象因素不同有关。平均气温的升高使高粱的播种期、出苗期和成熟期提前，但营养生长期和全生育期延长，这可能与不同时期的平均气温给高粱不同物候期带来的影响不同有关。高粱对于基准温度、最佳温度和最高温度之间的适应性有差异（Hammer et al.，1989；Craufurd et al.，1998）。除了抽穗期，累积降水使其他物候期均呈推迟趋势，以及全生育期呈延长趋势。已有研究表明，有效积温、有效降水与高粱的产量呈正相关，延长物候期有助于高粱充分地生长发育；生育期内的有效降雨是影响高粱产量的关键气象因素（赵建武等，2014；高杰等，2017；屈洋等，2019）。光照对作物物候的影响，主要表现为光周期对作物发育进程的影响。作物的发育速度与作物在很大程度上受到温度和光周期的影响（Craufurd and Wheeler，2009；Liu et al.，2018b；Pérez-Gianmarco et al.，2019）。与累积降水的影响相似，除成熟期外，累积日照时数使高粱其他物候期均呈推迟趋势，并导致全生育期缩短。孙秀姬等（2019）指出，日照时数与高粱的单产之间呈现出一定的正相关关系。因此，通过调节播种期等管理措施使气象因素有效促进高粱的生长和发育，以及通过人工灌溉等措施提高高粱生长期内水分利用效率以抵消气候变化带来的影响显得日益重要。

7.6 小　　结

1）在 18 年观测期内，全国高粱全生育期平均气温、累积降水和 GDD 呈波动上升趋势，而累积日照时数呈下降趋势。高粱的各个物候期均呈提前趋势，高粱的播种期、出苗期、三叶期、七叶期、拔节期、抽穗期、乳熟期、成熟期平均提前幅度分别为 0.90d/a、1.01d/a、1.02d/a、0.88d/a、0.54d/a、0.74d/a、0.51d/a、0.16d/a；分别有 50.00%、50.00%、57.14%、50.00%的站点高粱播种期、出苗期、三叶期、乳熟期呈提前趋势，而 71.43%、64.29%、64.29%、57.14%的站点高粱的七叶期、拔节期、抽穗期和成熟期呈推迟趋势。高粱物候期的变化改变了相应生长期的长度，有 57.14%（8 个站点）的营养生长期现延长趋势，一半的站点的生殖生长期呈缩短趋势，64.29%（9 个站点）的全生育期呈延长趋势。

2）敏感度分析表明，高粱物候期和生长期对平均气温、累积降水和累积日照时数具有不同的响应。其中，出苗期至乳熟期对相应物候期内平均气温的敏感度均为正值，仅有高粱的七叶期对其物候期内累积降水的敏感度为正值，高粱的三叶期至成熟期对相应物候期内的累积日照时数敏感度均为负值。

3）气候变化和管理措施对高粱各个物候期和生长期的影响存在差异，总体而言，管理措施的贡献度高于气候变化。管理措施导致高粱的播种期、七叶期、拔节期、抽穗期、乳熟期、成熟期推迟，延长了高粱的营养生长期、生殖生长期和全生育期。气候变化导致高粱的播种期、三叶期、抽穗期和成熟期提前，其中提前最显著的物候期是成熟期；气候变化导致高粱的营养生长期延长，生殖生长期和全生育期缩短。

4）各气候要素对高粱物候期和生长期长度的变化贡献程度各异，其中，平均气温对高粱的播种期、抽穗期和成熟期的影响最大，累积降水对高粱三叶期的影响最大，而累积日照时数主要对高粱的出苗期、七叶期、拔节期和乳熟期影响较大。

第 8 章　谷子物候变化及归因分析

8.1　谷子研究区概况

8.1.1　谷子种植情况

谷子起源于中国北方，在 6000～7000 年前的新石器时代中早期被驯化并广泛播种（Yang et al.，2012）。直到新中国成立初期，它仍是北方地区的重要粮食作物之一。后来受政策、科技、环境发展变化等方面的影响，谷子的播种面积大幅下降，逐渐从粮食作物转型成为经济作物（李顺国等，2021a）。目前，我国谷子的播种面积仅占农作物总播种面积的 0.5%。北方地区省份如内蒙古、山西、河北、辽宁、吉林、陕西、山东、黑龙江等为谷子主要产区，种植面积约占全国谷子种植面积的 97%。谷子种植区与站点分布见图 8.1。其中，北方产区气候类型较为多样，但总体来说，产区全年平均≥10℃积温约为 3000℃·d，年平均气温一般小于

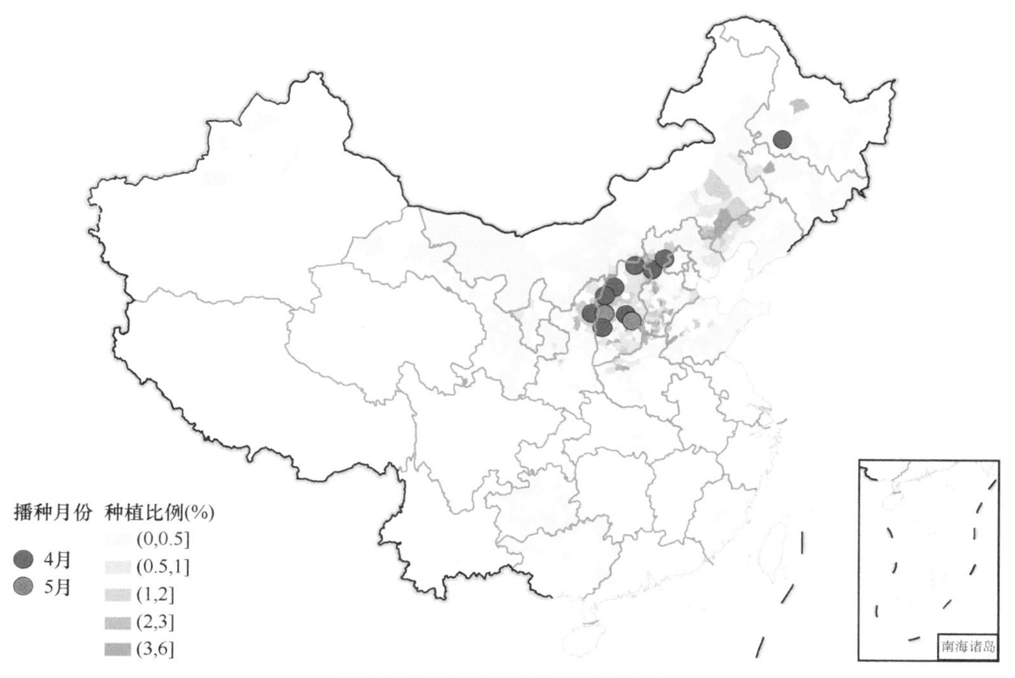

图 8.1　谷子种植区及站点分布

20℃；全年降水量少，年均累积降水在300～400mm左右，且季节分配不均，降水多集中在夏季。谷子为一年一熟制，耗水少、抗旱耐瘠的特性使其成为半干旱和干旱地区农业发展的重要选择（高蓓等，2017）。近年来，在市场需求、政府推动、绿色发展需求的带动下，中国谷子种植面积呈回升趋势，谷子产业不断扩大，发展势头良好（李顺国等，2021a）。

本章选择了分布在山西、河北、陕西和黑龙江的11个农业气象观测站点，解析中国谷子物候变化及归因，其中，山西有7个站点，河北有2个站点，陕西和黑龙江各有1个站点（图8.1）。由于区域气候差异，11个站点观测到的播种时间有细微差异，但均集中在4月、5月（图8.1）。农业气象观测站点的观测数据包括在2001～2010年长时间序列的谷子的6个物候期：播种期、出苗期、三叶期、拔节期、抽穗期和成熟期。研究时段（2001～2010年）内的谷子种植区农业气象站点基本情况见表8.1。

表8.1　谷子种植区农业气象站点基本情况

省份	站点	E（°）	N（°）	海拔（m）	播种期	平均气温（℃）	≥10℃积温（℃·d）	累积降水（mm）	日照时数（h）
黑龙江	安达	125.32	46.38	149.3	4月	17.84±0.41	2713.63±60.95	370.14±92.85	1214.57±106.81
山西	大同	113.33	40.10	1066.7	4月	18.52±0.55	2815.09±83.74	246.29±44.97	1248.85±80.07
河北	蔚县	114.57	39.83	909.5	4月	19.1±0.49	2902.67±74.87	272.39±35.98	1325.18±76.86
山西	五寨	111.82	38.92	1401	4月	16.2±0.56	2462.88±84.29	318.72±70.37	1178.09±101.38
山西	兴县	111.13	38.47	1012.6	4月	19.89±0.57	3023.64±86.45	312.48±72.95	1182.16±69.43
陕西	绥德	110.22	37.50	929.7	4月	19.92±0.52	3626.32±94.24	341.94±68.05	1408.6±101.03
山西	离石	111.10	37.50	950.8	5月	20.9±0.66	3176.29±99.62	390.01±88.73	1035.17±62.32
山西	太谷	112.58	37.42	799.6	4月	20.35±0.76	3093.66±116.15	286.15±68.29	1180.07±82.12
山西	榆社	112.98	37.07	1041.4	5月	19.29±0.48	2932.27±73.62	416.34±86.55	1000.83±78.61
山西	隰县	110.95	36.70	1052.7	4月	18.66±0.51	3395.96±92.74	421.72±86.08	1300.59±75.73
河北	怀来	115.50	40.40	536.8	4月	20.66±0.69	3139.8±104.45	262.55±64.06	1312.25±62

8.1.2　谷子物候期定义与观测标准

本章选择的谷子物候期包括播种期、出苗期、三叶期、拔节期、抽穗期和成熟期共6个物候期。根据《农业气象观测规范》（国家气象局，1993），谷子各物候期的定义和观测标准如下。

播种期：开始播种的日期。

出苗期：从芽鞘中露出第一片叶，尖端开始展开。

三叶期：第二片叶叶鞘中露出第三片小叶，尖端开始展开。

拔节期：近地面节间开始伸长，可摸到约 2.0cm 长的节间。

抽穗期：从上部叶鞘中露出穗的顶部。

成熟期：80%以上的籽粒呈现该品种固有色泽，并且变硬。

本章将谷子所有物候期分为 3 个关键的生长期，分别为营养生长期（播种期至抽穗期）、生殖生长期（抽穗期至成熟期）、全生育期（播种期至成熟期）。

8.2　谷子生长期内气候要素变化

8.2.1　气候要素时间变化特征

2001～2010 年谷子全生育期内平均气温、累积降水、累积日照时数和 GDD 时间变化如图 8.2 所示。研究时段内，谷子全生育期内的平均气温在 18.70～19.88℃，

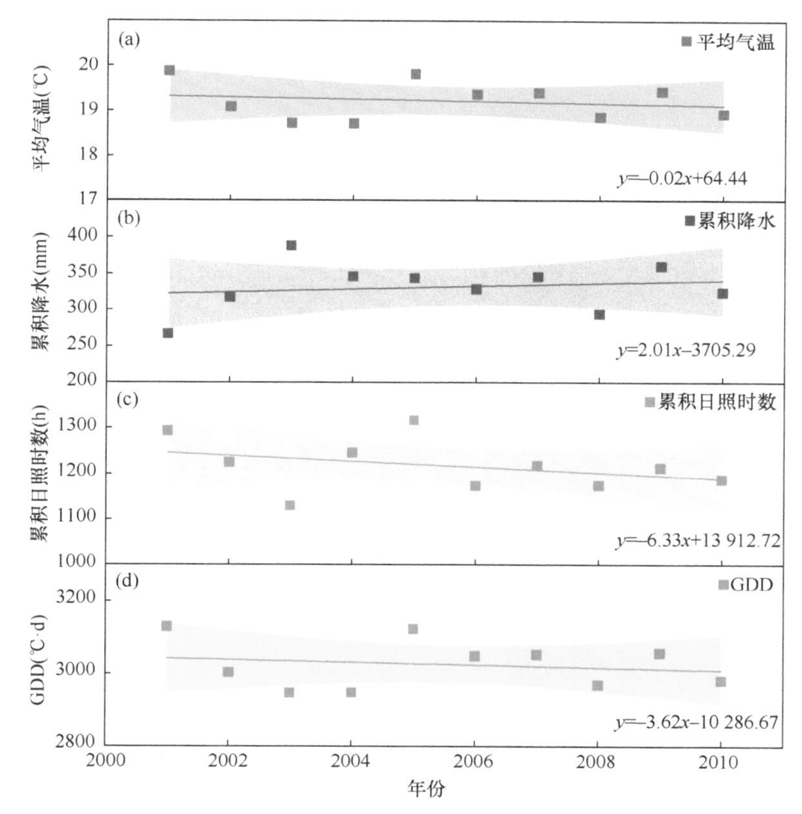

图 8.2　2001～2010 年谷子全生育期内平均气温（a）、累积降水（b）、累积日照时数（c）和 GDD（d）年际变化趋势

种植区内多年平均值为 19.21℃，整体呈下降趋势，趋势为–0.02℃/a。就累积降水而言，2001～2010 年，谷子全生育期内的累积降水最大值和最小值分别出现在 2003 年与 2001 年，分别为 387.79mm 和 266.25mm。这 10 年内累积降水呈上升趋势，上升速率为 2.01mm/a。累积日照时数在全生育期内的最大值和最小值分别为 1315.89h 和 1129.31h，多年平均值为 1216.94h/a。从整体上看，累积日照时数在 10 年观测期中呈下降趋势，下降速率为 6.33h/a。研究时段内 GDD 的变化趋势与平均气温相似，整体呈下降趋势，下降趋势为 3.62（℃·d）/a；2001～2010 年，谷子全生育期内 GDD 的最大值和最小值分别为 3128.18℃·d 和 2947.89℃·d，分别出现在 2001 和 2004 年。

8.2.2 气候要素空间变化特征与区域分异

2001～2010 年谷子全生育期内平均气温、GDD、累积日照时数和累积降水的空间变化特征如图 8.3 所示。谷子全生育期内气候要素的变化在不同种植区间存在显著差异。从省级尺度上看，在 4 个省份中，处于高纬度的黑龙江平均气温和 GDD 最小，分别为 17.84℃和 2713.63℃·d，但其累积降水最高，达到 370.14mm，

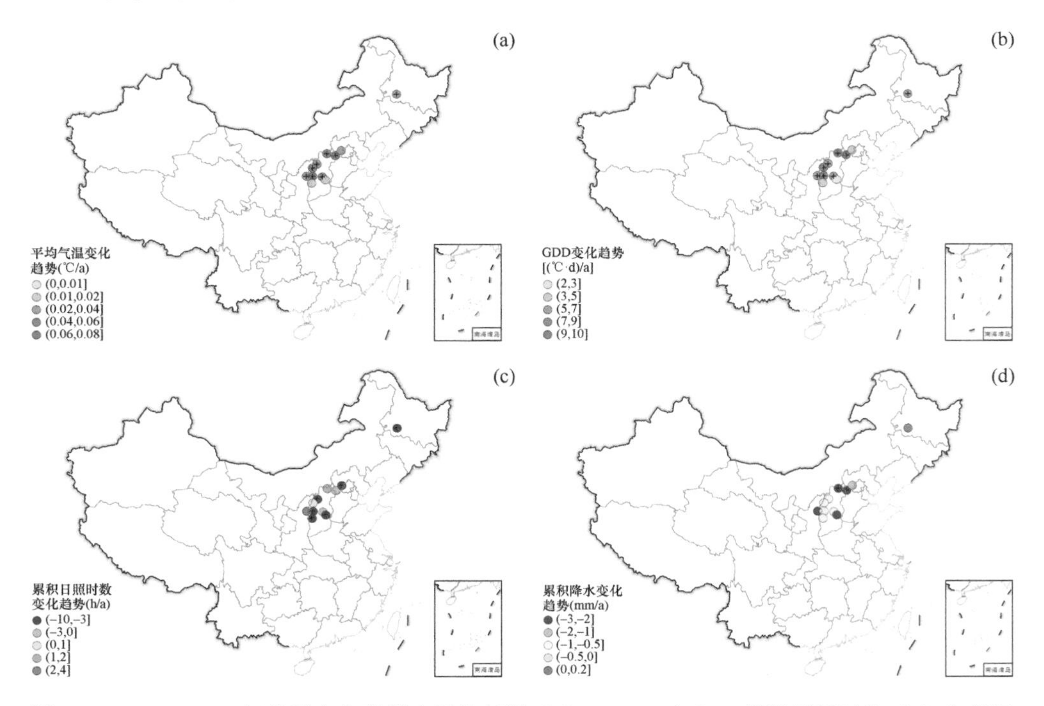

图 8.3　2001～2010 年谷子全生育期内平均气温（a）、GDD（b）、累积日照时数（c）和累积降水（d）空间变化趋势

+表示通过 0.05 显著性水平检验

累积日照时数为 1214.57h。河北和山西的平均气温和 GDD 较高，其中平均气温分别为 19.88℃、19.12℃，GDD 分别为 3021.24℃·d、2985.68℃·d。其中，河北累积降水最低，仅有 267.47mm，但其累积日照时数较高，为 1318.72h；而山西累积降水较高，为 341.67mm，但累积日照时数最低，仅有 1160.82h。陕西平均气温、累积日照时数和 GDD 均为最高，分别为 19.92℃、1408.6h 和 3626.32℃·d，累积降水也保持在较高水平，为 341.94mm。整体上看，我国谷子全生育期内气候要素的变化特征为：平均气温、累积日照时数和 GDD 大体上呈自东北向西南递增趋势，而累积降水则呈自东北向西南递减趋势。

从空间分布特征上看，在研究时段内，4 个省份内所有站点谷子全生育期内平均气温均呈现上升趋势，其中，河北上升速率最大，达到 0.07℃/a，而山西上升速率最低，仅有 0.0006℃/a，黑龙江和陕西的上升幅度在 0.05℃/a 左右。与平均气温的变化相似，谷子全生育期内所有站点的 GDD 均呈上升趋势，升高速率在 2～10（℃·d）/a。绝大多数站点（8/11）显示出累积日照时数减少的趋势，其中，河北累积日照时数变化幅度最小，但 GDD 变化幅度最大，山西 GDD 上升幅度最小；陕西累积日照时数的上升幅度最大。谷子全生育期内的累积降水变化与平均气温和 GDD 变化方向相反，绝大部分站点（10/11）呈现下降趋势，下降速率在 0.02～2.85mm/a。其中，西南内陆的陕西下降幅度最大，而处于高纬度的黑龙江增长幅度最大。谷子所有站点在各生长期的气候要素变化趋势范围见附表 1～附表 4。

8.3 谷子物候变化特征

8.3.1 谷子物候期变化特征

1. 谷子物候期时间变化特征

2001～2010 年谷子播种期、出苗期、三叶期、拔节期、抽穗期和成熟期的时间变化如图 8.4 所示。总体而言，谷子的播种期、三叶期、拔节期和抽穗期均呈现提前趋势，平均提前幅度分别为 0.01d/a、0.40d/a、0.18d/a 和 0.26d/a（图 8.4a、c～e）；而出苗期和成熟期则表现出推迟趋势，推迟速率分别为 0.44d/a 和 0.29d/a（图 8.4b、f）。

2. 谷子物候期空间变化特征与区域分异

按照播种月份划分，山西离石和榆社的谷子播种期均在 5 月，且不同站点播种期差异基本在 10d 以内；而拔节期则存在较大差异，离石站谷子的拔节期平均

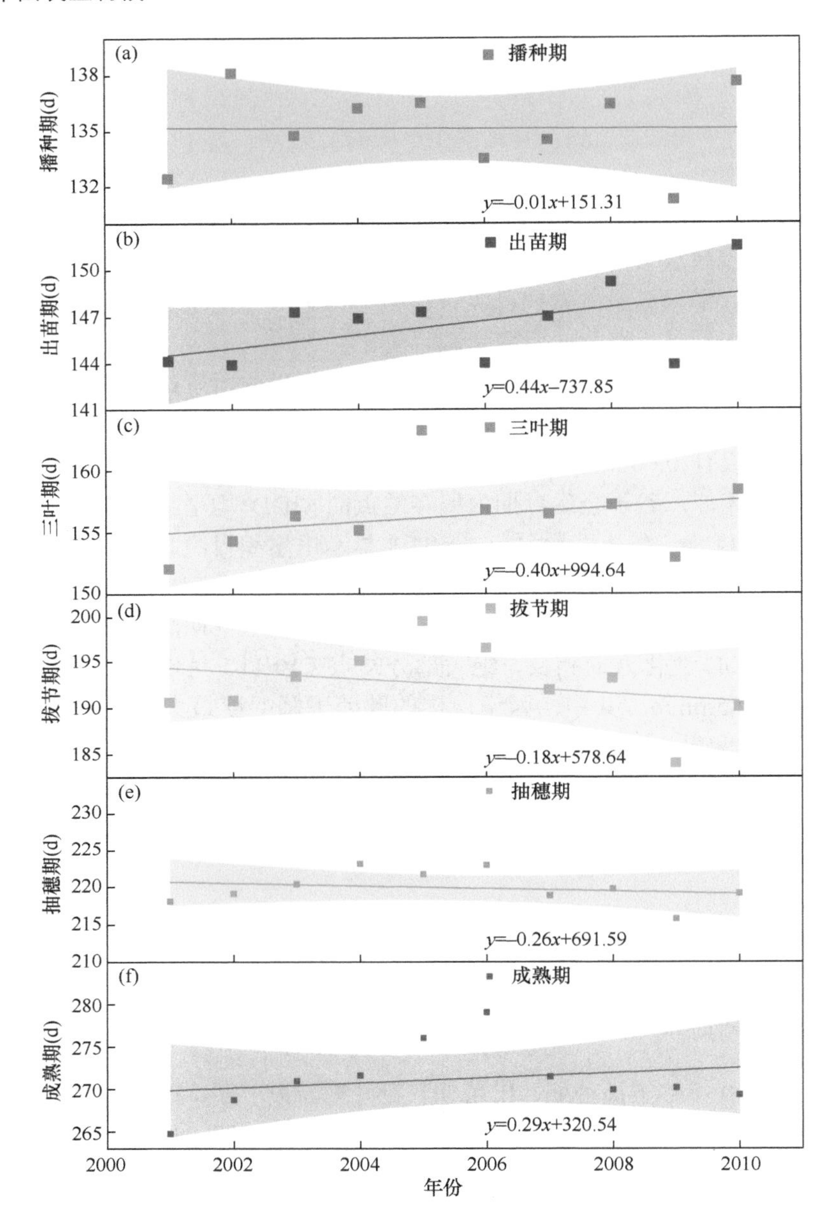

图 8.4　2001～2010 年谷子关键物候期播种期（a）、出苗期（b）、三叶期（c）、拔节期（d）、抽穗期（e）、成熟期（f）的时间（DOY）变化趋势

DOY 为 203d，较榆社站（193d）推迟约 10d。其余 9 个观测站的谷子播种月份为 4 月，谷子物候期存在较大空间差异，具体表现在随种植点北移，6 个站点物候期呈提前趋势；而河北怀来和黑龙江安达站的谷子物候期呈现推迟趋势，其中，播

种期和出苗期差异较大，怀来站和安达站谷子的播种期的平均 DOY 分别为 153d 和 138d，出苗期的平均 DOY 分别为 157d 和 149d。

2001～2010 年，谷子各物候期变化趋势的空间分异特征如图 8.5 所示。在全国尺度上，分别有 10/11、7/11 和 7/11 的站点的出苗期、三叶期和成熟期呈推迟趋势（图 8.5b、c、f）；而拔节期和抽穗期以提前趋势为主，分别有 8/11、8/11 的站点观测到对应物候期提前（图 8.5d、e）；播种期的变化趋势未呈现明显的空间分异，分别有 6 个和 5 个站点观测到了提前和延后的趋势（图 8.5a）。

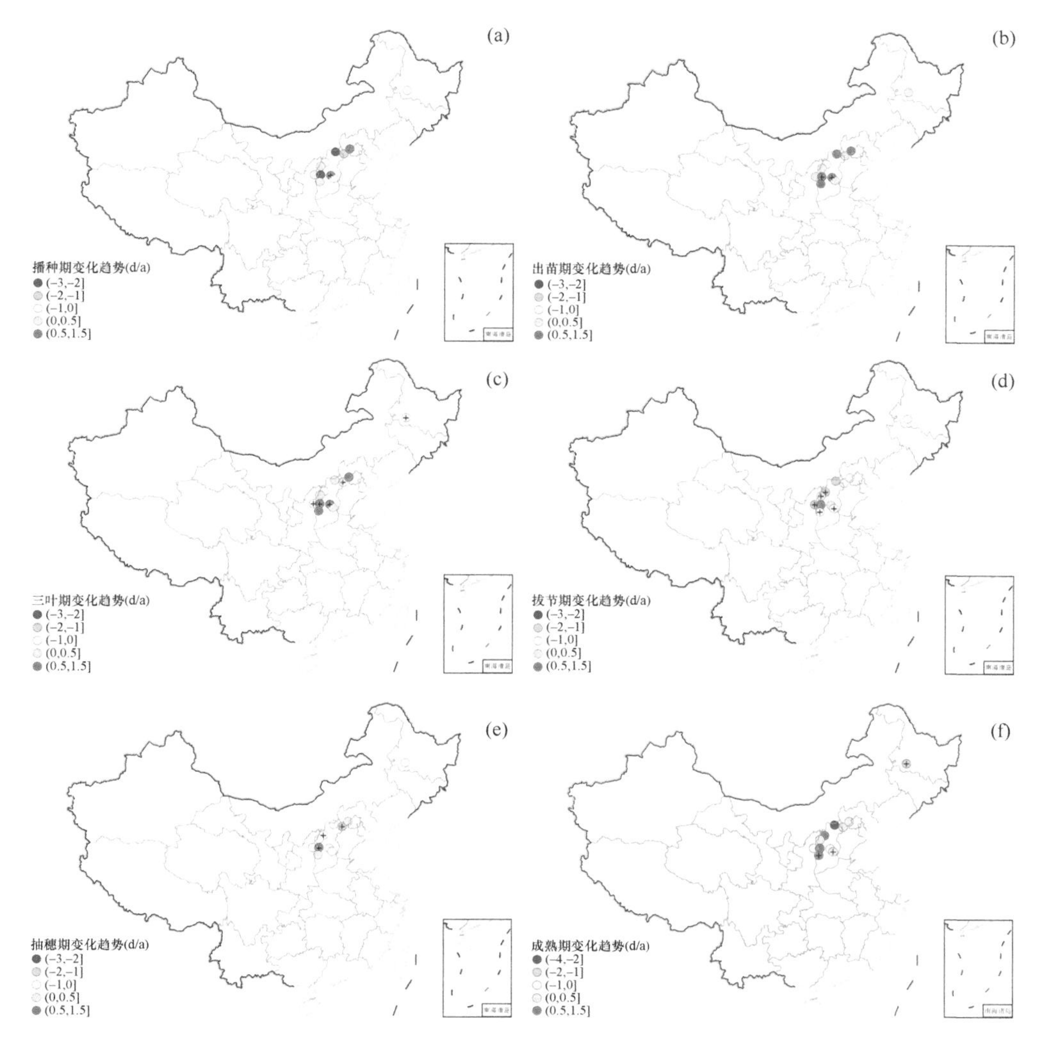

图 8.5　2001～2010 年谷子播种期（a）、出苗期（b）、三叶期（c）、拔节期（d）、抽穗期（e）、成熟期（f）空间变化趋势

+表示通过 0.05 显著性水平检验

8.3.2 谷子生长期变化特征

1. 谷子生长期时间变化特征

2001～2010 年我国北方种植区内谷子的营养生长期、生殖生长期及全生育期长度的平均时间变化趋势如图 8.6 所示。总体来说，在全国范围内，谷子的生殖生长期和全生育期在 10 年观测期中分别以 0.25d/a 和 0.22d/a 的速度在延长，而营养生长期长度在缩短，缩短速率为 0.03d/a。

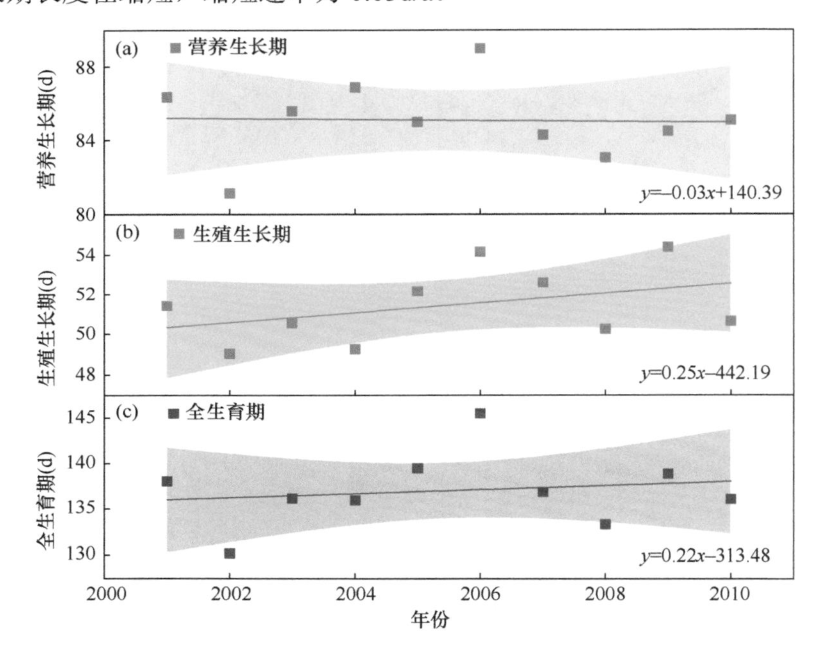

图 8.6 2001～2010 年谷子营养生长期（a）、生殖生长期（b）和全生育期（c）长度的时间变化趋势

2. 谷子生长期空间变化特征与区域分异

2001～2010 年，我国谷子营养生长期平均长度约为 84d。在所有站点中，山西离石站谷子的营养生长期最短，仅有 71d，而同省的兴县和陕西绥德的营养生长期最长，达到 92d；生殖生长期平均长度约为 51d，其中，最小值和最大值分别出现在河北蔚县和山西五寨，生殖生长期长度分别为 41d 和 57d；全生育期平均长度为 136d，最小值和最大值分别为 122d（河北怀来）和 148d（陕西绥德）。

2001～2010 年，谷子各生长期内长度的空间变化趋势如图 8.7 所示。总体来说，在谷子种植区内，分别有 7/11、6/11 的站点营养生长期和全生育期呈缩短趋势，缩短速度分别为 0.01～1.27d/a 和 0.23～1.25d/a；但在山西离石观测到谷子的营养生长期和全生育期较为明显的增长变化，增速分别为 5.54d/a 和 5.50d/a，其他站点的营养生长期增速均在 0.13～2.50d/a，而全生育期长度的增速集中在 0.40～1.26d/a。谷子生殖生长期的变化趋势以增长为主，有 7/11 的站点观测到延长趋势，增速多在 0.1～1.73d/a；而山西大同生殖生长期呈缩短趋势，缩短速率为 3.75d/a，其余 3 个站点的缩短速率在 0.04～0.26d/a。

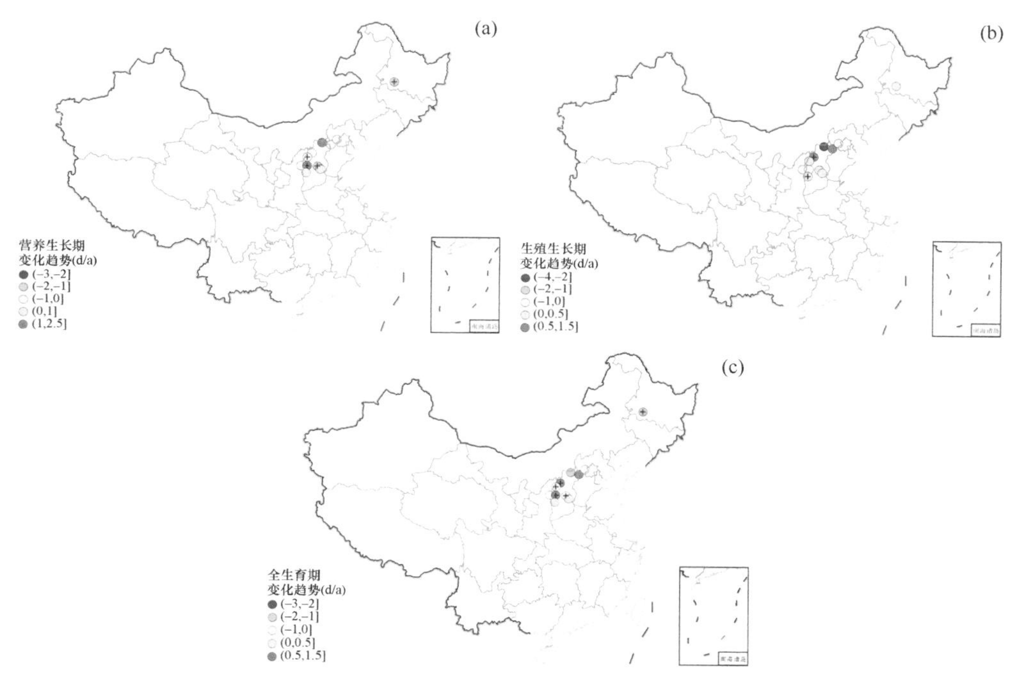

图 8.7　2001～2010 年谷子营养生长期（a）、生殖生长期（b）和全生育期（c）长度的空间变化趋势
+表示通过 0.05 显著性水平检验

8.4　谷子物候变化归因分析

8.4.1　谷子物候对气候要素的敏感度分析

1. 谷子物候期对平均气温、累积降水和累积日照时数的敏感度分析

2001～2010 年谷子播种期、出苗期、三叶期、拔节期、抽穗期和成熟期对相应阶段内的 3 个气候要素（平均气温、累积降水和累积日照时数）的敏感度如图 8.8 所示。结果表明，所有物候期对平均气温的敏感度均为正值，敏感度在 0.06～0.67d/℃，其中三叶期对平均气温的敏感度最低（0.06d/℃），而播种期的敏感度最高（0.67d/℃）。谷子不同物候期对于累积降水的敏感度存在差异，其中

播种期、出苗期和三叶期对累积降水的敏感度为负值，且敏感度随物候期的推进而逐渐增大，从播种期的–0.03d/100mm 到出苗期的–0.13d/100mm，敏感度在三叶期达到–0.19d/100mm；拔节期、抽穗期和成熟期对累积降水的响应为正向，即累积降水的增加会推迟相应物候期，敏感度分别为 0.19d/100mm、0.19d/100mm 和 0.17d/100mm。谷子播种期、出苗期和三叶期对累积日照时数的敏感度为负值，敏感度分别为–0.29d/100h、–0.13d/100h 和–0.18d/100h；成熟期对累积日照时数的敏感度也为负值，但敏感度较小，仅为–0.03d/100h；拔节期和抽穗期对累积日照时数增加的响应为正向，其敏感度分别为 0.06d/100h 和 0.30d/100h。

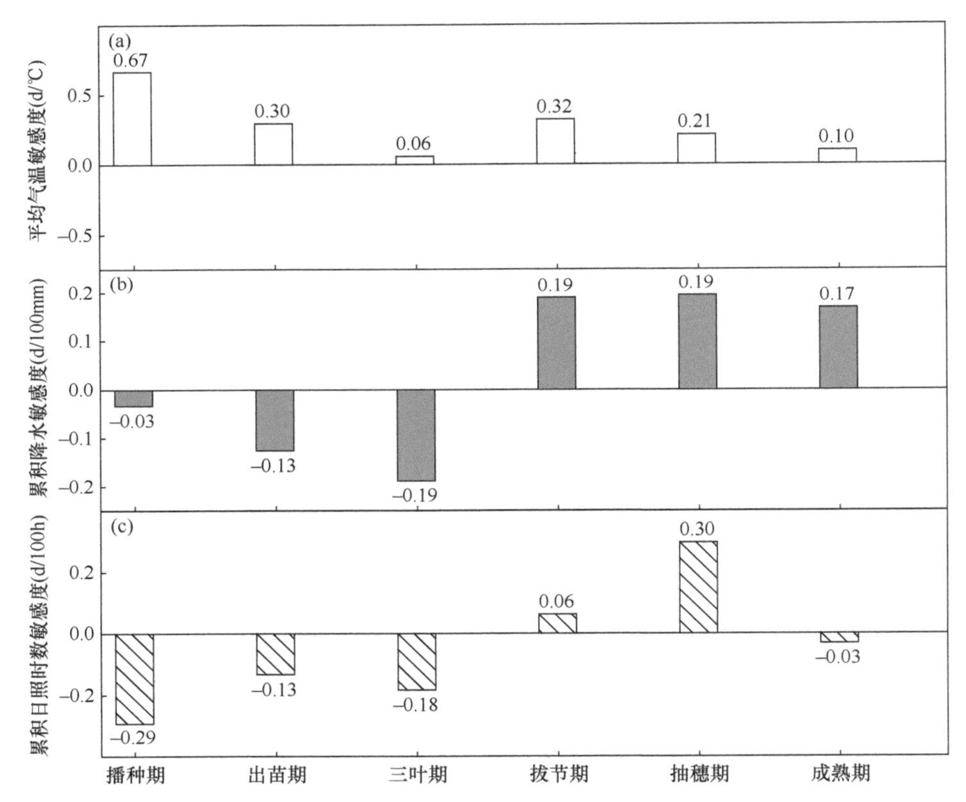

图 8.8　2001～2010 年谷子各物候期对平均气温（a）、累积降水（b）、累积日照时数（c）的敏感度

总体来说，在 10 年观测期内，观测到站点的谷子播种期、出苗期和三叶期对同一气候要素的响应一致，其中，这 3 种物候期对平均气温的响应为正向，即物候期随平均气温的增加推迟，而对累积降水和累积日照时数的响应为负向。此外，谷子的拔节期和抽穗期对 3 种气候要素的敏感度均为正值。而相比其他物候期，成熟期对气候要素变化的响应较小，对平均气温和累积降水的敏感度为正值，对累积日照时数的响应为负向。

2. 谷子生长期对平均气温、累积降水和累积日照时数的敏感度分析

2001～2010 年，我国谷子营养生长期、生殖生长期和全生育期对相应阶段内气候要素（平均气温、累积降水和累积日照时数）的敏感度如图 8.9 所示。谷子的 3 个生长期对于平均气温的敏感度均为负值，随着温度每上升 1℃，营养生长期、生殖生长期和全生育期分别缩短 0.44d、0.06d 和 0.54d。与之相反，谷子营养生长期和全生育期对相应阶段内累积降水的敏感度为正值，其敏感度分别为 0.21d/100mm 和 0.19d/100mm，而谷子生殖生长期对累积降水的敏感度为负值，但敏感度较小（–0.01d/100mm）。谷子不同生长期对累积日照时数的敏感度与其对累积降水的有相似规律：生长期内累积日照时数每增加 100h，营养生长期和全生育期各自延长 0.58d 和 0.38d，而生殖生长期则会缩短 0.14d。

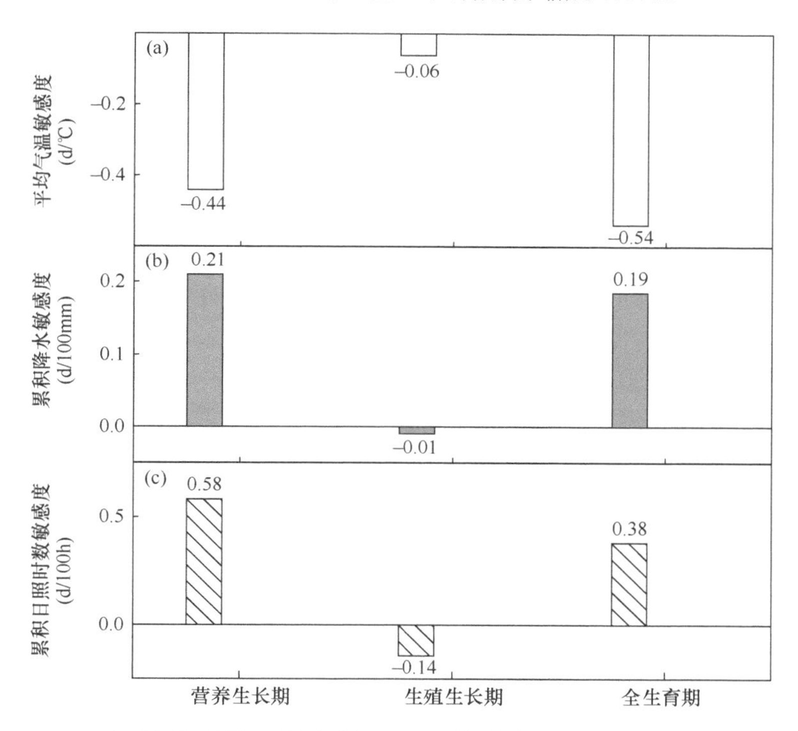

图 8.9　2001～2010 年谷子生长期对平均气温（a）、累积降水（b）、累积日照时数（c）的敏感度

8.4.2　气候变化和管理措施对谷子物候变化的影响

1. 气候变化和管理措施对谷子物候期变化的影响

2001～2010 年，气候变化和管理措施对谷子播种期、出苗期、三叶期、拔节

期、抽穗期和成熟期变化的单独和综合影响如图 8.10 所示。在 2001～2010 年，由于气候变化和管理措施的综合影响，谷子播种期、拔节期、抽穗期和成熟期总体上呈现提前趋势；而出苗期和三叶期则表现出延后的趋势。在气候变化的单独影响下，谷子的 6 个物候期总体变化趋势较小，播种期至拔节期受正向影响，呈现推迟趋势；而抽穗期和成熟期受负向影响，呈现提前趋势。而在管理措施的单独影响下，谷子出苗期、三叶期受到管理措施的正向影响，而管理措施对播种期、拔节期、抽穗期和成熟期均产生负向影响，导致相应物候期呈现提前趋势。

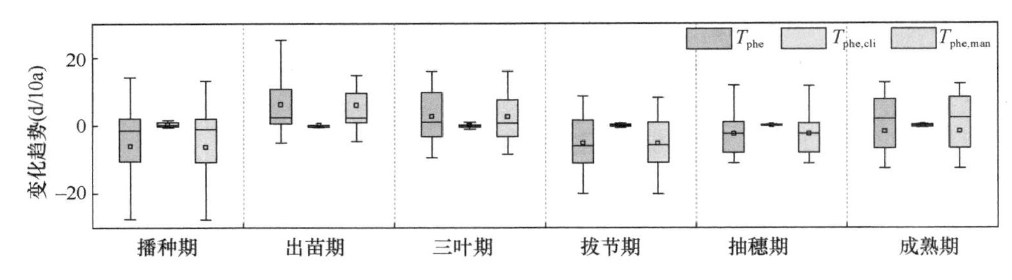

图 8.10　2001～2010 年气候变化和管理措施对谷子物候期变化的影响

2. 气候变化和管理措施对谷子生长期变化的影响

在 2001～2010 年，气候变化和管理措施对谷子的 3 个生长期（营养生长期、生殖生长期和全生育期）长度的单独和综合影响如图 8.11 所示。在气候变化和管理措施的综合影响下，谷子营养生长期延长，而生殖生长期和全生育期缩短。此外，在气候变化的单独影响下，气候变化对谷子的 3 个生长期均产生负向影响，即气候变化在不同程度上缩短了谷子的生长期长度。管理措施对谷子生长期的单独影响与气候变化和管理措施的综合影响一致，由单一管理措施影响下的历史谷子生长期的变化趋势中值与气候和管理综合影响下的趋势中值相似，即管理措施导致营养生长期延长，生殖生长期和全生育期缩短。

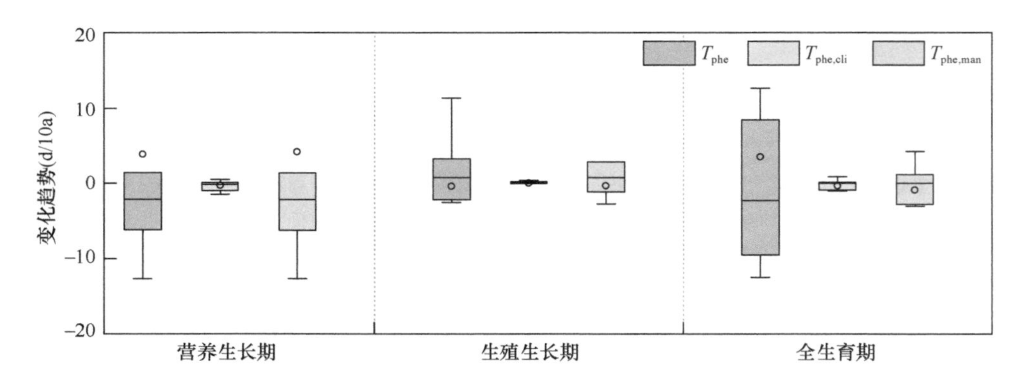

图 8.11　2001～2010 年气候变化和管理措施对谷子生长期长度变化的影响

3. 在气候变化和管理措施影响下谷子物候期和生长期的平均变化趋势

在气候变化和管理措施影响下的谷子物候期和生长期的平均变化趋势如表 8.2 所示。在气候变化和管理措施的综合影响下，谷子的播种期、拔节期、抽穗期和成熟期呈提前趋势，其中播种期的提前趋势最大（–6.00d/10a）；出苗期和三叶期呈推迟趋势，其中出苗期的推迟最明显，趋势值达到 6.16d/10a。气候变化和管理措施的综合影响导致营养生长期呈延长趋势，而生殖生长期和全生育期呈缩短趋势。气候变化单独影响下的谷子物候期和生长期变化趋势主要体现为抽穗期和成熟期提前，而其余物候期均呈现不同程度的推迟趋势，且所有生长期均缩短，其中全生育期缩短趋势最明显（–0.37d/10a）。管理措施作对谷子物候期和生长期的单独影响效果与综合影响一致，但播种期和拔节期及营养生长期在管理措施的单独影响下变化趋势更大。

表 8.2　在气候变化和管理措施影响下谷子物候期和生长期的平均变化趋势（单位：d/10a）

物候期/生长期	T_{phe}	$T_{phe,cli}$	$T_{phe,man}$	P 值（t 检验）
播种期	–6.00	0.31	–6.31	0.237
出苗期	6.16	0.15	6.01	0.039
三叶期	2.69	0.09	2.60	0.257
拔节期	–5.09	0.17	–5.26	0.053
抽穗期	–2.56	–0.02	–2.54	0.212
成熟期	–1.82	–0.04	–1.78	0.697
营养生长期	3.87	–0.33	4.20	0.501
生殖生长期	–0.40	–0.02	–0.38	0.928
全生育期	–1.26	–0.37	–0.89	0.516

8.4.3　气候要素对谷子物候变化的相对贡献度

1. 气候要素对谷子物候期变化的相对贡献度

2001～2010 年平均气温、累积降水和累积日照时数对谷子各物候期变化的相对贡献度如图 8.12 所示。平均气温的升高会导致谷子的 6 个物候期均推迟，其中平均气温升高对播种期变化的相对贡献度最大，达到 72.08%。与此相反，累积降水的增加则会导致谷子物候期的提前，其中累积降水变化对出苗期变化的相对贡献度最大，为 37.27%。此外，由累积日照时数增加导致的谷子物候期变化存在差异，其中播种期、出苗期和成熟期随累积日照时数减少而提前，累积日照时数变化对成熟期变化的相对贡献度约为 27%，为最大值；而三叶期、拔节期和抽穗期随累积日照时数的减少而推迟，其中累积日照时数变化对抽穗期变化的相对贡献度最大，约为 32%。在所研究的 3 个气候要素中，平均气温对谷子物候期变化的相对贡献度最大，而累积日照时数的相对贡献度最小。

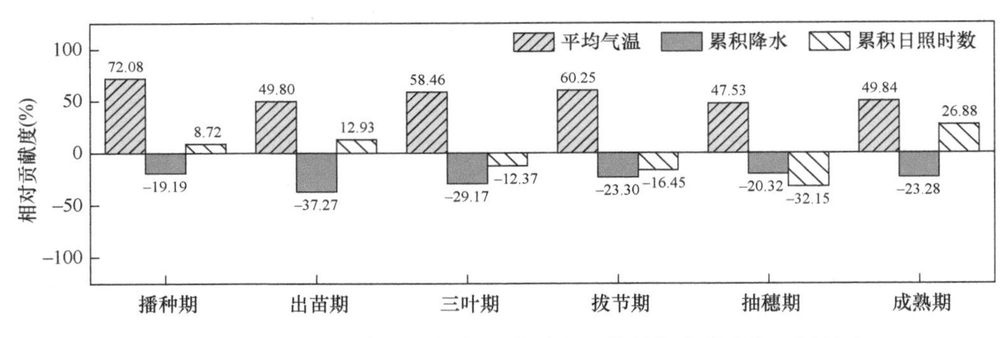

图 8.12　2001～2010 年不同气候要素对谷子物候期变化的相对贡献度

2. 气候要素对谷子生长期变化的相对贡献度

2001～2010 年平均气温、累积降水和累积日照时数对谷子营养生长期、生殖生长期和全生育期长度变化的相对贡献度如图 8.13 所示。平均气温的升高会导致谷子营养生长期和全生育期缩短，相对贡献度分别约为 53%和 81%；而平均气温的升高会导致生殖生长期轻微延长，相对贡献度约为 11%；在所有气候要素对生殖生长期长度变化的相对贡献度中，平均气温为最低。累积降水增加会导致营养生长期稍微延长（0.85%），但会明显缩短生殖生长期和全生育期，相对贡献度分别约为 16%和 14%。相对于平均气温和累积降水，累积日照时数增加对营养生长期的缩短和生殖生长期的延长有较大贡献，相对贡献度分别约为 46%和 74%；同时，累积日照时数的增加会导致全生育期略有延长（5.55%）。

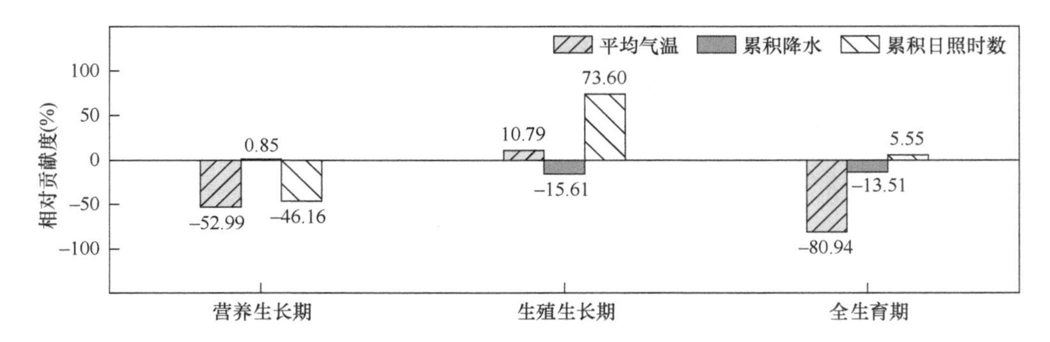

图 8.13　2001～2010 年不同气候要素对谷子生长期长度变化的相对贡献度

8.4.4 气候变化和管理措施对谷子物候变化的相对贡献度

1. 气候变化和管理措施对谷子物候期变化的相对贡献度

2001～2010 年气候变化和管理措施对谷子各物候期变化的相对贡献度如图 8.14 所示。与同物候期的管理措施的影响相比，气候变化对物候期变化的贡献度相对较小，其相对贡献度在–13.02%～11.84%。其中，气候变化会导致谷子拔节期的推迟和其余 5 个物候期的提前。而管理措施会导致播种期、拔节期和抽穗期的提前，相对贡献度分别约为–87%、–88%和–88%；此外，管理措施对出苗期、三叶期和成熟期推迟的相对贡献度较大，分别约为 97%、97%和 92%。

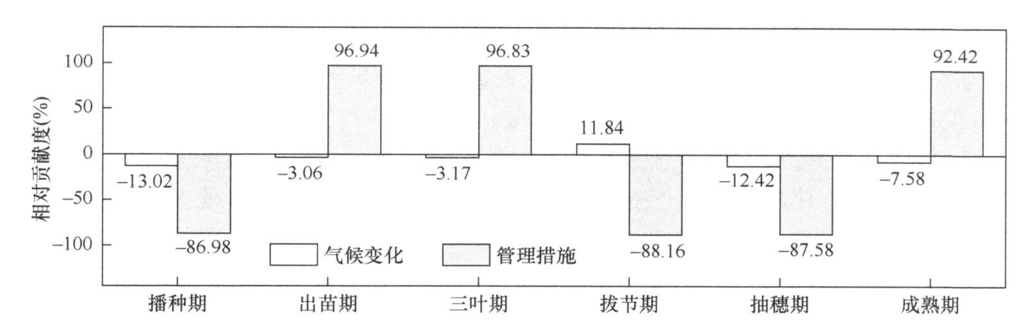

图 8.14　2001～2010 年气候变化和管理措施对谷子物候期变化的相对贡献度

2. 气候变化和管理措施对谷子生长期变化的相对贡献度

2001～2010 年气候变化和管理措施对谷子营养生长期、生殖生长期和全生育期长度变化的相对贡献度如图 8.15 所示。其中，气候变化和管理措施均会导致谷子营养生长期和全生育期缩短，但其贡献度有所差异：气候变化对缩短营养生长

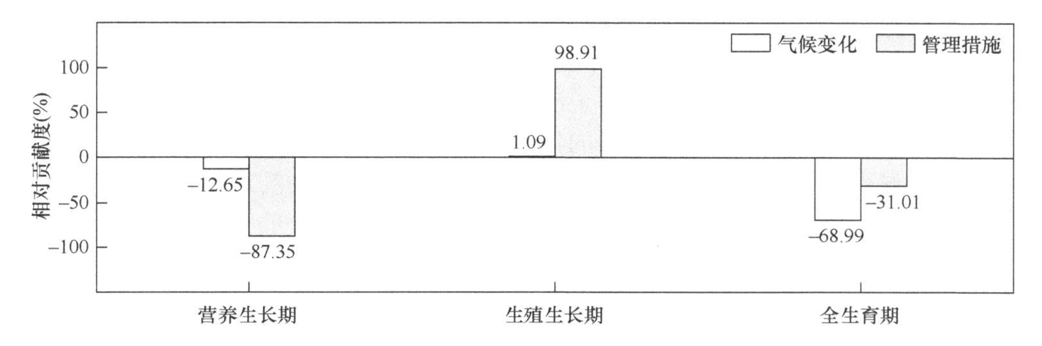

图 8.15　2001～2010 年气候变化和管理措施对谷子生长期长度变化的相对贡献度

期的贡献度（约–13%）远小于管理措施的贡献度（约–87%）；与之相反，对于全生育期的长度变化，气候变化的贡献度（约–69%）则显著高于管理措施的贡献度（约–31%）。此外，气候变化和管理措施均延长生殖生长期，管理措施的贡献度（约 99%）显著高于气候变化的贡献度（约 1%）。

8.5 讨　　论

8.5.1 气候变化与谷子物候变化特征

根据农业气象观测站点提供的 2001～2010 年谷子物候和同期气象数据，本章分析了该时期内气候变化背景下我国谷子物候期的时空变化特征。在 10 年观测期中，在全国水平上，谷子全生育期内的年平均气温和 GDD 均呈下降趋势，趋势值分别为–0.02℃/a 和–3.62（℃·d）/a，同时期累积日照时数同样呈现下降趋势（–6.33h/a），而累积降水增加（2.01mm/a）。不同站点间气候和谷子物候期的变化呈现数值上的差异，但变化趋势基本一致。北方 4 个谷子主要种植省份的气候总体上呈现暖干化趋势，并伴随作物 GDD 上升和累积日照时数减少的趋势。本章研究结果显示谷子的播种期、三叶期、拔节期和抽穗期提前，出苗期和成熟期推迟；生殖生长期和全生育期延长，营养生长期缩短。前人研究结果表明，种植区域内的暖干化会引起谷子的播种期提前（马兴祥等，2004），且播种时间主要受农民的决策影响，这可能是本研究中谷子播种期在 2001～2010 年提前的原因（Fotiadis et al.，2017）。此外，气温对谷子关键物候期的影响显著，且积温对作物物候的阶段有决定性作用：当作物某一生长阶段的积温需求被满足后，物候便从一个阶段转向另一个阶段，平均气温升高可以加快积温的积累，导致各物候期的提前和各生长期持续时间的缩短（Dong et al.，2009；Keating et al.，2003；Zhang et al.，2013）。尽管气温是决定物候期变化的主要因素，累积降水和累积日照时数的变化也会对谷子的物候期产生影响：年降水量减少会加剧我国北方谷子种植区域的干旱情况，从而推迟作物物候期，且更加干旱和更少日照时数的环境也有可能会延长种子的休眠期、延缓谷子出苗期和苗初期的生长（Bewley，1997；王永丽等，2012）。谷子具有耐干旱的特性，因此，与其他不够耐旱的作物相比，谷子受气候变化影响较轻，气候背景下的暖干化导致该作物的适宜种植面积扩大（邓振镛等，2008），但随机事件如极端气候等可能会对谷子的生产造成严重的不利影响。在实际农业管理中，应依据当地情况采取适应性管理措施来缓解气候变化带来的负面影响，以最大化谷子的利用价值，实现农业可持续发展（Liu and Dai，2020）。受条件限制，本章所使用的谷子物候观测数据仅持续 10 年，未来将继续谷子物候的观测工作，以期为气候变化背景下谷子生长和生产的精准高效预测提供数据基础。

8.5.2 谷子物候对气候要素变化的敏感度

本研究选取了平均气温、累积降水和累积日照时数 3 个关键气候要素来分析气候变化对谷子物候期的影响。通过敏感度分析，本研究发现谷子营养生长期和生殖生长期对生长期内平均气温的敏感度均为负值，即营养生长期和生殖生长期长度随着平均气温上升而缩短，该现象可能是由于生长期内气温的升高加速了作物发育速率，引起关键物候期提前、生长期缩短（Karlsen et al.，2009；Zhang and Tao，2013）。此外，谷子营养生长期和生殖生长期对累积降水变化的响应存在差异，其中谷子营养生长期对累积降水的敏感度为正值，而生殖生长期相反，但由于营养生长期的敏感度更明显，因而全生育期对累积降水的敏感度仍为正值，即累积降水减少，谷子生长期延长。有研究表明在干旱胁迫条件下，谷子光合作用能力会受到负面影响，从而影响作物生长，导致物候期延迟和生长期延长（张文英等，2011）。而当干旱出现在谷子的某些关键物候期（如拔节期等）时，干旱同样会对作物生长造成不利影响（王永丽等，2012）。谷子不同生长期对累积日照时数和累积降水的敏感度变化规律相对一致。本章所选取的观测站点均分布在我国较高纬度的北方地区，温度相对较低，作物正常生长发育需要通过充足的累积日照时数带来的热量和光照满足其对光热时间的需求，而累积日照时数的减少有可能抑制谷子的发育，导致物候期推迟、生长期延长（Zimmermann et al.，2017）。总体来说，在我国北方谷子种植区内，气候暖干化可能会造成作物干物质积累的减少，进而降低产量。厘清不同气候要素对谷子物候的影响有利于农业工作者采取具有针对性的气候变化应对措施（如品种更替、播种期调整、灌溉和施肥调整等），从而保障谷子的生产安全（曹玲等，2010）。本研究观察到谷子部分关键物候期对气候变化的响应与生长期相反。例如，播种期和出苗期对累积降水的敏感度均为负值，与营养生长期的响应相反，这可能是气候变化和管理措施共同作用导致的结果。

8.5.3 气候变化及管理措施对谷子物候变化的贡献度比较

通过分析站点的历史观测数据发现，在 2001～2010 年，气候变化和管理措施的综合作用提前了我国主要种植区谷子的播种期等物候期，推迟了出苗期和三叶期；延长了营养生长期和全生育期，但缩短了生殖生长期。该结果与前人基于统计和模型分析的研究结果相似（马兴祥等，2004；王永丽等，2012）。本章进一步通过一阶差分法来剖析气候变化和管理措施分别对谷子物候变化的贡献度。结果表明在全国范围内，在气候变化的单独影响下，除拔节期外，其余物候期均呈提前趋势，即气候变化提前了谷子的物候期，这与其他作物研究结论一致（Huang and Ji，2015）。与此同时，气候变化导致谷子生长期整体上呈现缩短趋势，主要体现在营养生长期和全生育期。邓振镛等（2008）关于气候变化背景下其他春播作物生长期的研究同样得出了相似的结论。作为耐干旱的春播作物，气候暖干化可能为谷子生长创造一定的有利条件，增加产量（曹玲等，2010）。

尽管在不同站点管理措施的贡献度存在一定差异，本研究结果表明管理措施对谷子各物候期变化的贡献度均要大于气候变化。管理措施的影响普遍表现为缩短了谷子的营养生长期和全生育期，延长了生殖生长期。这可能是农民为适应气候变化，选择播种物候期较短的谷子品种产生的结果，因为通过选择物候期更长或更短的作物品种以适当匹配作物生长所需气候资源是常见的气候变化适应管理措施（Liu et al.，2012；Sacks and Kucharik，2011；Siebert and Ewert，2012）。马兴祥等（2004）发现谷子播种期在气候变化背景下有所提前，根据气候变化趋势，农民会提前谷子的播种日期，并结合其他栽培管理措施如农膜覆盖、灌溉等，以确保谷子生长、生产能够适应当前气候环境（Fotiadis et al.，2017；李万斌等，2021）。除播种期外，谷子其余物候期受到的管理措施影响同样大于气候变化，李君霞等（2021）的研究表明谷子播种时间的选择会对后续的物候期发生时间产生影响，且谷子品种的选择同样会对物候期的提前或延后产生影响。值得注意的是，尽管管理措施主导对谷子物候期和生长期的影响，但气候变化的影响也不容忽视。气候变化不仅包括气候要素的均态变化，还包括极端态变化，极端气候事件往往会导致物候期普遍提前、生长期缩短、花期热应激频率增加，从而影响作物产量（Moriondo et al.，2011）。在气候变化下，谷子的科学管理措施仍需进一步研究，以适应未来的气候变化格局（Rasul et al.，2012）。

总体来说，气候变化会对谷子生长发育造成一定负面影响，但合适的管理措施（如提前播种、灌溉、选种等）可以有效抵消这些影响并提升谷子的产量。对比其他农作物（如玉米），耐干旱的谷子受气候变化影响相对较小，管理者可以利用这一性质在不同时间轮流种植谷子和其他作物，配置作物种植格局，以有效应对气候变化，确保农作物生长、高产、稳产（邓振镛等，2010；马兴祥等，2004）。

8.5.4 平均气温、累积降水和累积日照时数对谷子物候变化的贡献度比较

气候变化包含多个气候要素的变化，而谷子不同生长阶段对不同气候要素的敏感度不同，因此，进一步区分关键气候要素对谷子物候期和生长期的影响有利于管理者制定有针对性、高效的管理策略。本研究发现平均气温升高对谷子物候期变化的贡献度最大，这与前人的研究结论基本相符（Craufurd and Wheeler，2009；Wang et al.，2013）。结果显示平均气温升高总体上缩短了谷子的生长期，这可能

是由于温度升高加速了作物生长进程，一些物候期提前，干物质积累时间减少，进而影响产量（Ahmad et al.，2018；Ishii et al.，2011）。在谷子生长期间，累积降水和累积日照系数同样扮演了重要角色。本研究结果表明累积降水对谷子生长期变化的贡献度最小，这可能是由于管理者选择在我国北方干旱和半干旱区种植耐旱的谷子品种，以及在关键物候期如拔节期和抽穗期进行了适当的灌溉（邓振镛等，2008；王永丽等，2012）。累积日照时数的贡献度总体小于平均气温，但其对谷子生殖生长期的影响远超平均气温，这可能是由于谷子生殖发育阶段对于光热需求更高，需要被充分满足才能确保正常发育（Zimmermann et al.，2017）。然而，累积降水的影响依旧不容忽视，本研究发现谷子播种期、出苗期和三叶期对累积降水的响应显著高于累积日照时数，其主要原因是在我国北方种植区域，降水多集中在夏季，而作为春播作物，谷子在生长初期更容易受到干旱胁迫。

8.6 小　　结

1）谷子全生育期内的平均气温、累积日照时数和 GDD 均呈下降趋势，趋势值分别为–0.02℃/a、–6.33h/a 和–3.62（℃·d）/a，而累积降水以 2.01mm/a 的速率增加。

2）2001～2010 年，谷子的播种期、三叶期、拔节期和抽穗期呈提前趋势，平均提前趋势分别为 0.01d/a、0.40d/a、0.18d/a、和 0.26d/a；而出苗期和成熟期则表现出推迟趋势，每年分别推迟 0.44d 和 0.29d。谷子的生殖生长期和全生育期在 10 年观测期中分别以 0.25d/a 和 0.22d/a 的速度延长，而营养生长期在缩短，平均缩短速率为 0.03d/a。

3）敏感度分析表明，谷子物候表现出对关键气候要素（平均气温、累积降水、累积日照时数）不同的响应。总体来说，谷子播种期、出苗期和三叶期对 3 个气候要素的响应一致，即对平均气温为正敏感度，对累积降水和累积日照时数为负敏感度；拔节期和抽穗期对气候要素的敏感度均为正值；成熟期对平均气温和累积降水为正敏感度，对累积日照时数为负敏感度。谷子的 3 个生长期对平均气温均为负敏感度，而营养生长期和全生育期对累积降水的响应为正值，生殖生长期则呈现相反的响应。

4）总体上，管理措施对谷子物候期和生长期的贡献度大于气候变化。在管理措施的单独影响下，谷子的出苗期、三叶期和成熟期推迟，而其余 3 个物候期提前，且生殖生长期延长，但营养生长期和全生育期缩短。平均气温、累积降水和累积日照时数对不同谷子物候期和生长期的贡献度存在差异，但总体上平均气温对于谷子物候的影响大于累积降水和累积日照时数。平均气温升高可能加快作物的生长进程，减少干物质积累的时间，导致产量减少。

第 9 章　油菜物候变化及归因分析

9.1　油菜研究区概况

9.1.1　油菜种植情况

油菜的种植面积和产量在全球油料作物中位列第二，仅次于大豆。油菜在全球被广泛种植，其产区主要集中在亚、欧、美三大洲。自 20 世纪 80 年代以来，全球油菜籽生产迅速发展。据联合国粮食及农业组织统计，1990 年，世界油菜籽产量达到了 2449 万 t，比 1980 年增加 131.2%。1995 年油菜籽产量增加到 3431.6 万 t，1999 年增加到 4242 万 t。进入 21 世纪后，世界油菜籽产量呈现快速增长的态势，2007 年世界油菜籽产量为 5058 万 t（亢霞等，2009）；据美国农业部（United States Department of Agriculture，USDA）报告，2023 年世界油菜籽产量已达到 8876 万 t。

中国是油菜的种植起源地之一，也是世界上种植栽培油菜历史最悠久的国家之一，其种植历史已达千年之久（董红兵，2009）。在我国，油菜是第一大油料作物，因为油菜有很强的适应性、广泛的用途、较高的经济价值，以及较大的开发潜力。除了悠久的种植历史，油菜在中国的种植范围广泛，从东部的滨海地区，到西部的青藏高原，南起亚热带的水稻产区及红黄壤丘陵区，北至黑龙江及三江平原，皆分布着油菜的种植区。根据种植制度、播种季节的差异对油菜种植区进行划分，全国的油菜种植区可被划分为西北和东北地区的一年一熟春油菜区，黄河流域及其以南广大地区的一年两熟或三熟秋冬播油菜栽培区，青藏高原、云贵高原等部分山区的夏播油菜种植区（董红兵，2009）。此外，我国长江流域的油菜集中产区，油菜的播种面积和总产量占全国种植面积和产量的 80%以上，且占全球油菜播种面积和油菜总产量的 1/4，该产区同时也是世界上四大油菜栽培区中面积最大、产量最多的产区（刘晓曦，2015）。

目前除北京、天津、海南外，我国其他省份均种植油菜。按照油菜生长期的差异，可将油菜种植区大致分为春油菜种植区和冬油菜种植区。春油菜区主要分布于六盘山以西和延河以北，太岳山以西；冬油菜区则主要分布在长江流域及云贵高原，其区域气候特点是无霜期长，冬季温暖，种植制度为一年两熟或三熟甚至多熟，适于油菜秋播夏收（傅寿仲等，2006）。冬油菜的种植面积约占全国油菜总面积的 90%，总产量超过全国总产量的 90%（任涛等，2020）。冬油菜种植区可详细划分为 6 个亚区：四川盆地亚区、华南沿海亚区、长江中游亚区、云贵高原亚区、长江下游亚区和华北关中亚区。其中长江中游、四川盆地和长江下游亚区为冬油菜的主产区，种植区域内实行稻-油（一年两熟制）或稻-稻-油（一年三熟制）的种植制度（蒋泽国，2010）。长江中游种植区包括江西、湖南、湖北、安徽等省份，以及河南信阳等地区的 29 个县（市、区）（张斯媚，2016）。该种植区的气候条件以亚热带季风气候为主，光照充足、热量丰富、雨水充沛，种植制度分为北部的一年两熟制和南部的一年三熟制。长江中游种植区是长江流域内种植油菜面积最大的区域，且油菜的产区分布最为集中，是改革开放以来发展最为迅速的油菜生产地区（刘勇等，2018）。长江下游的优势种植区包括江苏、浙江、上海等地的 22 个县（市、区），该区耕作制度为一年两熟制，区域气候以亚热带气候为主，且受到海洋气候影响比较大，降水比较充沛，辐射资源较丰富，但该地区的不利因素是地下水位较高及生产成本较高（殷艳等，2010）。西部的高海拔地区及北部的高纬度地区是春油菜种植区的主要分布地区，种植面积约 600 万亩[①]，约占全国油菜种植总面积的 10%（傅寿仲等，2006）。

春油菜的种植区可以划分为 3 个亚区，分别是青藏高原亚区、蒙新内陆亚区和北方复种亚区（刘后利，1987；苏玉丽和贾秀杰，2014）。青藏高原亚区主要包括青藏高原及邻近省（自治区）等生态条件相似的地区，即海拔高于 1500m，以一年一熟为耕种制度的油菜产区。油菜在海拔 2000～3500m 的区域分布面积比例最大。青藏高原亚区气候干燥高寒，年平均气温低，昼夜温差大且有效积温低。此外，该区冬季寒冷期较长，春季温度回升较早，但升温较慢，在此气候条件下油菜在出苗期内的生长比较充分；该区冷凉干燥的环境和较多昼晴夜雨的天气，对春油菜的生长发育及油分的积累均有利，属于我国春油菜产量比较高且稳定的地区之一。同时，青藏高原亚区是我国油菜产量超过 4500kg/hm^2 的高产区，油菜大籽粒品种和高油品种均在该亚区种植。蒙新内陆亚区包括黑龙江、内蒙古东北部和新疆北部等 45°N 以北的地区；该区冬季漫长而严寒，春季风大且雨少，春暖回升延迟，但升温快，这些气候条件会导致油菜的出苗期发育不充分。夏季日照长、温度较高、降水量多等特点是对春油菜生长有利的条件。秋季寒潮来得比较早，而且冷空气的活动频繁，比较容易发生早霜的危害。在一些偏北的地区，无霜期非常短，油菜的出苗期和成熟期大多处于霜冻频繁发生且低温的气候条件下。如果遇到寒流的侵袭，油菜经常受到冻害。北方复种亚区主要位于长城沿线，以及一些冬有严寒、夏有酷暑的地带，包括西北的甘肃、宁夏和青海，河北，东北的吉林、辽宁，以及华北的山西、内蒙古等部分地区。这些产区的地域比较分

① 1 亩≈666.7 m^2

散，气候条件较复杂。北方复种亚区总体的气候特点是全年无霜期较长、有效积温量较大。我国油菜主要种植区及站点分布见图 9.1，油菜种植区农业气象站点基本情况见表 9.1。

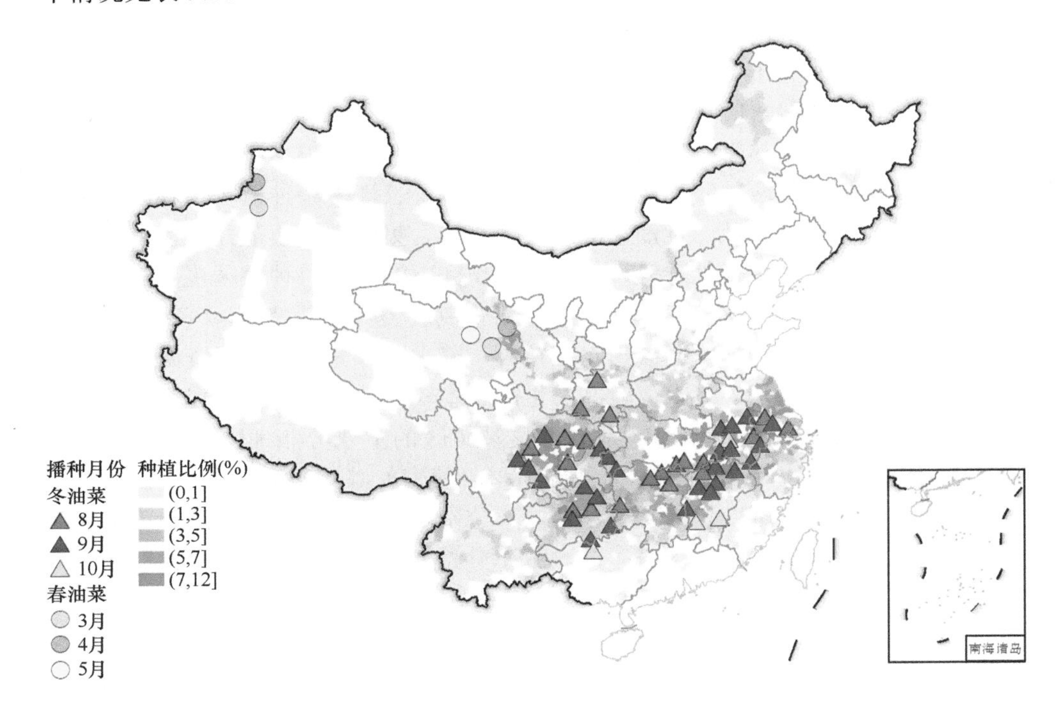

图 9.1　油菜种植区及站点分布

表 9.1　油菜种植区农业气象站点基本情况

油菜区	作物	省份	站点	E（°）	N（°）	海拔（m）
春油菜区	春油菜	青海	门源	101.616 7	37.383 33	2 707.6
			茶卡	99.083 33	36.783 33	3 087.6
			共和	100.616 7	36.266 67	2 835
		新疆	昭苏	81.133 33	43.15	1 848.6
			拜城	81.9	41.783 33	1 229.2
冬油菜区	冬油菜	安徽	滁州	118.3	32.3	25.3
			六安	116.48	31.75	60.5
			桐城	116.95	31.05	44.9
			合肥	117.23	31.87	27.9
			芜湖	118.58	31.15	23.2
			安庆	117.05	30.53	19.8
			宁国	118.98	30.62	89.4

续表

油菜区	作物	省份	站点	E（°）	N（°）	海拔（m）
冬油菜区	冬油菜	安徽	屯溪	118.28	29.72	145.4
			太湖	116.28	30.43	37.7
		广西	河池	108.05	24.7	213.9
		贵州	思南	108.25	27.95	416.3
			贵阳	106.72	26.58	1 071.2
			正安	107.45	28.55	679.7
			息烽	106.73	27.1	1 038.1
			余庆	107.88	27.23	555.7
			黎平	109.15	26.23	579.1
			荔波	107.88	25.42	428.7
		湖北	来凤	109.48	29.57	459.5
			嘉鱼	113.92	29.98	36
			利川	108.93	30.3	1 080.3
			洪湖	113.4	29.82	26.3
			阳新	115.2	29.85	46.8
			武宁	115.1	29.28	78.9
		湖南	南县	112.4	29.37	34.3
			常德	111.68	29.05	35
			芷江	109.68	27.45	272.2
			湘阴	112.88	28.68	53.2
		江苏	常州	119.95	31.77	9.2
			镇江	119.47	32.18	28.6
			昆山	120.95	31.42	4.2
		江西	遂川	114.5	26.33	126.1
			庐山	115.98	29.58	1 164.5
			景德镇	117.2	29.3	61.5
			南昌	115.92	28.6	46.7
			樟树	115.55	28.07	30.4
			宜丰	114.78	28.4	91.7
			莲花	113.95	27.13	182
			宁都	116.02	26.48	209.1
		陕西	汉中	107.03	33.07	508.4
			安康	109.03	32.72	290.8
			永寿	108.15	34.7	994.6
		四川	温江	103.83	30.7	539.3
			绵阳	104.68	31.47	470.8

续表

油菜区	作物	省份	站点	E（°）	N（°）	海拔（m）
冬油菜区	冬油菜	四川	雅安	103	29.98	627.6
			乐山	103.75	29.57	424.2
			宜宾	104.6	28.8	340.8
			达县	107.5	31.2	310.4
			南部	106.05	31.35	364.5
		重庆	合川	106.28	29.97	230.6
			万州	108.4	30.77	186.7

9.1.2 油菜物候期定义与观测标准

本章选择的油菜物候期包括播种期、出苗期、五真叶期、现蕾期、抽薹期、开花期和成熟期。根据《农业气象观测规范》（国家气象局，1993），油菜各物候期的定义和观测标准如下。

播种期：开始播种的日期。

出苗期：两片子叶在土壤表面展开。

五真叶期：第五真叶展开。

现蕾期：植株顶部出现花苞（拨开幼叶检查）。

抽薹期：主茎伸长，出现薹子，长约2.0cm。

开花期：主序上有花朵开放。如果冬前开花，进行观测后，因采取打薹措施而中断，春季仍应进行开花观测，报表以后一次观测结果为准，早花情况记入备注栏。

成熟期：植株大部分叶片干枯脱落。主序的角果已显现正常的黄色，籽粒颜色转深、饱满。大部分分枝角果开始褪色，转成黄绿色并富有光泽。植株外观表现“半青半黄”。

本章将油菜所有物候期分为3个关键的生长期，分别为营养生长期（出苗期至开花期）、生殖生长期（开花期至成熟期）、全生育期（播种期至成熟期）。

9.2 油菜生长期内气候要素变化

9.2.1 气候要素时间变化特征

1991～2010年春油菜、冬油菜全生育期内平均气温、累积降水、累积日照时数和GDD时间变化如图9.2所示。在全国尺度上，春油菜、冬油菜全生育期内的平均气温、累积日照时数和 GDD 总体均呈增加趋势，平均气温平均每年分别增加 0.05℃和 0.04℃；累积日照时数平均每年分别增加 0.30h 和 0.85h；GDD 平均每年分别增加 6.26℃·d 和 6.04℃·d，而累积降水总体呈减少趋势，累积降水平均每年分别降低 0.20mm 和 2.41mm。区域尺度上，春油菜、冬油菜主要种植区的平均气温、累积日照时数和 GDD 总体呈增加趋势，平均气温的变化幅度分别为–0.03～0.09℃/a 和 0.04～0.07℃/a，累积日照时数的变化幅度分别为–6.64～5.40h/a 和–8.76～11.29h/a，GDD 的变化幅度分别为 2.45～9.28（℃·d）/a 和–5.64～24.72（℃·d）/a。春油菜、冬油菜全生育期内累积降水总体呈减少趋势，平均减少幅度分别为–1.84～0.74mm/a 和–7.05～1.19mm/a。

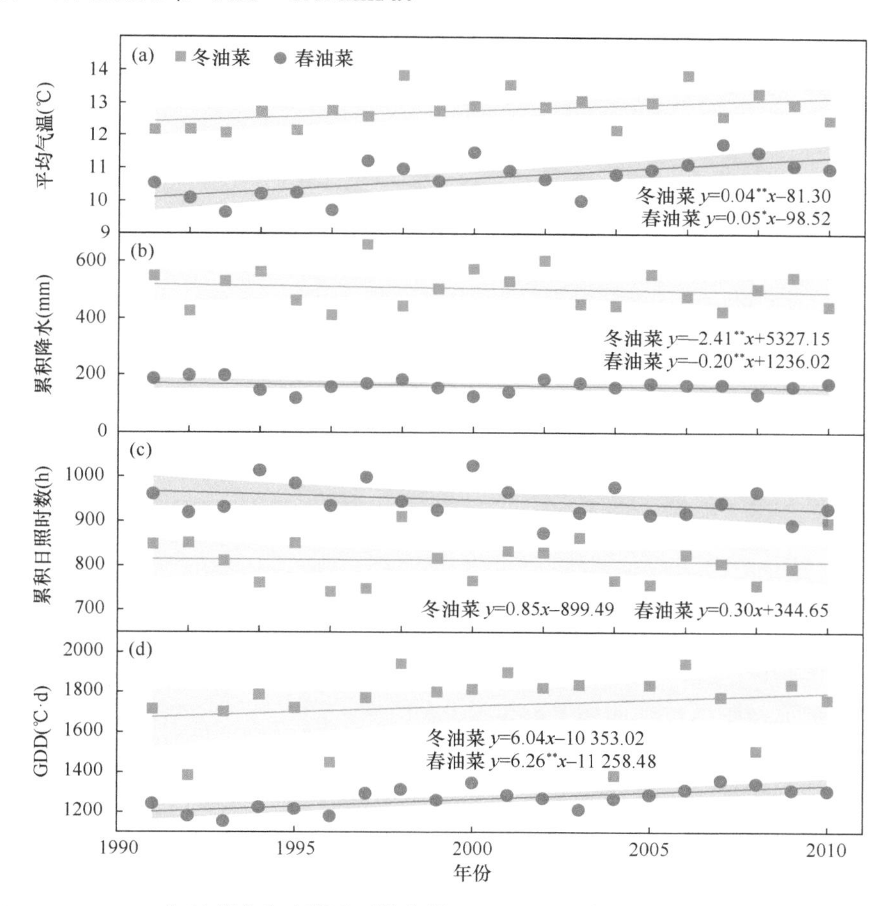

图 9.2　1991～2010 年油菜全生育期内平均气温（a）、累积降水（b）、累积日照时数（c）和 GDD（d）年际变化趋势

1991～2010 年各省份春油菜、冬油菜全生育期内气候要素的平均变化趋势如表 9.2 所示。春油菜的站点主要分布在青海和新疆，春油菜全生育期内的平均气

温上升趋势在 0.04～0.06℃/a，累积降水变化趋势为–1.68～0.22mm/a，累积日照时数变化趋势在–3.32～2.71h/a。冬油菜全生育期内平均气温呈上升趋势，其趋势值在 0.02～0.07℃/a，其中平均气温上升趋势最大的省份为江苏，最小的为贵州。冬油菜全生育期内累积降水呈减少趋势，减少的范围在 0.69～3.94mm，其中重庆减少幅度最小，江西减少幅度最明显。冬油菜全生育期累积日照时数总体上呈增加的趋势，趋势值为 1.42h/a，不同省份累积日照时数变化趋势差异较大。其中，冬油菜全生育期累积日照时数在陕西上升趋势最明显，趋势值为 6.95h/a，而在江苏下降趋势最大，趋势值达–1.08h/a。

表 9.2　1991～2010 年各省份油菜全生育期内气候要素平均变化趋势

油菜种类	省份	T_{tem}（℃/a）	T_{pre}（mm/a）	T_{sun}（h/a）
春油菜	新疆	0.04	–1.68	–3.32
	青海	0.06	0.22	2.71
冬油菜	安徽	0.06	–3.62	–0.67
	广西	0.03	–2.31	3.64
	贵州	0.02	–1.49	0.76
	湖北	0.04	–2.55	–0.7
	湖南	0.05	–2.31	1.48
	江苏	0.07	–0.87	–1.08
	江西	0.06	–3.94	1.26
	陕西	0.05	–1.81	6.95
	四川	0.04	–1.28	1.12
	重庆	0.04	–0.69	1.36

9.2.2　气候要素空间变化特征与区域分异

1991～2010 年油菜全生育期内平均气温、累积降水、累积日照时数和 GDD 空间变化特征与区域分异如图 9.3 和表 9.3 所示。1991～2010 年我国春油菜、冬油菜全生育期内平均气温分别为 10.45℃、12.58℃，累积降水分别为 166.56mm、521.53mm，累积日照时数分别为 939.13h、803.71h，GDD 均值分别为 1236.44℃·d、1706.15℃·d。在空间分布上，平均气温和 GDD 自南向北逐渐增加，累积降水自西向东逐渐减少。

西北部种植区主要种植春油菜，新疆春油菜全生育期内的平均气温高于青海，但累积降水、累积日照时数和 GDD 低于青海。冬油菜全生育期内气候要素在不同种植区间存在显著差异。广西冬油菜全生育期内的平均气温最高，为 15.41℃，陕西冬油菜全生育期内平均气温最低，为 10.79℃。冬油菜全生育期内累积降水最高的区域为湖南（705.13mm），而最低的区域为广西（187.85mm）。此外，江苏冬油菜全生育期内的累积日照时数具有最大值，为 1365.80h，而重庆最低（287.95h）。

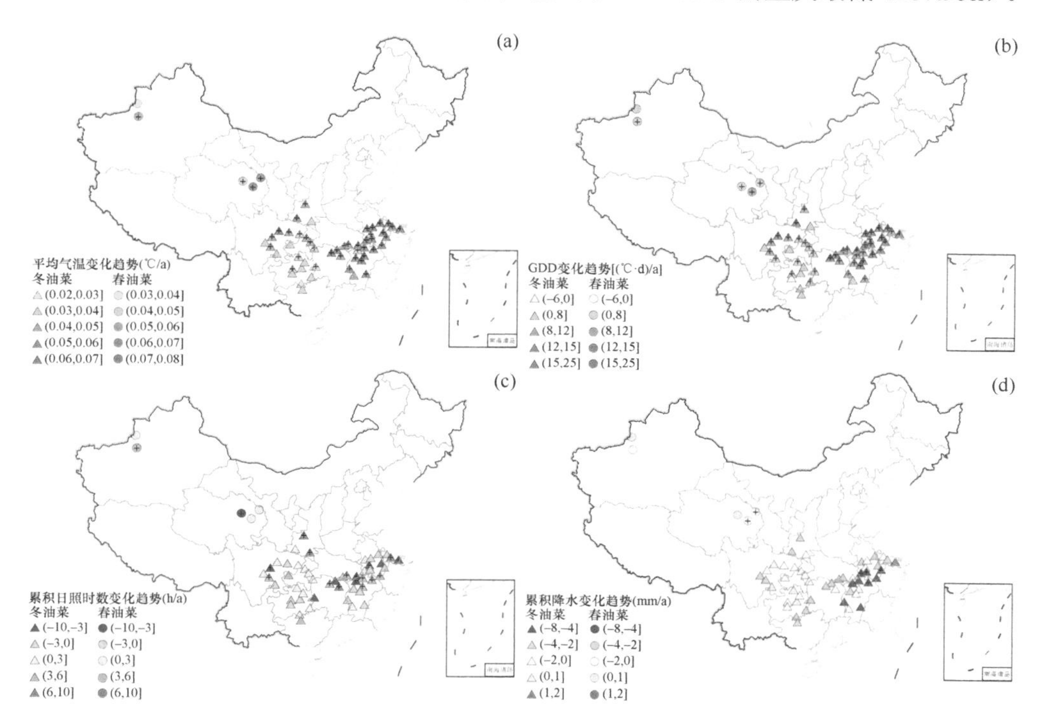

图 9.3　1991～2010 年油菜全生育期内平均气温（a）、GDD（b）、累积日照时数（c）和累积降水（d）的空间变化趋势

+表示通过 0.05 显著性水平检验

表 9.3　1991～2010 年各省份油菜全生育期内的平均气温、累积降水、累积日照时数和 GDD

小麦种类	省份	平均气温（℃）	累积降水（mm）	累积日照时数（h）	GDD（℃·d）
春油菜	新疆	10.99	91.26	761.82	1088.74
	青海	10.08	216.76	1057.34	1334.92
冬油菜	安徽	11.49	562.12	1049.88	3386.71
	广西	15.41	187.85	323.74	4470.76
	贵州	12.45	375.99	484.05	3613.26
	湖北	13.00	600.99	870.62	3590.84
	湖南	14.21	705.13	988.28	3359.27
	江苏	12.66	610.55	1365.80	3158.71
	江西	12.23	686.94	818.34	3667.47
	陕西	10.79	415.81	1143.24	2975.81
	四川	13.55	365.79	435.73	3623.83
	重庆	13.80	270.21	287.95	3836.41

冬油菜GDD最高值出现在广西（4470.76℃·d），而最低值出现在陕西（2975.81℃·d）。总体而言，东南部种植区内的平均气温和GDD均呈现上升趋势，累积降水则呈下降趋势。春油菜、冬油菜所有站点在各生长期的气候要素变化趋势范围见附表1～附表4。

9.3 油菜物候变化特征

9.3.1 油菜物候期变化特征

1. 油菜物候期时间变化特征

1991～2010年春油菜和冬油菜的物候期变化如图9.4所示。在全国尺度上，春/冬油菜播种期、出苗期、五真叶期、现蕾期、抽薹期、开花期和成熟期多年平均DOY分别为125/278d、144/285d、161/312d、169/388d、173/401d、183/432d、243/492d。

如图9.4所示，春油菜的7个物候期均呈提前趋势，提前幅度在0.19～1.27d/a，其中播种期、出苗期、五真叶期和抽薹期显著提前，且播种期提前幅度最明显，而现蕾期提前幅度最小。在冬油菜种植区，播种期、出苗期和五真叶期整体呈显著提前趋势（图9.4a～c），提前幅度分别为0.55d/a、0.66d/a和0.92d/a。此外，成熟期呈现微弱的提前趋势（–0.04d/a）。与此相反，冬油菜现蕾期、抽薹期和开花期整体上表现为不显著的推迟趋势（图9.4d～f），现蕾期、抽薹期和开花期每年分别推迟0.21d、0.37d和0.07d。

2. 油菜物候期空间变化特征与区域分异

1991～2010年我国不同种植区春油菜、冬油菜的播种期、出苗期、五真叶期、现蕾期、抽薹期、开花期和成熟期空间分异特征如图9.5所示。在全国尺度上，分别有35/55、35/55、36/55和30/55的站点油菜的播种期、出苗期、五真叶期和开花期呈提前趋势，而现蕾期、抽薹期和成熟期以推迟为主，分别有36/55、34/55和30/55的站点观测到物候期的推迟趋势。全国范围内，油菜播种期、出苗期和五真叶期的提前趋势总体上呈现自东向西、由南向北增大的空间分布，而现蕾期和抽薹期的推迟趋势呈现相反的分布特征，此外，开花期和成熟期的变化趋势在各个站点间分布较分散，无明显区域特征。

春油菜的播种期、出苗期和五真叶期总体呈提前趋势，其变化趋势与冬油菜种植区相应物候期变化趋势相似，但提前幅度有所差异。其中春油菜播种期的提前幅度（–1.27d/a）高于冬油菜（–0.55d/a），出苗期和五真叶期的提前幅度（–1.12d/a、–0.93d/a）也较冬油菜（–0.66d/a、–0.92d/a）高。此外，春油菜的现蕾期、抽薹期、

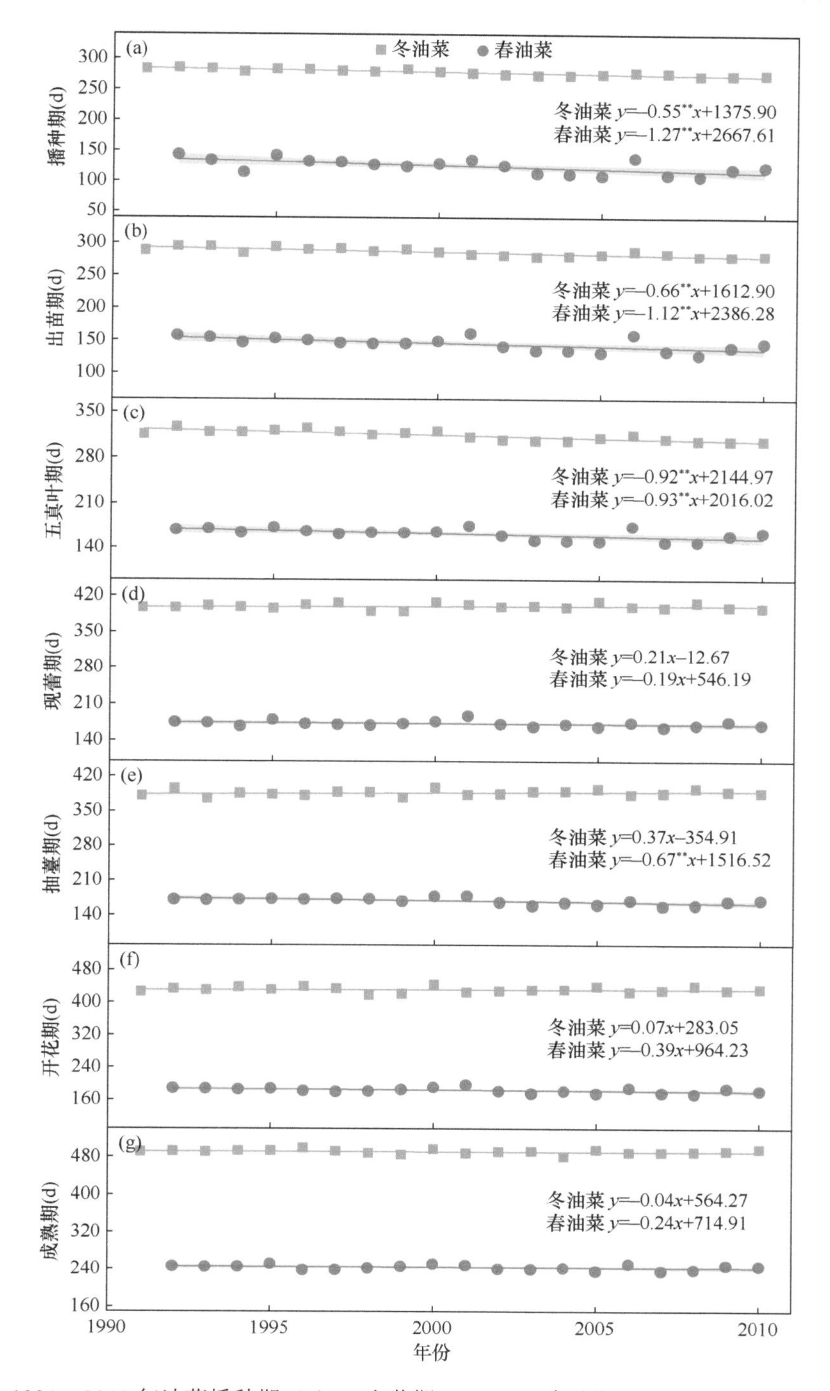

图 9.4　1991～2010 年油菜播种期（a）、出苗期（b）、五真叶期（c）、现蕾期（d）、抽薹期（e）、开花期（f）、成熟期（g）的时间（DOY）变化趋势

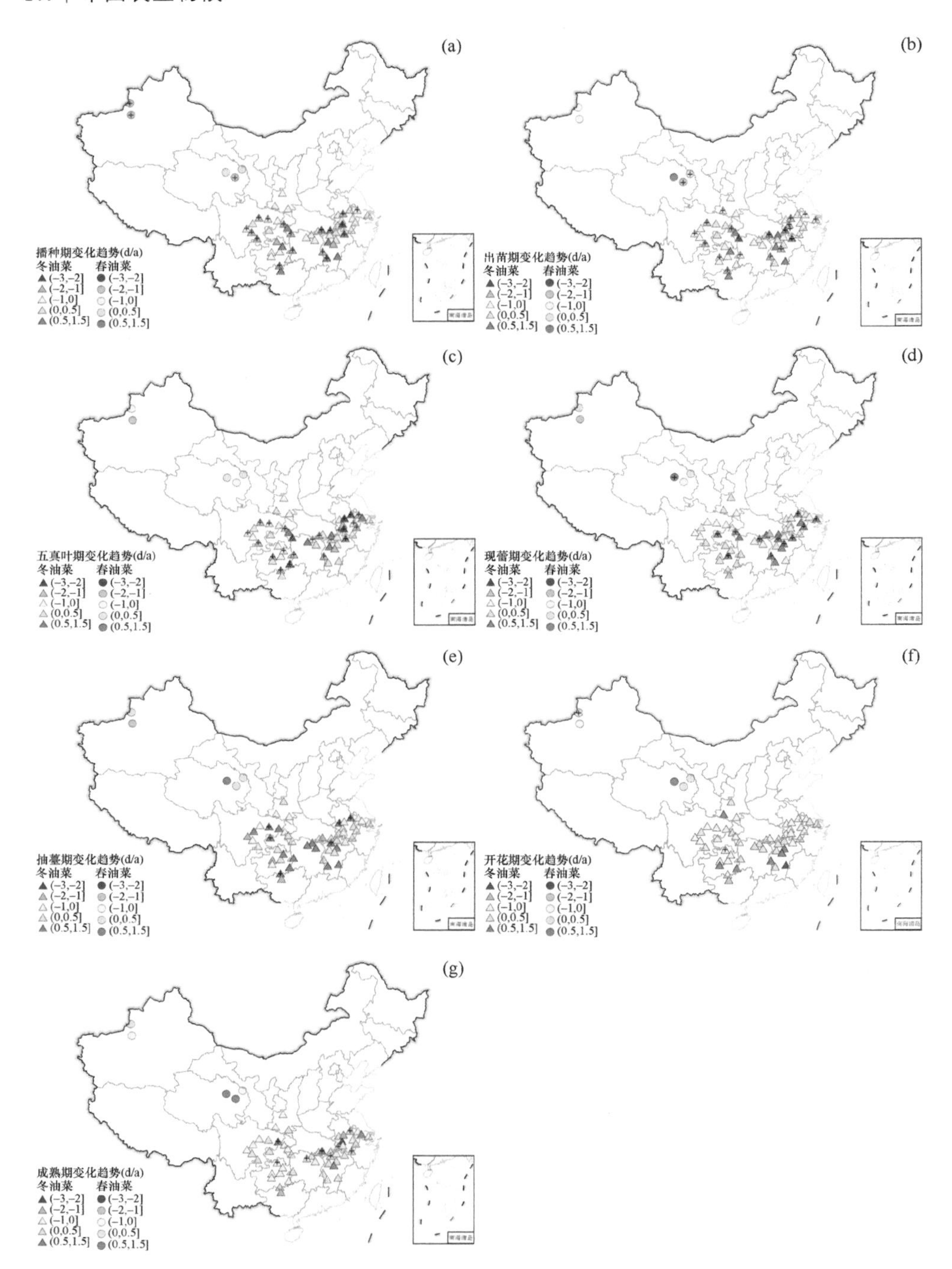

图 9.5　1991～2010 年油菜播种期（a）、出苗期（b）、五真叶期（c）、现蕾期（d）、抽薹期（e）、开花期（f）、成熟期（g）的空间变化趋势

+表示通过 0.05 显著性水平检验

开花期和成熟期均呈不同程度的提前趋势，而冬油菜则在现蕾期、抽薹期和开花期观测到推迟趋势，推迟幅度分别为 0.21d/a、0.37d/a 和 0.07d/a。

在冬油菜种植区内，冬油菜物候期总体随种植区北移呈现较为明显的提前趋势，但在东西方向上并无明显差异。由于春油菜种植区站点较少，不能很好分辨该种植区内春油菜物候期的空间变化特征，但春油菜物候期的变化呈现与冬油菜相似的纬度分布特征。值得注意的是青海茶卡和共和站点虽然位于相似纬度，但相比共和站点，茶卡站点的春油菜物候期明显推迟。例如，共和站点春油菜的播种期多年平均 DOY 为 97d，而茶卡站点为 152d。

9.3.2　油菜生长期变化特征

1. 油菜生长期时间变化特征

1991～2010 年我国春油菜、冬油菜的营养生长期、生殖生长期和全生育期长度的时间变化趋势如图 9.6 所示。在我国春油菜种植区，春油菜的全生育期多年平均长度约为 120d，营养生长期和生殖生长期的平均长度均约为 60d。相较于春油菜，冬油菜的营养生长期（约为 156d）略长，但生殖生长期（约为 61d）长度

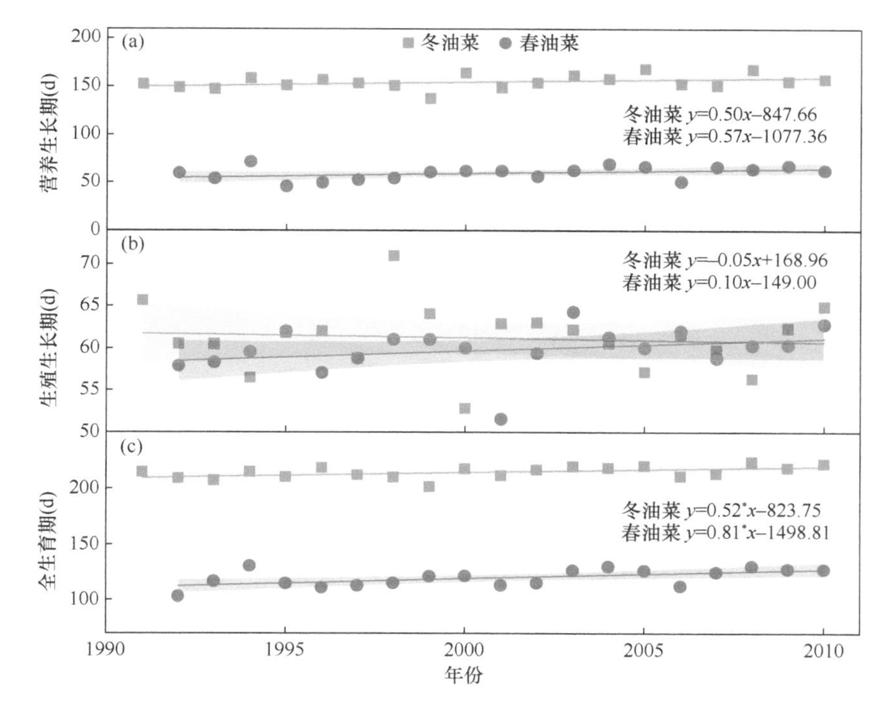

图 9.6　1991～2010 年油菜营养生长期（a）、生殖生长期（b）、全生育期（c）长度的变化趋势

接近，其全生育期的多年平均长度约为216d。在全国尺度上，在20年观测期中春油菜、冬油菜的生长期长度整体表现出延长趋势，其中春油菜的营养生长期、生殖生长期及全生育期长度每年分别增长0.57d、0.10d和0.81d，冬油菜营养生长期和全生育期长度分别增长0.50d/a和0.52d/a，而生殖生长期以–0.05d/a的趋势微弱缩短。

2. 油菜生长期空间变化特征与区域分异

1991～2010年我国春油菜和冬油菜营养生长期、生殖生长期、全生育期长度的空间变化趋势如图9.7所示。在全国尺度上，分别有36/55、32/55和35/55的站点观测到油菜的营养生长期、生殖生长期及全生育期呈现延长趋势。春油菜种植区的所有站点均被观测到营养生长期延长，冬油菜种植区超半数的站点（31/50）同样被观测到营养生长期延长，且这些站点多集中在西北内陆地区。生殖生长期变化的空间特征与营养生长期存在差异，冬油菜种植区内观测到生殖生长期延长的站点多位于东南部，而春油菜种植区内仅2/5的站点的油菜被观测到生殖生长期较为明显的延长趋势，但趋势不显著（$P>0.05$）。此外，与营养生长期的变化趋势相比，生殖生长期的延长或缩短幅度均小于营养生长期。例如，在春油菜种

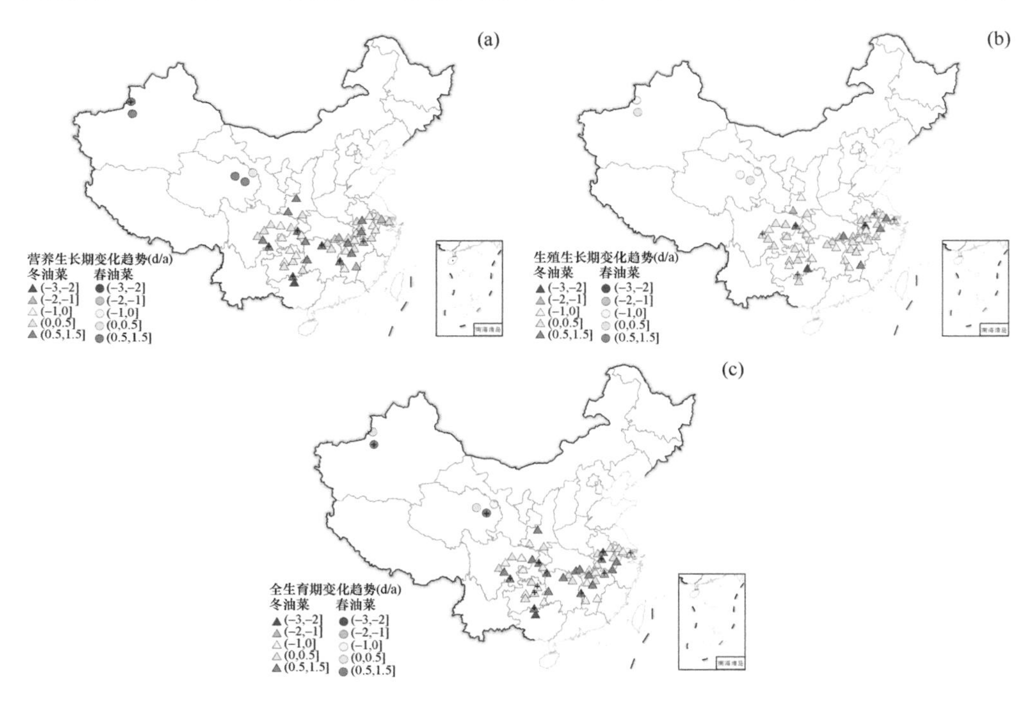

图9.7 1991～2010年油菜营养生长期（a）、生殖生长期（b）、全生育期（c）长度的空间变化趋势

+表示通过0.05显著性水平检验

植区，营养生长期的平均变化趋势为 0.57d/a，而生殖生长期的延长趋势仅约为 0.10d/a。春油菜、冬油菜的全生育期长度均呈现明显的延长趋势，且在不同种植区均有站点呈显著的延长趋势（P<0.05），但并未呈现明显的空间差异。

9.4　油菜物候变化归因分析

9.4.1　油菜物候对气候要素的敏感度分析

1. 油菜物候期对平均气温、累积降水和累积日照时数的敏感度分析

图 9.8 展示了 1991～2010 年我国春油菜和冬油菜在各物候期对平均气温、累积降水和累积日照时数的敏感度。其中，春油菜的播种期和成熟期对平均气温敏

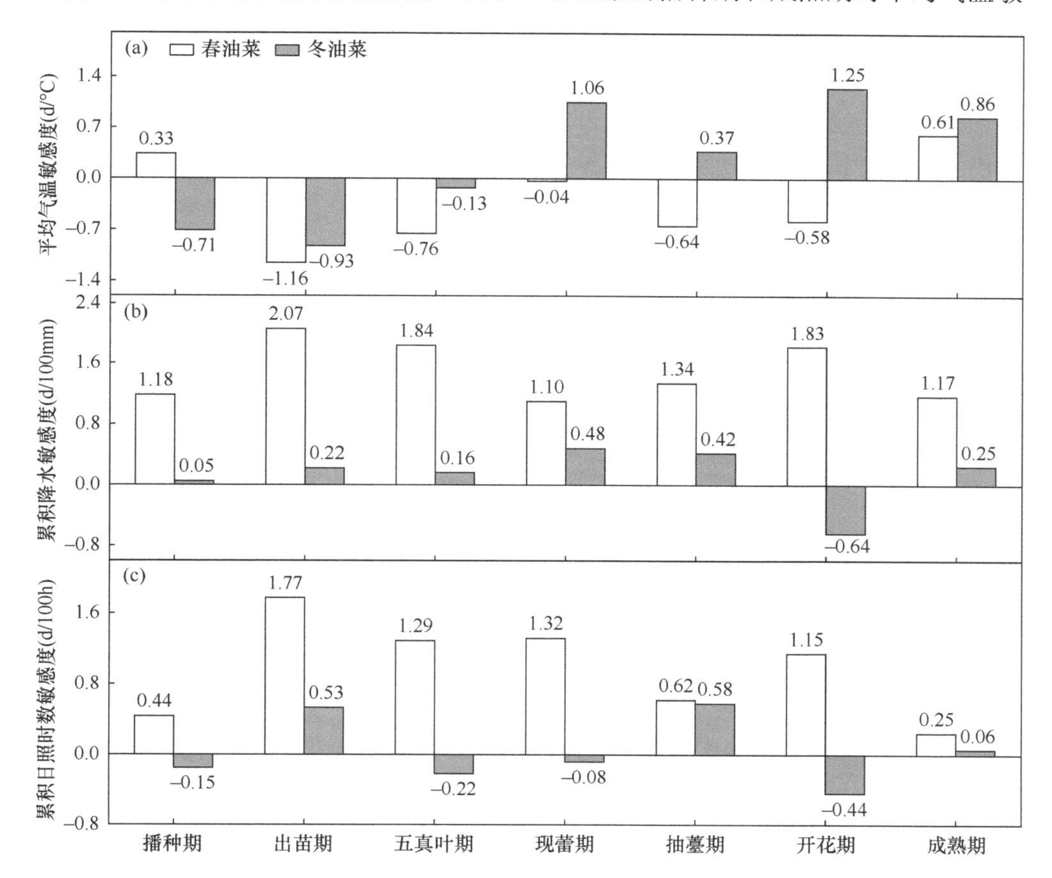

图 9.8　1991～2010 年油菜各物候期对平均气温（a）、累积降水（b）、累积日照时数（c）的敏感度

感度为正值，其余物候期则为负值，而春油菜的所有物候期对累积降水和累积日照时数的敏感度均为正值，表明累积降水和累积日照时数的增加推迟了春油菜的物候期。冬油菜的物候期对不同气候要素的敏感度存在明显差异。其中冬油菜的播种期至五真叶期对平均气温的敏感度为负值，而现蕾期至成熟期对平均气温的敏感度为正值。此外，冬油菜开花期对累积降水的敏感度为负值，其余物候期均为正值。对于累积日照时数的敏感度，冬油菜在出苗期、抽薹期和成熟期均表现为正值，而其余物候期则为负值。

春油菜和冬油菜对不同气候要素的敏感度差异显著。整体上，冬油菜物候期对平均气温的敏感度大于春油菜，而春油菜对累积降水和累积日照时数的敏感度高于冬油菜。春油菜出苗期对 3 种气候要素的敏感度均为最高，分别为–1.16d/℃、2.07d/100mm 和 1.77d/100h，而冬油菜在开花期对 3 种气候要素的敏感度均相对较高，分别为 1.25d/℃、–0.64d/100mm 和–0.44d/100h。

2. 油菜生长期对平均气温、累积降水和累积日照时数的敏感度分析

1991～2010 年春油菜和冬油菜生长期对平均气温、累积降水和累积日照时数变化的敏感度如图 9.9 所示。春油菜营养生长期对平均气温的敏感度为负值，而生殖生长期和全生育期为正值，表明平均气温升高缩短了营养生长期，但延长了生殖生长期和全生育期。于累积降水而言，春油菜营养生长期和全生育期对累积降水的响应为正向，而生殖生长期为负向，即累积降水增加延长了春油菜营养生长期和全生育期，但缩短了生殖生长期。此外，春油菜不同生长期对累积日照时数的响应与其对平均气温的敏感度相反，即累积日照时数增加延长了营养生长期，但缩短了生殖生长期和全生育期。春油菜的生殖生长期对平均气温、累积降水和累积日照时数的敏感度均为最高，敏感度分别为 1.09d/℃、–0.58d/100mm 和–0.83d/100h。与此相反，冬油菜对平均气温和累积日照时数的敏感度表现一致，营养生长期和全生育期对平均气温和累积日照时数的响应均为正向，而生殖生长期为负向，即平均气温上升和累积日照时数增加均延长冬油菜的营养生长期和全生育期，但缩短生殖生长期。此外，冬油菜营养生长期对累积降水的敏感度为正值，而生殖生长期和全生育期为负值。冬油菜的营养生长期对 3 种气候要素的响应最明显，敏感度分别为 2.41d/℃、0.47d/100mm 和 0.28d/100h。

9.4.2 气候变化和管理措施对油菜物候变化的影响

1. 气候变化和管理措施对油菜物候期变化的影响

1991～2010 年气候变化和管理措施对我国春油菜和冬油菜物候期变化的单独和综合影响结果如图 9.10 所示。结果表明，在气候变化的单独影响下，春油菜播

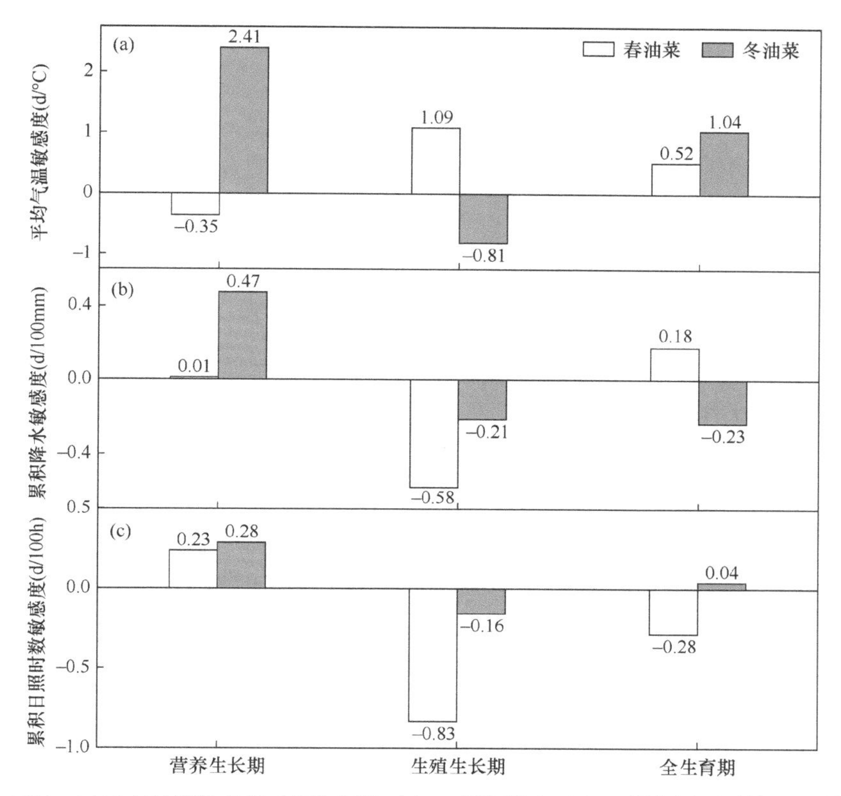

图 9.9　1991～2010 年油菜生长期对平均气温（a）、累积降水（b）、累积日照时数（c）的敏感度

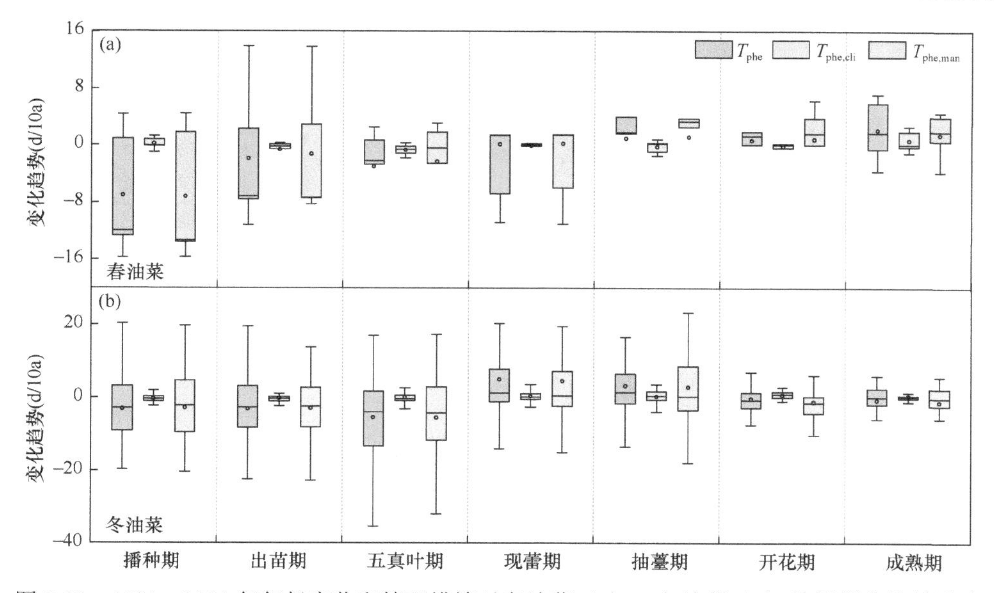

图 9.10　1991～2010 年气候变化和管理措施对春油菜（a）、冬油菜（b）物候期变化的影响

种期和成熟期推迟，出苗期至开花期则均提前；而冬油菜播种期和出苗期提前，五真叶期至成熟期均推迟。在管理措施的单独影响下，春油菜播种期、出苗期和五真叶期提前，而现蕾期至成熟期推迟；与春油菜相似，冬油菜同样表现出播种期至五真叶期提前，现蕾期与抽薹期推迟，但冬油菜的开花期及成熟期提前。在气候变化和管理措施的综合影响下，春油菜和冬油菜物候期的变化趋势与其在受管理措施单独影响下的物候变化趋势具有一致性。

2. 气候变化和管理措施对油菜生长期变化的影响

1991～2010 年气候变化和管理措施对春油菜和冬油菜生长期长度变化的单独和综合影响见图 9.11。在气候要素的单独影响下，春油菜的营养生长期长度缩短，生殖生长期和全生育期长度延长，而冬油菜营养生长期和全生育期延长，生殖生长期缩短。在管理措施的单独影响下，春油菜的营养生长期延长，生殖生长期和全生育期缩短，而冬油菜的营养生长期和生殖生长期延长，全生育期缩短。在气候变化和管理措施的综合因素影响下，春油菜、冬油菜的 3 个生长期长度均有所延长。

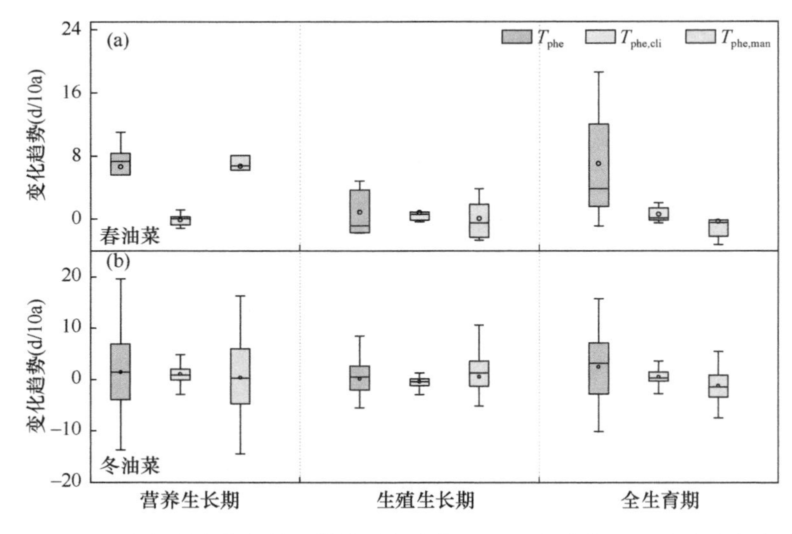

图 9.11　1991～2010 年气候变化和管理措施对春油菜（a）、冬油菜（b）生长期长度变化的影响

3. 在气候变化和管理措施影响下油菜物候期和生长期的平均变化趋势

在气候变化和管理措施的单独和综合影响下油菜物候期和生长期的平均变化趋势如表 9.4 所示。于春油菜而言，气候变化的单独作用对春油菜出苗期、五真叶期、成熟期及生殖生长期的影响最明显，平均变化趋势分别为–0.66d/10a、

–0.69d/10a、0.67d/10a 和 0.80d/10a。在管理措施的单独影响下，春油菜播种期至五真叶期均提前，而现蕾期至成熟期均推迟，物候期平均变化趋势的范围为–7.20～1.47d/10a。在气候变化和管理措施的综合影响下，春油菜的播种期及全生育期的变化趋势最明显，趋势值分别为–6.99d/10a 和 7.02d/10a。

表 9.4 气候变化和管理措施影响下油菜物候期和生长期的平均变化趋势（单位：d/10a）

油菜类型（站点数）	物候期/生长期	T_{phe}	$T_{phe,cli}$	$T_{phe,man}$
春油菜（5）	播种期	–6.99	0.21	–7.20
	出苗期	–1.89	–0.66	–1.23
	五真叶期	–3.02	–0.69	–2.33
	现蕾期	0.12	–0.09	0.21
	抽薹期	0.94	–0.21	1.16
	开花期	0.67	–0.17	0.85
	成熟期	2.14	0.67	1.47
	营养生长期	6.64	–0.10	6.73
	生殖生长期	0.82	0.80	0.03
	全生育期	7.02	0.57	–0.33
冬油菜（50）	播种期	–2.99	–0.29	–2.71
	出苗期	–3.00	–0.21	–2.79
	五真叶期	–5.29	0.09	–5.37
	现蕾期	5.04	0.44	4.60
	抽薹期	3.30	0.42	2.89
	开花期	–0.22	0.86	–1.07
	成熟期	–0.62	0.57	–1.20
	营养生长期	1.47	1.09	0.38
	生殖生长期	0.17	–0.39	0.56
	全生育期	2.52	0.59	–1.20

于冬油菜而言，气候变化对冬油菜开花期及营养生长期的影响最大，平均变化趋势分别为 0.86d/10a 和 1.09d/10a。管理措施的单独影响下，冬油菜五真叶期及全生育期的变化趋势最明显，平均变化趋势分别为–5.37d/10a 和–1.20d/10a。气候变化和管理措施的综合作用同样对冬油菜五真叶期及全生育期的影响最明显，其平均变化趋势分别为 5.04d/10a 和 2.52d/10a。总体上，管理措施对油菜物候期和生长期的单独影响比气候变化更明显，因而在气候变化和管理措施综合影响下油菜物候期和生长期变化趋势的结果与在管理措施单独影响下相对一致。

9.4.3 气候要素对油菜物候变化的相对贡献度

1. 气候要素对油菜物候期变化的相对贡献度

1991～2010 年平均气温、累积降水和累积日照时数对油菜物候期变化的相对贡献度如图 9.12 所示。对于春油菜，平均气温的升高导致春油菜的所有物候期呈现不同程度的提前，其中出苗期、五真叶期和现蕾期的提前趋势最明显，平均气温的相对贡献度均超过 60%。此外，累积降水的增加推迟了春油菜的播种期、出苗期、五真叶期和抽薹期，提前了现蕾期、开花期和成熟期，其中对播种期的推迟贡献最明显，其相对贡献度达到 30.87%。累积日照时数的增加导致春油菜播种期至现蕾期提前，抽薹期至成熟期推迟，其中累积日照时数对播种期变化的贡献最大，相对贡献度为 66.08%。

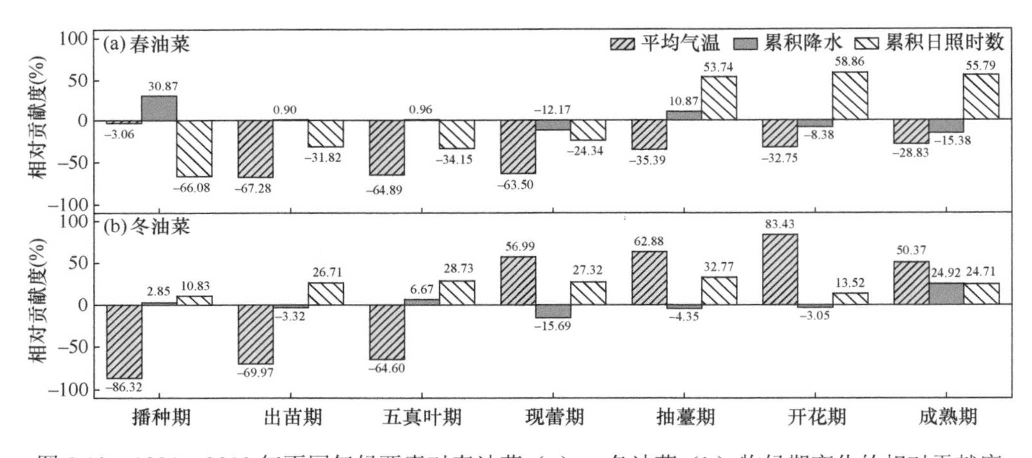

图 9.12 1991～2010 年不同气候要素对春油菜（a）、冬油菜（b）物候期变化的相对贡献度

对冬油菜而言，平均气温的升高对其产生的影响最大，冬油菜播种期至五真叶期提前，现蕾期至成熟期推迟，其中平均气温对播种期、开花期变化的相对贡献度分别达到–86.32%和 83.43%；累积降水使冬油菜播种期、五真叶期和成熟期推迟，出苗期、现蕾期、抽薹期和开花期提前，对成熟期的相对贡献最高，达到 24.92%；累积日照时数的增加使冬油菜所有物候期都推迟，相对贡献度最高的是在冬油菜的抽薹期，占所有气候要素的 32.77%。

2. 气候要素对油菜生长期变化的相对贡献度

1991～2010 年平均气温、累积降水和累积日照时数对油菜不同生长期变化的相对贡献度如图 9.13 所示。对于春油菜而言，平均气温升高导致春油菜的营养生长期和全生育期缩短，生殖生长期延长，其中平均气温对生殖生长期的相对贡献度比累积降水和累积日照时数更大，达到 93.97%。与平均气温的影响相似，累积降水增加同样缩短了春油菜的营养生长期和全生育期，延长了生殖生长期。而累积日照时数增加则导致营养生长期和全生育期延长，生殖生长期缩短，其中累积日照时数对营养生长期和全生育期的相对贡献最大，分别为 63.92%和 61.42%。

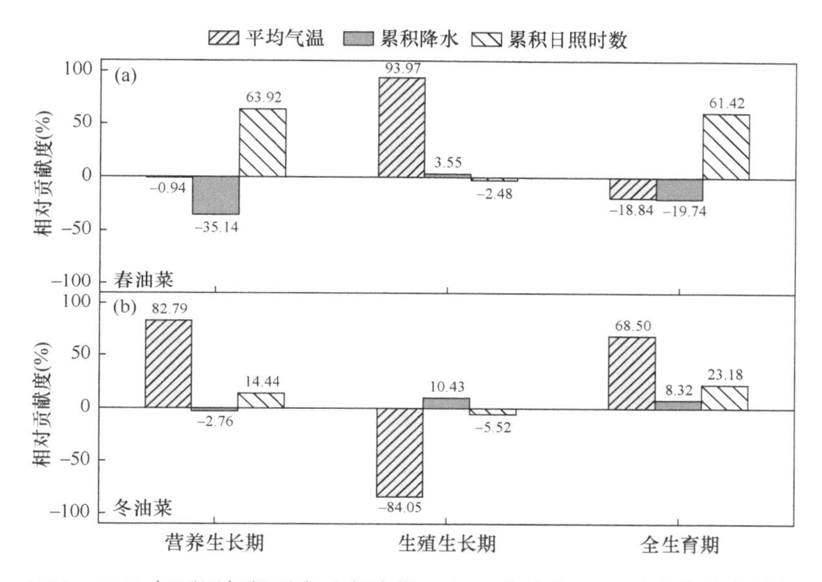

图 9.13　1991～2010 年不同气候要素对春油菜（a）、冬油菜（b）生长期变化的相对贡献度

对于冬油菜而言，平均气温比累积降水和累积日照时数对生长期变化的贡献更明显。平均气温上升导致冬油菜营养生长期和全生育期延长、生殖生长期缩短，其对营养生长期、生殖生长期和全生育期的相对贡献度分别为 82.79%、–84.05%和 68.50%。此外，累积降水增加导致冬油菜营养生长期缩短、生殖生长期与全生育期延长。与平均气温对冬油菜生长期变化的贡献一致，累积日照时数增加延长了冬油菜的营养生长期和全生育期，而缩短了生殖生长期。

9.4.4　气候变化和管理措施对油菜物候变化的相对贡献度

1. 气候变化和管理措施对油菜物候期变化的相对贡献度

1991～2010 年气候变化和管理措施对春油菜、冬油菜不同物候期变化的相对贡献度存在明显差异（图 9.14）。整体上，管理措施对春油菜物候期变化的相对贡献度整体上大于气候变化。其中管理措施对春油菜播种期、出苗期、现蕾期、抽薹期、开花期和成熟期的相对贡献度均高于气候变化，其相对贡献度分别为

–85.21%、–67.50%、87.88%、85.99%、69.47%和 97.42%。管理措施和气候变化均引起春油菜播种期至五真叶期提前，导致开花期推迟，但气候变化对五真叶期变化的贡献度高于管理措施，相对贡献度达–69.40%。

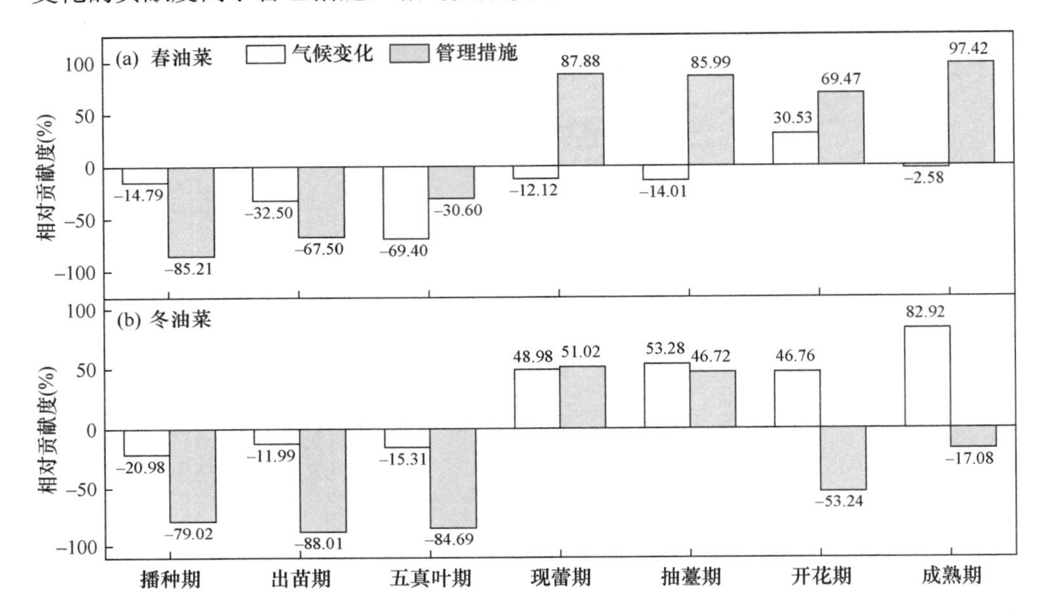

图 9.14 1991～2010 年气候变化和管理措施对春油菜（a）、冬油菜（b）物候期变化的相对贡献度

由图 9.14 可知，气候变化导致冬油菜播种期至五真叶期提前，现蕾期至成熟期推迟，其中气候变化对抽薹期和成熟期变化的相对贡献度高于管理措施，相对贡献度分别为 53.28%和 82.92%。管理措施导致冬油菜播种期、出苗期、五真叶期、开花期和成熟期均提前，而现蕾期和抽薹期推迟，其中管理措施对播种期、出苗期、五真叶期、现蕾期和开花期变化的相对贡献度均较高，分别为–79.02%、–88.01%、–84.69%、51.02%和–53.24%。

2. 气候变化和管理措施对油菜生长期变化的相对贡献度

1991～2010 年气候变化和管理措施对油菜生长期（营养生长期、生殖生长期和全生育期）变化的相对贡献如图 9.15 所示。在春油菜种植区，气候变化导致春油菜营养生长期缩短，生殖生长期和全生育期延长，而管理措施产生的影响则与气候变化相反，即导致春油菜营养生长期延长，而生殖生长期和全生育期缩短。此外，管理措施对春油菜营养生长期变化的影响远大于气候变化，其相对贡献度达到 94.14%。气候变化和管理措施对春油菜生殖生长期和全生育期变化的贡献相当，其中管理措施对春油菜生殖生长期变化的相对贡献度（–56.31%）稍高于气候变化，而气候变化对春油菜全生育期变化的相对贡献度（52.06%）略高于管理措施。

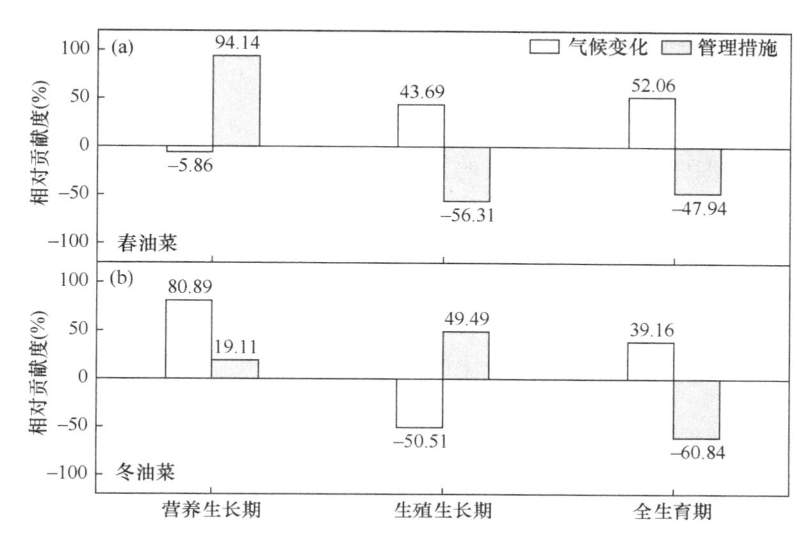

图 9.15　1991～2010 年气候变化和管理措施对春油菜（a）、冬油菜（b）生长期变化的相对贡献度

气候变化引起冬油菜营养生长期和全生育期延长，生殖生长期缩短；而管理措施则导致冬油菜营养生长期和生殖生长期延长，全生育期缩短。其中，气候变化对冬油菜营养生长期变化的贡献高于管理措施，其相对贡献度为 80.89%。此外，气候变化与管理措施对冬油菜生殖生长期变化的相对贡献接近，均约为 50%，但管理措施对全生育期变化的影响大于气候变化，其相对贡献为–60.84%。

9.5　讨　　论

9.5.1　气候变化与油菜物候变化特征

植物物候是植物与外界环境长期共同作用的结果（张佩等，2020）。本章在全国尺度上基于 55 个农业气象站点的数据分析表明，1991～2010 年我国油菜全生育期内的平均气温、累积日照时数和 GDD 整体呈增加趋势，每年分别增加 0.05℃、0.80h 和 6.06℃·d。相反，油菜生长期内累积降水总体呈减少趋势，其平均趋势值为–2.24mm/a。春油菜种植区主要分布在我国西北部，冬油菜种植区则主要集中在我国南部地区，春油菜和冬油菜全生育期内气候要素变化趋势存在一定差异。其中春油菜生长期内平均气温上升趋势（0.05℃/a）略高于冬油菜（0.04℃/a），春油菜 GDD 的增加趋势［6.26（℃·d）/a］同样大于冬油菜［6.04（℃·d）/a］，而春油菜累积日照时数的增加趋势（0.30h/a）则小于冬油菜（0.85h/a）。此外，春油菜全生育期内累积降水的下降趋势（–0.20mm/a）明显小于冬油菜（–2.41mm/a）。

春油菜、冬油菜物候期在变化方向和幅度上均存在差异。春油菜的所有物候期均提前，平均变化趋势值在–1.27～–0.19d/a；冬油菜物候期的平均变化趋势值为–0.92～0.37d/a，与春油菜物候期的变化程度存在一定差异。此外，两种油菜的抽薹期、现蕾期和开花期呈现相反的变化。而春油菜和冬油菜营养生长期和全生育期的变化趋势一致，均表现为延长，且两种油菜营养生长期和全生育期的变化幅度均大于生殖生长期。总体而言，1991～2010 年我国春油菜、冬油菜物候期及其相应阶段的气候要素变化趋势整体上具有一致性。

9.5.2 油菜物候对气候要素变化的敏感度

平均气温被视为作物生长过程中最重要的气候要素之一，已有研究探讨其对油菜物候变化的影响（张佩等，2020；王鹤龄等，2012）。本研究的结果表明，春油菜的关键物候期对平均气温的敏感度主要为负值，其敏感度在–1.16～0.61d/℃，而冬油菜物候期对平均气温的敏感度依次为–0.71d/℃、–0.93d/℃、–0.13d/℃、1.06d/℃、0.37d/℃、1.25d/℃和 0.86d/℃。两种油菜对平均气温敏感度的一致性仅体现在出苗期、五真叶期和成熟期，而春油菜物候期对平均气温的敏感度多为负值，表明平均气温的升高主要提前春油菜的物候期，不同的是冬油菜多个物候期对平均气温的敏感度为正值，因而整体上平均气温升高推迟冬油菜的物候期。温度变化对作物生长的作用主要取决于环境温度是否超过作物生长的最适温度（王展，2012），本研究表明平均气温对油菜物候期的影响存在明显的区域差异。

除冬油菜开花期外，春油菜和冬油菜多数物候期对累积降水的敏感度均为正值，表明累积降水的增加导致油菜物候期推迟，其中春油菜的出苗期和冬油菜的开花期对累积降水的敏感度最高，且春油菜物候期对累积降水的敏感度均高于冬油菜。相反，春油菜和冬油菜对累积日照时数的敏感度存在明显差异。春油菜物候期对累积日照时数的敏感度均为正值，其中出苗期的敏感度最高，表明累积日照时数增加引起春油菜物候期推迟；而冬油菜播种期、五真叶期、现蕾期和开花期对累积日照时数的敏感度均为负值，出苗期和抽薹期和成熟期则为正值，其中抽薹期的敏感度最大。

综上，相比平均气温和累积日照时数，油菜对累积降水的敏感度更高。研究油菜的最佳生长降水条件将对提高油菜产量、完善油菜管理措施具有重要意义。

9.5.3 气候变化及管理措施对油菜物候变化的贡献度比较

作物的生长过程中，气候条件往往会产生很多不可控因素，此时就需要人为的管理措施调节作物的生长状况。

整体上，管理措施对春油菜大多数物候期（如播种期、出苗期、现蕾期、抽薹期、开花期和成熟期）变化的贡献度均高于气候变化。此外，管理措施对春油菜营养生长期变化的相对贡献度达到 94.14%，远高于气候变化。但管理措施与气候变化对春油菜生殖生长期及全生育期变化的贡献度相当，但方向相反，表明管理措施能够有效地抵消气候变化延长春油菜生殖生长期和全生育期的影响，延长营养生长期。

气候变化的单独作用导致冬油菜播种期、出苗期和五真叶期缩短，而现蕾期、抽薹期、开花期及成熟期延长。另外，管理措施对冬油菜播种期、出苗期、五真叶期、现蕾期和开花期变化的贡献度高于气候变化。此外，气候变化与管理措施对冬油菜营养生长期变化的贡献度均为正值，其中气候变化的相对贡献较高，达 80.89%。而气候变化与管理措施对冬油菜生殖生长期和全生育期变化的影响相反，但相对贡献度相当。

综上，气候变化与管理措施对春油菜和冬油菜生殖生长期和全生育期变化的影响相反但相对贡献度数值相近，表明在农业生产的过程中，根据实际作物类型及自然气候条件调整管理措施，对缓解与适应气候变化十分必要。

9.5.4　平均气温、累积降水和累积日照时数对油菜物候变化的贡献度比较

不同油菜物候期对不同气候要素的敏感度不同，且不同气候要素对物候期变化的贡献也存在差异。本章通过对比不同气候要素对油菜不同物候期的贡献度，识别了影响油菜物候变化的关键气候要素。结果表明，在 20 年的观测期中，平均气温对春油菜出苗期、五真叶期和现蕾期等物候期及生殖生长期的贡献度较高，而累积日照时数对春油菜播种期、抽薹期、开花期和成熟期及营养生长期和全生育期变化的相对贡献度较高。对冬油菜而言，平均气温对所有物候期和生长期变化的相对贡献度均最大，这与前人研究结果一致（蒯军等，2010）。气温升高会导致油菜物候期缩短（白金莲等，2015），而累积日照时数的增加同样会引起油菜物候期缩短。此外，累积降水对油菜物候期变化的贡献也不容忽视，本研究结果表明累积降水的增加将延长冬油菜的生长期，但缩短春油菜的生长期。

9.6　小　　结

1）1991～2010 年，我国油菜生长期内的平均气温、累积日照时数和 GDD 总体呈不同程度的增加趋势，而累积降水则呈现不同程度的减少趋势。我国春油菜和冬油菜种植区的关键气候要素变化趋势与全国总体变化趋势一致，但春油菜种植区累积降水的减少趋势小于冬油菜种植区。

2）整体而言，在 20 年观测期间，我国春油菜的所有物候期均呈提前趋势，其平均提前幅度在 0.19～1.27d/a；冬油菜的播种期、出苗期、五真叶期和成熟期整体呈提前趋势，抽薹期、现蕾期和开花期则整体上表现为不显著的推迟趋势。

3）平均气温、累积降水和累积日照时数对春油菜和冬油菜的不同物候期和生长期产生的影响存在差异。总体上，相比累积降水和累积日照时数，平均气温对我国油菜的影响较弱，累积降水和累积日照时数导致春油菜所有物候期推迟，且使得春油菜的生殖生长期缩短。平均气温是冬油菜物候变化的主导气候要素，其中，冬油菜的播种期、出苗期、五真叶期和生殖生长期对平均气温的敏感度为负值，而现蕾期、抽薹期、开花期、成熟期、营养生长期和全生育期相反。

4）管理措施对油菜物候的贡献程度普遍大于气候变化因素，且与气候变化产生的影响相反。气候变化导致春油菜生殖生长期和全生育期延长，管理措施则相反，且管理措施与气候变化对春油菜全生育期变化的贡献度相当。对冬油菜而言，气候变化导致其营养生长期和全生育期延长，生殖生长期缩短；管理措施则延长了冬油菜营养生长期和生殖生长期，但缩短了全生育期。

第 10 章　花生物候变化及归因分析

10.1　花生研究区概况

10.1.1　花生种植情况

花生是世界上最重要的油料作物之一，在世界油脂生产中具有举足轻重的地位。近 20 年来，世界花生生产有了较大发展，花生的单位面积产量、总产和贸易量增长显著，花生生产与贸易格局发生了较大变化。

花生是中国主要的油料作物和经济作物，其单产、总产和出口量均位居世界第一，在保障国家粮油安全中具有重要地位。据统计，中国花生的种植面积与产量分别占世界的 16.35%和 37.80%，同时单位面积产量是世界平均水平的 2.31 倍，位居世界第一。同时，花生在中国食用油五大油料作物中的地位也日益上升，其种植面积与产量分别占食用油五大油料作物的 22.44%和 35.29%，而且花生单位面积产量是其他 4 种食用油油料作物平均单产的 1.82 倍（张怡和王兆华，2018）。

我国生产花生的区域十分广泛，范围大致为东起黑龙江密山，西至新疆喀什，南至海南三亚，北到黑龙江黑河，除西藏、青海、宁夏三省（自治区）外都有种植。受气候条件和种植制度影响，花生种植区域呈现既分散又集中的特点，主产区集中在华北平原、渤海湾沿岸、华南沿海及四川盆地（张怡和王兆华，2018）。如果按照省级行政区域来划分，辽宁、山东、河南、河北、安徽、四川、广东和广西是近年来我国花生的主要产区。中国花生种植区域以长江为界，大致可以分成北方花生产区和南方花生产区，其中北方花生产区和南方花生区的面积占比分别约为 65%和 35%，总产量占比分别约为 70%和 30%（周曙东和孟桓宽，2017）。同时，目前学界比较公认的中国花生产区的划分方法是根据各地花生生产发展及变化情况、地理位置、地形地貌特征、气候条件、品种生态分布，以及耕作栽培制度的特点，将中国的花生产区划分为东北花生区、黄淮海花生区、黄土高原花生区、西北内陆花生区、长江流域花生区、云贵高原花生区和东南沿海花生区共 7 个区域（禹山林，2008；王艳，2013）。我国花生主要种植区及站点分布和基本情况分别如图 10.1 和表 10.1 所示。

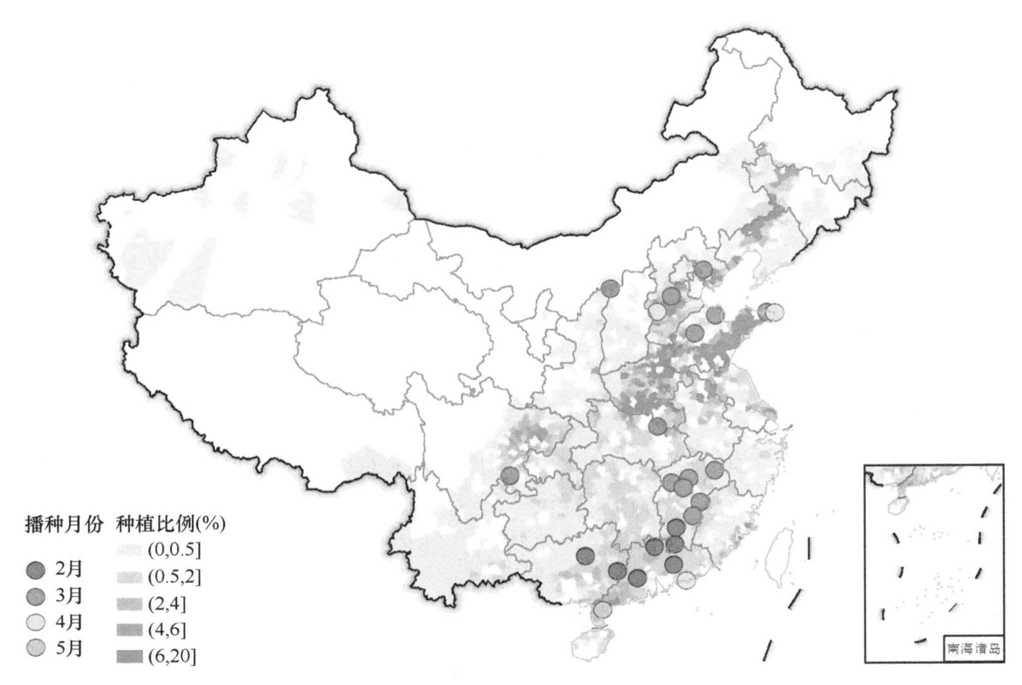

图 10.1 花生种植区及站点分布

表 10.1 花生种植区农业气象站点基本情况

省份	站点	E（°）	N（°）	海拔（m）
广东	韶关	113.58	24.8	69.3
	高要	112.47	23.05	7.1
	河源	114.68	23.73	41.1
	汕尾	115.37	22.78	4.6
	湛江	110.4	21.22	25.3
山西	河曲	111.15	39.38	861
四川	宜宾	104.6	28.8	91.7
河南	广水	114.07	31.57	74.8
河北	石家庄	114.42	38.03	80.5
	遵化	117.95	40.2	54.9
	保定	115.52	31.57	17.2
江西	宜丰	114.78	28.4	91.7
	南丰	116.53	27.22	111.5
	宁都	116.01	26.48	209.1
	龙南	114.81	24.92	205.5
	赣州	114.95	28.85	123.8
	南昌	115.92	28.6	46.7
	樟树	115.56	28.07	30.4

续表

省份	站点	E（°）	N（°）	海拔（m）
广西	柳州	109.4	24.35	96.9
	梧州	111.3	23.48	119.2
山东	垦利	118.53	37.6	9
	威海	112.13	37.48	46.6
	成山头	122.68	37.4	47.7
	济南	116.98	36.68	51.6
浙江	德兴	117.58	28.95	88.5

目前我国各区域种植的花生品种不一，且随着花生种子研发技术的提升和新品种的推广，同一品种下的细分品种繁多。现货市场通常将花生分为大花生、白沙花生和四粒红花生 3 类：其中大花生籽仁较大，口感较硬，含油率较高，主要用于榨油；白沙花生籽仁较小，口感酥脆，蛋白质含量较高，主要用于食品加工；四粒红花生籽仁呈椭圆形，排列紧密，种皮光滑，呈红色或粉红色，主要用于食品加工。据测算，我国白沙花生和大花生种植比例大致相同。

10.1.2　花生物候期定义与观测标准

本章选择的花生物候期一共有 5 个，分别为播种期、出苗期、三真叶期、开花期、成熟期。花生各物候期的定义和观测标准如下。

播种期：开始播种的日期。

出苗期：第一片真叶展开。

三真叶期：在第二真叶出现后，出现由 4 片小叶组成的第三真叶。

开花期：花序上第一朵花的旗瓣开放。第一批花在茎的基部，接近地表，须仔细观测。

成熟期：植株上部叶片变黄，基部及中部叶片正常脱落或变为褐色，荚果变硬，荚壳变薄，籽粒饱满，种皮发红。可从土中挖取荚果观测。

本章将花生所有物候期分为 3 个关键的生长期，分别为营养生长期（播种期至开花期）、生殖生长期（开花期至成熟期）、全生育期（播种期至成熟期）。

10.2　花生生长期内气候要素变化

10.2.1　气候要素时间变化特征

1991～2010 年花生全生育期内平均气温、累积降水、累积日照时数和 GDD

时间变化如图 10.2 所示。在全国尺度上，花生生长期内的平均气温和 GDD 总体呈上升趋势，平均每年分别增加 0.04℃和 6.41℃·d。平均气温和 GDD 在 1996 年具有最低值，随后波动上升。花生全生育期内累积降水和累积日照时数总体呈下降趋势，平均每年分别下降 4.39mm 和 0.84h。其中累积降水在 1996～1999 年波动较大，最高超过 1000mm（1998 年），最低约为 700mm（2000 年）。

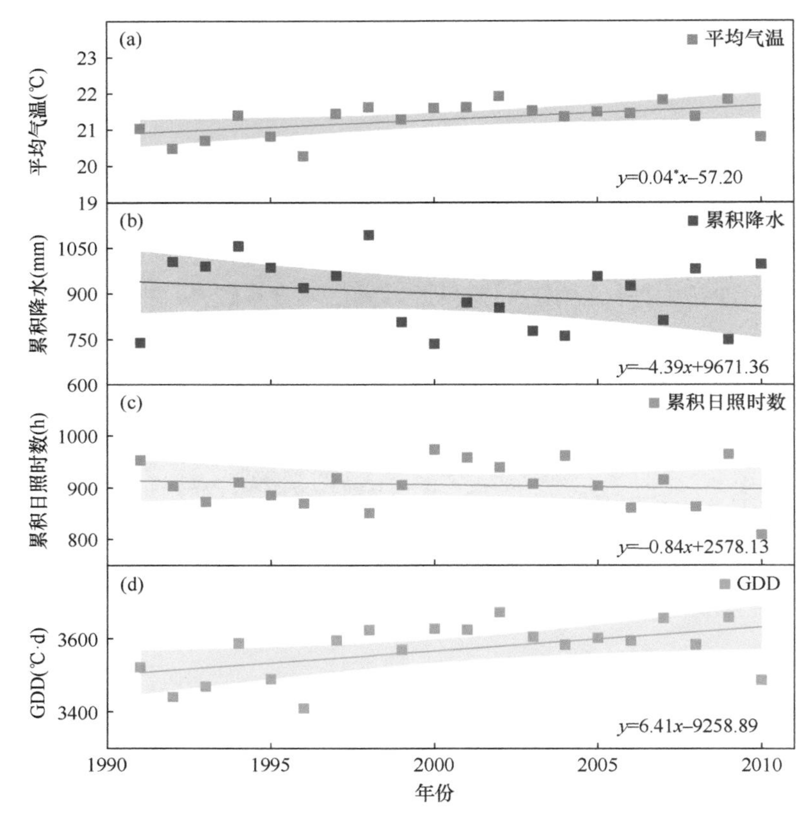

图 10.2 1991～2010 年花生全生育期内平均气温（a）、累积降水（b）、累积日照时数（c）和 GDD（d）年际变化趋势

10.2.2 气候要素空间变化特征与区域分异

1991～2010 年花生全生育期内平均气温、累积降水、累积日照时数和 GDD 空间变化特征与区域分异如图 10.3 所示。1991～2010 年中国花生全生育期内平均气温、累积降水、累积日照时数和 GDD 多年平均值分别为 21.3℃、898.7mm、907h 和 3570℃·d。不同地区花生全生育期内气候要素存在显著差异。花生全生育期内

平均气温和 GDD 随纬度增加下降。南方和北方种植区的花生全生育期内平均气温分别为 19.23℃和 21.68℃，GDD 分别为 3448℃·d 和 3623℃·d。此外，花生全生育期内累积降水由东南向西北内陆递减，其中南方种植区平均降水超过北方的两倍，分别为 1121mm 和 503mm。然而，北方种植区花生的全生育期内累积日照时数远高于南方种植区，分别为 1261h 和 707h。

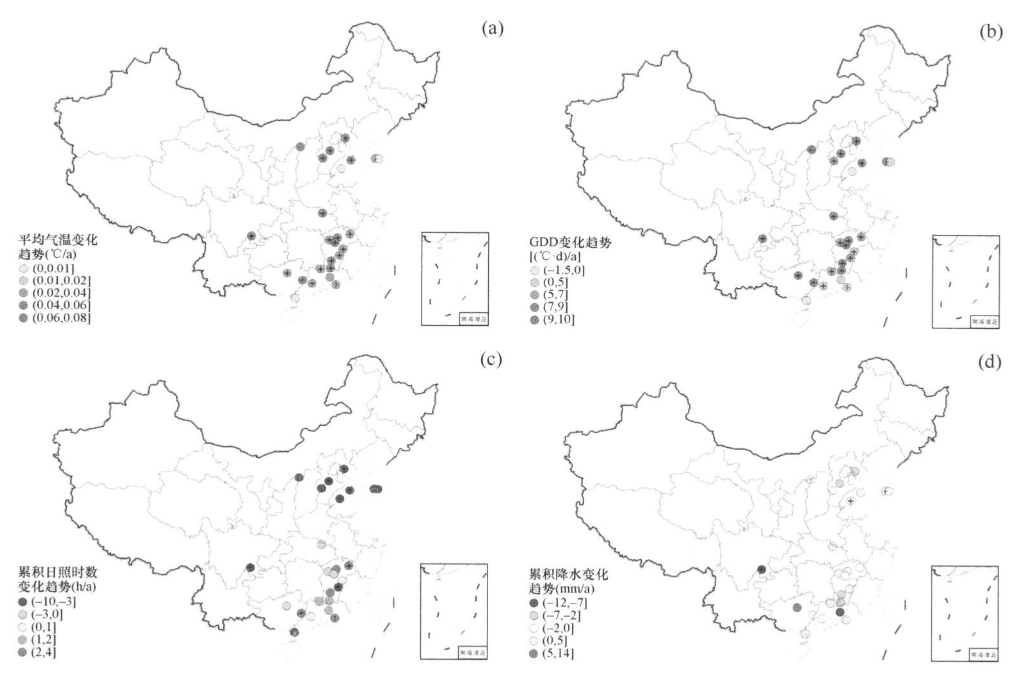

图 10.3　1991～2010 年花生全生育期内平均气温（a）、GDD（b）、累积日照时数（c）和累积降水（d）的空间变化趋势

+表示通过 0.05 显著性水平检验

北方种植区花生全生育期内的平均气温呈上升趋势，上升幅度在 0～0.06℃/a。花生全生育期内 GDD 的变化趋势与平均气温一致，北方种植区 GDD 变化趋势平均值为 1.17（℃·d）/a。全国 15/25 站点花生全生育期内累积日照时数以下降为主，变化趋势平均值为–7.22h/a，其中北方种植区（–8.77h/a）下降幅度高于南方（–6.34h/a）。相反，少数站点累积日照时数呈增加趋势，但增加幅度小于同一种植区内其他站点的减少幅度。1991～2010 年，南方和北方花生全生育期内累积降水呈相反的变化趋势，其中北方减少（–3.93mm/a）、南方增加（22.27mm/a），但北方种植区累积降水的减少幅度远小于南方种植区的增加幅度。花生所有站点在各生长期的气候要素变化趋势范围见附表 1～附表 4。

10.3 花生物候变化特征

10.3.1 花生物候期变化特征

1. 花生物候期时间变化特征

1991～2010 年我国花生的播种期、出苗期、三真叶期、开花期和成熟期时间变化如图 10.4 所示。在全国范围内，花生的播种期、出苗期、开花期和成熟期整

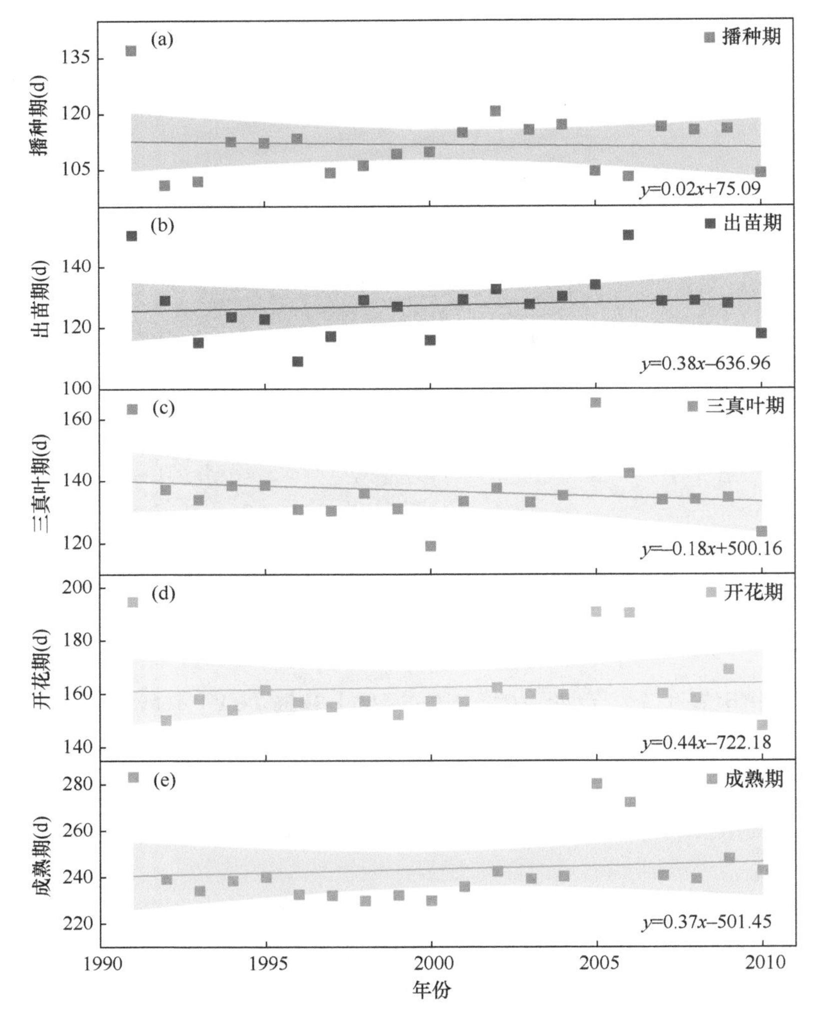

图 10.4　1991～2010 年花生播种期（a）、出苗期（b）、三真叶期（c）、开花期（d）、成熟期（e）的时间（DOY）变化趋势

体均呈推迟趋势，变化趋势为 0.02～0.44d/a，其中播种期提前幅度最小，而开花期推迟趋势最明显。相反，花生的三真叶期则呈–0.18d/a 的提前趋势。

2. 花生物候期空间变化特征与区域分异

1991～2010 年，我国花生各物候期变化趋势具有显著的空间分异特征（图 10.5）。在全国尺度，分别有 16/25、16/25、16/25、16/25 和 14/25 的站点的花生各个物候

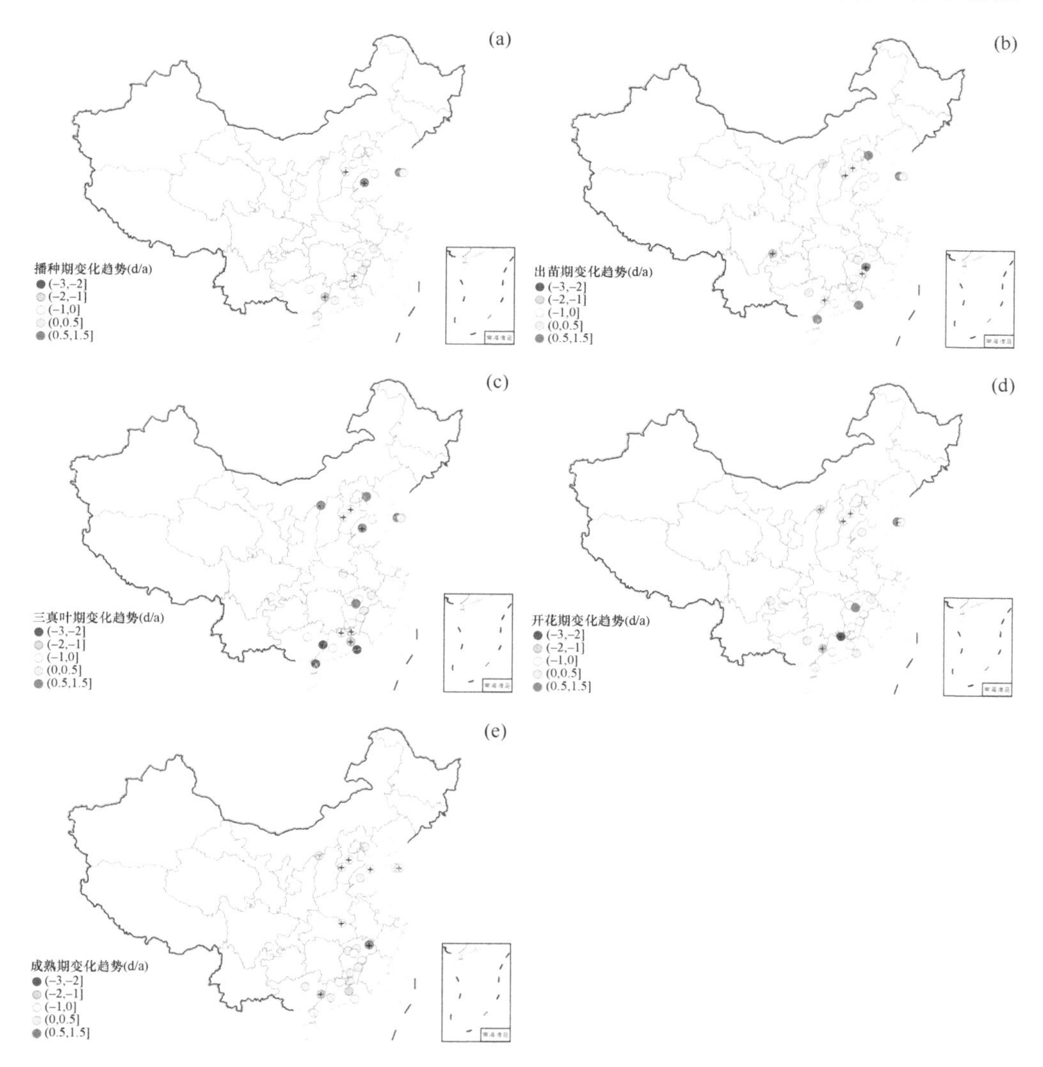

图 10.5　1991～2010 年花生播种期（a）、出苗期（b）、三真叶期（c）、开花期（d）、成熟期（e）空间变化趋势

+表示通过 0.05 显著性水平检验

期均呈提前趋势。花生各物候期的变化趋势在南北种植区间存在较大差异。在北方种植区，花生播种期、出苗期、三真叶和开花期整体均呈推迟趋势，趋势值分别为 0.09d/a、0.05d/a、0.21d/a 和 0.07d/a，而成熟期则以 0.23d/a 的趋势提前。在南方种植区，除出苗期呈 0.04d/a 的推迟趋势外，其余物候期均提前，其中播种期、三真叶期、开花期和成熟期分别提前 0.79d/a、0.73d/a、0.23d/a 和 0.13d/a。三真叶期在南北种植区间的变化趋势差异最明显，而出苗期和成熟期的差异则较小。

10.3.2 花生生长期变化特征

1. 花生生长期时间变化特征

1991～2010 年花生全生育各生长期长度的时间变化趋势如图 10.6 所示。全国范围内，20 年观测期中花生的营养生长期、生殖生长期和全生育期均缩短，其变化趋势分别为–0.15d/a、–0.07d/a 和–0.001d/a。其中，南方种植区花生的营养生长期、生殖生长期和全生育期平均每年分别缩短 0.28d、0.14d 和 0.01d。相比南方种植区，北方种植区内的花生生长期变化幅度较小，生殖生长期和全生育期平均每年分别缩短 0.10d 和 0.01d，但营养生长期平均每年延长 0.03d。

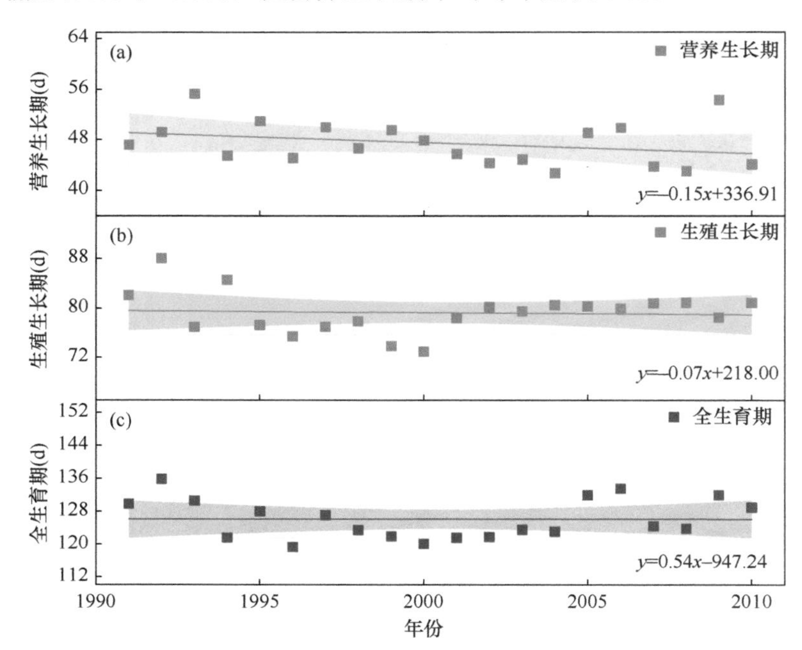

图 10.6 1991～2010 年花生营养生长期（a）、生殖生长期（b）、全生育期（c）长度的时间变化趋势

2. 花生生长期空间变化特征与区域分异

1991～2010 年，花生营养生长期、生殖生长期和全生育期长度变化的空间差异明显（图 10.7）。在全国多数省区，例如，山西、山东、河北、广西和江西，花生营养生长期均有所延长，变化幅度范围为 0.02～0.4d/a，而广东、河南和浙江则相反，花生营养生长期缩短 0.01～1.32d/a。其中花生营养生长期在山西的延长趋势最明显，而在广东韶关的缩短幅度最大，为 1.73d/a。花生生殖生长期主要在山西、山东和广东表现出缩短趋势，但在浙江、河南和四川等地区主要呈延长趋势。全国所有站点花生生殖生长期变化趋势为–0.35～0.48d/a。同样，花生全生育期的变化趋势在空间上存在差异，主要在四川、江西、广西和浙江以延长为主，而在河北、山东和广东地区呈现缩短趋势，其最大延长和缩短趋势分别在四川（0.97d/a）和广东（–0.72d/a）。

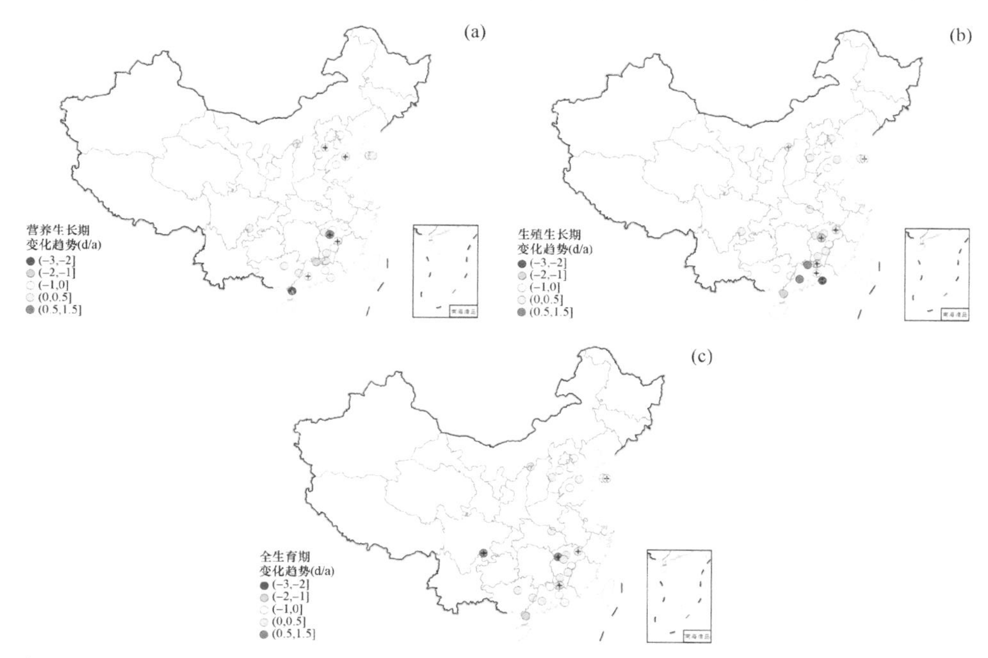

图 10.7　1991～2010 年花生营养生长期（a）、生殖生长期（b）、全生育期（c）长度的空间变化趋势

+表示通过 0.01 显著性水平检验

10.4　花生物候变化归因分析

10.4.1　花生物候对气候要素的敏感度分析

1. 花生物候期对平均气温、累积降水和累积日照时数的敏感度分析

1991～2010 年，花生播种期、出苗期、三真叶期、开花期和成熟期对相应物

候期内气候要素（平均气温、累积降水和累积日照时数）的敏感度如图 10.8 所示。花生播种期、出苗期、开花期和成熟期对相应物候期内平均气温的敏感度为负值，其中播种期和出苗期敏感度较高，敏感度分别为–1.46d/℃和–1.50d/℃，而三真叶期对平均气温的敏感度为正值（0.14d/℃）。相反，花生播种期、出苗期、开花期和成熟期对相应物候期内累积降水的敏感度为正值，敏感度范围在 0.02d/100mm～0.13d/100mm，三真叶期的敏感度则为负值（–0.26d/100mm）。

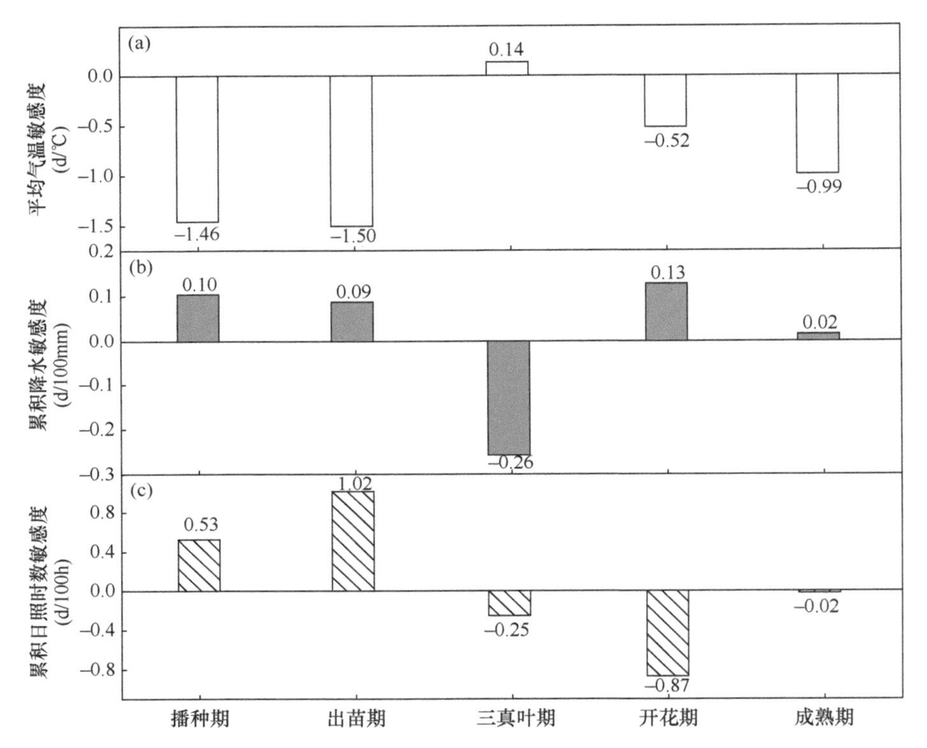

图 10.8　1991～2010 年花生各物候期对平均气温（a）、累积降水（b）、累积日照时数（c）的敏感度

此外，花生的播种期和出苗期对相应物候期内累积日照时数的敏感度为正值，三真叶期、开花期和成熟期则为负值，敏感度集中在–0.87～1.02d/100h。其中花生出苗期对累积日照时数的敏感度最高，而成熟期则最低。

2. 花生生长期对平均气温、累积降水和累积日照时数的敏感度分析

1991～2010 年，花生营养生长期、生殖生长期和全生育期对相应阶段内气候要素（平均气温、累积降水、累积日照时数）的敏感度如图 10.9 所示。花生营养生长期和生殖生长期长度对平均气温的敏感度均为负值，敏感度分别为–0.05d/℃

和–0.31d/℃，而全生育期对平均气温的敏感度为正值（1.05d/℃），大于营养生长期和生殖生长期。花生各个生长期对累积降水的敏感度存在差异，其中生殖生长期和全生育期的敏感度为负值，敏感度分别为–0.10d/100mm 和–0.12d/100mm，而营养生长期的敏感度相反，敏感度为 0.06d/100mm。此外，花生各个生长期对累积日照时数的敏感度同样不一致，其中花生生殖生长期对累积日照时数的敏感度为正值，而营养生长期和全生育期的敏感度为负值，敏感度在–0.70～0.80d/100h，其中花生生殖生长期对累积日照时数的敏感度最大，全生育期次之。

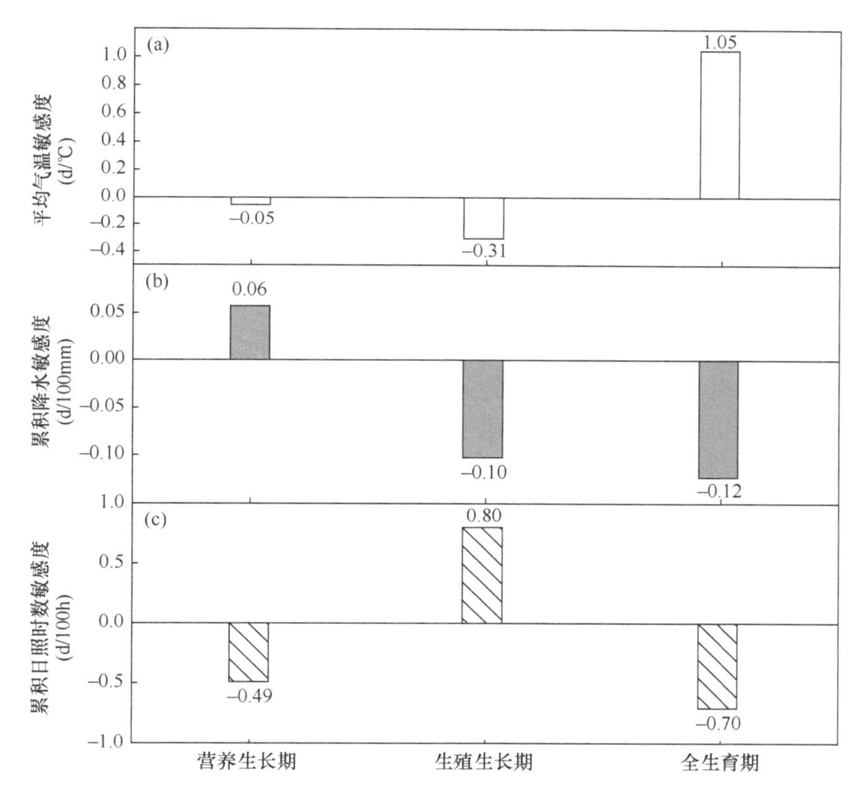

图 10.9　1991～2010 年花生物候期对平均气温（a）、累积降水（b）、累积日照时数（c）的敏感度

10.4.2　气候变化和管理措施对花生物候变化的影响

1. 气候变化和管理措施对花生物候期变化的影响

1991～2010 年气候变化和管理措施对花生播种期、出苗期、三真叶期、开花期和成熟期变化的单独和综合影响如图 10.10 所示。在管理措施的单独影响下，

花生在播种期、出苗期、三真叶期、开花期和成熟期均提前。在气候变化的单独影响下，花生的大多数站点的播种期、三真叶期、开花期和成熟期提前，而出苗期则呈现微弱的推迟趋势（0.06d/a）。此外，气候变化和管理措施的综合影响下，花生物候期变化趋势与其受管理措施的单独影响时一致。

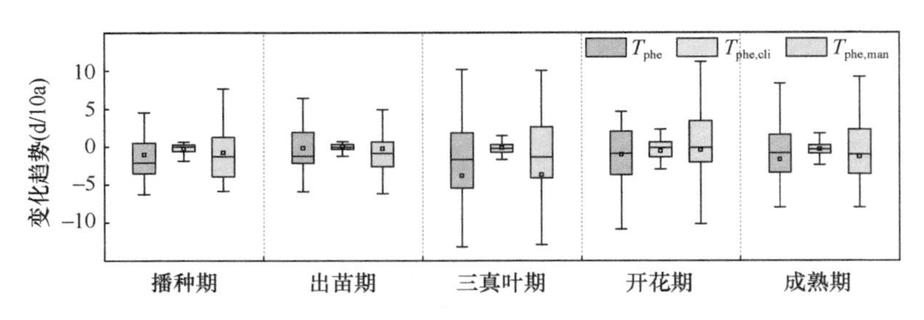

图 10.10　1991～2010 年气候变化和管理措施对花生物候期变化的影响

2. 气候变化和管理措施对花生生长期变化的影响

1991～2010 年气候变化和管理措施对花生营养生长期、生殖生长期和全生育期长度的单独和综合影响如图 10.11 所示。在管理措施的单独影响下，大多数站点的花生营养生长期、生殖生长期和全生育期长度均缩短，而在气候变化的单独影响下，花生营养生长期均缩短，而花生生殖生长期和全生育期在南北种植区间呈现相反的变化趋势，即北方种植区花生生殖生长期缩短、全生育期延长，南方种植区则相反。此外，在气候变化和管理措施的综合影响下，花生生长期变化趋势与其受管理措施的单独影响时一致。

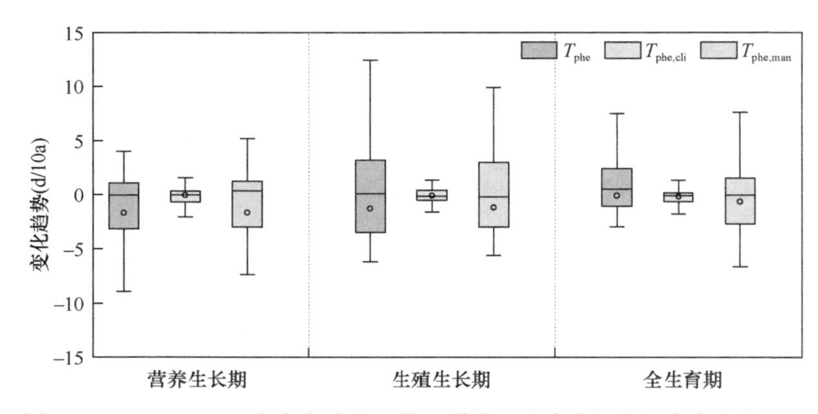

图 10.11　1991～2010 年气候变化和管理措施对花生生长期长度变化的影响

3. 在气候变化和管理措施影响下花生物候期和生长期的平均变化趋势

在气候变化和管理措施的单独和综合影响下，花生物候期和生长期变化趋势如

表 10.2 所示。在气候变化和管理措施的综合影响下，花生的各个物候期受到不同程度的提前，其中三真叶期提前幅度最大，趋势值为–3.86d/10a，其次为成熟期（–1.75d/10a），而出苗期的提前趋势最小，趋势值为–0.21d/10a。同时，营养生长期、生殖生长期和全生育期在气候变化和管理措施的综合影响下变化趋势一致，呈现不同程度的缩短，平均变化趋势在–0.10～–1.72d/10a，其中营养生长期的变化趋势最明显。

表 10.2 气候变化和管理措施影响下花生物候期和生长期的平均变化趋势（单位：d/10a）

作物（站点数）	物候期/生长期	T_{phe}	$T_{phe,cli}$	$T_{phe,man}$
花生（25）	播种期	–1.06	–0.27	–0.79
	出苗期	–0.21	0.06	–0.26
	三真叶期	–3.86	–0.15	–3.71
	开花期	–1.06	–0.59	–0.47
	成熟期	–1.75	–0.38	–1.37
	营养生长期	–1.72	–0.06	–1.66
	生殖生长期	–1.31	–0.11	–1.21
	全生育期	–0.10	–0.18	–0.66

在气候变化的单独影响下，花生出苗期呈现略微推迟的趋势（0.06d/10a），相反，播种期、三真叶期、开花期和成熟期则呈现不同程度的提前，变化趋势为–0.15～–0.59d/10a，其中开花期的提前幅度最明显，成熟期次之，而三真叶期最小。气候变化的单独作用导致花生营养生长期、生殖生长期和全生育期长度均不同程度的缩短，其中全生育期的变化趋势最明显，趋势值为–0.18d/10a，而营养生长期最小（–0.06d/10a）。

在管理措施的单独影响下，花生物候期和生长期的变化趋势呈现与其受到气候变化和管理措施综合影响时相对一致，表现为物候期提前和生长期缩短，其中物候期的变化趋势为–3.71～–0.26d/10a，三真叶期提前趋势最明显，而出苗期变化最小。此外，管理措施的单独影响对花生营养生长期的缩短作用最明显，变化趋势为–1.66d/10a，生殖生长期次之，全生育期最小。综上，在气候变化和管理措施的单独和综合影响下，花生生长期均呈现不同程度的缩短趋势，而不同物候期的变化趋势则存在差异。

10.4.3 气候要素对花生物候变化的相对贡献度

1. 气候要素对花生物候期变化的相对贡献度

1991～2010 年平均气温、累积降水和累积日照时数对花生播种期、出苗期、三真叶期、开花期和成熟期变化的相对贡献度如图 10.12 所示。平均气温升高导致花生播种期、出苗期、三真叶期、开花期和成熟期提前，其中平均气温增加对播种期、三真叶期、开花期和成熟期变化的相对贡献度均超过 50%，此外，平均气温对出苗期变化的相对贡献度也达到–41.18%。累积降水增加引起花生出苗期提前的相对贡献度最大，其相对贡献度约为–50.78%。相比平均气温和累积降水，累积日照时数对花生物候期的影响相对较小，累积日照时数的增加导致花生所有物候期均延迟，其中对播种期的影响最明显，相对贡献度约为 21.%。

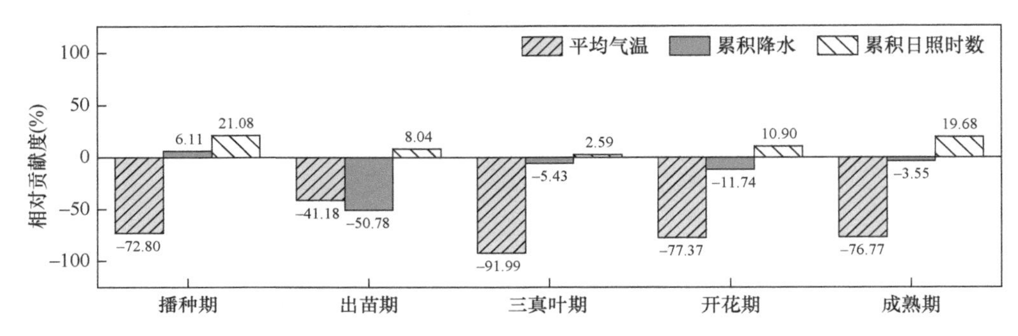

图 10.12　1991～2010 年不同气候要素对花生物候期变化的相对贡献度

2. 气候要素对花生生长期变化的相对贡献度

1991～2010 年平均气温、累积降水和累积日照时数对花生营养生长期、生殖生长期和全生育期变化的相对贡献度如图 10.13 所示。平均气温的变化引起花生营养生长期、生殖生长期和全生育期缩短，其中平均气温对花生全生育期变化的相对贡献度最大，约占所有气候要素的 77.0%，对营养生长期和生殖生长期变化的贡献度分别为–57.25%和–67.55%。此外，累积降水的变化导致花生营养生长期、生殖生长期轻微延长但全生育期缩短，对花生全生育期变化的相对贡献度在–13.05%～8.23%。与累积降水的影响相似，累积日照时数的变化导致花生营养生

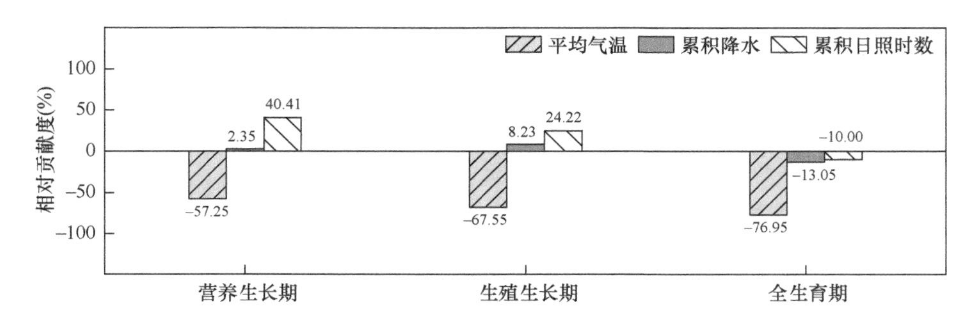

图 10.13　1991～2010 年不同气候要素对花生生长期变化的相对贡献度

长期和生殖生长期明显延长（40.41%和 24.22%）而全生育期缩短，其中对花生全生育期变化的相对贡献度为–10.00%。

10.4.4　气候变化和管理措施对花生物候变化的相对贡献度

1. 气候变化和管理措施对花生物候期变化的相对贡献度

1991～2010 年气候变化和管理措施对花生播种期、出苗期、三真叶期、开花期和成熟期变化的影响程度不同，但导致花生各个物候期均提前（图 10.14）。其中，气候变化对花生各个物候期变化的相对贡献度为 1.79%～71.84%，对开花期的影响最显著。除开花期外，管理措施对花生其余物候期变化的相对贡献度均超过–50%，其中对花生的播种期和出苗期的影响最明显，相对贡献度分别为–75.00%和–98.21%。此外，管理措施对花生三真叶期、开花期和成熟期变化的贡献度分别约为–55.3%、–28.2%和–50.1%。

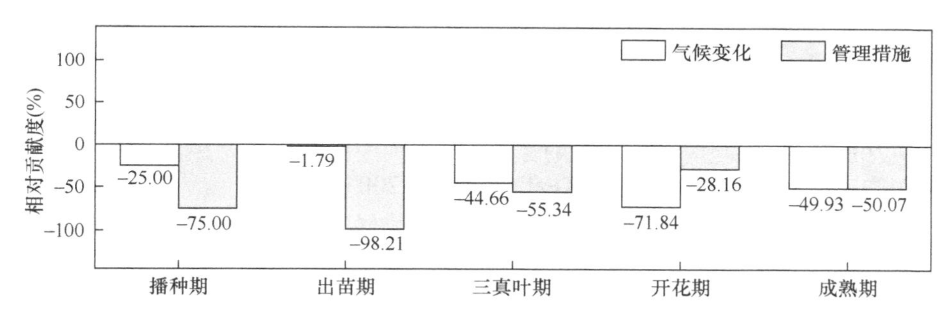

图 10.14　1991～2010 年气候变化和管理措施对花生物候期变化的相对贡献度

2. 气候变化和管理措施对花生生长期变化的相对贡献度

1991～2010 年气候变化和管理措施对花生营养生长期、生殖生长期和全生育期变化的相对贡献度如图 10.15 所示。其中，气候变化导致花生营养生长期、生殖生长期和全生育期均缩短，其中对全生育期变化的相对贡献度（–83.31%）高于营

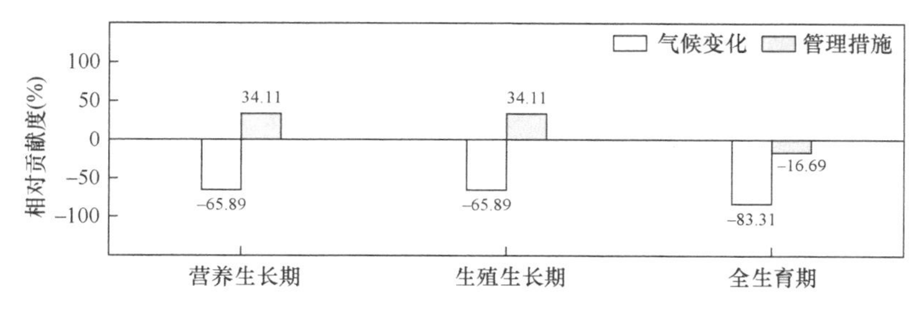

图 10.15　1991～2010 年气候变化和管理措施对花生生长期变化的相对贡献度

养生长期和生殖生长期（均为–65.89%）。与气候变化的贡献相反，管理措施导致花生营养生长期和生殖生长期延长，相对贡献度均为34.11%，然而，管理措施同样导致全生育期缩短，相对贡献度为–16.69%，小于其对营养生长期和生殖生长期变化的贡献度。

10.5 讨　　论

10.5.1 气候变化与花生物候变化特征

本章根据农业气象观测资料，调查了1991～2010年中国25个站点花生的物候时空变化趋势。在全国水平上，花生全生育期内的平均气温、GDD呈现上升趋势，分别增加0.04℃/a、6.41（℃·d）/a，累积降水和累积日照时数呈现下降趋势，下降速率分别为4.39mm/a、0.84h/a。花生耐旱喜温，对气候变化反应较为敏感（张怡，2015）。赵志强（1999）指出当热量不足，会影响花生荚果正常发育和成熟。在极为干旱的地区，播种期的调整可以极大缓解温度和降水的变化给花生带来的影响（赵瑞等，2017）。在全球变化背景下，气温、降水和日照时数等气象因素的变化，给花生物候的变化带来明显的影响（Tao and Zhang，2011；Tokatlidis，2013），除此之外，积温也对花生的物候阶段有重要作用，只有满足一定的积温需求，花生的物候才会转向下一个阶段（Keating et al.，2003）。

对1991～2010年全国25个站点花生关键物候期的时空变化进行量化分析，结果显示不同地区的花生物候期变化趋势在变化方向和幅度上均存在差异。在全国站点尺度上，花生的播种期、出苗期、三真叶期、开花期和成熟期的变化趋势分别为0.02d/a、0.38d/a、–0.18d/a、0.44d/a、0.37d/a，花生的营养生长期和生殖生长期有缩短趋势，而全生育期则呈现一定的延长趋势。生长期前期气温升高会使播种期提前和全生育期缩短（Estrella et al.，2007），而播种期的差异也会导致花生生育期内降水、积温和日照时数的变化，合适的播种期会使初花期避开低温冰冻天气（赵瑞等，2017）。地区间气候要素的差异带来不同地区花生的物候变化差异，在北方种植区，花生播种期、出苗期、三真叶期和开花期均呈推迟趋势，而成熟期提前。而南方种植区花生出苗期推迟，其余物候期均提前。气候变化改变了区域水热条件，带来优势气候资源的同时，也使花生生育期缩短，给物候趋势变化研究带来了挑战。根据花生不同种植地区的气候变化特征和种植特点，实施不同措施缓解气候变化带来的不利影响，对保障我国粮食安全具有重要意义。

10.5.2 花生物候对气候要素变化的敏感度

以变暖为主要特征的气候变化是影响作物物候变化的主要因素（Oteros et al.，

2015），本章选取平均气温、累积降水、累积日照时数 3 个关键气象要素分析气候变化对花生物候的影响。本研究分析了花生物候期和生长期对关键气象要素变化的敏感度，结果表明，除三真叶期外，花生的播种期、出苗期、开花期和成熟期对相应物候期内平均气温的敏感度均为负值，即随着平均气温的上升，不同地区花生的物候期呈现提前趋势。此外，花生的营养生长期和生殖生长期长度对平均气温的敏感度均为负值。这与前人的研究结果一致，即由于温度的升高加快作物发育速率，作物关键物候期提前，作物生长期缩短（Karlsen et al.，2009；Vitasse et al.，2011）。对比不同物候期对平均气温的敏感度，结果表明播种期和出苗期敏感度较高，敏感度分别为–1.46d/℃和–1.50d/℃。与平均气温相反，花生的播种期、出苗期、开花期和成熟期对相应物候期内累积降水的敏感度为正值，仅三真叶期的敏感度为负值，其中，三真叶期对累积降水响应的敏感度最高，达到 -0.26d/100mm。花生的营养生长期对累积降水的敏感度为正值，而生殖生长期和全生育期的敏感度为负值。总体来看，花生不同生长阶段对累积降水的敏感度存在较大差异，因此，明晰花生不同物候期和生长期对累积降水响应的差异有助于为农业生产的趋利避害提供科学依据（Fang et al.，2010）。就累积日照时数而言，花生的播种期和出苗期对累积日照时数的敏感度为正值，而三真叶期、开花期和成熟期为负值。在 3 个生长期中，生殖生长期的敏感度为正值，而营养生长和全生育期长度的敏感度均为负值。总体而言，花生对平均气温的响应高于累积降水和累积日照时数，这与前人的研究结果基本一致，即温度是导致作物物候变化的主要驱动因素（Lobell et al.，2011；Ahmad et al.，2017a）。需要指出的是，虽然本研究的结果表明花生物候总体对平均气温变化的响应最为明显，但由于气候变暖，累积降水的时空变化变得更加复杂，同时，复杂的地形和季节变化也带来了累积日照时数在区域间的差异（王占彪等，2015），因此，在未来研究与实际农业生产中，也要重点关注气候变化背景下降水与日照时数的影响，因地制宜制定气候变化减缓与适应政策。

10.5.3 气候变化及管理措施对花生物候变化的贡献度比较

作物物候变化的驱动因素主要包括气候变化和农业管理措施。本章基于历史实际观测数据，通过一阶差分法分离气候变化和管理措施对我国花生物候期和生长期的影响与贡献。结果表明，气候变化和管理措施均导致花生不同物候期的提前，但贡献程度存在差异。其中管理措施对花生播种期、出苗期和三真叶期变化的贡献显著高于气候变化的影响，其主要原因可能是气候变化背景下农户进行播种调整，从而引起作物播种期和后续物候期的变化。在中国，多数作物都被观测到存在提前播种的趋势，如春小麦和玉米等（Liu et al.，2019；He et al.，2020）。

改变播种日期可能是农民对气候变化的有意或无意的反应。春季气温升高降低了霜冻损害的风险，使对低温非常敏感的玉米或甜菜等春季作物的提前播种成为可能，且对于秋末收获的作物，提前播种可以延长其生长季节，从而获得更高的生产潜力（Estrella et al.，2007；Rezaei et al.，2017）。相反，气候变化对开花期变化的贡献大于管理措施，对成熟期变化的贡献则与管理措施相当。以气温上升为主导的气候变化，加速作物生长发育，导致作物提前开花，这与前人的研究结果相对一致（Lobell et al.，2012；田展等，2014）。前人的研究表明，气候变化加速作物生长进程，缩短生长期（Lobell et al.，2014；赵瑞等，2017；Liu and Dai，2020）。本研究结果显示，气候变化显著缩短花生全生育期，且其相对贡献度超过管理措施延长作用的 2 倍，表明气候变化是花生生长期变化的关键影响因素，管理措施能在一定程度上缓解气候变化的影响。更好和改进的管理措施可以最大限度地减少气候变化的负面影响。其中，选择生长期更长或更短的品种是适应气候变化的重要措施之一（Xiao et al.，2015；Liu et al.，2021b），根据本研究结果可推测大部分的农户选择播种生长期较长的品种以应对气候变化。此外，培育高热量需求和强耐热性的品种，可有效弥补气候变化对作物产量的不利影响（赵彦茜等，2019）。提高管理水平，适当增加灌溉、提前或推迟播种期等，将有助于抵消气候变化对花生生长发育产生的不利影响，保证农业生产的安全。

10.5.4 平均气温、累积降水和累积日照时数对花生物候变化的贡献度比较

3 种气候要素（平均气温、累积降水和累积日照时数）对花生不同物候期变化的贡献度存在差异。平均气温对花生播种期、三真叶期、开花期、成熟期及营养生长期、生殖生长期和全生育期等的变化均产生了较大影响，其中，平均气温对花生播种期、三真叶期、开花期、成熟期和全生育期的相对贡献度远高于其他两种气候要素，这与 Awal 和 Ikeda（2002）得到的结果一致。累积降水对花生出苗期变化的贡献度最高，而对其余物候期变化的相对贡献度较小。对于累积日照时数，对花生营养生长期和生殖生长期变化的相对贡献度达到 20%以上，仅次于平均气温的相对贡献度。总的来说，平均气温对花生物候期变化的贡献度最高，累积降水与累积日照时数对花生物候期变化也做出了一定贡献。

10.6 小　　结

1）1991～2010 年花生全生育期内大部分地区平均气温和 GDD 呈上升趋势，累积降水和累积日照时数总体呈现下降趋势。在气候变化和管理措施的综合作用

下，花生物候期普遍呈现提前趋势（–0.21～–3.86d/a），花生的营养生长期和生殖生长期均为缩短趋势，且营养生长期的缩短幅度（–1.72d/a）大于生殖生长期。

2）气候变化和管理措施均使花生的所有物候期提前。相较于气候变化，管理措施对花生物候期变化的影响更大：物候期中，管理措施仅在开花期对花生的影响弱于气候变化的影响；单独的气候变化使花生三真叶期、开花期和成熟期分别提前 0.15d/10a、0.59d/10a 和 0.38d/10a。生长期中，管理措施的单一影响下的物候变化趋势要大于气候变化，三个生长期均为缩短趋势，其中对花生营养生长期的缩短作用最明显，变化趋势为–1.66d/10a，这意味着相较于气候变化，管理措施主导了花生物候期的变化。受地理差异影响，花生生长期在南北方的变化存在差异。

3）平均气温是影响花生物候期变化的主要气候驱动因素，对花生播种期、三真叶期、开花期和成熟期变化的相对贡献度均超过 50%。累积日照时数的变化对花生的大部分物候期均有正向影响，其中对播种期的影响最明显，相对贡献度为 21.08%。累积日照时数对花生各物候期的影响与温度相反。由于区域气候特征的不同，累积降水对物候期的影响程度不同，累积降水对播种期为正向贡献，对其他物候期为负向贡献。花生的生长期变化受累积降水的影响相对较小，平均气温对花生生长期的贡献普遍为负（–57.25%～–76.95%），而累积日照时数对营养生长期和生殖生长期为正贡献（40.41%和 24.22%），对全生育期贡献为负（–10.00%）。

第 11 章　不足与展望

本书聚焦气候变化与农业物候关系研究，从地理学视角，基于我国四大作物（小麦、玉米、水稻、大豆）与五种经济作物（棉花、高粱、谷子、油菜、花生）多个种植区农业气象观测站的观测数据，尽可能全面、系统地分析了中国主要农作物物候时空分异格局和影响因素。研究结果表明，总体而言，中国主要作物生长期内温度、GDD 显著增加，累积日照时数显著减少，累积降水无显著变化。作物物候期和生长期的变化具有明显的空间差异。敏感度分析表明，温度升高一般导致作物物候期提前、生长期缩短，而累积降水和累积日照时数对作物不同物候期和不同生长期的作用不同，且温度对作物变化的相对贡献度通常大于累积降水和累积日照时数。进一步评价气候变化与管理措施对作物物候变化的分别贡献，发现管理措施在很大程度上抵消了气候变化对作物物候的影响。

然而任何研究都有其局限与不足，本书在研究中国作物物候变化与归因分析过程中，不确定性的来源主要来自三个方面。

1）中国作物种植广泛，在选择不同种植区内作物物候观测站点时，本书尽可能均匀地选择站点，使所选站点能够代表所在作物种植区的平均种植制度、栽培措施和气候条件，并有相应气象观测台站与之相匹配。但由于物候观测站点数量有限，很难完全覆盖中国广大的作物种植区（尤其是在新疆和西藏地区）。因此，不同站点不可避免地在气候、地理位置等的代表性上存在一定差异。例如，小麦物候空间变异在北方春麦区和南方冬麦区略大。结合多源数据融合、遥感反演的方法，可以弥补物候观测站点数量不足的问题，提高对物候现象的监测和预测精度，为农业物候监测提供更加准确和可靠的信息支持。

2）本书中在研究气候变化对作物物候的影响时，主要考虑了作物生长期内关键气候要素光照、温度、水分的单一影响，未考虑气候要素之间的交互作用，以及 CO_2 浓度上升对作物物候的影响。然而，气候要素之间存在相互影响，一种气候要素的变化往往会引起另一种气候要素的变化。例如，降水的增多可能会削弱温度升高带来的负面影响（付刚和钟志明，2016）。忽略气候要素之间的交互作用可能会夸大单个气候要素的作用（熊伟等，2013）。此外，大气中 CO_2 浓度的升高会影响作物的光合作用速率，进而影响作物的生理、生长和产量。应该注意到，我们的分析是基于平均气候条件，并没有考虑到极端事件频率增加所带来的其他气候变化驱动的威胁。随着气候变暖、极端热浪和降水的风险增加，不同生长期的高温会降低作物的光合速率（王占彪等，2015）。所有这些因素都会影响作物的生长发育，进而导致物候变化。未来的研究应结合作物模型综合考虑多种气候要素对作物物候的影响，以深入了解作物物候对气候变化的响应机制。

3）管理措施对作物物候变化的贡献是影响准确评估气候变化对作物物候变化的重要因素。在研究气候变化和管理措施对作物物候变化的影响时，统计模型的建立有经验性的优势，然而值得注意的是，在应用统计模型时，我们假设物候变化对气候变化具有线性的响应（Zhang et al.，2013），但是有研究表明响应既不是线性的（Lobell et al.，2013），也不随时间恒定（Lobell et al.，2014）。一阶差分方法可以在一定程度上去除技术进步和管理措施的影响，其统计结果与线性去趋势化的结果基本一致（Lobell and Field，2007），但如果连续多年的管理措施一致或者变率较大时，利用该方法量化气候变化和管理措施就存在一定局限性。在建模过程中，考虑到多元线性回归共线性问题，没有纳入其他同样重要的气象要素，可能会低估气候变化的影响。统计方法较少考虑作物对气候变化和管理措施的响应机制，以及极端气候变化、品种变化、种植密度及灌溉和施肥管理等多要素的耦合效应，因此，模型需要谨慎解释。考虑到影响作物物候因素的复杂性和影响因素之间的关联性，多要素耦合情景下作物物候的变化趋势和归因分析未来有待进一步研究。

参考文献

白金莲, 梅朵, 梁志勇. 2015. 共和盆地农作物发育期对冬季积温变化的响应分析. 农业灾害研究, 5(7): 36-39.

宝力格, 陆平, 史梦莎, 等. 2020. 中国高粱地方种质芽期苗期耐盐性筛选及鉴定. 作物学报, 46(5): 734-753.

蔡欣月, 李志江, 程欣然, 等. 2020. 高粱 *SUT* 基因家族的生物信息学分析. 基因组学与应用生物学, 39(2): 674-683.

曹玲, 王强, 邓振镛, 等. 2010. 气候暖干化对甘肃省谷子产量的影响及对策. 应用生态学报, 21(11): 2931-2937.

陈静, 任佰朝, 赵斌, 等. 2021. 基于品种生育期有效积温确定夏玉米适宜播期. 中国农业科学, 54(17): 3632-3646.

陈娟, 罗宇翔, 穆彪, 等. 2012. 茅台酒用高粱产量品质与气象因子研究. 高原山地气象研究, 32(1): 73-76.

陈效逑, 王林海. 2009. 遥感物候学研究进展. 地理科学进展, 28(1): 33-40.

陈艳丽, 田承华, 田怀东. 2015. 国内外高粱种质资源形态性状与农艺性状的多样性分析. 山西农业科学, 43(4): 378-382.

邓振镛, 王强, 张强, 等. 2010. 中国北方气候暖干化对粮食作物的影响及应对措施. 生态学报, 30(22): 6278-6288.

邓振镛, 张强, 蒲金涌, 等. 2008. 气候变暖对中国西北地区农作物种植的影响. 生态学报, 28(8): 3760-3768.

董红兵. 2009. 中国油菜产业发展的优势与劣势：基于 SWOT 分析. 经济研究导刊, 8(9): 157-159.

杜连仲, 李卫东, 王韧. 1985. 豫中高粱产量与气象因子关系的统计分析. 河南农业大学学报, 19(1): 52-57.

方修琦, 陈发虎. 2015. 植物物候与气候变化. 中国科学: 地球科学, 45(5): 707-708.

房世波, 谭凯炎, 任三学, 等. 2012. 气候变暖对冬小麦生长和产量影响的大田实验研究. 中国科学: 地球科学, 42(7): 1069-1075.

付刚, 钟志明. 2016. 西藏高原玉米物候和生态特征对增温响应的模拟试验研究. 生态环境学报, 25(7): 1093-1097.

傅寿仲, 戚存扣, 浦惠明, 等. 2006. 中国油菜栽培科学技术的发展. 中国油料作物学报, 28(1): 86-91.

高蓓, 胡凝, 郭彦龙, 等. 2017. 中国谷子潜在地理分布的多模型比较. 应用生态学报, 28(10): 3331-3340.

高杰, 李青风, 彭秋. 2017. 不同播种期下高粱产量、气候因子及芒蝇发生率之间的关系. 江苏农业科学, 45(11): 70-72.

高旭, 周棱波, 张国兵, 等. 2016. 基于 SSR 标记的粒用高粱资源遗传多样性及群体结构. 贵州农业科学, 44(9): 13-19.

郭建平. 2015. 气候变化对中国农业生产的影响研究进展. 应用气象学报, 26(1): 1-11.
郭宗学, 何仪, 王清秀, 等. 2007. 不同播期与密度对玉米粗脂肪含量的影响. 山东农业科学, (4): 65-67.
国家气象局. 1993. 农业气象观测规范(上卷). 北京: 气象出版社: 13-15.
胡琦, 潘学标, 邵长秀, 等. 2014. 1961-2010年中国农业热量资源分布和变化特征. 中国农业气象, 35(2): 119-127.
蒋泽国. 2010. 油菜田化学除草技术. 农村百事通, (17): 39.
金善宝. 1996. 中国小麦学. 北京: 中国农业出版社.
亢霞, 王彦峰, 曲云鹤. 2009. 油菜籽生产贸易情况及我国油菜籽发展的对策建议. 中国油脂, 34(12): 1-5.
蒯军, 商兆堂, 王雄, 等. 2010. 滨海县油菜生育期间农业气象条件及其栽培措施. 北京: 第27届中国气象学会年会.
雷秋良, 徐建文, 姜帅, 等. 2014. 气候变化对中国主要作物生育期的影响研究进展. 中国农学通报, 30(11): 205-209.
李德. 2009. 近30年淮北平原冬小麦物候期演变特征. 气象科技, 37(5): 607-612.
李军. 1997. 作物生长模拟模型的开发应用进展. 西北农业大学学报, 25(4): 102-107.
李君霞, 樊永强, 代书桃, 等. 2021. 播种期对不同谷子品种干物质积累、转运和产量的影响. 河南农业科学, 50: (7): 39-47.
李林蔓. 2016. 播期与密度对秋玉米产量及品质的影响. 黑龙江农业科学, (3): 24-27.
李顺国, 刘斐, 刘猛, 等. 2021a. 中国谷子产业和种业发展现状与未来展望. 中国农业科学, 54(3): 459-470.
李顺国, 刘猛, 刘斐, 等. 2021b. 中国高粱产业和种业发展现状与未来展望. 中国农业科学, 54(3): 471-482.
李万斌, 戴丽君, 李永平. 2021. 不同覆膜穴播种植模式对谷子和糜子作物籽粒灌浆特征及水分利用效率的影响. 农学学报, 11(1): 37-43.
李正国, 杨鹏, 唐华俊, 等. 2013. 近20年来东北三省春玉米物候期变化趋势及其对温度的时空响应. 生态学报, 33(18): 5818-5827.
凌洋, 耿利宁, 景元书, 等. 2014. 基于不同滤波的水稻物候期提取. 科学技术与工程, 14(35): 16-22.
刘德祥, 董安祥, 邓振镛. 2005. 中国西北地区气候变暖对农业的影响. 自然资源学报, 20(1): 119-125.
刘芳圆, 肖嗣荣, 刘寒, 等. 2014. 河北地区气候变化及其对农业的影响. 地理与地理信息科学, 30(4): 122-126.
刘后利. 1987. 实用油菜栽培学. 上海: 上海科学技术出版社.
刘璐, 王景红, 柏秦凤, 等. 2020. 气候变化对黄土高原苹果主产地物候期的影响. 果树学报, 37(3): 330-338.
刘向辉. 2019. 夜间增温和增雨对华北平原花生产量的影响. 开封: 河南大学硕士学位论文.
刘晓曦. 2015. 印度梨形孢培养条件优化和剂型研制及在油菜上的应用研究. 杭州: 浙江大学硕士学位论文.
刘勇, 张蕾, 黄小琴, 等. 2018. 油菜及十字花科蔬菜苗期根肿病防治技术. 四川农业科技, (9): 30.
刘玉洁, 陈巧敏, 葛全胜, 等. 2018. 气候变化背景下1981～2010中国小麦物候变化时空分异.

中国科学: 地球科学, 48(7): 888-898.
刘玉洁, 葛全胜, 戴君虎. 2020. 全球变化下作物物候研究进展. 地理学报, 75(1): 14-24.
卢华雨, 白晓倩, 于澎湃, 等. 2019. 饲用高粱 4 个主要株型性状的遗传分析. 贵州农业科学, 47(1): 5-9, 13.
卢华雨, 李延玲, 罗峰, 等. 2018. 粒用高粱 4 个主要光合性状数量遗传分析. 江苏农业科学, 46(17): 68-72.
马倩倩, 贺勇, 张梦婷, 等. 2018. 中国北部冬麦区小麦生育期对生育阶段积温变化的响应. 中国农业气象, 39(4): 233-244.
马兴祥, 邓振镛, 魏育国, 等. 2004. 甘肃省谷子气候生态适应性分析及适生种植区划. 干旱气象, 22(3): 59-62.
梅方权, 吴宪章, 姚长溪, 等. 1988. 中国水稻种植区划. 中国水稻科学, 2(3): 97-110.
孟林, 刘新建, 邬定荣, 等. 2015. 华北平原夏玉米主要生育期对气候变化的响应. 中国农业气象, 36(4): 375-382.
蒲金涌, 姚小英, 邓振镛, 等. 2006. 气候变暖对甘肃冬油菜(*Brassica compestris* L.)种植的影响. 作物学报, 32(9): 1397-1401.
祁亚琴, 吕新, 陈冠文, 等. 2011. 基于高光谱数据提取棉花冠层特征信息的研究. 棉花学报, 23(2): 167-171.
《气候变化国家评估报告》编写委员会. 2007. 气候变化国家评估报告. 北京: 科学出版社.
千怀遂, 魏东岚. 2000. 气候对河南省小麦产量的影响及其变化研究. 自然资源学报, 15(2): 149-154.
乔婧, 高海燕, 李文清, 等. 2019. 粒用高粱种质资源主要农艺性状的相关性及主成分分析. 山西农业科学, 47(11): 1903-1906, 1917.
秦雅, 刘玉洁, 葛全胜. 2018. 气候变化背景下 1981-2010 年中国玉米物候变化时空分异. 地理学报, 73(5): 906-916.
屈洋, 张飞, 王可珍, 等. 2019. 黄淮西部高粱籽粒产量与品质对气候生态条件的响应. 中国农业科学, 52(18): 3242-3257.
任涛, 郭丽璇, 张丽梅, 等. 2020. 我国冬油菜典型种植区域土壤养分现状分析. 中国农业科学, 53(8): 1606-1616.
宋晓宇, 王纪华, 阎广建, 等. 2010. 基于多时相航空高光谱遥感影像的冬小麦长势空间变异研究. 光谱学与光谱分析, 30(7): 1820-1824.
苏玉丽, 贾秀杰. 2014. 春季油菜栽培管理技术. 河南农业, (3): 19.
孙华生, 黄敬峰, 李波, 等. 2008. 中国水稻遥感信息获取区划研究. 中国农业科学. 41(12): 4039-4047.
孙秀姬, 谢强, 吴新豪. 2019. 茅台酒用有机高粱种植的气候适宜性探讨. 农家参谋(21): 53.
孙玉琴, 陈彩锦, 吴娟, 等. 2020. 宁南半干旱区饲用高粱品种生产性能和营养价值比较研究. 草地学报, 28(6): 1615-1625.
陶生才, 许吟隆, 刘珂, 等. 2011. 农业对气候变化的脆弱性. 气候变化研究进展, 7(2): 143-148.
田展, 丁秋莹, 梁卓然, 等. 2014. 气候变化对中国油料作物的影响研究进展. 中国农学通报, 30(15): 1-6.
佟屏亚. 1992. 中国玉米种植区划. 北京: 中国农业科技出版社.
童庆禧, 张兵, 张立福. 2016. 中国高光谱遥感的前沿进展. 遥感学报, 20(5): 689-707.

汪越胜, 盖钧镒. 2000. 中国大豆栽培区划的修正Ⅰ. 修正方案与修正理由. 大豆科学, 19(3): 203-209.

王聪, 杨克军. 2016. 不同播种期对黑龙江西部半干旱区高粱产量的影响. 黑龙江农业科学, (5): 21-24.

王鹤龄, 王润元, 张强, 等. 2012. 甘肃省作物布局演变及其对区域气候变暖的响应. 自然资源学报, 27(3): 413-421.

王艳. 2013. 中国花生主产区比较优势研究. 南京: 南京农业大学博士学位论文.

王永丽, 王珏, 杜金哲, 等. 2012. 不同时期干旱胁迫对谷子农艺性状的影响. 华北农学报, 27(6): 125-129.

王展. 2012. 河南省主要作物生育期模拟研究. 南京: 南京信息工程大学硕士学位论文: 1-50.

王占彪, 王猛, 尹小刚, 等. 2015. 气候变化背景下华北平原夏玉米各生育期水热时空变化特征. 中国生态农业学报, 23(4): 473-481.

吴琼, 齐波, 赵团结, 等. 2013. 高光谱遥感估测大豆冠层生长和籽粒产量的探讨. 作物学报, 39(2): 309-318.

肖登攀. 2015. 气候变暖背景下内蒙古作物物候变化研究. 中国农学通报, 31(26): 216-221.

肖登攀, 齐永青, 王仁德, 等. 2015. 1981-2009 年新疆小麦和玉米物候期与气候条件变化研究. 干旱地区农业研究, 33(6): 189-194, 202.

熊伟, 杨婕, 吴文斌, 等. 2013. 中国水稻生产对历史气候变化的敏感性和脆弱性. 生态学报, 33(2): 509-518.

薛佳欣, 张鑫, 张建恒, 等. 2021. 基于 APSIM 模型小麦-玉米不同灌溉制度作物产量和水分利用效率分析. 水土保持学报, 35(4): 106-113.

杨琳, 高苹, 居为民. 2016. 基于 MODIS NDVI 数据的江苏省冬小麦物候期提取. 江苏农业科学, 44(1): 315-320.

杨小利, 刘庚山, 杨兴国. 2006. 甘肃黄土高原主要农作物水分胁迫敏感性. 干旱地区农业研究, 24(4): 90-93, 203.

杨晓光, 李勇, 代姝玮, 等. 2011. 气候变化背景下中国农业气候资源变化Ⅸ. 中国农业气候资源时空变化特征. 应用生态学报, 22(12): 3177-3188.

杨晓光, 刘志娟, 陈阜. 2010. 全球气候变暖对中国种植制度可能影响Ⅰ. 气候变暖对中国种植制度北界和粮食产量可能影响的分析. 中国农业科学, 43(2): 329-336.

杨修, 孙芳, 林而达, 等. 2005. 我国玉米对气候变化的敏感性和脆弱性研究. 地域研究与开发, 24(4): 54-57.

殷艳, 廖星, 余波, 等. 2010. 我国油菜生产区域布局演变和成因分析. 中国油料作物学报, 32(1): 147-151.

虞海燕, 刘树华, 赵娜, 等. 2011. 1951-2009 年中国不同区域气温和降水量变化特征. 气象与环境学报, 27(4): 1-11.

禹山林. 2008. 中国花生品种及其系谱. 上海: 上海科学技术出版社.

翟治芬, 胡玮, 严昌荣, 等. 2012. 中国玉米生育期变化及其影响因子研究. 中国农业科学, 45(22): 4587-4603.

张凤怡, 迟道才, 陈涛涛. 2021. 辽宁主要粮食作物生长季需水与降水耦合度分析. 中国农业气象, 42(9): 746-760.

张佳华, 李莉, 姚凤梅. 2010. 遥感光谱信息提取不同覆盖下植被水分信号的研究进展. 光谱学与光谱分析, 30(6): 1638-1642.

张佩, 高苹, 钱忠海, 等. 2020. 油菜花期物候主要限制因子分析及预报模型的构建. 气象, 46(2): 234-244.

张强, 邓振镛, 赵映东, 等. 2008. 全球气候变化对我国西北地区农业的影响. 生态学报, 28(3): 1210-1218.

张斯媚. 2016. 我国油菜生产现状及发展前景分析. 农村经济与科技, 27(20): 35.

张玮, 严玲玲, 傅志强, 等. 2023. 播期对湖南省双季稻产量和光热资源利用效率的影响. 中国农业科学, 56(1): 31-45.

张文英, 智慧, 柳斌辉, 等. 2011. 谷子孕穗期一些生理性状与品种抗旱性的关系. 华北农学报, 26(3): 128-133.

张向荣, 王春娟, 雷雯. 2016. 气候变化对宝鸡市主要农业生产的影响研究. 陕西农业科学, 62(1): 87-91.

张鑫, 陈金, 江瑜, 等. 2014. 夜间增温对江苏不同年代水稻主栽品种生育期和产量的影响. 应用生态学报, 25(5): 1349-1356.

张一中, 周福平, 张晓娟, 等. 2018. 高粱种质材料光合特性和水分利用效率鉴定及聚类分析. 作物杂志, (5): 45-53.

张怡, 王兆华. 2018. 中国花生生产布局变化分析. 农业技术经济, (9): 112-122.

张怡. 2015. 中国花生生产布局变化研究. 北京: 中国农业大学博士学位论文.

赵冠, 党科, 宫香伟, 等. 2021. 粳糯高粱籽粒理化性质及酿酒特性分析. 中国酿造, 40(2): 77-82.

赵广才. 2010a. 中国小麦种植区划研究(一). 麦类作物学报, 30(5): 886-895.

赵广才. 2010b. 中国小麦种植区划研究(二). 麦类作物学报, 30(6): 1140-1147.

赵建武, 白文斌, 刘贵锋, 等. 2014. 不同播期、积温、降水量对高粱农艺性状形成及产量的影响. 农学学报, 4(4): 1-4, 37.

赵瑞, 许瀚卿, 樊冬丽, 等. 2017. 气候变化对中国花生生产的影响研究进展. 中国农学通报, 33(21): 114-117.

赵彦茜, 肖登攀, 柏会子, 等. 2019. 中国作物物候对气候变化的响应与适应研究进展. 地理科学进展, 38(2): 224-235.

赵志强. 1999. 未来全球气候变暖对我国花生生产的影响. 花生科技, (S1): 93-96.

中国农业科学院. 1979. 小麦栽培理论与技术. 北京: 农业出版社.

中国气象局. 2015. 中华人民共和国气象行业标准: 农业气象观测规范-冬小麦. https: //www.cma.gov.cn/zfxxgk/gknr/flfgbz/bz/202209/t20220921_5098201.html[2022-11-18].

中国气象局气候变化中心. 2017. 中国气候变化监测公报(2016). 北京: 科学出版社.

中国气象局气候变化中心. 2018. 中国气候变化蓝皮书(2018). 北京: 科学出版社.

中华人民共和国国家统计局. 2017. 中国统计年鉴. 北京: 中国统计出版社.

周曙东, 孟桓宽. 2017. 中国花生主产区种植面积变化的影响因素. 江苏农业科学, 45(13): 250-253.

竺可桢, 宛敏渭. 1973. 物候学. 北京: 科学出版社.

Abbas G, Ahmad S, Ahmad A, et al. 2017. Quantification the impacts of climate change and crop management on phenology of maize-based cropping system in Punjab, Pakistan. Agricultural and Forest Meteorology, 247: 42-55.

Aggarwal P K, Mall R K. 2002. Climate change and rice yields in diverse agro-environments of India. Ⅱ. effect of uncertainties in scenarios and crop models on impact assessment. Climatic Change,

52(3): 331-343.

Ahmad S, Abbas G, Ahmed M, et al. 2019. Climate warming and management impact on the change of rice-wheat phenology in Punjab, Pakistan. Field Crops Research, 230: 46-61.

Ahmad S, Abbas G, Fatima Z, et al. 2017a. Quantification of the impacts of climate warming and crop management on canola phenology in Punjab, Pakistan. Journal of Agronomy and Crop Science, 203(5): 442-452.

Ahmad S, Abbas Q, Abbas G, et al. 2017b. Quantification of climate warming and crop management impacts on cotton phenology. Plants, 6(1): 7.

Ahmad S, Nadeem M, Abbas G, et al. 2017c. Quantification of the effects of climate warming and crop management on sugarcane phenology. Climate Research, 71(1): 47-61.

Ali F, Waters D L E, Ovenden B, et al. 2019. Australian rice varieties vary in grain yield response to heat stress during reproductive and grain filling stages. Journal of Agronomy and Crop Science, 205(2): 179-187.

Anandhi A, Hutchinson S, Harrington J, et al. 2016. Changes in spatial and temporal trends in wet, dry, warm and cold spell length or duration indices in Kansas, USA. International Journal of Climatology, 36(12): 4085-4101.

Araya A, Girma A, Getachew F. 2015. Exploring impacts of climate change on maize yield in two contrasting agro-ecologies of Ethiopia. Asian Journal of Applied Science and Engineering, 4: 27-37.

Awal M A, Ikeda T. 2002. Effects of changes in soil temperature on seedling emergence and phenological development in field-grown stands of peanut (*Arachis hypogaea*). Environmental and Experimental Botany, 47(2): 101-113.

Bai H Z, Tao F L, Xiao D P, et al. 2016. Attribution of yield change for rice-wheat rotation system in China to climate change, cultivars and agronomic management in the past three decades. Climatic Change, 135(3-4): 539-553.

Bai H Z, Xiao D P 2020. Spatiotemporal changes of rice phenology in China during 1981–2010. Theoretical and Applied Climatology, 140(3-4): 1483-1494.

Bao Y, Hoogenboom G, McClendon R, et al. 2015. Soybean production in 2025 and 2050 in the southeastern USA based on the SimCLIM and the CSM-CROPGRO-Soybean models. Climate Research, 63(1): 73-89.

Bewley J D. 1997. Seed germination and dormancy. The Plant Cell, 9(7): 1055-1066.

Bolson J, Martinez C, Breuer N, et al. 2013. Climate information use among Southeast US water managers: beyond barriers and toward opportunities. Regional Environmental Change, 13(1): 141-151.

Boote K J. 2011. Improving soybean cultivars for adaptation to climate change and climate variability // Yadav S S, Redden R J, Hatfield J L, et al. Crop Adaptation to Climate Change. New Jersey, Hoboken: John Wiley and Sons, Inc.

Buermann W, Bikash P R, Jung M, et al. 2013. Earlier springs decrease peak summer productivity in North American boreal forests. Environmental Research Letters, 8(2): 24-27.

Challinor A J, Koehler A K, Ramirez-Villegas J, et al. 2016. Current warming will reduce yields unless maize breeding and seed systems adapt immediately. Nature Climate Change, 6(10): 954-958.

Chen B R, Wang C Y, Wang P, et al. 2019. Genome-wide association study for starch content and constitution in *Sorghum* (*Sorghum bicolor* (L.) Moench). Journal of Integrative Agriculture, 18(11): 2446-2456.

Chen C Q, Qian C R, Deng A X, et al. 2012. Progressive and active adaptations of cropping system to climate change in Northeast China. European Journal of Agronomy, 38(8): 94-103.

Chen J, Liu Y J, Zhou W M, et al. 2021. Effects of climate change and crop management on changes in rice phenology in China from 1981 to 2010. Journal of the Science of Food and Agriculture, 101(15): 6311-6319.

Chen Y Y, Niu J, Kang S Z, et al. 2018. Effects of irrigation on water and energy balances in the Heihe River basin using VIC model under different irrigation scenarios. Science of the Total Environment, 645: 1183-1193.

Choi D H, Ban H Y, Seo B S, et al. 2016. Phenology and seed yield performance of determinate soybean cultivars grown at elevated temperatures in a temperate region. PLoS One, 11(11): e0165977.

Christensen B T, Jensen J L, Thomsen I K. 2017. Impact of early sowing on winter wheat receiving manure or mineral fertilizers. Agronomy Journal, 109(4): 1312-1322.

Cohn A S, VanWey L K, Spera S A, et al. 2016. Cropping frequency and area response to climate variability can exceed yield response. Nature Climate Change, 6(6): 601-604.

Craufurd P Q, Qi A, Ellis R H, et al. 1998. Effect of temperature on time to panicle initiation and leaf appearance in sorghum. Crop Science, 38(4): 942-947.

Craufurd P Q, Wheeler T R. 2009. Climate change and the flowering time of annual crops. Journal of Experimental Botany, 60(9): 2529-2539.

De Vries M E, Leffelaar P A, Sakané N, et al. 2011. Adaptability of irrigated rice to temperature change in Sahelian environments. Experimental Agriculture, 47(1): 69-87.

Deressa T T, Hassan R M, Ringler C, et al. 2009. Determinants of farmers' choice of adaptation methods to climate change in the Nile Basin of Ethiopia. Global Environmental Change, 19(2): 248-255.

Ding D Y, Feng H, Zhao Y, et al. 2016. Impact assessment of climate change and later-maturing cultivars on winter wheat growth and soil water deficit on the Loess Plateau of China. Climatic Change, 138(1): 157-171.

Dobor L, Barcza Z, Hlásny T, et al. 2016. Crop planting date matters: estimation methods and effect on future yields. Agricultural and Forest Meteorology, 223: 103-115.

Dong J, Liu J, Tao F, et al. 2009. Spatio-temporal changes in annual accumulated temperature in China and the effects on cropping systems, 1980s to 2000. Climate Research, 40: 37-48.

Estrada-Campuzano G, Miralles D J, Slafer G A. 2008. Genotypic variability and response to water stress of pre-and post-anthesis phases in triticale. European Journal of Agronomy, 28(3): 171-177.

Estrella N, Sparks T H, Menzel A. 2007. Trends and temperature response in the phenology of crops in Germany. Global Change Biology, 13(8): 1737-1747.

Ettinger A K, Buonaiuto D M, Chamberlain C J, et al. 2021. Spatial and temporal shifts in photoperiod with climate change. New Phytologist, 230(2): 462-474.

Fang Q, Ma L, Yu Q, et al. 2010. Irrigation strategies to improve the water use efficiency of wheat-maize double cropping systems in North China Plain. Agricultural Water Management, 97(8): 1165-1174.

FAO, IFAD, UNICEF, et al. 2022. The State of Food Security and Nutrition in the World 2022. Repurposing food and agricultural policies to make healthy diets more affordable. Rome: FAO.

Fatima Z, Ahmed M, Hussain M, et al. 2020. The fingerprints of climate warming on cereal crops phenology and adaptation options. Scientific Reports, 10: 18013.

Fotiadis S, Koutroubas S D, Damalas C A. 2017. Sowing date and cultivar effects on assimilate translocation in spring Mediterranean chickpea. Agronomy Journal, 109(5): 2011-2024.

Fu Y S H, Campioli M, Vitasse Y, et al. 2014. Variation in leaf flushing date influences autumnal senescence and next year's flushing date in two temperate tree species. Proceedings of the National Academy of Sciences of the United States of America, 111(20): 7355-7360.

Fujisawa M, Kobayashi K. 2010. Apple (*Malus pumila* var. *domestica*) phenology is advancing due to rising air temperature in northern Japan. Global Change Biology, 16(10): 2651-2660.

Gornott C, Wechsung F. 2016. Statistical regression models for assessing climate impacts on crop yields: a validation study for winter wheat and silage maize in Germany. Agricultural and Forest Meteorology, 217: 89-100.

Guo L, An N, Wang K C. 2016. Reconciling the discrepancy in ground- and satellite-observed trends in the spring phenology of winter wheat in China from 1993 to 2008. Journal of Geophysical Research: Atmospheres, 121(3): 1027-1042.

Guo L, Hu B, Dai J H, et al. 2014. Response of chestnut flowering in Beijing to photosynthetically active radiation variation and change in recent fifty years. Plant Diversity and Resources, 36(4): 523-532.

Hammer G L, Vanderlip R L, Gibson G, et al. 1989. Genotype-by-environment interaction in grain *Sorghum* II. Effects of temperature and photoperiod on ontogeny. Crop Science, 29(2): 376-384.

Hassan R, Nhemachena C. 2008. Determinants of African farmers' strategies for adapting to climate change: multinomial choice analysis. African Journal of Agricultural and Resource Economics, 2(1): 83-104.

He D, Wang E L, Wang J, et al. 2017. Uncertainty in canola phenology modelling induced by cultivar parameterization and its impact on simulated yield. Agricultural and Forest Meteorology, 232: 163-175.

He L, Asseng S, Zhao G, et al. 2015. Impacts of recent climate warming, cultivar changes, and crop management on winter wheat phenology across the Loess Plateau of China. Agricultural and Forest Meteorology, 200: 135-143.

He L, Cleverly J, Wang B, et al. 2018. Multi-model ensemble projections of future extreme heat stress on rice across southern China. Theoretical and Applied Climatology, 133(3-4): 1107-1118.

He L, Jin N, Yu Q. 2020. Impacts of climate change and crop management practices on soybean phenology changes in China. Science of the Total Environment, 707: 135638.

Helmut L. 1975. Phenology and seasonality modeling. Soil Science, 120(6): 461.

Hernάndez P F V, Onofre L E M, Cάrdenas F D R. 2023. Responses of sorghum to cold stress: a review focused on molecular breeding. Frontiers in Plant Science, 14: 13.

Hou P, Liu Y, Xie R Z, et al. 2014. Temporal and spatial variation in accumulated temperature requirements of maize. Field Crops Research, 158: 55-64.

Hu Q, Weiss A, Feng S, et al. 2005. Earlier winter wheat heading dates and warmer spring in the US Great Plains. Agricultural and Forest Meteorology, 135(1-4): 284-290.

Huang J, Ji F. 2015. Effects of climate change on phenological trends and seed cotton yields in oasis of arid regions. International Journal of Biometeorology, 59(7): 877-888.

Huang M X, Wang J, Wang B, et al. 2020. Optimizing sowing window and cultivar choice can boost China's maize yield under 1.5℃ and 2℃ global warming. Environmental Research Letters, 15(2): 024015.

Hunt J R, Lilley J M, Trevaskis B, et al. 2019. Early sowing systems can boost Australian wheat yields despite recent climate change. Nature Climate Change, 9(3): 244-247.

IPCC. 2014. Climate Change 2014: Synthesis Report. Contribution of Working Groups Ⅰ, Ⅱ and Ⅲ to the Fifth Assessment Report of the Intergovernmental Panel on Climate Change. Geneva:

IPCC : 151.

IPCC. 2022. Summary for Policymakers // Pörtner H O, Roberts D C, Tignor M, et al. Climate Change 2022: Impacts, Adaptation, and Vulnerability. Contribution of Working Group II to the Sixth Assessment Report of the Intergovernmental Panel on Climate Change. Cambridge and New York: Cambridge University Press: 3-33.

Ishii A, Kuroda E, Shimono H. 2011. Effect of high water temperature during vegetative growth on rice growth and yield under a cool climate. Field Crops Research, 121(1): 88-95.

Jing Q, Bouman B A M, Hengsdijk H, et al. 2007. Exploring options to combine high yields with high nitrogen use efficiencies in irrigated rice in China. European Journal of Agronomy, 26(2): 166-177.

Jing Q, Huffman T, Shang J L, et al. 2017. Modelling soybean yield responses to seeding date under projected climate change scenarios. Canadian Journal of Plant Science, 97(6): 1152-1164.

Jones J W, Hoogenboom G, Porter C H, et al. 2003. The DSSAT cropping system model. European Journal of Agronomy, 18(3-4): 235-265.

Kantolic A G, Peralta G E, Slafer G A. 2013. Seed number responses to extended photoperiod and shading during reproductive stages in indeterminate soybean. European Journal of Agronomy, 51: 91-100.

Karlsen S R, Høgda K A, Wielgolaski F E, et al. 2009. Growing-season trends in Fennoscandia 1982-2006, determined from satellite and phenology data. Climate Research, 39(3): 275-286.

Keating B A, Carberry P S, Hammer G L, et al. 2003. An overview of APSIM, a model designed for farming systems simulation. European Journal of Agronomy, 18(3-4): 267-288.

Kim J, Shon J, Lee C K, et al. 2011. Relationship between grain filling duration and leaf senescence of temperate rice under high temperature. Field Crops Research, 122(3): 207-213.

Kristensen K, Schelde K, Olesen J E. 2011. Winter wheat yield response to climate variability in Denmark. The Journal of Agricultural Science, 149(1): 33-47.

Kumagai E, Sameshima R. 2014. Genotypic differences in soybean yield responses to increasing temperature in a cool climate are related to maturity group. Agricultural and Forest Meteorology, 198-199: 265-272.

Kumagai E, Yamada T, Hasegawa T. 2020. Is the yield change due to warming affected by photoperiod sensitivity? Effects of the soybean E4 locus. Food and Energy Security, 9(1): e186.

Lauer J G, Partridge J R. 1990. Planting date and nitrogen rate effects on spring malting barley. Agronomy Journal, 82(6): 1083-1088.

Li N, Li Y, Biswas A, et al. 2021. Impact of climate change and crop management on cotton phenology based on statistical analysis in the main-cotton-planting areas of China. Journal of Cleaner Production, 298: 126750.

Li Y B, Hou R X, Tao F L. 2020. Interactive effects of different warming levels and tillage managements on winter wheat growth, physiological processes, grain yield and quality in the North China Plain. Agriculture Ecosystems and Environment, 295: 106923.

Li Z G, Yang P, Tang H J, et al. 2014. Response of maize phenology to climate warming in Northeast China between 1990 and 2012. Regional Environmental Change, 14(1): 39-48.

Liao C H, Wang J F, Dong T F, et al. 2019. Using spatio-temporal fusion of Landsat-8 and MODIS data to derive phenology, biomass and yield estimates for corn and soybean. Science of the Total Environment, 650: 1707-1721.

Lieth H. 1974. Purposes of a phenology book//Lieth H. Phenology and Seasonality Modeling. Heidelberg: Springer: 3-19.

Liu B H, Henderson M, Zhang Y D, et al. 2010a. Spatiotemporal change in China's climatic growing

season: 1955-2000. Climatic Change, 99(1-2): 93-118.
Liu B, Asseng S, Müller C, et al. 2016. Similar estimates of temperature impacts on global wheat yield by three independent methods. Nature Climate Change, 6(12): 1130-1136.
Liu C M, Yu J J, Kendy E. 2001. Groundwater exploitation and its impact on the environment in the North China Plain. Water International, 26(2): 265-272.
Liu H, Xiong W, Pequeno D N L, et al. 2022. Exploring the uncertainty in projected wheat phenology, growth and yield under climate change in China. Agricultural and Forest Meteorology, 326: 109187.
Liu L L, Wang E L, Zhu Y, et al. 2012. Contrasting effects of warming and autonomous breeding on single-rice productivity in China. Agriculture Ecosystems and Environment, 149: 20-29.
Liu L, Xu X L, Zhuang D F, et al. 2013. Changes in the potential multiple cropping system in response to climate change in China from 1960-2010. PLoS One, 8(12): e80990.
Liu Y J, Chen Q M, Ge Q S, et al. 2018a. Modelling the impacts of climate change and crop management on phenological trends of spring and winter wheat in China. Agricultural and Forest Meteorology, 248: 518-526.
Liu Y J, Chen Q M, Ge Q S, et al. 2018b. Effects of climate change and agronomic practice on changes in wheat phenology. Climatic Change, 150(3): 273-287.
Liu Y J, Dai L. 2020. Modelling the impacts of climate change and crop management measures on soybean phenology in China. Journal of Cleaner Production, 262: 121271.
Liu Y J, Qin Y, Ge Q S, et al. 2017. Reponses and sensitivities of maize phenology to climate change from 1981 to 2009 in Henan Province, China. Journal of Geographical Sciences, 27(9): 1072-1084.
Liu Y J, Qin Y, Wang H J, et al. 2020. Trends in maize (*Zea mays* L.) phenology and sensitivity to climate factors in China from 1981 to 2010. International Journal of Biometeorology, 64(3): 461-470.
Liu Y J, Zhang J, Ge Q S. 2021b. The optimization of wheat yield through adaptive crop management in a changing climate: evidence from China. Journal of the Science of Food and Agriculture, 101(9): 3644-3653.
Liu Y J, Zhang J, Pan T, et al. 2021a. Assessing the adaptability of maize phenology to climate change: the role of anthropogenic-management practices. Journal of Environmental Management, 293: 112874.
Liu Y J, Zhou W M, Ge Q S. 2019. Spatiotemporal changes of rice phenology in China under climate change from 1981 to 2010. Climatic Change, 157(2): 261-277.
Liu Y, Wang E L, Yang X G, et al. 2010b. Contributions of climatic and crop varietal changes to crop production in the North China Plain, since 1980s. Global Change Biology, 16(8): 2287-2299.
Lizaso J I, Ruiz-Ramos M, Rodríguez L, et al. 2018. Impact of high temperatures in maize: phenology and yield components. Field Crops Research, 216: 129-140.
Lobell D B, Asseng S. 2017. Comparing estimates of climate change impacts from process-based and statistical crop models. Environmental Research Letters, 12(1): 015001.
Lobell D B, Burke M B. 2010. On the use of statistical models to predict crop yield responses to climate change. Agricultural and Forest Meteorology, 150(11): 1443-1452.
Lobell D B, Field C B. 2007. Global scale climate–crop yield relationships and the impacts of recent warming. Environmental Research Letters, 2(1): 014002.
Lobell D B, Hammer G L, McLean G, et al. 2013. The critical role of extreme heat for maize production in the United States. Nature Climate Change, 3(5): 497-501.
Lobell D B, Ortiz-Monasterio J I, Asner G P, et al. 2005. Analysis of wheat yield and climatic trends

in Mexico. Field Crops Research, 94(2-3): 250-256.
Lobell D B, Roberts M J, Schlenker W, et al. 2014. Greater sensitivity to drought accompanies maize yield increase in the U. S. Midwest. Science, 344(6183): 516-519.
Lobell D B, Schlenker W, Costa-Roberts J. 2011. Climate trends and global crop production since 1980. Science, 333(6042): 616-620.
Lobell D B, Sibley A, Ortiz-Monasterio J I. 2012. Extreme heat effects on wheat senescence in India. Nature Climate Change, 2(3): 186-189.
Makinen H, Kaseva J, Trnka M, et al. 2018. Sensitivity of European wheat to extreme weather. Field Crops Research, 222: 209-217.
Martín M M S, Olesen J E, Porter J R. 2014. A genotype, environment and management (GxExM) analysis of adaptation in winter wheat to climate change in Denmark. Agricultural and Forest Meteorology, 187: 1-13.
Masud M M, Azam M N, Mohiuddin M, et al. 2017. Adaptation barriers and strategies towards climate change: challenges in the agricultural sector. Journal of Cleaner Production, 156: 698-706.
Maytín C E, Acevedo M F, Jaimez R, et al. 1995. Potential effects of global climatic-change on the phenology and yield of maize in Venezuela. Climatic Change, 29(2): 189-211.
McCown R L, Hammer G L, Hargreaves J N G, et al. 1996. APSIM: a novel software system for model development, model testing and simulation in agricultural systems research. Agricultural Systems, 50(3): 255-271.
McDonald A J, Balwinder S, Keil A, et al. 2022. Time management governs climate resilience and productivity in the coupled rice–wheat cropping systems of eastern India. Nature Food, 3(7): 542-551.
Mendoza I, Peres C A, Morellato L P C. 2017. Continental-scale patterns and climatic drivers of fruiting phenology: a quantitative Neotropical review. Global and Planetary Change, 148: 227-241.
Menzel A, Sparks T H, Estrella N, et al. 2006. European phenological response to climate change matches the warming pattern. Global Change Biology, 12(10): 1969-1976.
Minoli S, Egli D B, Rolinski S, et al. 2019. Modelling cropping periods of grain crops at the global scale. Global and Planetary Change, 174: 35-46.
Mo F, Sun M, Liu X Y, et al. 2016. Phenological responses of spring wheat and maize to changes in crop management and rising temperatures from 1992 to 2013 across the Loess Plateau. Field Crops Research, 196: 337-347.
Moradi R, Koocheki A, Mahallati M N, et al. 2013. Adaptation strategies for maize cultivation under climate change in Iran: irrigation and planting date management. Mitigation and Adaptation Strategies for Global Change, 18(2): 265-284.
Mouhu K, Hytonen T, Folta K, et al. 2009. Identification of flowering genes in strawberry, a perennial SD plant. BMC Plant Biology, 9(1): 122.
Niyogi D, Liu X, Andresen J, et al. 2015. Crop models capture the impacts of climate variability on corn yield. Geophysical Research Letters, 42(9): 3356-3363.
Ortiz R, Sayre K D, Govaerts B, et al. 2008. Climate change: can wheat beat the heat? Agriculture, Ecosystems & Environment, 126(1-2): 46-58.
Oteros J, García-Mozo H, Botey R, et al. 2015. Variations in cereal crop phenology in Spain over the last twenty-six years (1986-2012). Climatic Change, 130(4): 545-558.
Peng S B, Huang J L, Sheehy J E, et al. 2004. Rice yields decline with higher night temperature from global warming. Proceedings of the National Academy of Sciences, 101(27): 9971-9975.

Pérez-Gianmarco T I, Slafer G A, González F G. 2019. Photoperiod-sensitivity genes shape floret development in wheat. Journal of Experimental Botany, 70(4): 1339-1348.

Piao S L, Liu Q, Chen A P, et al. 2019. Plant phenology and global climate change: current progresses and challenges. Global Change Biology, 25(6): 1922-1940.

Plaza-Bonilla D, Álvaro-Fuentes J, Bareche J, et al. 2017. Delayed sowing improved barley yield in a no-till rainfed Mediterranean agroecosystem. Agronomy Journal, 109(4): 1249-1260.

Porter J R, Semenov M A. 2005. Crop responses to climatic variation. Philosophical Transactions of the Royal Society B, 360(1463): 2021-2035.

Porter J R, Xie L Y, Challinor A J, et al. 2014. Food security and food production systems//Field C, Barros V, Mastrandrea M, et al. Climate Change 2014: Impacts, Adaptation and Vulnerability: Part A: Global and Sectoral Aspects. New York: Cambridge University Press: 485-533.

Promkhambut A, Younger A, Polthanee A, et al. 2010. Morphological and physiological responses of *Sorghum* (*Sorghum bicolor* L. Moench) to waterlogging. Asian Journal of Plant Sciences, 9(4): 183-193.

Qiao S, Harrison S P, Prentice I C, et al. 2023. Optimality-based modelling of wheat sowing dates globally. Agricultural Systems, 206: 103608.

Qu H, Liu X B, Dong C F, et al. 2014. Field performance and nutritive value of sweet sorghum in Eastern China. Field Crops Research, 157: 84-88.

Rasul G, Mahmood A, Sadiq A, et al. 2012. Vulnerability of the Indus delta to climate change in Pakistan. Pakistan Journal of Meteorology, 8(16): 89-107.

Ren S L, Qin Q M, Ren H Z. 2019a. Contrasting wheat phenological responses to climate change in global scale. Science of the Total Environmen, 665: 620-631.

Ren S L, Qin Q M, Ren H Z, et al. 2019b. Heat and drought stress advanced global wheat harvest timing from 1981–2014. Remote Sensing, 11(8): 971.

Rezaei E E, Siebert S, Ewert F. 2015. Intensity of heat stress in winter wheat—phenology compensates for the adverse effect of global warming. Environmental Research Letters, 10(2): 024012.

Rezaei E E, Siebert S, Ewert F. 2017. Climate and management interaction cause diverse crop phenology trends. Agricultural and Forest Meteorology, 233: 55-70.

Rezaei E E, Siebert S, Hüging H, et al. 2018. Climate change effect on wheat phenology depends on cultivar change. Scientific Reports, 8: 4891.

Rezaei E E, Webber H, Asseng S, et al. 2023. Climate change impacts on crop yields. Nature Reviews Earth & Environment, 4(12): 831-846.

Rosbakh S, Hartig F, Sandanov D V, et al. 2021. Siberian plants shift their phenology in response to climate change. Global Change Biology, 27(18): 4435-4448.

Rost S, Gerten D, Hoff H, et al. 2009. Global potential to increase crop production through water management in rainfed agriculture. Environmental Research Letters, 4(4): 044002.

Sacks W J, Kucharik C J. 2011. Crop management and phenology trends in the US Corn Belt: impacts on yields, evapotranspiration and energy balance. Agricultural and Forest Meteorology, 151(7): 882-894.

Sadras V O, Monzon J P. 2006. Modelled wheat phenology captures rising temperature trends: shortened time to flowering and maturity in Australia and Argentina. Field Crops Research, 99(2-3): 136-146.

Sánchez B, Rasmussen A, Porter J R. 2014. Temperatures and the growth and development of maize and rice: a review. Global Change Biology, 20(2): 408-417.

Sawano S, Hasegawa T, Goto S, et al. 2008. Modeling the dependence of the crop calendar for rain-fed rice on precipitation in Northeast Thailand. Paddy Water and Environment, 6(1): 83-90.

Setiyono T D, Cassman K G, Specht J E, et al. 2010. Simulation of soybean growth and yield in near-optimal growth conditions. Field Crops Research, 119(1): 161-174.

Setiyono T D, Weiss A, Specht J, et al. 2007. Understanding and modeling the effect of temperature and daylength on soybean phenology under high-yield conditions. Field Crops Research, 100(2-3): 257-271.

Shah F, Nie L X, Cui K H, et al. 2014. Rice grain yield and component responses to near 2 ℃ of warming. Field Crops Research, 157: 98-110.

Sharifi H, Hijmans R J, Hill J E, et al. 2018. Water and air temperature impacts on rice (*Oryza sativa*) phenology. Paddy and Water Environment, 16(3): 467-476.

Sharma O P, Kannan N, Cook S, et al. 2019. Analysis of the effects of high precipitation in Texas on rainfed sorghum yields. Water, 11(9): 1920.

Shimono H, Kanno H, Sawano S. 2010. Can the cropping schedule of rice be adapted to changing climate? A case study in cool areas of northern Japan. Field Crops Research, 118(2): 126-134.

Shimono H. 2011. Earlier rice phenology as a result of climate change can increase the risk of cold damage during reproductive growth in northern Japan. Agriculture Ecosystems and Environment, 144(1): 201-207.

Siebert S, Ewert F. 2012. Spatio-temporal patterns of phenological development in Germany in relation to temperature and day length. Agricultural and Forest Meteorology, 152: 44-57.

Sloat L L, Davis S J, Gerber J S, et al. 2020. Climate adaptation by crop migration. Nature Communications, 11(1): 1243.

Soltani A, Alimagham S M, Nehbandani A, et al. 2020. SSM-iCrop2: a simple model for diverse crop species over large areas. Agricultural Systems, 182: 102855.

Sun Z, Jia S F, Lv A F, et al. 2016. Impacts of climate change on growth period and planting boundaries of spring wheat in China under RCP4. 5 scenario. Journal of Resources and Ecology, 7(1): 1-11.

Supit I, Hoojer A A, Diepen C A V. 1994. System description of the WOFOST 6.0 crop simulation model implemented in CGMS. Volume 1: Theory and Algorithms. Luxembourg: Office for Official Publications of the European Communities.

Švihra J, Brestič M, Olšovská K. 1996. The effect of water and temperature stresses on productivity of winter wheat varieties. Rostlinna Vyroba, 42(9): 425-429.

Tack J, Barkley A, Nalley L L. 2015. Effect of warming temperatures on US wheat yields. Proceedings of the National Academy of Sciences of the United States of America, 112(22): 6931-6936.

Tadesse W, Zegeye H, Debele T, et al. 2022. Wheat production and breeding in Ethiopia: retrospect and prospects. Crop Breeding, Genetics and Genomics, 4(3): e220003.

Tao F L, Rötter R P, Palosuo T, et al. 2018. Contribution of crop model structure, parameters and climate projections to uncertainty in climate change impact assessments. Global Change Biology, 24(3): 1291-1307.

Tao F L, Xiao D P, Zhang S, et al. 2017. Wheat yield benefited from increases in minimum temperature in the Huang-Huai-Hai Plain of China in the past three decades. Agricultural and Forest Meteorology, 239: 1-14.

Tao F L, Zhang L L, Zhang Z, et al. 2022. Climate warming outweighed agricultural managements in affecting wheat phenology across China during 1981-2018. Agricultural and Forest Meteorology, 316: 108865.

Tao F L, Zhang S, Zhang Z, et al. 2014. Maize growing duration was prolonged across China in the past three decades under the combined effects of temperature, agronomic management, and cultivar shift. Global Change Biology, 20(12): 3686-3699.

Tao F L, Zhang S, Zhang Z. 2012. Spatiotemporal changes of wheat phenology in China under the effects of temperature, day length and cultivar thermal characteristics. European Journal of Agronomy, 43: 201-212.

Tao F L, Zhang Z, Shi W J, et al. 2013. Single rice growth period was prolonged by cultivars shifts, but yield was damaged by climate change during 1981-2009 in China, and late rice was just opposite. Global Change Biology, 19(10): 3200-3209.

Tao F L, Zhang Z, Zhang S, et al. 2016. Historical data provide new insights into response and adaptation of maize production systems to climate change/variability in China. Field Crops Research, 185: 1-11.

Tao F L, Zhang Z. 2010. Adaptation of maize production to climate change in North China Plain: quantify the relative contributions of adaptation options. European Journal of Agronomy, 33(2): 103-116.

Tao F L, Zhang Z. 2011. Impacts of climate change as a function of global mean temperature: maize productivity and water use in China. Climatic Change, 105(3): 409-432.

Tariq M, Ahmad S, Fahad S, et al. 2018. The impact of climate warming and crop management on phenology of sunflower-based cropping systems in Punjab, Pakistan. Agricultural and Forest Meteorology, 256-257: 270-282.

Tester M, Langridge P. 2010. Breeding technologies to increase crop production in a changing world. Science, 327(5967): 818-822.

Tokatlidis I S. 2013. Adapting maize crop to climate change. Agronomy for Sustainable Development, 33(1): 63-79.

Tu D B, Jiang Y, Liu M, et al. 2019. Improvement and stabilization of rice production by delaying sowing date in irrigated rice system in central China. Journal of the Science of Food and Agriculture, 100(2): 595-606.

United Nations General Assembly. 2015. Transforming our world: the 2030 agenda for sustainable development. New York: United Nations publication.

Van Oort P A J, Zwart S J. 2018. Impacts of climate change on rice production in Africa and causes of simulated yield changes. Global Change Biology, 24(3): 1029-1045.

Verón S R, De Abelleyra D, Lobell D B. 2015. Impacts of precipitation and temperature on crop yields in the Pampas. Climatic Change, 130(2): 235-245.

Vitasse Y, François C, Delpierre N, et al. 2011. Assessing the effects of climate change on the phenology of European temperate trees. Agricultural and Forest Meteorology, 151(7): 969-980.

Wang H L, Gan Y T, Wang R Y, et al. 2008. Phenological trends in winter wheat and spring cotton in response to climate changes in Northwest China. Agricultural and Forest Meteorology, 148(8-9): 1242-1251.

Wang J, Wang E L, Feng L P, et al. 2013. Phenological trends of winter wheat in response to varietal and temperature changes in the North China Plain. Field Crops Research, 144: 135-144.

Wang R Y, Zhang Q, Wang Y L, et al. 2004. Response of corn to climate warming in arid areas in northwest China. Acta Botanica Sinica, 46: 1387-1392.

Wang X H, Ciais P, Li L, et al. 2017a. Management outweighs climate change on affecting length of rice growing period for early rice and single rice in China during 1991-2012. Agricultural and Forest Meteorology, 233: 1-11.

Wang Z B, Chen J, Xing F F, et al. 2017b. Response of cotton phenology to climate change on the North China Plain from 1981 to 2012. Scientific Reports, 7(1): 6628.

Wang Z, Chen J, Li Y Y, et al. 2016. Effects of climate change and cultivar on summer maize phenology. International Journal of Plant Production, 10(4): 509-526.

Wang, E L, Martre P, Zhao Z G, et al. 2017. The uncertainty of crop yield projections is reduced by improved temperature response functions. Nature Plants, 3(8): 17102.

Wolf J, Ouattara K, Supit I. 2015. Sowing rules for estimating rainfed yield potential of sorghum and maize in Burkina Faso. Agricultural and Forest Meteorology, 214: 208-218.

Xiao D P, Bai H Z, Liu D L. 2018. Impact of future climate change on wheat production: a simulated case for China's wheat system. Sustainability, 10(4): 1277.

Xiao D P, Moiwo J P, Tao F L, et al. 2015. Spatiotemporal variability of winter wheat phenology in response to weather and climate variability in China. Mitigation and Adaptation Strategies for Global Change, 20(7): 1191-1202.

Xiao D P, Qi Y Q, Shen Y J, et al. 2016a. Impact of warming climate and cultivar change on maize phenology in the last three decades in North China Plain. Theoretical and Applied Climatology, 124(3-4): 653-661.

Xiao D P, Tao F L, Liu Y J, et al. 2013. Observed changes in winter wheat phenology in the North China Plain for 1981-2009. International Journal of Biometeorology, 57(2): 275-285.

Xiao D P, Tao F L, Shen Y J, et al. 2016b. Combined impact of climate change, cultivar shift, and sowing date on spring wheat phenology in Northern China. Journal of Meteorological Research, 30(5): 820-831.

Xiao D P, Tao F L. 2014. Contributions of cultivars, management and climate change to winter wheat yield in the North China Plain in the past three decades. European Journal of Agronomy, 52: 112-122.

Xiong W, Asseng S, Hoogenboom G, et al. 2020. Different uncertainty distribution between high and low latitudes in modelling warming impacts on wheat. Nature Food, 1(1): 63-69.

Xu X J, Du H Q, Fan W L, et al. 2019. Long-term trend in vegetation gross primary production, phenology and their relationships inferred from the FLUXNET data. Journal of Environmental Management, 246: 605-616.

Yang H Z, Ranjitkar S, Xu W X, et al. 2021. Crop-climate model in support of adjusting local ecological calendar in the Taxkorgan, eastern Pamir Plateau. Climatic Change, 167(3-4): 1-19.

Yang X Y, Wan Z W, Perry L, et al. 2012. Early millet use in northern China. Proceedings of the National Academy of Sciences, 109(10): 3726-3730.

Yang Y M, Yang Y H, Han S M, et al. 2014. Prediction of cotton yield and water demand under climate change and future adaptation measures. Agricultural Water Management, 144: 42-53.

Ye Q, Yang X G, Dai S W, et al. 2015. Effects of climate change on suitable rice cropping areas, cropping systems and crop water requirements in southern China. Agricultural Water Management, 159: 35-44.

Yin L J, Dai X L, He M R. 2018. Delayed sowing improves nitrogen utilization efficiency in winter wheat without impacting yield. Field Crops Research, 221: 90-97.

Zeng R Y, Yao F M, Zhang S, et al. 2021. Assessing the effects of precipitation and irrigation on winter wheat yield and water productivity in North China Plain. Agricultural Water Management, 256: 107063.

Zhang J M, Zhang S Q, Cheng M, et al. 2018. Effect of drought on agronomic traits of rice and wheat: a meta-analysis. International Journal of Environmental Research and Public Health, 15(5): 839.

Zhang J, Liu Y J, Dai L. 2022. Agricultural practice contributed more to changes in soybean yield than climate change from 1981 to 2010 in Northeast China. Journal of the Science of Food and Agriculture, 102(6): 2387-2395.

Zhang J, Liu Y J. 2022. Decoupling of impact factors reveals the response of cash crops phenology to climate change and adaptive management practice. Agricultural and Forest Meteorology, 322: 109010.

Zhang L X, Zhu L L, Yu M Y, et al. 2016. Warming decreases photosynthates and yield of soybean [*Glycine max* (L.) Merrill] in the North China Plain. The Crop Journal, 4(2): 139-146.

Zhang S, Tao F L, Zhang Z. 2014. Rice reproductive growth duration increased despite of negative impacts of climate warming across China during 1981-2009. European Journal of Agronomy, 54: 70-83.

Zhang S, Tao F L. 2013. Modeling the response of rice phenology to climate change and variability in different climatic zones: comparisons of five models. European Journal of Agronomy, 45: 165-176.

Zhang T Y, Huang Y, Yang X G. 2013. Climate warming over the past three decades has shortened rice growth duration in China and cultivar shifts have further accelerated the process for late rice. Global Change Biology, 19(2): 563-570.

Zhang T Y, Lin X M, Sassenrath G F. 2015. Current irrigation practices in the central United States reduce drought and extreme heat impacts for maize and soybean, but not for wheat. Science of the Total Environment, 508: 331-342.

Zhao H F, Fu Y S H, Wang X H, et al. 2016. Timing of rice maturity in China is affected more by transplanting date than by climate change. Agricultural and Forest Meteorology, 216: 215-220.

Zhao J F, Pu F Y, Li Y P, et al. 2017. Assessing the combined effects of climatic factors on spring wheat phenophase and grain yield in Inner Mongolia, China. PLoS One, 12(11): e0185690.

Zhao J, Yang X G, Dai S W, et al. 2015. Increased utilization of lengthening growing season and warming temperatures by adjusting sowing dates and cultivar selection for spring maize in Northeast China. European Journal of Agronomy, 67: 12-19.

Zhao J, Yang X G, Lv S, et al. 2014. Variability of available climate resources and disaster risks for different maturity types of spring maize in Northeast China. Regional Environmental Change, 14(1): 17-26.

Zhao Z, Wang E, Kirkegaard J A, et al. 2022. Novel wheat varieties facilitate deep sowing to beat the heat of changing climates. Nature Climate Change, 12(3): 291-296.

Zheng H F, Chen L D, Han X Z, et al. 2009. Classification and regression tree (CART) for analysis of soybean yield variability among fields in Northeast China: the importance of phosphorus application rates under drought conditions. Agriculture Ecosystems and Environment, 132(1-2): 98-105.

Zhu P, Burney J. 2021. Temperature-driven harvest decisions amplify US winter wheat loss under climate warming. Global Change Biology, 27(3): 550-562.

Zimmermann A, Webber H, Zhao G, et al. 2017. Climate change impacts on crop yields, land use and environment in response to crop sowing dates and thermal time requirements. Agricultural Systems, 157: 81-92.

附　　录

附表 1　各作物生长期内平均气温变化趋势范围

作物	作物细分	种植区	营养生长期（℃/a）	生殖生长期（℃/a）	全生育期（℃/a）
小麦	冬小麦	北方冬麦区	0～0.07	0～0.05	–0.02～0.08
	冬小麦	冬春兼播麦区	0.03～0.08	0.04～0.08	0.03～0.08
	冬小麦	南方冬麦区	0.01～0.07	0.01～0.13	0.01～0.07
	春小麦	春麦区	0～0.08	0.02～0.08	0～0.09
	春小麦	冬春兼播麦区	0.02～0.1	0～0.17	0.01～0.14
玉米	春玉米	北方春玉米区	0.01～0.08	0.01～0.07	0.02～0.07
	春玉米	西北内陆玉米区	0.03～0.09	0.02～0.08	0.03～0.08
	春玉米	西南山地丘陵玉米区	–0.05～0.03	–0.05～0.04	–0.05～0.03
	夏玉米	黄淮平原春夏播玉米区	–0.02～0.05	–0.03～0.06	–0.02～0.06
	夏玉米	西北内陆玉米区	0.01～0.08	0.01～0.09	0.01～0.09
	套玉米	黄淮平原春夏播玉米区	0.01～0.05	0～0.06	0～0.06
水稻	早稻	早稻区	0～0.06	–0.01～0.06	0.01～0.06
	晚稻	晚稻区	0～0.05	0.01～0.08	0～0.06
	中稻	中稻区	–0.02～0.05	0～0.05	0～0.06
大豆	春大豆	北方春大豆区	0～0.08	–0.02～0.07	0～0.08
	夏大豆	夏大豆区	–0.08～0.1	–0.08～0.05	–0.08～0.08
	春大豆	南方春大豆区	0～0.05	0.01～0.08	0.01～0.07
棉花	棉花		–0.03～0.12	–0.02～0.09	0～0.08
高粱	高粱		–0.01～0.09	–0.01～0.11	0～0.08
谷子	谷子		–0.11～0.27	–0.06～0.13	0～0.08
油菜	春油菜		–0.01～0.18	0～0.07	0.02～0.07
	冬油菜		–0.04～0.15	–0.1～0.12	0.03～0.08
花生	花生		0～0.13	–0.07～0.15	0～0.08

附表 2 各作物生长期内累积降水变化趋势范围

作物	作物细分	种植区	营养生长期（mm/a）	生殖生长期（mm/a）	全生育期（mm/a）
小麦	冬小麦	北方冬麦区	−3.73～0.3	−2.88～1.57	−3.8～2.38
	冬小麦	冬春兼播麦区	−0.34～1.61	−0.06～0.31	0.06～2.16
	冬小麦	南方冬麦区	−2.42～−0.06	−1.39～−0.11	−2.59～−0.91
	春小麦	春麦区	−0.28～0.17	−0.31～1.49	−1.04～0.41
	春小麦	冬春兼播麦区	−2.91～0.63	−0.8～1.56	−0.68～2.78
玉米	春玉米	北方春玉米区	−4.75～4.73	−7.42～2.13	−8.06～1.73
	春玉米	西北内陆玉米区	−0.89～2.04	−0.43～1.3	−1.1～1.36
	春玉米	西南山地丘陵玉米区	−2.04～2.29	−5.05～2.85	−4.82～3.69
	夏玉米	黄淮平原春夏播玉米区	−4.67～7.54	−1.52～6.42	−4.87～9.01
	夏玉米	西北内陆玉米区	−0.63～−0.14	−0.79～0.37	−1.23～0.43
	套玉米	黄淮平原春夏播玉米区	−3.69～4.63	−5.75～5.22	−6.73～6.48
水稻	早稻	早稻区	−3.4～7.23	−5.26～6.1	−3.37～4.3
	晚稻	晚稻区	−5.34～10.72	−6.36～18.55	−2.32～8.21
	中稻	中稻区	−6.93～2.88	−7.28～7.68	−5.84～8.79
大豆	春大豆	北方春大豆区	0.43～4.63	1.54～4.01	−7.96～4.52
	夏大豆	夏大豆区	−5.91～10.88	−1.82～18.42	−6.5～17.7
	春大豆	南方春大豆区	−10.17～−3.97	−16.96～2.9	−18.93～−1.94
棉花	棉花		−10～16	−11～11	−12～14
高粱	高粱		−7.02～3.88	−3.15～5.85	−4.3～6
谷子	谷子		−3.62～−0.55	−5.26～3.24	−3～0.2
油菜	春油菜		−6.7～3.4	−1.4～3.59	−8～2
	冬油菜		−6.65～6.64	−10.83～−2.17	−8～2
花生	花生		−10.28～15.57	−13.99～14.98	−12～14

附表 3　各作物生长期内累积日照时数变化趋势范围

作物	作物细分	种植区	营养生长期（h/a）	生殖生长期（h/a）	全生育期（h/a）
小麦	冬小麦	北方冬麦区	−10.94～8.94	−1.8～3.65	−11.77～2.57
	冬小麦	冬春兼播麦区	−10.09～11.36	−0.71～3	−7.16～11.85
	冬小麦	南方冬麦区	−1.87～6.15	−2.71～0.71	−1.21～3.54
	春小麦	春麦区	−3.89～4.2	−0.51～4.1	−4.72～1.9
	春小麦	冬春兼播麦区	−7.82～3.94	−4.9～3.61	−9.61～3.34
玉米	春玉米	北方春玉米区	−4.42～8.56	−5.28～8.9	−7.66～14.19
	春玉米	西北内陆玉米区	−2.81～5.72	−4.18～1.71	−5.41～5.49
	春玉米	西南山地丘陵玉米区	−5.35～0.37	−4.02～3.11	−7.43～2.62
	夏玉米	黄淮平原春夏播玉米区	−9.4～1.71	−6.72～−1.79	−12.5～4.17
	夏玉米	西北内陆玉米区	−2.89～3.37	−3.01～4.81	−4.71～6.19
	套玉米	黄淮平原春夏播玉米区	−5.67～0.9	−9.53～−0.05	−11.59～0.94
水稻	早稻	早稻区	−2.39～3.92	−3.7～2.55	−3.87～6.33
	晚稻	晚稻区	−5.97～3.11	−1.2～2.05	−7.8～4.14
	中稻	中稻区	−6.4～5.08	−4.22～2.64	−7.96～7.87
大豆	春大豆	北方春大豆区	−8.14～11.15	−9.32～14.7	−10.85～18.29
	夏大豆	夏大豆区	−10.01～2.71	−17.56～−0.84	−16.11～2.08
	春大豆	南方春大豆区	0.1～5.03	−1.39～5.73	−0.26～7.96
棉花	棉花		−15～4	−11～5	−10～4
高粱	高粱		−7.52～4.54	−9.46～10.86	−10～4
谷子	谷子		−11.27～5.33	−8.59～6.56	−10～4
油菜	春油菜		−1.69～9.96	−6.28～8.97	−10～10
	冬油菜		−11.4～10.5	−1.08～14.81	−10～10
花生	花生		−8.68～3.95	−10.11～6.53	−10～4

附表 4　各作物生长期内 GDD 变化趋势范围

作物	作物细分	种植区	营养生长期［（℃·d）/a］	生殖生长期［（℃·d）/a］	全生育期［（℃·d）/a］
小麦	冬小麦	北方冬麦区	−3.53～10.92	−1.31～7.65	−9.39～11.47
	冬小麦	冬春兼播麦区	−2.81～5.85	1.17～9.42	3.09～11.09
	冬小麦	南方冬麦区	−4.51～10.37	−1.6～1.77	−0.54～8.99
	春小麦	春麦区	2.3～15.06	0.75～4.75	6.88～16.15
	春小麦	冬春兼播麦区	−0.01～5.48	−1.25～11.2	−0.93～10.76
玉米	春玉米	北方春玉米区	0.62～6.57	0.25～3.49	0.67～10.08
	春玉米	西北内陆玉米区	3.07～7.48	0.35～4.07	4.38～13.6
	春玉米	西南山地丘陵玉米区	−4.39～1.46	−2.69～2.04	−6.57～3.85
	夏玉米	黄淮平原春夏播玉米区	−0.93～4.62	−1.72～3.21	−2.12～5.4
	夏玉米	西北内陆玉米区	1.8～7.08	0.21～5.24	1.37～12.28
	套玉米	黄淮平原春夏播玉米区	0.41～4.09	−0.51～3.49	0～7.6
水稻	早稻	早稻区	−6.05～16.43	−11.86～9.47	−2.69～15.94
	晚稻	晚稻区	−18.91～12.03	−6.96～13.18	−14.68～18.36
	中稻	中稻区	−10.86～35.57	−7.47～9.4	−5.74～13.87
大豆	春大豆	北方春大豆区	0.21～5.53	−1.48～7.4	−0.5～11.15
	夏大豆	夏大豆区	−5.05～6.24	−7.72～4.7	−8.31～9.57
	春大豆	南方春大豆区	−0.31～3.29	0.83～7.6	1.28～7.17
棉花	棉花		−7～18	−3～21	0～21
高粱	高粱		0.9～16.83	−1.53～7.53	2～12
谷子	谷子		−2.29～10.86	0.13～9.85	2～10
油菜	春油菜		2.39～15.39	−2.54～12.12	−6～25
	冬油菜		−13.33～27.75	−5.98～17.97	−6～25
花生	花生		−1.99～10.14	−5.57～11.13	−1.5～10